普通高等教育工程管理类融媒体新形态系列教材

建 筑 设 备

主　编　霍海娥

副主编　段翠娥　冯　琳　卢永琴

参　编　刘婷婷　周　渝　刘斐彦

主　审　项　勇　李海凌

机 械 工 业 出 版 社

本书结合我国"双碳"目标和"十四五"规划对建筑设备节能减排的要求以及智慧建筑、智能建造发展需求,将建筑领域新材料、新设备、新技术、建筑设备智能化控制方法和控制策略以及综合信息化平台建设思路融入相关章节。全节共 12 章,详细介绍了室外给水排水工程、建筑给水排水工程、建筑热水工程、燃气工程、建筑消防给水系统、供暖系统、通风与空调系统、建筑供配电工程、建筑防雷接地系统、火灾报警系统和建筑设备自动化系统等的组成、安装要求、设备材料以及施工图识读方法,并提供了施工图识读案例,案例以解答问题的形式详细说明了如何识读施工图。书中根据实际内容有机融入了课程思政元素。

书中各章章前设有"本章重点内容""本章学习目标",引导教学;章后配有思考题和二维码形式的客观题(微信扫描二维码可在线做题,提交后可参看答案),供读者复习巩固知识要点。

本书可作为高等院校工程管理、工程造价、土木工程、建筑学、城乡规划、建筑装饰、工程监理等专业的教材,也可作为工程类岗位职业培训、从业人员进修的参考用书。

本书配有 PPT 电子课件和章后思考题参考答案,免费提供给选用本书作为教材的授课教师。需要者请登录机械工业出版社教育服务网(www.cmpedu.com)注册后下载。

图书在版编目(CIP)数据

建筑设备/霍海娥主编. —北京:机械工业出版社,2024.7(2025.7 重印)
普通高等教育工程管理类融媒体新形态系列教材
ISBN 978-7-111-75836-5

Ⅰ.①建… Ⅱ.①霍… Ⅲ.①房屋建筑设备-高等学校-教材 Ⅳ.①TU8

中国国家版本馆 CIP 数据核字(2024)第 098093 号

机械工业出版社(北京市百万庄大街 22 号 邮政编码 100037)
策划编辑:刘 涛　　　　责任编辑:刘 涛 高凤春
责任校对:郑 婕 王 延 封面设计:张 静
责任印制:刘 媛
北京富资园科技发展有限公司印刷
2025 年 7 月第 1 版第 2 次印刷
184mm×260mm · 22.75 印张 · 562 千字
标准书号:ISBN 978-7-111-75836-5
定价:69.80 元

电话服务　　　　　　　　网络服务
客服电话:010-88361066　机 工 官 网:www.cmpbook.com
　　　　　010-88379833　机 工 官 博:weibo.com/cmp1952
　　　　　010-68326294　金 书 网:www.golden-book.com
封底无防伪标均为盗版　机工教育服务网:www.cmpedu.com

前　言

随着我国经济的快速发展，人民对美好生活的向往日益增长，对自己所处的建筑空间提出了更高的要求。建筑空间除了具有实用价值、满足人们的审美需求外，其内部环境的健康和舒适度越来越成为人们关注的焦点。建筑设备作为建筑不可或缺的一部分，为建筑不断提供能量和物质，为人们创造了舒适、健康、智能和安全的室内环境。然而，在建筑的运维过程中，建筑设备也消耗了大量的能源，同时增加了碳排放，因此建筑设备的节能减排任重道远。

本书根据工程管理等专业认证要求的标准进行内容的选取和编写深度的确定，内容在符合工程管理等专业培养目标的前提下，还具有前沿性和高阶性的特点，突出建筑设备相关系统在工程中的实践应用，为绿色建筑的推广和"双碳"目标的早日实现创造条件。同时，立足于当前我国"双碳"目标以及"十四五"规划对建筑设备节能减排的要求，本书积极推行目前建筑领域出现的新材料、新设备以及新技术；响应智慧建筑、智能建造迫切的发展需求，书中增加了建筑设备的智能化控制方法和最新的控制策略及综合信息化平台建设思路等内容，力争使本书内容紧跟时代发展前沿，以利于拓宽学生的视野，提升学生的创新能力。

本书内容包括建筑给排水、建筑供暖、通风与空气调节、建筑供配电及照明、防雷及安全用电、建筑设备自动化系统等，主要介绍建筑给水、排水、热水、燃气、消防、供暖、通风、空调、供配电、建筑电气照明、防雷与接地、火灾报警和建筑设备自动化等系统的组成、安装要求、设备材料以及施工图识读等基础知识。此外，为了快速提升土木类专业学生的建筑设备管理能力，尽快从一名初级的技术人员成长为一名实践能力较强的高级管理复合型人才，本书将课程思政元素、新材料、新设备和新工艺、绿色建筑理论以及建筑设备智能监控策略与方法融入其中。本书内容新颖，结构清晰，侧重应用，与时俱进，是土木类专业学生提升建筑设备管理能力的必备书籍。

本书的编写得到了主编单位西华大学和机械工业出版社的大力支持。本书由西华大学霍海娥任主编，四川师范大学段翠娥、成都职业技术学院冯琳和西华大学卢永琴任副主编，西华大学刘婷婷、周渝和刘斐彦参与编写。第1~4章由霍海娥、刘婷婷编写，第5~7章由段翠娥、周渝编写，第 8 章由冯琳、刘斐彦编写，第 9~12 章由卢永琴、刘斐彦编写，全书由霍海娥统稿，西华大学项勇、李海凌等老师为本书的编写提供了很多宝贵意见，在此一并表示感谢。

本书虽然经过较长时间准备、多次研讨、修改与审查，但由于编者水平有限，书中难免存在问题和不足，恳请使用本书的广大读者提出宝贵意见，以便进一步修改完善。

编　者

目　　录

1

第 1 章
室外给水排水工程

本章重点内容

熟悉室外给水排水工程相关内容；掌握室外给水工程中的水源种类、用水标准，室外给水系统组成与室外给水管网安装，以及室外排水工程分类、组成和布置要求等相关知识。

本章学习目标

通过本章的学习，学生能结合我国水资源的各种信息了解我国水资源的现状、懂得如何保护水资源，提升解决环境保护问题的应变能力与综合素质。

1.1 室外给水工程

1.1.1 水源工程

选择水源前，必须进行水资源的勘察。我国水资源状况是总量不少，地表水远多于地下水，但人均水资源量不到世界平均的 1/4，具有时空分布极不均匀的特点。水源可分为地下水和地表水，见表 1-1。用地下水作为供水水源时，应有确切的水文地质资料，取水量必须小于允许开采量，严禁盲目开采。开采地下水后，不得引起水位持续下降、水质恶化及地面沉降。用地表水作为城市供水水源时，其设计取水流量的年保证率应根据城市规模和工业大用户的重要性选定，宜用 90%~97%。

表 1-1 水源种类及一般特点

水源种类		水源一般特点
地下水	无压水、承压水、泉水	水量小；水质好
地表水	江河、湖泊、水库、海水	水量大；水质差

1. 用水标准

生活用水的给水系统，其供水水质必须符合现行的《生活饮用水卫生标准》（GB 5749—2022）的要求；专用的工业用水给水系统，其水质标准应根据用户的要求确定。综合生活用水（包括居民生活用水和公共建筑用水）是居民日常生活用水以及公共建筑和设施用水的总称。居民综合生活用水定额应根据当地国民经济和社会发展、水资源充沛程度、用水习惯，在现有用水定额基础上，结合城市总体规划和给水专业规划，本着节约用水的原则，综合分析确定。当缺乏实际用水资料时，可按表1-2选用。

最高日供水量与平均日供水量的比值称为日变化系数；最高日最高时供水量与该日平均时供水量的比值称为时变化系数。城市供水的时变化系数、日变化系数应根据城市性质和规模、国民经济和社会发展、供水系统布局，结合现状供水曲线和日用水变化分析确定。在缺乏实际用水资料的情况下，最高日城市综合用水的时变化系数宜采用1.2~1.6，日变化系数宜采用1.1~1.5。

表1-2　综合生活用水定额　　　　　　　　　　　　[单位：L/（人·d）]

城市规模	特大城市		大城市		中、小城市	
分区	用水情况					
	最高日	平均日	最高日	平均日	最高日	平均日
一	260~410	210~340	240~390	190~310	220~370	170~280
二	190~280	150~240	170~260	130~210	150~240	110~180
三	170~270	140~230	150~250	120~200	130~230	100~170

2. 设计水量确定

设计供水量由下列各项组成：

（1）综合生活用水 Q_1　综合生活用水是居民日常生活用水以及公共建筑和设施用水，供水系统要满足服务人数的综合生活用水量。

用水普及率，即供水系统服务人数占城市居民总人数的百分比。

综合生活用水量=综合生活用水定额×供水系统服务人数

（2）工业企业用水 Q_2　工业企业用水是指工业企业生产过程和职工生活所需用水。工业企业用水量应根据生产工艺要求确定。大工业用水户或经济开发区宜单独进行用水量计算；一般工业企业的用水量可根据国民经济发展规划，结合现有工业企业用水资料分析确定。

（3）浇洒道路用水 Q_3　浇洒道路用水是指对城镇道路进行保养、清洗、降温和消尘等所需用的水。浇洒道路和绿地用水量应根据路面、绿化、气候和土壤等条件确定。浇洒道路用水可按浇洒面积以 2.0~3.0L/（m²·d）计算。

（4）绿地用水 Q_4　绿地用水是指市政绿地等所需用水。浇洒绿地水可按浇洒面积以 1.0~3.0L/（m²·d）计算。

（5）管网漏损水量 Q_5　管网漏损水量是指水在输配过程中漏失的水量。城镇配水管网的漏损水量一般可按上述1）~4）水量之和的10%~12%计算，当单位管长供水量小或供水压力高时可适当增加。

（6）未预见用水 Q_6　未预见用水是指在给水系统设计中，对难以预测的各项因素而准备的水量。未预见用水量应根据水量预测中考虑难以预见因素的程度确定，一般可采用上述1）~5）水量之和的8%~12%。

（7）消防用水 Q_7　消防用水量、水压及延续时间等应按现行国家标准《建筑设计防火规范（2018年版）》（GB 50016—2014）的规定执行。

水厂设计规模，应按上述（1）~（6）的最高日水量之和确定。

【例 1-1】　某城市人口为 30 万，平均日综合生活用水定额为 200L/（cap·d），自来水用水普及率为 85%，工业用水量（含职工生活用水和淋浴用水）占生活用水的比例为 50%，浇洒道路面积为 200hm²，绿地面积为 300 hm²，水厂自用水率为 5%，综合用水的日变化系数为 1.25，时变化系数为 1.30，如不计消防用水，则该城市最高日设计用水量至少应为多少（m³/d）？

【解】

（1）　$Q_1 = 300000 \times 200 \div 1000 \times 1.25 \times 85\% \, \text{m}^3/\text{d} = 63750 \text{m}^3/\text{d}$

（2）　$Q_2 = 63750 \text{m}^3/\text{d} \times 50\% = 31875 \text{m}^3/\text{d}$

（3）　$Q_3 = 2.0 \times 2000000 \div 1000 \text{m}^3/\text{d} = 4000 \text{m}^3/\text{d}$

（4）　$Q_4 = 1.0 \times 3000000 \div 1000 \text{m}^3/\text{d} = 3000 \text{m}^3/\text{d}$

（5）　$Q_5 = (63750 + 31875 + 4000 + 3000) \text{m}^3/\text{d} \times 10\% = 10262.5 \text{m}^3/\text{d}$

（6）　$Q_6 = (63750 + 31875 + 4000 + 3000 + 10262.5) \text{m}^3/\text{d} \times 8\% = 9031 \text{m}^3/\text{d}$

（7）　$Q = Q_1 + Q_2 + Q_3 + Q_4 + Q_5 + Q_6$
$$= 63750 \text{m}^3/\text{d} + 31875 \text{m}^3/\text{d} + 4000 \text{m}^3/\text{d} + 3000 \text{m}^3/\text{d} + 10262.5 \text{m}^3/\text{d} + 9031 \text{m}^3/\text{d}$$
$$= 121918.5 \text{m}^3/\text{d}$$

该城市最高日设计用水量至少应为 121918.5m³/d。

1.1.2　室外给水系统组成

1）取水构筑物。取水构筑物用以从选定的水源（包括地下水源和地表水源）取水。

2）水处理构筑物。水处理构筑物是将取来的原水进行处理，使其符合用户对水质的要求。

3）泵站。泵站用于将所需水量提升到要求的高度，可分为抽取原水的一级泵站、输送清水的二级泵站和设于管网中的加压泵站。

4）输水管渠和配水管网。输水管渠是将原水输送到水厂的管渠，当输水距离为 10km 以上时为长距离输送管道；配水管网则是将处理后的水配送到各个给水区的用户。

5）调节构筑物。它包括高地水池、水塔、清水池等，用于贮存和调节水量。高地水池和水塔兼有保证水压的作用。

1.1.3　室外给水管网安装

1. 给水管网布置形式

给水管网有树状网和环状网两种形式。树状网是将从水厂泵站或水塔到用户的管线布置成树枝状，只是一个方向供水。供水可靠性较差，投资省。环状网中的干管前后贯通，连接成环状，供水可靠性好，适用于供水不允许中断的地区。

2. 给水管网管材选用和敷设方式

输送生活给水的管道一般采用塑料管、复合管、镀锌钢管或给水铸铁管。塑料管、复合管或给水铸铁管的管材、配件，应是同一厂家的配套产品。

给水管道一般采用埋地敷设，应在当地的冰冻线以下，如必须在冰冻线以上敷设时，应做可靠的保温防潮措施。在无冰冻地区，埋地敷设时管顶的覆土厚度不得小于500mm，穿越道路部位的埋深不得小于700mm。通常沿道路或平行于建筑物敷设，给水管网上设置阀门和阀门井。

住宅小区及厂区的室外给水管道也可采用架空或在地沟内敷设，其安装要求同室内给水管道。塑料管道不得露天架空敷设，必须露天架空敷设时应有保温和防晒措施。

给水管道不得直接穿越污水井、化粪池、公共厕所等污染源。

1.2 室外排水工程

排水工程设计应在不断总结科研和生产实践经验的基础上，积极采用经过鉴定的、行之有效的新技术、新工艺、新材料、新设备。排水工程宜采用机械化和自动化设备，对操作繁重、影响安全、危害健康的，应采用机械化和自动化设备。排水工程的设计，除应按《室外排水设计标准》（GB 50014—2021）执行外，还应符合现行的国家有关标准和规范。在地震、湿陷性黄土、膨胀土、多年冻土以及其他特殊地区设计排水工程时，还应符合现行的有关专门规范的规定。工业废水接入城镇排水系统的水质应按有关标准执行，不能影响城镇排水管渠和污水处理厂等的正常运行，不应对养护管理人员造成危害，不能影响经过处理后出水的再生利用和安全排放，不能影响污泥的处理和处置。

1.2.1 分类

排水制度（分流制或合流制）的选择，应根据城镇的总体规划，结合当地的地形特点、水文条件、水体状况、气候特征、原有排水设施、污水处理程度和处理后出水利用等综合考虑确定。同一城镇的不同地区可采用不同的排水制度。新建地区的排水系统宜采用分流制。合流制排水系统应设置污水截流设施。对水体保护要求高的地区，可对初期雨水进行截流、调蓄和处理。在缺水地区，宜对雨水进行收集、处理和综合利用。

排水系统设计应综合考虑下列因素：污水的再生利用，污泥的合理处置；与邻近区城内的污水和污泥的处理和处置系统相协调；与邻近区城及区域内给水系统和洪水的排除系统相协调；接纳工业废水并进行集中处理和处置的可能性；适当改造原有排水工程设施，充分发挥其工程效能。

1. 合流制

合流制是指用同一管渠系统收集和输送城市污水和雨水的排水方式。

（1）直泄式完全合流制　直泄式完全合流制的特点是投资最省，但环境污染严重，如图1-1所示。

（2）截流合流制　截流合流制的特点是收集初期雨水，当雨量大时溢流，如图1-2所示。

2. 分流制

分流制是指用不同管渠系统分别收集和输送各种城市污水和雨水的排水方式。

（1）完全分流制　完全分流制包括雨水、污水两套系统。其污水量稳定，有利于处理，但投资高，如图1-3所示。

（2）不完全分流制　不完全分流制先建污水系统，不建雨水系统；不完全分流制节省初投资，如图 1-4 所示。

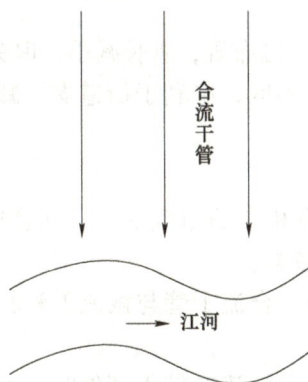

图 1-1 直泄式完全合流制

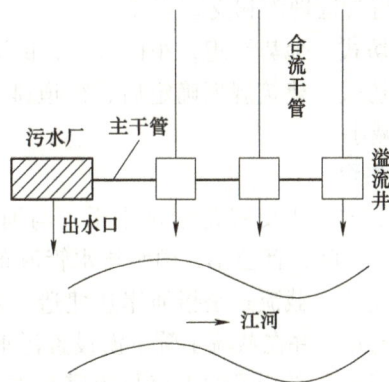

图 1-2 截流合流制

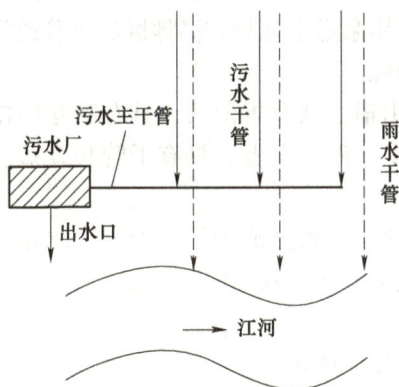

图 1-3 完全分流制

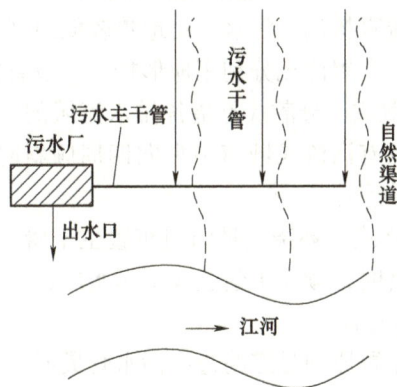

图 1-4 不完全分流制

1.2.2 组成

完全分流制室外排水系统由污水排水系统和雨水排水系统组成，如图 1-5 所示。

1. 污水排水系统

污水排水系统的流程为庭院排水管→街道排水管→检查井→中途泵站→污水厂→排出口。

2. 雨水排水系统

雨水排水系统的流程为雨水口→雨水管→检查井→排出口。

图 1-5 室外排水系统

1.2.3 布置

1. 支管布置

街道排水支管的布置形式有低边式、围坊式、穿坊式。

（1）低边式　排水支管布置在街道处，小区内的排水管顺着地形坡度进入街道支管，可以减小街道管道埋深和支管管径。

（2）围坊式　地势平坦，小区较大，街道支管围绕小区布置，管长减小，埋深减小。

（3）穿坊式　建筑规划确定后，街道排水支管穿过小区，有利于街道支管减小和小区排水管埋深减小。

2. 干管布置

（1）正交式　正交式是指排水干管与河道流向垂直相交的布置形式。其管道长度短，充分利用地形坡度，管径小，雨水排水管道布置中应用较多。

（2）截流式　截流式是指河岸边建造一条截流干管，合流干管与截流干管相交前或相交处设置截流井，并在截流干管下游设置污水处理厂。

（3）平行式　平行式的干管与河道基本平行。地势向河流有较大倾斜时，平行式布置可使管道内流速降低，避免管道受到严重冲刷。

（4）分区式　分区式是地势较高地区和较低地区分别布置管道系统。地势较高地区的污水靠重力流直接流入污水厂；地势较低地区的污水用泵送至地势较高地区的干管或污水处理厂。分区式布置能充分利用地形排水，节省能源消耗。

（5）分散式　分散式是指各排水流域的干管采用辐射状布置形式，具有独立的排水系统。城市周围有河流或城市中央向四周倾斜时常采用分散式布置，具有干管长度短、管径小、埋深浅等优点。

（6）环绕式　环绕式是四周布置主干管，各干管的污水截流到污水处理厂。建造小型污水厂不经济时，倾向于建造大型污水厂，布置形式由分散式发展成环绕式。

3. 管道布置

管道的布置原则是道路边缘污水管最低；有压管让无压管。

排水管渠系统应根据城镇总体规划和建设情况统一布置，分期建设。排水管渠断面尺寸应按远期规划的最高日最高时设计流量设计，按现状水量复核，并考虑城市远景发展的需要。

管渠平面位置和高程，应根据地形、土质、地下水水位、道路情况、原有的和规划的地下设施、施工条件以及养护管理方便等因素综合考虑确定。排水干管应布置在排水区城内地势较低或便于雨水、污水汇集的地带。排水管宜沿城镇道路敷设，并与道路中心线平行，宜设在快车道以外。截流干管宜沿受纳水体岸边布置。设计管渠高程除考虑地形坡度外，还应考虑与其他地下设施的关系以及接户管的连接方便。

管渠材质、管渠构造、管渠基础、管道接口应根据排水水质、水温、冰冻情况、断面尺寸、管内外所受压力、土质、地下水水位、地下水侵蚀性、施工条件及对养护工具的适应性等因素进行选择与设计。输送腐蚀性污水的管渠必须采用耐腐蚀材料，其接口及附属构筑物必须采取相应的防腐蚀措施。当输送易造成管渠内沉析的污水时，管渠形式和断面的确定，必须考虑维护检修的方便。工业区内经常受有害物质污染场地的雨水，应经预处理达到相应标准后才能排入排水管渠。

排水管渠系统的设计，应以重力流为主，不设或少设提升泵站。当无法采用重力流或重力流不经济时，可采用压力流。污水管道和附属构筑物应保证其密实性，防止污水外渗和地下水入渗。当排水管渠出水口受水体水位顶托时，应根据地区重要性和积水所造成的后果，设置潮门、闸门或泵站等设施。排水管渠系统中，在排水泵站和倒虹管前，宜设置事故排出口。

　　雨水管渠系统设计可结合城镇总体规划，考虑利用水体调蓄雨水，必要时可建人工调蓄和初期雨水处理设施。雨水管渠系统之间或合流管道系统之间可根据需要设置连通管。必要时可在连通管处设闸槽或闸门。连接管及附近闸门井应考虑维护管理的方便。

　　规定排水管道与其他地下管线和构筑物等相互间位置的要求。当地下管道多时，不仅应考虑排水管道不应与其他管道互相影响，而且要考虑维护方便。规定排水管道与生活给水管道相交时的要求，目的是防止污染生活给水管道。

　　规定排水管道与其他地下管线的水平和垂直最小间距。排水管道与其他地下管线（或构筑物）的水平和垂直最小净距，应由城市规划部门或工业企业内部管道综合部门根据其管线类型、数量、高程、可敷设管线的地位大小等因素综合设计确定。规定再生水管道与生活给水管道、合流管道和污水管道相交时的要求。为避免污染生活给水管道，再生水管道应敷设在生活给水管道的下面，当不能满足时，必须有防止污染生活给水管道的措施。为避免污染再生水管道，再生水管道宜敷设在合流管道和污水管道的上面。

思考题

1. 给水管道有哪些不同种类？试述它们的优缺点。
2. 简述给水系统的组成部分。
3. 排水制度分为几类？应如何选择？
4. 室外排水工程中干管布置分为哪几类？
5. 为什么排水管道坡度不能太小？
6. 地下水和地表水的特点是什么？

二维码形式客观题

微信扫描二维码可在线做题，提交后可查看答案。

第1章
客观题

第 2 章
建筑给水工程

本章重点内容

　　熟悉建筑给水工程的相关内容；掌握建筑给水系统、建筑给水管道常用材料、建筑给水工程管件、建筑给水工程常用附件、建筑给水工程常用设备等的相关知识。

本章学习目标

　　通过本章的学习，培养学生系统性思考工程问题的意识，遵纪守法和遵守规则的纪律意识和解决工程项目管理问题的能力，使其在团队中具有组织管理能力，能够进行任务分解、计划安排和组织实施并开展工作。

2.1 建筑给水系统

1. 建筑给水系统的分类

　　建筑给水系统包括室外给水系统和室内给水系统。室外给水系统的任务是自水源取水（原水），经净水工程处理，净化到所要求的水质标准后（自来水），经输配水管网送往用户，满足建筑物的用水要求。室内给水系统的任务是将城镇（或小区）给水管网或自备水源的水引入一幢建筑或一个建筑群体，再经室内配水管网送至各用水点，供生活、生产、消防使用，并满足各类水质、水量和水压要求的冷水供应系统。

2. 建筑给水系统的组成

　　一般情况下，建筑给水系统由引入管、水表节点、给水管网、给水附件、配水设施、增压和储水设备、给水局部处理设施等组成，如图 2-1 所示。

　　（1）引入管　引入管又称进户管，是室外给水管网与室内给水管网之间的联络管段。引入管一般采用埋地敷设，穿越建筑物外墙或者基础时需设置防水套管。引入管上应装设水表，用以记录建筑物的总用水量。

　　（2）水表节点　设置在引入管上的水表及其前后一同安装的阀门、管件和泄水装置总称为水表节点。水表节点用于供水的计量和控制，一般设置在引入管室外部分离建筑物适当位置的水表井内，有设旁通管和不设旁通管两种形式，其前后设置的阀门用于检修、拆换水表时关闭管路，泄水口用于检修时排泄掉室内管道系统中的水，同时也可用于检测水表精度和测定管道进户时的水压值。水表节点如图 2-2 所示。

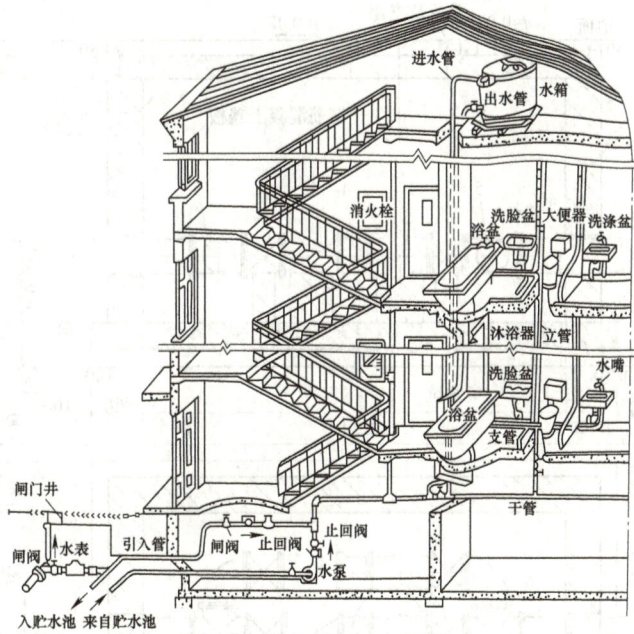

图 2-1　建筑给水系统组成

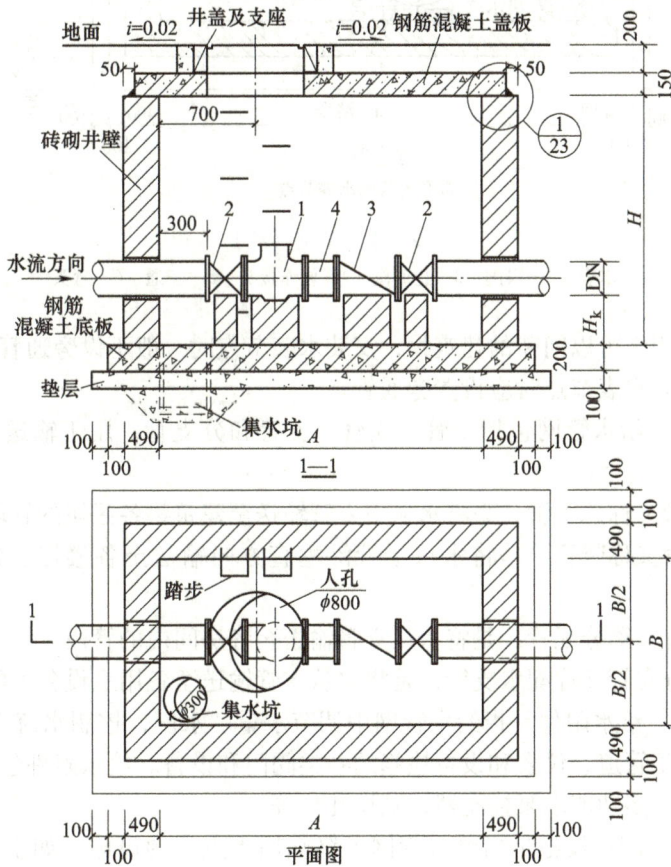

a) 无旁通管的水表节点

图 2-2　水表节点

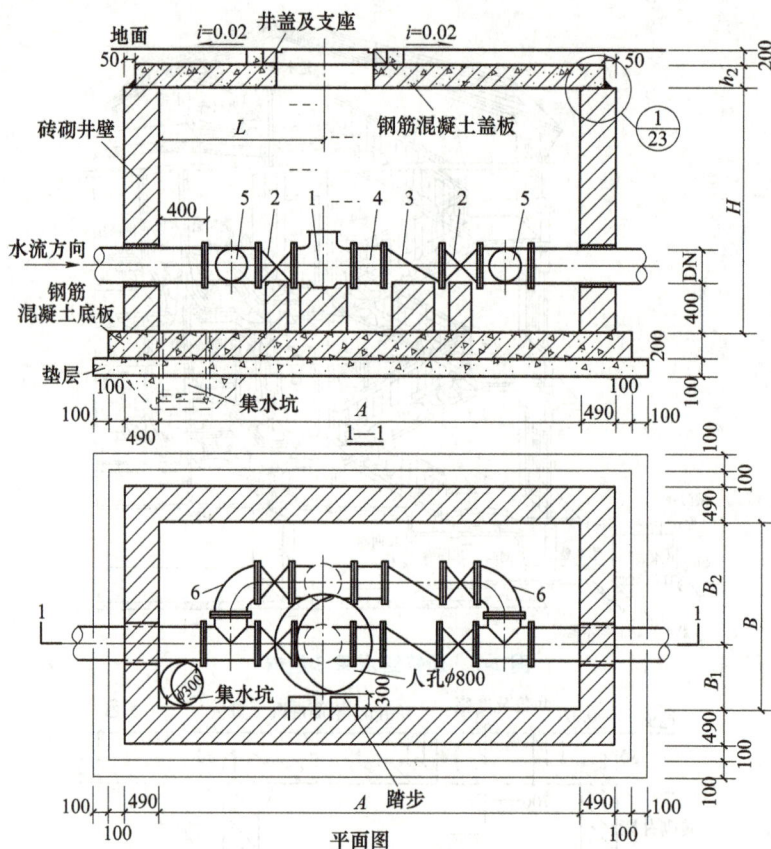

b) 带旁通管的水表节点

图 2-2 水表节点（续）

1—水表 2—蝶阀 3—止回阀 4—伸缩接头 5—三通 6—弯头

用水量不大、用水可以间断的建筑物，安装水表节点时一般不设旁通管。对于用水要求较高的建筑物，安装水表节点时应设置旁通管。

（3）给水管网 给水管网包括干管、立管、支管和分支管，用于输送和分配用水至室内各用水点。

1）干管。干管又称总干管，是将水从引入管输送至建筑物各区域的管段。

2）立管。立管又称竖管，是将水从干管沿垂直方向输送至各楼层、各不同标高处的管段。

3）支管。支管又称分配管，是将水从立管输送至各房间内的管段。

4）分支管。分支管又称配水支管，是将水从支管输送至各用水设备处的管段。

（4）给水附件 给水附件是指给水管网中调节水量、水压，控制水流方向，改善水质，以及关断水流，便于管道、仪表和设备检修的各类阀门和设备。给水附件包括各类阀门、过滤器、水锤消除器、多功能水泵控制器、减压孔板等。

（5）配水设施 配水设施是指给水管网各终端用水点上的设施，如生活给水系统的配水设施主要指卫生器具的给水配件或配水嘴；生产给水系统的配水设施主要指与生产工艺有关的各用水设备；消防给水系统的配水设施有室内消火栓、消防软管卷盘、自动喷水灭火系统的各种喷头等。

（6）增压和储水设备　增压和储水设备是指在室外管网压力不足，或压力波动较大但室内对给水有稳定运行要求时，根据需要，设置在给水系统中增压、稳压、储水的设备。给水系统中用于升压、稳压、储水和调节的设备，包括水泵、水池、水箱、水塔、吸水井、气压给水设备等。给水系统中常见的储水设备有水池、水箱等。

另外，如果对给水水质有更高要求、超出我国现行生活饮用水卫生标准或其他原因造成水质不能满足要求时，还需要设置一些对现有供水进行深度处理的设备、构筑物等，如二次净化处理设备设施。

3. 建筑给水系统的给水方式

给水系统的给水方式是指建筑内部给水系统的供水方案，是根据建筑物的性质、高度、配水点的布置情况以及用户对供水安全的要求等条件来综合确定的。室内给水方式通常有以下几类：

（1）市政管网直接供水（直接给水方式）　直接给水方式是指由室外给水管网直接供水，是最简单、经济的给水方式。这种给水方式适用于室外给水管网的水量、水压在一天内均能满足用水要求的建筑。直接给水方式如图 2-3 所示。

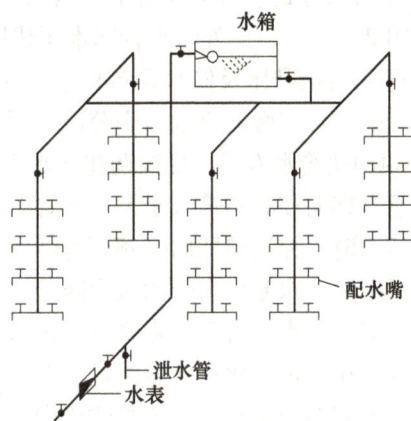

（2）设水箱的给水方式　设水箱的给水方式宜在室外给水管网供水压力周期性不足时采用。设水箱的给水方式如图 2-4 所示。

低峰用水时，可利用室外给水管网水压直接供水并向水箱进水，水箱贮备水量；高峰用水时，室外给水管网水压不足，则由水箱向系统供水。此外，当室外给水管网水压偏高或不稳定时，为保证给水系统的良好工况或满足稳压供水的要求，也可采用设水箱的给水方式。

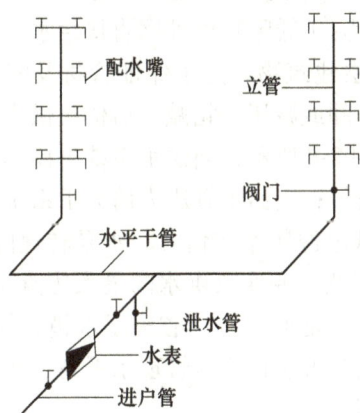

图 2-3　直接给水方式　　　　　图 2-4　设水箱的给水方式

（3）水池、水泵和水箱联合给水方式　当市政部门不允许从室外给水管网直接抽水时，需增设地面水池，此系统增设了水泵和高位水箱。室外给水管网水压经常或周期性不足，且室内用水不均匀时多采用此种给水方式，如图 2-5 所示。这种供水系统供水安全性高，但因增加了加压和储水设备，系统会变得复杂，且投资及运行费用高，一般用于高层建筑。

（4）气压给水方式　气压给水方式是指在给水系统中设置气压供水设备，利用该设备的气压水罐内气体的可压缩性，升压供水。该方式下，气压水罐与水泵协同增压供水，气压水罐的作用相当于高位水箱，但其位置可根据需要设置在高处或低处，如图 2-6 所示。当室外给水管网压力经常不能满足室内所需水压或室内用水不均匀，且不宜设置高位水箱时可采用此种方式。

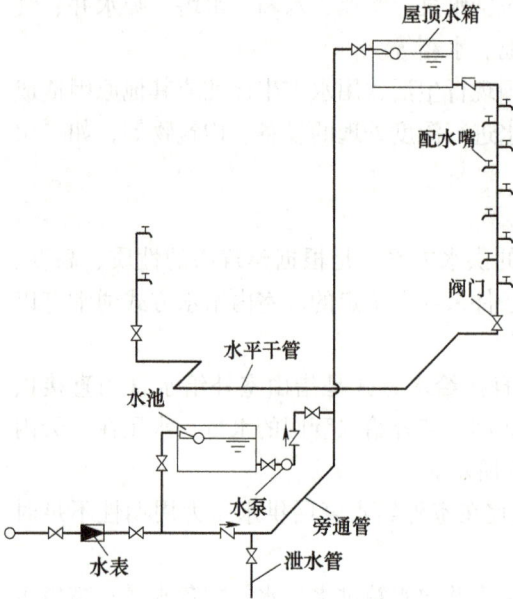

图 2-5 水池、水泵和水箱联合给水方式　　图 2-6 气压给水方式

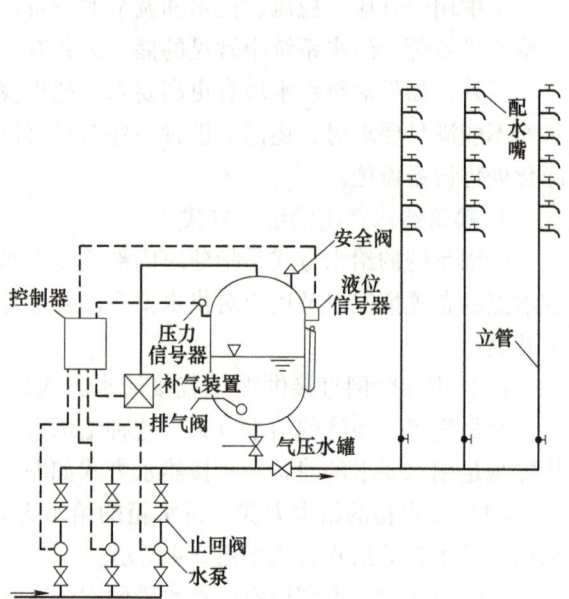

（5）分区给水方式　当室外给水管网只能满足低层供水的压力需求时，可采用分区给水方式。如图 2-7 所示，室外给水管网水压线以下楼层（低区）由外网直接给水；水压线以上楼层（高区）可由升压及储水设备供水。对于高层建筑物，为了保证管材及配水附件在安全压力下工作，可在竖向设置多个分区，通过减压阀或减压水箱减压后依次供水。

（6）变频调速给水方式　变频调速给水方式如图 2-8 所示，当供水系统中扬程发生变化时，压力传感器即向控制器输入水泵出水管压力的信号；当出水管压力值大于系统中设计供水量对应的压力时，控制器即向变频调速器发出降低电源频率的信号，水泵转速随即降低，使水泵出水量减少，水泵出水管的压力降低，反之亦然。变速泵供水的最大优点是效率高、能耗低、运行安全可靠、自动化程度高、设备紧凑、占地面积小（省去了水箱、气压水罐）及对管网系统中用水量变化适应能力强，但它要求电源可靠且所需管理水平高、造价高。目前，这种给水方式在居民小区和公共建筑中广泛应用。

4. 高层建筑给水系统

高层建筑层数多，建筑高度高，若采用同一给水系统供水，则垂直方向管线过长，低层管道中静水压力过大，会带来以下弊端：需要采用耐高压的管材、附件和配水器材，费用高；启闭水嘴、阀门易产生水锤，不但会引起噪声，还可能损坏管道、附件，造成漏水；开启水嘴水流喷溅，既浪费水量，又影响使用；下层水嘴的流出水头过大，出流量比设计流量大得多，使管道内流速增加，以致产生流水噪声、振动，并可使顶层水嘴产生负压抽吸现象，形成回流污染。因此，高层建筑给水应竖向分区，分区后各区最低卫生器具配水点的静水压力应不小于其工作压力。住宅、旅馆、医院宜为 0.30～0.35MPa，办公楼因卫生器具较以上建筑少，且使用不频繁，故卫生器具配水点装置处的静水压力可略高些，宜为 0.35~0.45MPa。

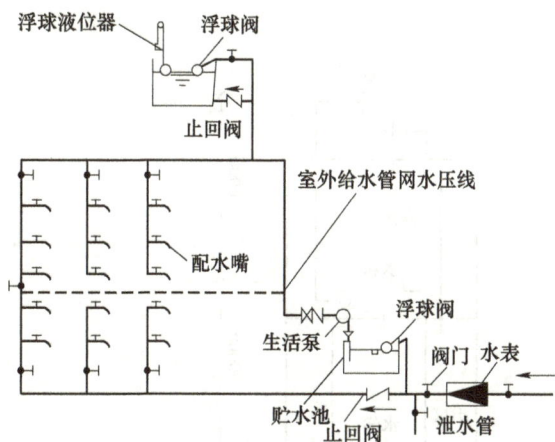

图 2-7　分区给水方式

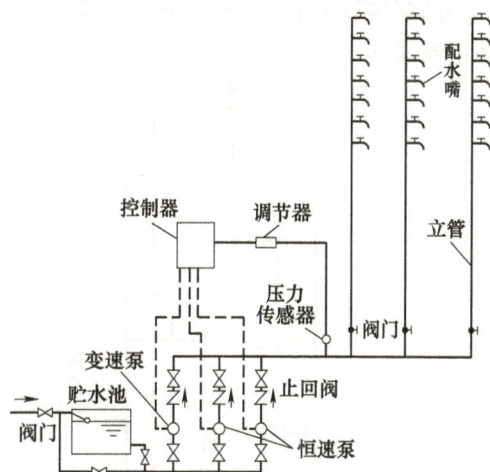

图 2-8　变频调速给水方式

高层建筑给水系统竖向分区的基本形式有以下三种：

（1）并联给水方式　如图 2-9 所示，这种方式是在各分区内独立设置水箱和水泵，且水泵集中设置在建筑底层或地下室，分别向各区供水。这种给水方式的优点是：各区是独立给水系统，互不影响，某区发生事故，不影响全局，供水安全可靠，集中布置，维护管理方便，能源消耗小。其缺点是：水泵出水高压线长，投资费用增加；分区水箱占建筑楼层若干面积，给建筑房间布置带来困难，减少房间面积，影响经济效益。

（2）串联给水方式　串联给水方式为水泵分散设置在各区的设备层中，自下区水箱抽水供上区用水，如图 2-10 所示。这种给水方式的优点是：设备与管道较简单，投资较节约，能源消耗较少。其缺点是：水泵分散设置，连同水箱所占设备层面积较大；水泵设在设备层，防振隔音要求高；水泵分散，管理维护不便；若下区发生事故，其上部数区供水受影响，供水可靠性差。

（3）减压给水方式　由图 2-11 可知，整个高层建筑的用水由设置在泵房内的水泵抽升到最高处水箱，再逐级向下一区的高位水箱给水，形成减压水箱串联给水系统。这种给水方式的优点是：水泵管理简单，（水泵仅两台，一用一备）水泵及管路的投资较省，水泵占地面积小。其缺点是：设置在最高层的水箱总容积大，增加了结构负荷，而且起传输作用的管道管径也将增大，水泵向高位水箱供水，然后逐渐减压供水，增加中、低压区常年能耗，增加了运行成本，且不能保证供水的安全可靠，若上面任一区管道和水箱等设备出现问题，下面的各区供水便会受到影响。

图 2-12 所示为减压给水的另一种方式，各区的减压水箱由减压阀代替。这种给水方式的最大优点是减压阀不占楼层房间面积，提高了建筑面积的利用率（无水箱）。减压阀给水方式是我国目前实际工程中采用较多的一种方式。

高层建筑给水同样可采用气压给水及无水箱的变频给水等方式。

高层建筑每区内的给水管网，根据供水的安全要求程度设计成竖向环网或水平环网。在供水范围较大的情况下，水箱上可设置两条出水管接到环网。此外，在环网的分水节点处适当位置设置阀门，以减少管段损坏或维修时停水影响供水范围的情况发生。

高层建筑给水系统的消声、减振、防水锤等技术问题越来越引起重视。一些技术措施也在不断成熟。

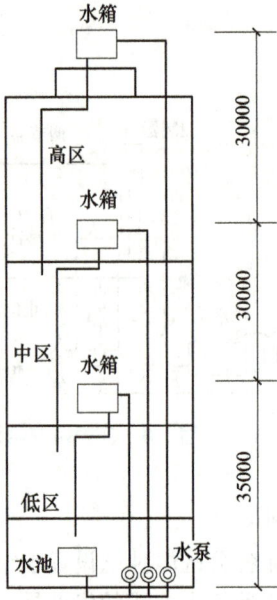

图 2-9　并联给水方式

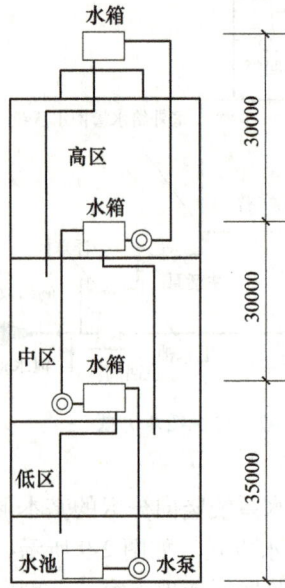

图 2-10　串联给水方式

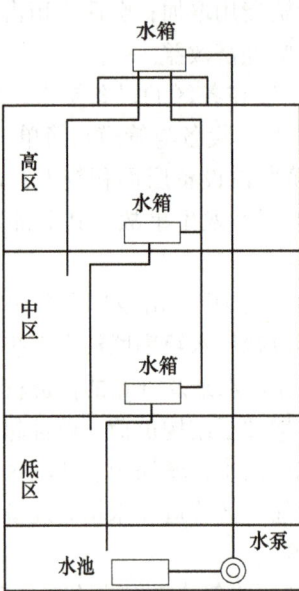

图 2-11　减压水箱给水方式

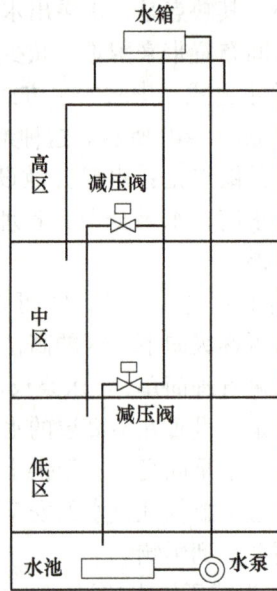

图 2-12　减压阀给水方式

5. 给水系统的特点

室内给水系统给水方式的特点、优点、缺点和适用范围见表 2-1。

表 2-1　室内给水系统给水方式一览表

给水方式			特点	优点	缺点	适用范围
单层或多层建筑	直接给水方式		室外给水管网直接供水给用户，内部无须储水设备	系统简单、投资省、安装维护方便、节能	外网停水内部即断水	适用于外网水压、水量能满足用水要求，室内给水无特殊要求的建筑
	设水箱的给水方式		室内管网与外网直接连接，利用外网压力供水，同时设置高位水箱调节流量和压力	供水较可靠，系统较简单，投资较省，安装、维护较简单，可充分利用外网水压，节省能量	设置高位水箱，增加结构荷载，若水箱容积不足，可能造成停水	适用于外网水压周期性不足，室内要求水压稳定，允许设置高位水箱的建筑
	水池、水泵和水箱联合给水方式	贮水池加水泵供水	室外给水管网供水至贮水池，水泵将水抽升至各用水点。当室内一天用水量均匀时，可以选择恒速水泵；当用水量不均匀时，宜采用变频调速泵	供水方式安全可靠，不设高位水箱，不增加建筑结构荷载	外网水压没有被充分利用	适用于外网的水量满足室内的要求，而水压大部分时间不足的建筑
		水泵、水箱联合供水	水泵自贮水池抽水加压，利用高位水箱调节流量，在外网水压高时也可以直接供水	可以延时供水，供水可靠，充分利用外网水压，节省能量	安装、维护较麻烦，投资较大；有水泵振动和噪声干扰；需设高位水箱，增加结构荷载	适用于外网水压经常或间断不足，允许设置高位水箱的建筑
	气压给水方式	气压水罐供水	水泵自贮水池或外网抽水加压送至气压水罐内，由气压水罐向用户供水，并由气压水罐调节、贮存水量及控制水泵运行	设备可设在建筑物任何高度上，安装方便，水质不易受污染，投资省，建设周期短，便于实现自动化	管理运行成本高，由于给水压力波动较大，供水安全性较差	适用于外网水压经常不足，建筑物不易设置水箱的情况
		气压水箱供水	气压水箱即气压罐，供水方式有气压水箱并列供水、气压水箱减压阀供水	无须设置高位水箱，不占用建筑物使用面积	运行费用较高，气压水箱贮水量小，水泵启闭频繁，水压变化幅度大	适用于不适宜设置高位水箱的建筑
	分区给水方式		低区由外网直接供水，高区由水泵、水箱供水；高低区管道连通，设阀门隔断；外网水压不足时，打开阀门由水箱供低区用水	可利用部分外网水压，能量消耗较少。供水可靠，外网水压不足时不影响低区用水；停水、停电时高区可以延时供水	安装维护较麻烦，投资较大，有水泵振动、噪声干扰	适用于外网水压经常不足且不允许直接抽水，允许设置高位水箱的建筑

（续）

	给水方式	特点	优点	缺点	适用范围
单层或多层建筑	变频调速给水方式	有着完善的保护功能、简单的控制功能、保持恒压供水以及保护电动机	效率高、能耗低、运行安全可靠、自动化程度高、设备紧凑，占地面积小（省去了水箱、气压水罐）及对管网系统中用水量变化适应能力强	要求电源可靠且所需管理水平高、造价高	适用于根据流量变化来调节水泵转速的场合，如：建筑物的火灾、冷却等；大规模的给水系统以及需要高精度控制的工业流程中
高层建筑给水系统	并联给水方式	分区设置水箱、水泵、水泵集中设置在底层或地下室，分别向各区供水	各区独立运行互不干扰，供水可靠；水泵集中管理，维护方便，运行费用经济	管线长，水泵较多，设备投资较高；水箱占用建筑物使用面积大	适用于允许分区设置水箱的建筑
	串联给水方式	分区设置水箱、水泵，水泵分散布置，自下区水箱抽水供上区使用	管线较短，无须高压水泵，投资较省，运行费用经济	供水独立性较差，上区受下区限制；水泵分散设置不易管理维护；水泵设在楼层，振动隔音要求高；水泵、水箱均设在楼层，占用建筑面积大	适用于允许分区设置水箱、水泵的建筑，尤其是高层工业建筑
	减压给水方式 减压水箱供水	全部用水量由底层水泵提升至层顶总水箱，再分送至各分区水箱，分区水箱起减压作用	水泵数目少、设备费用低，维护管理方便；各分区水箱容积小，少占建筑面积	水泵运行费用高，屋顶水箱容积大，对结构和抗震不利	适用于允许分区设置水箱，电力供应充足，电价较低的建筑
	减压阀供水	工作原理同减压水箱供水。区别是以减压阀替代减压水箱	不占楼层面积，减轻结构基础负荷，避免引起水箱二次污染	水泵运行费用较高	适用于电力供应充足，电价较低的建筑

2.2 建筑给水管道常用材料、管件、附件

2.2.1 建筑给水管道常用材料

1. 钢管

（1）焊接钢管 焊接钢管又称有缝钢管（水煤气管、黑铁管），通常由卷成管形的钢板、钢带以对缝或螺旋缝焊接而成。按管壁厚不同又分为普通焊接钢管、加厚焊接钢管和薄

壁焊接钢管三种。焊接钢管用公称直径 DN 表示，如 DN40 表示公称直径为 40mm 的焊接钢管。焊接钢管如图 2-13 所示。

（2）镀锌钢管　镀锌钢管是指表面有热浸镀或电镀锌层的焊接钢管。镀锌钢管可提高钢管的抗腐蚀能力，延长使用寿命。镀锌钢管按照其镀锌工艺有冷镀锌管和热镀锌管。镀锌钢管与焊接钢管一样，用公称直径 DN 表示，如 DN65 表示公称直径为 65mm 的镀锌钢管。镀锌钢管如图 2-14 所示。

（3）无缝钢管　无缝钢管是用优质碳素钢或合金钢钢坯经穿孔轧制或拉制而成。无缝钢管具有承受高压、高温的能力，常用于输送高压蒸汽、高温热水、易燃易爆及高压流体等介质。同一口径的无缝钢管通常有多种壁厚，一般用 D（外径）$\times \delta$（壁厚）表示，如 $D108 \times 5$ 表示钢管外径为 108mm、壁厚为 5mm。无缝钢管如图 2-15 所示。

图 2-13　焊接钢管　　　　图 2-14　镀锌钢管　　　　图 2-15　无缝钢管

2. 给水铸铁管

给水铸铁管具有耐腐蚀、寿命长的优点，但是管壁厚、质脆、强度较钢管差，多用于公称直径 ≥75mm 的给水管道中，尤其适用于埋地敷设。给水铸铁管采用承插连接，在交通要道等振动较大的地段采用青铅接口。给水铸铁管如图 2-16 所示。

给水铸铁管按制造材质不同分为给水灰口铸铁管和给水球墨铸铁管两种。同给水灰

图 2-16　给水铸铁管

口铸铁管相比，球墨铸铁管具有强度高、韧性大、密闭性能佳、抗腐蚀能力强、安装施工方便等优点，已替代灰口铸铁管。近年来，在大型的高层建筑中，将球墨铸铁管设计为总立管，应用于室内给水系统。球墨铸铁管较普通铸铁管壁薄、强度高。球墨铸铁管采用橡胶圈机械式接口或承插接口，也可以采用螺纹法兰连接的方式。球墨铸铁管也常用于室外给水系统。给水铸铁管分为高压管（$p < 1.0 \text{MPa}$）、普压管（$p < 0.75 \text{MPa}$）和低压管（$p < 0.45 \text{MPa}$）。

3. 塑料管

塑料管主要有：聚乙烯（PE）管、改性聚丙烯（PP-R，PP-C）管、硬聚氯乙烯（PVC-U）管、交联聚乙烯（PE-X）管、丙烯腈-丁二烯-苯乙烯（ABS）管、氯化聚氯乙烯（PVC-C）管、聚丁烯（PB）管等。塑料管材规格用 De（公称外径）$\times \delta$（壁厚）表示。

塑料管公称外径与公称直径对照表见表 2-2。

表 2-2　塑料管公称外径与公称直径对照表

公称直径 DN/mm	15	20	25	32	40	50	65	80	100	150
公称外径 De/mm	20	25	32	40	50	63	75	90	110	160

（1）硬聚氯乙烯（PVC-U）管　适用于给水温度不大于 45℃、给水系统工作压力不大于 0.6MPa 的生活给水系统。高层建筑的加压泵房内不宜采用 PVC-U 给水管；水箱的进出水管、排污管、自水箱至阀门间的管道不得采用塑料管；公共建筑、车间内塑料管长度大于 20m 时应设伸缩节。PVC-U 管如图 2-17 所示。

PVC-U 给水管宜采用承插式粘接、承插式弹性橡胶密封圈柔性连接和过渡性连接。国内 PVC-U 给水管材主要规格有公称直径 DN15～DN700 十多种。管材最高许可压力一般为 0.6MPa、0.9MPa 和 1.6MPa 三种。

（2）氯化聚氯乙烯（PVC-C）管　氯化聚氯乙烯冷热水管道是现今新型的输水管道。该管与其他塑料管材相比，具有刚性高、耐腐蚀、阻燃性能好、导热性能低、热膨胀系数低及安装方便等特点。氯化聚氯乙烯管如图 2-18 所示。

图 2-17　硬聚氯乙烯管

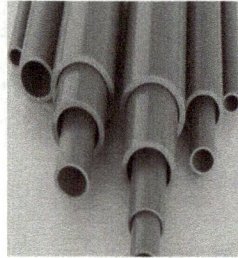

图 2-18　氯化聚氯乙烯管

（3）聚乙烯（PE）管　PE 管材无毒、质量轻、韧性好、可盘绕、耐腐蚀，在常温下不溶于任何溶剂，低温性能、抗冲击性和耐久性均比聚氯乙烯好。目前 PE 管主要应用于饮用水管、雨水管、气体管道、工业耐腐蚀管道等领域。PE 管强度较低，一般适用于压力较低的工作环境，且耐热性能不好，不能作为热水管使用。

PE 管根据生产用的聚乙烯原材料不同，分为 PE63 级（第一代）、PE80 级（第二代）、PE100 级（第三代）及 PE112 级（第四代）聚乙烯管材，目前给水中应用的主要是 PE80 级、PE100 级。目前 PE112 级是今后应用的主要方向，PE63 级由于承压较低故很少用于给水。PE 管及管件如图 2-19 所示。

图 2-19　PE 管及管件

PE 管分为高密度 HDPE 管和中密度 MDPE 管，高密度 HDPE 管应用较多。HDPE 给水管道工作压力一般有 0.40MPa、0.60MPa、0.80MPa、1.00MPa、1.25MPa、1.60MPa 档次，规格有 De16~De1000。

PE 管的连接方式主要有电热熔、热熔对接焊和热熔承插连接。管道敷设既可采用通常使用的直埋方式施工，也可采取插入管敷设（主要用于旧管道改造中的插入新管，省去大开挖）。

（4）超高分子量聚乙烯（UHMWPE）管　UHMWPE 管是分子量（相对分子质量）在 150 万以上的线性结构 PE［普通 PE 的分子量（相对分子质量）仅为 2 万~3 万］管。UHMWPE 管的许多性能是普通塑料管无法相比的，耐磨性为塑料之冠。UHMWPE 管适用于输送散物料、浆体、冷热水、气体等。UHMWPE 管如图 2-20 所示。

（5）交联聚乙烯（PE-X）管　交联聚乙烯是通过化学方法，使普通聚乙烯的线性分子结构改成三维交联网状结构。交联聚乙烯管具有强度高、韧性好、抗老化（使用寿命达 50 年以上）、温度适应范围广（-70~110℃）、无毒、不滋生细菌、安装维修方便、价格适中等优点。交联聚乙烯管如图 2-21 所示。

管外径规格为 De16~De63，生产企业常规产品压力等级为 1.25MPa。PE-X 管连接方式有夹紧式、卡环式、插入式三种，适用于建筑冷热水管道、供暖管道、雨水管道、燃气管道及工业用管道等。

图 2-20　UHMWPE 管

图 2-21　交联聚乙烯管

（6）改性聚丙烯（PP-R）管　PP-R 管具有以下特点：耐腐蚀，不易结垢；质量轻，外形美观，内外壁光滑，安装方便；导热系数小，保温性能好，使用寿命长，可用 50 年；无毒、卫生，原料可回收，不造成污染。但耐高温、高压性能较差，最高使用温度为 95℃；5℃以下存在一定低温脆性，在北方地区应用受到一定限制；长期受紫外线照射易老化降解；每段长度有限，且不能弯曲施工。产品规格在 DN20~DN110 之间，常用于冷、热水系统和纯净饮用水系统。PP-R 管及管件如图 2-22 所示。

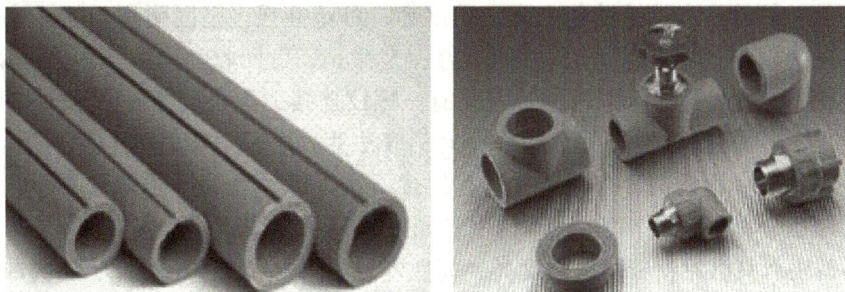

图 2-22　PP-R 管及管件

PP-R 管及配件之间采用热熔连接。PP-R 管与金属管件连接时，采用带金属嵌件的聚丙烯管件作为过渡，该管件与 PP-R 管采用热熔连接，与金属管采用螺纹连接。

（7）聚丁烯（PB）管　PB 管是由聚丁烯树脂通过一定的工艺生产而成。PB 管具有很高的耐久性、化学稳定性和可塑性，质量轻，柔韧性好，用于压力管道时耐高温特性尤为突出（-30～100℃），抗腐蚀性能好、可冷弯、使用安装维修方便、寿命长（可达到 50～100 年），适用于冷、热水系统。但紫外线照射会导致老化，易受有机溶剂侵蚀。PB 管及管件如图 2-23 所示。

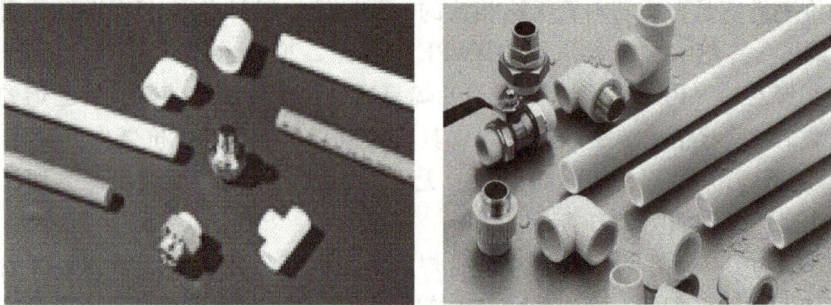

图 2-23　PB 管及管件

PB 管连接方式：铜接头夹紧式连接、热熔式插接、电熔连接。

（8）丙烯腈-丁二烯-苯乙烯（ABS）管　ABS 是丙烯腈、丁二烯、苯乙烯三种化学材料的聚合物。其中，丙烯腈具有耐热性、抗老性、耐化学性；丁二烯具有耐撞击性、高坚韧性、低温性能好的特点；苯乙烯具有施工容易及管面光滑的特性。ABS 管用于输送饮用水、生活用水、污水、雨水，以及化工、食品、医药工程中的各种介质。

管材最高许可压力一般为 0.6MPa、0.9MPa 和 1.6MPa 三种规格。冷水管常用规格为 DN15～DN50，使用温度为 -40～60℃；热水管使用温度 -40～95℃。ABS 管常用粘接方式连接。

（9）其他塑料管材　其他新型管材还有如 PPPE 管、NPP-R 管。

PPPE 管是由 PP-R 或 PP-C 及 HDPE 为主材料加上化学助剂等合成。PPPE 管具有极好的耐高压（公称压力为 20MPa）性能。PPPE 管可热熔连接，也可像热镀锌钢管螺纹连接。

NPP-R 管材是以含有纳米抗菌剂的纳米聚丙烯（NPP-R）抗菌塑料制成。该管材是具有很好杀菌功能的绿色环保产品，特别适用于饮用水管网。

4. 铜管、不锈钢管

（1）铜管　铜管具有抗锈蚀能力强，强度高，可塑性强，坚固耐用，能抵抗较高的外力负荷，膨胀系数小，抗高温，防火性能较好，寿命长，可回收利用，不污染环境等优点。缺点是价格较高，应用受限。常用连接方式有：螺纹连接、焊接（承插焊和对口焊）及法兰连接（对焊活套法兰、翻边活套法兰和焊环活套法兰）等。铜管如图 2-24 所示。

（2）不锈钢管　不锈钢管按制造方式有焊接不锈钢管和无缝不锈钢管两种。不锈钢管一般用 D（外径）×δ（壁厚）表示。不锈钢管如图 2-25 所示。

薄壁不锈钢管具有管壁较薄、强度高、韧性好、经久耐用、卫生可靠、防腐蚀性好等优点，但由于价格相对较高，目前主要用于沿建筑外墙安装的直饮水管或高标准建筑室内给水管路。另外还有超薄壁不锈钢塑料复合管，该管是一种外层为超薄壁不锈钢管，内层由塑料管和中间黏结剂复合而成的新型管材，目前常用规格有外径 16~110mm 十多种。不锈钢管连接方式主要有：焊接、螺纹、法兰、卡压式、卡套式等。

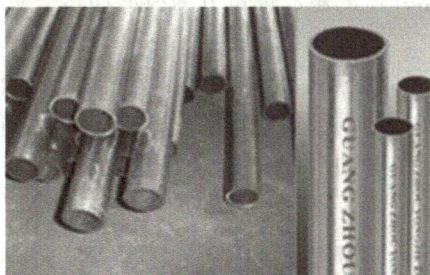

图 2-24　铜管

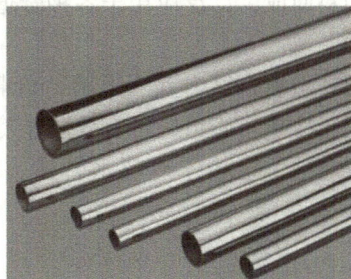

图 2-25　不锈钢管

5. 复合管

复合管按使用的骨架材料不同分为钢塑复合管、铝塑复合管（PEX-AL-PEX 或 PAP）、塑覆铜管和铝合金衬塑管等。

（1）钢塑复合管（钢塑复合钢管）　钢塑复合钢管主要有涂塑复合钢管及衬塑复合钢管两大类，如图 2-26 所示。涂塑复合钢管是以钢管为基管，内壁涂装食品级聚乙烯粉末或涂环氧树脂涂料而成；衬塑复合钢管是以塑料管为内衬材料及黏结剂，通过一定工艺与碳钢管复合而成。钢塑复合管具有强度高、耐高压、能承受较强的外来冲击力、耐腐蚀、不结垢、导热系数低、流体阻力小等特点。钢塑复合管广泛应用于给水排水、燃气、消防、净化水处理等工程。

a) 涂塑复合钢管

b) 衬塑复合钢管

图 2-26　钢塑复合管

钢塑复合管规格用公称直径 DN 表示，连接方式通常有螺纹连接、法兰连接和沟槽连接。

（2）铝塑复合管　铝塑复合管如图 2-27 所示。铝塑复合管（PAP 管）由聚乙烯（或交联聚乙烯）层—胶粘剂层—焊接铝管—胶粘剂层—聚乙烯（或交联聚乙烯）层五层结构构成。铝塑复合管除具有塑料管的优点外，还有耐压强度高（工作压力可达到 1.0MPa 以上）、耐温差性能强（使用温度范围-100~110℃）、可挠曲、施工方便、美观等优点。铝塑复合管可广泛应用于建筑室内冷热水供应和地面辐射供暖。

PAP 管规格主要有 De12~De75 多种。管道连接方式宜采用卡套式连接，宜采用与生产企业配套的管件及专用工具进行施工。

（3）塑覆铜管　塑覆铜管如图 2-28 所示。塑覆铜管由无缝铜管外覆抗磨损、耐腐蚀的聚乙烯塑料而成，广泛应用于各种管道工程。根据外覆的聚乙烯可分为齿形环和平形环塑覆铜管两种。

齿形环塑覆铜管内置凹形槽，可截留空气而形成绝热层，并增大了塑料的径向伸缩能力，适用于冷热水管道，可有效防止冷凝；平形环塑覆铜管具有耐磨、紧密等特点，能有效防潮、抗腐蚀，适用于冷热水管道、埋地、埋墙和腐蚀环境中以及输送煤气及其他气体管道。

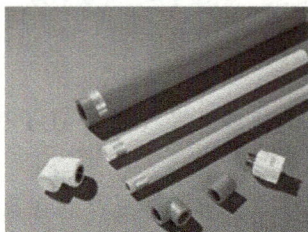

图 2-27　铝塑复合管

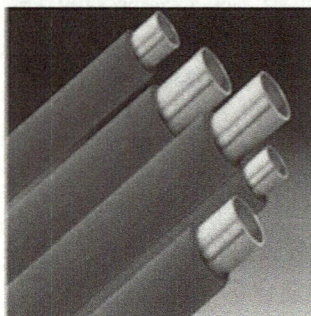

图 2-28　塑覆铜管

（4）铝合金衬塑管　铝合金衬塑管外层为无缝铝合金，内衬聚丙烯（PP），通过特殊工艺复合而成。铝合金衬塑管具有刚性好、强度高、耐腐蚀、耐压的特点，该材料热稳定性好、抗老化能力强、防火性能好、有较好的环保性。但由于管件为外接头，不利于暗装，又对碱性有一定的腐蚀性，从而限制了它的使用。

铝合金衬塑管用公称直径 DN 表示，连接管件有卡套式快装管接头、专用法兰盘等。

2.2.2　建筑给水工程常用管件

管件是管道系统中起连接、变向、分流、变径、控制、密封、支撑等作用的零部件的统称。

1. 螺纹连接管件

螺纹连接管件分镀锌和非镀锌两种，一般均采用可锻铸铁制造。常见螺纹给水管件如图 2-29 所示。

（1）三通、四通　三通、四通主要用于增加管路分支，二者均有等径与异径两种形式。

（2）变径管　变径管的主要作用是改变管道直径。常见的变径管有：变径（异径管）、异径弯头、补心等。其中，补心又称内外螺纹管接头或变径接头，一端是外螺纹，另一端是内螺纹，外螺纹一端与大管径管子连接，内螺纹一端则与小管径管子连接，用于直线管路变径处的连接。

（3）活接头　活接头又叫由任，是一种能方便安装、拆卸的常用管道连接件。

2. 冲压和焊接弯头

（1）冲压无缝弯头　该弯头是用优质碳素钢、不锈耐酸钢和低合金钢无缝钢管在特制

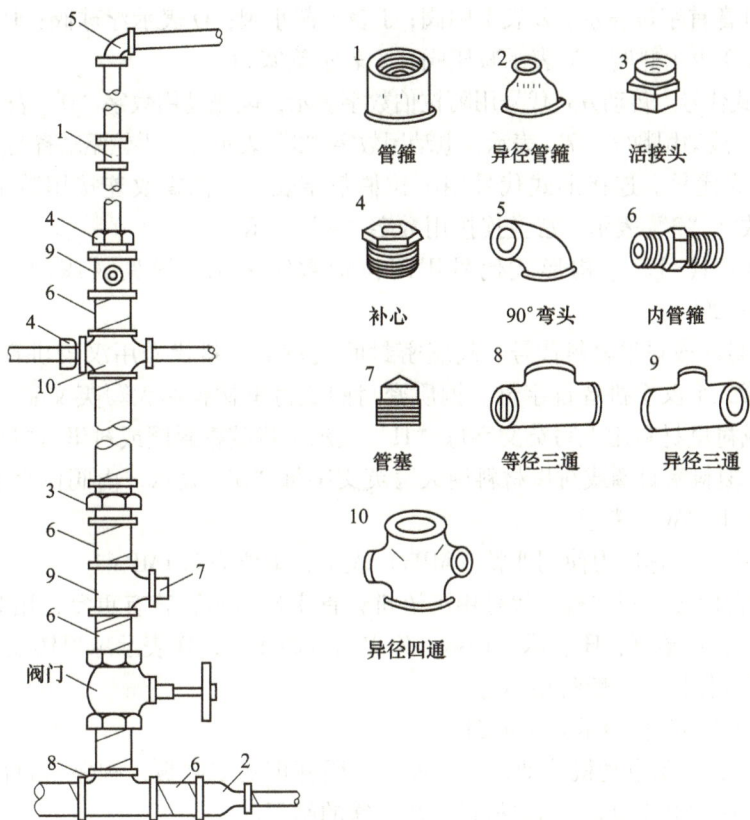

图 2-29 常见螺纹连接给水管件

的模具内压制成型的，有 90° 和 45° 两种。

（2）冲压焊接弯头 该弯头采用与管道材质相同的板材用模具冲压成半块环形弯头，然后组对焊接而成。通常按组对的半成品出厂，施工时根据管道焊缝等级进行焊接。

（3）焊接弯头 该弯头制作方法有两种：一种是用钢板下料，切割后卷制焊接成型，多数用于钢板卷管的配套；另一种是用管材下料，经组对焊接成型。

2.2.3 建筑给水工程常用附件

1. 阀门

（1）阀门型号的表示方法 阀门型号由类型代号、传动方式代号、连接形式代号、结构形式代号、阀座密封面或衬里材料代号、公称压力以及阀体材料代号七部分组成。阀门型号的表示方法如图 2-30 所示。

其中：

1）类型代号。阀门类型代号用汉语拼音首字母表示，若有重复，

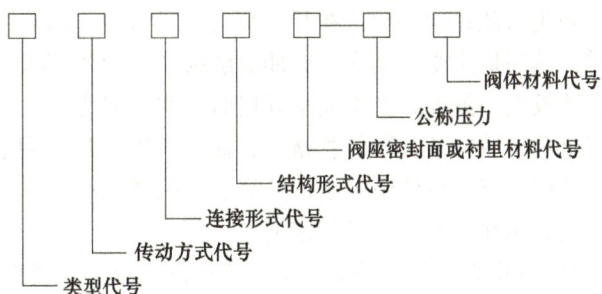

图 2-30 阀门型号的表示方法

用第二个汉字拼音首字母表示。Z 表示闸阀；J 表示截止阀；Q 表示浮球阀；H 表示止回阀；A 表示安全阀；D 表示蝶阀；Y 表示减压阀；X 表示旋塞阀。

2）传动方式代号。传动方式代号用阿拉伯数字表示，电磁动用数字"0"表示，电-液动用数字"1"表示，液动用数字"7"表示，电动用数字"9"表示等，手轮驱动省略不写。

3）连接形式代号。连接形式代号用阿拉伯数字表示。内螺纹连接用数字"1"表示；外螺纹连接用数字"2"表示；法兰连接用数字"4"表示。

4）结构形式代号。结构形式代号用阿拉伯数字表示，详见《阀门　型号编制方法》（JB/T 308—2004）。

5）阀座密封面或衬里材料代号。阀座密封面或衬里材料代号用汉语拼音首字母表示，若有重复，用第二个汉字拼音首字母。铜质密封圈或衬里材料用大写英文字母"T"表示，不锈钢密封圈或衬里材料用大写英文字母"H"表示，橡胶密封圈或衬里材料用大写英文字母"X"表示，塑料密封圈或衬里材料用大写英文字母"S"表示，由阀体直接加工的阀座密封面材料代号用"W"表示。

6）公称压力。公称压力使用兆帕（MPa）表示，单位为 0.1MPa。

7）阀体材料代号。阀体材料代号用汉语拼音首字母表示，若有重复，用第二个汉字拼音首字母。如 C 表示碳钢；H 表示不锈钢；K 表示可锻铸铁；Q 表示球墨铸铁；T 表示铜和铜合金；Z 表示灰铸铁，一般省略不写。

（2）阀门型号和名称表示方法示例

1）Z942W-1，表示电动机传动，法兰连接，明杆楔式双闸板，阀座密封面材料由阀体直接加工，公称压力 0.1MPa，阀体材料为灰铸铁的闸阀。

2）Q21F-40P，表示手动，外螺纹连接，浮动直通式，阀座密封面材料为氟塑料，公称压力 4MPa，阀体材料为 1Cr18Ni9Ti 的球阀。

3）D741X-2.5，表示液动，法兰连接，垂直板式，阀座密封面材料为铸铜，阀瓣密封面材料为橡胶，公称压力 0.25MPa，阀体材料为灰铸铁的蝶阀。

4）Z11T-10，表示手动驱动，螺纹连接，阀座密封面材料为铜，公称压力为 1MPa，阀体材料为灰铸铁的闸阀。

（3）常用阀门的结构及选用特点　工程中常用的阀门如图 2-31 所示。

1）闸阀。关闭件（闸板）由阀杆带动，沿阀座密封面做升降运动的阀门，常用于双向流动及公称直径≥50mm 的管道上。闸阀阻力小、启闭所需外力小、安装无方向性要求，但所需安装空间较大，水中如有杂质落入阀座会导致磨损和漏水。

闸阀与截止阀相比，在开启和关闭时省力，水流阻力较小，阀体比较短，当闸阀完全开启时，其阀板不受流动介质的冲刷磨损。但由于闸板与阀座之间密封面易受磨损，其缺点是严密性较差。另外，在不完全开启时，水流阻力较大。因此闸阀一般只作为截断装置，即用于完全开启或完全关闭的管路中，而不宜用于需要调节大小和启闭频繁的管路上。

选用特点：流体阻力小，开启、关闭力较小，并且能从阀杆的升降高低看出阀的开度大小，主要用在一些大口径管道上。

2）截止阀。截止阀主要用于热水供应及蒸汽管路中。它结构简单，严密性较高，制造和维修方便。流体经过截止阀时要改变流向，阻力较大，因局部阻力系数与管径成正比，故仅适用于管径≤DN50 的管道上。安装时要注意流体"低进高出"，方向不能装反。

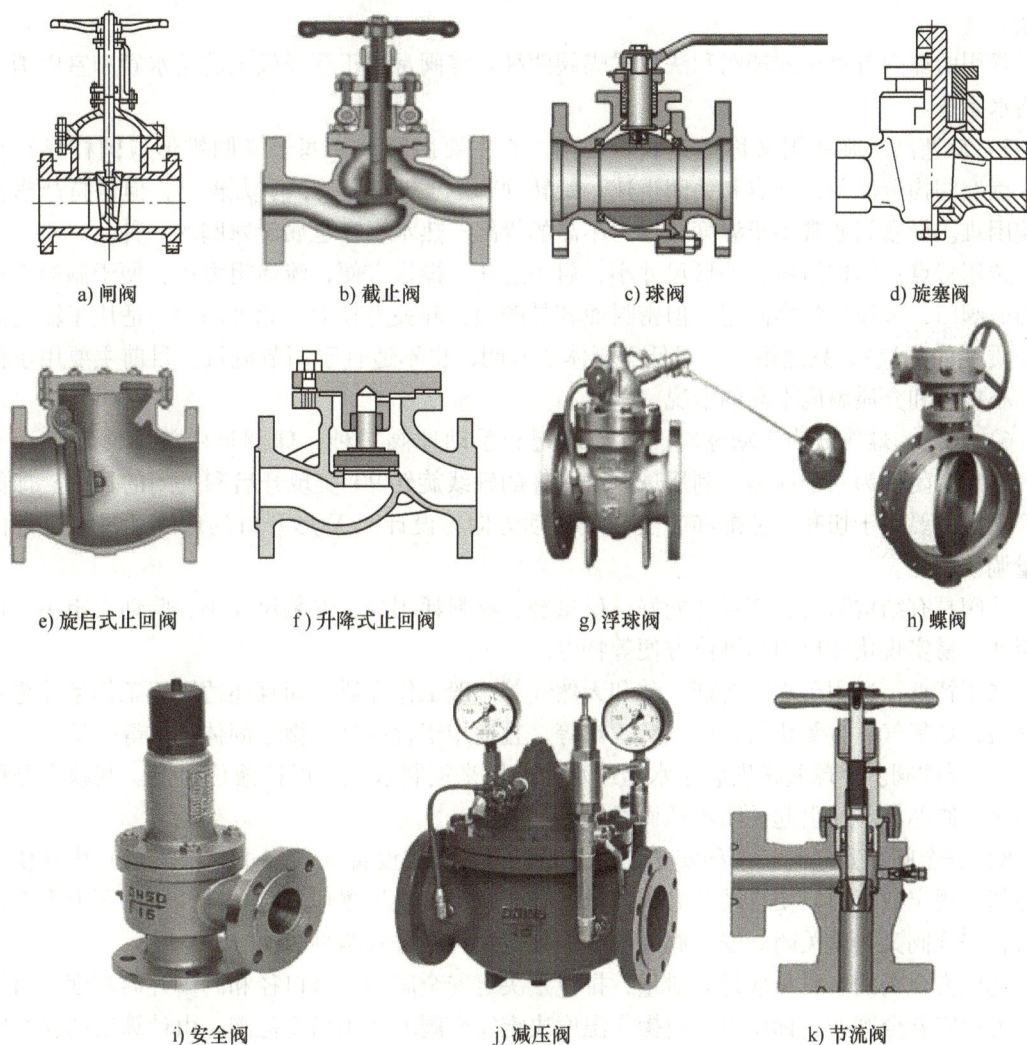

a) 闸阀   b) 截止阀   c) 球阀   d) 旋塞阀

e) 旋启式止回阀   f) 升降式止回阀   g) 浮球阀   h) 蝶阀

i) 安全阀   j) 减压阀   k) 节流阀

图 2-31 给水系统常用阀门

选用特点：结构比闸阀简单，制造、维修方便，也可以调节流量，应用广泛。但流动阻力大，为防止堵塞和磨损，不适用于带颗粒和黏性较大的介质。

3）止回阀。止回阀又称逆止阀、单向阀，用来阻止管道中水的反向流动，安装方向必须与水流方向一致，有旋启式和升降式两大类。旋启式止回阀在水平、垂直管道上均可安装，但因启闭迅速，易引起水锤，不宜在压力较大的管道系统中采用；升降式止回阀靠上下游压差使阀盘自动启闭，水流阻力大，适用于小管径的水平管路上。

止回阀有严格的方向性，只许介质向一个方向流通，而阻止其逆向流动。止回阀用于防止介质倒流的管路上，如用于水泵出口的管路上作为水泵停泵时的保护装置。

选用特点：一般适用于清洁介质，对于带固体颗粒和黏性较大的介质不适用。

4）蝶阀。蝶阀结构简单、体积小、质量轻，只由少数几个零件组成，只需旋转 90° 即可快速启闭，操作简单，同时具有良好的流体控制特性。蝶阀处于完全开启位置时，蝶板厚度是介质流经阀体时唯一的阻力，通过该阀门所产生的压力降很小，具有较好的流量控制特性。

常用的蝶阀有对夹式蝶阀和法兰式蝶阀两种。蝶阀常用于管径较大的给水管和室内消火栓给水系统。

5）旋塞阀。旋塞阀又称考克或转心门。它主要由阀体和塞子（圆锥形或圆柱形）构成。旋塞阀构造简单，开启和关闭迅速，旋转90°就全开或全关，阻力较小，但保持严密性比较困难。旋塞阀通常用于温度和压力不高的管路。热水水嘴也属旋塞阀的一种。

选用特点：结构简单，外形尺寸小，启闭迅速，操作方便，流体阻力小，便于制造三通或四通阀门，可作分配换向用。但密封面容易磨损，开关力较大。此种阀门不适用于输送高压介质（如蒸汽），只适用于一般低压流体的开闭，也不适宜于调节流量。目前主要用于低压、小口径和介质温度不高的情况。

6）球阀。球阀分为气动球阀、电动球阀和手动球阀三种。球阀是由旋塞阀演变而来的，它的启闭件为一个球体，利用球体绕阀杆的轴线旋转90°实现开启和关闭的目的。球阀在管道上主要用于切断、分配和改变介质流动方向，设计成V形开口的球阀还具有良好的流量调节功能。

球阀具有结构紧凑、密封性能好、质量轻、材料耗用少、安装尺寸小、驱动力矩小、操作简便、易实现快速启闭和维修方便等特点。

选用特点：适用于水、溶剂、酸和天然气等一般工作介质，而且还适用于工作条件恶劣的介质，如氧气、过氧化氢、甲烷和乙烯等，且适用于含纤维、微小固体颗粒等介质。

7）浮球阀。浮球阀常安装于水箱或水池上用来控制水位，保持液位恒定。其缺点是体积较大，阀芯易卡住引起关闭不严而溢水。

8）安全阀。安全阀是一种安全装置，当管路系统或设备（如锅炉、冷凝器）中介质的压力超过规定数值时，便自动开启阀门排气降压，以免发生爆炸危险。当介质的压力恢复正常后，安全阀又自动关闭。安全阀一般分为弹簧式和杠杆式两种。

选用安全阀的主要参数是排泄量，排泄量决定安全阀的阀座口径和阀瓣开启高度。由操作压力决定安全阀的公称压力，由操作温度决定安全阀的使用温度范围，由计算出的安全阀定压值决定弹簧或杠杆的调压范围，再根据操作介质决定安全阀的材质和结构形式。

9）减压阀。减压阀是通过启闭件（阀瓣）的节流来调节介质压力的阀门。减压阀按其结构不同分为弹簧薄膜式、活塞式、波纹管式等，常用于高层建筑给水立管、空气、蒸汽设备和管道上。各种减压阀的原理是介质通过阀瓣通道小孔时阻力增大，经节流造成压力损耗从而达到减压目的。减压阀的进口、出口一般要装截止阀。

选用特点：减压阀只适用于蒸汽、空气和清洁水等清洁介质。在选用减压阀时要注意，不能超过减压阀的减压范围，保证在合理情况下使用。

10）节流阀。节流阀的构造特点是没有单独的阀盘，而是利用阀杆的端头磨光代替阀盘。节流阀多用于小口径管路上，如安装压力表所用的阀门常用节流阀。

选用特点：阀的外形尺寸小巧，质量轻，该阀主要用于节流。节流阀制作精度要求高，密封较好，不适用于黏度大和含有固体悬浮物颗粒的介质。该阀可用于取样，其公称直径小，一般在25.00mm以下。

2. 水嘴

水嘴的样式多种多样，常见的水嘴包括：旋转90°即可完全开启的旋塞式配水嘴，用于洗脸盆、浴盆上冷热水混合水嘴，沐浴用的莲蓬头，化验盆使用的鹅颈三联水嘴，医院使用的脚踩水嘴，延时自闭式水嘴以及红外线电子自控水嘴等。给水系统中常见水嘴如图 2-32 所示。

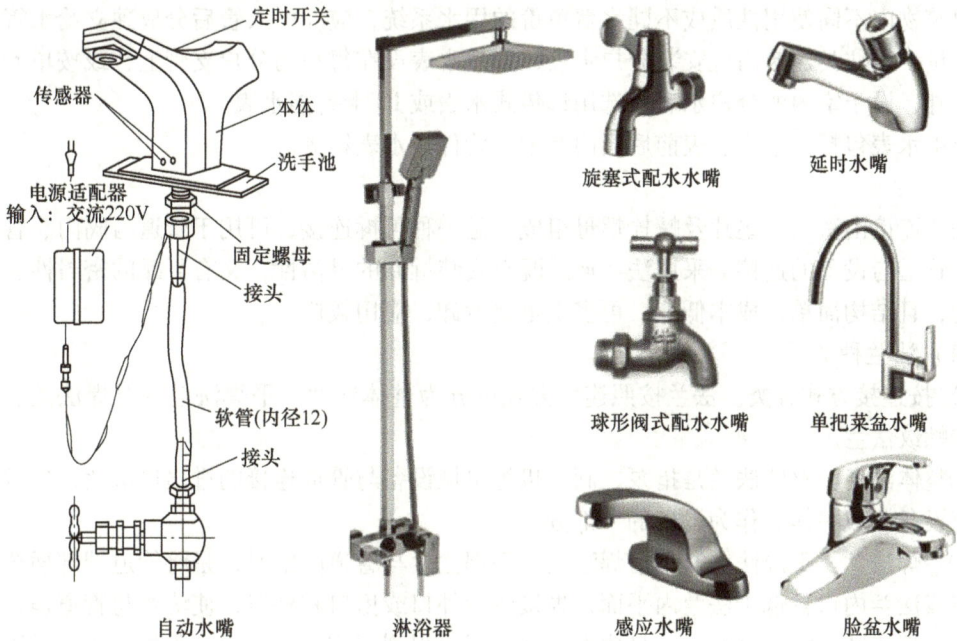

图 2-32　给水系统中常见水嘴

3. 水表

流速式水表分为旋翼式和螺翼式两类。旋翼式水表的叶轮轴与水流方向垂直，水流阻力大，计量范围小，多为小口径水表，适用于测量较小水流量（如家庭用水表）。螺翼式水表的叶轮轴与水流方向平行，水流阻力小，多为大口径水表，适用于测量较大流量（如小区总水表）。常用水表如图 2-33 所示。

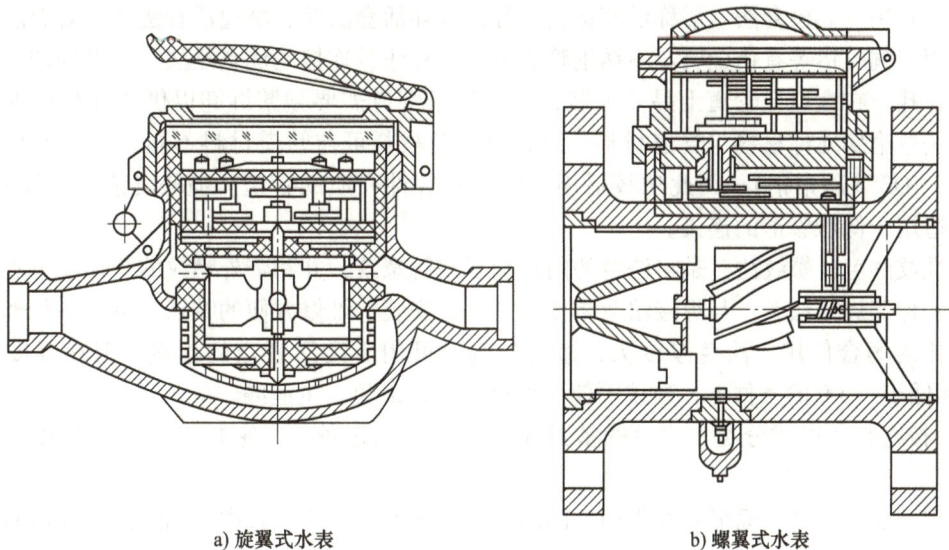

a) 旋翼式水表　　　　b) 螺翼式水表

图 2-33　水表

选择水表时以不超过水表的额定流量来确定水表的直径。一般管径≤50mm 时，应选用旋翼式水表；管径>50mm 时，应选用螺翼式水表；水温>40℃时应选用热水水表，否则选冷水水表；水质纯净时应优先采用湿式水表，否则应选用干式水表。

建筑物内不同使用性质或不同水费单价的用水系统，应在引入管后分成独立给水管进行分表计量。居住类建筑内应安装分户水表，分户水表设在每户的分户支管上，或按单元集中设于户外，设于室内的分户水表宜选用远传式水表或 IC 卡智能水表。

成组水表包括：水表、表前后阀门及配套管件、水表箱等。

4. 法兰

法兰连接由法兰、垫片及螺栓螺母组成，是一种可拆连接，可用于管道与阀门、管道与管道、管道与设备的连接。采用法兰连接既有安装拆卸的灵活性，又有可靠的密封性、较高的强度，且结构简单，成本低廉，可多次重复拆卸，应用较广。

（1）法兰种类

1）按连接方式分类。法兰按照连接方式可分为整体法兰、平焊法兰、对焊法兰、松套法兰和螺纹法兰。

①整体法兰。整体法兰是指泵、阀、机等机械设备与管道连接的进出口法兰，通常和这些管道设备制成一体，作为设备的一部分。

②平焊法兰。平焊法兰又称搭焊法兰。平焊法兰与管道固定时，是将管道端部插至法兰承口底或法兰内口且低于法兰内平面，焊接法兰外口或里口和外口，使法兰与管道连接。其优点在于焊接装配时较易对中，且成本较低，因而得到了广泛的应用。平焊法兰只适用于压力等级比较低，压力波动、振动及振荡均不严重的管道系统。

③对焊法兰。对焊法兰又称为高颈法兰。它与其他法兰不同之处在于从法兰与管道焊接处到法兰盘有一段长而倾斜的高颈，此段高颈的壁厚沿高度方向逐渐过渡到管壁厚度，改善了应力的不连续性，增加了法兰强度。对焊法兰主要用于工况比较苛刻的场合，如管道热膨胀或其他荷载使法兰处受的应力较大，或应力变化反复的场合，压力、温度大幅度波动的管道和高温、高压及零下低温的管道。

④松套法兰。松套法兰俗称活套法兰，分为焊环活套法兰、翻边活套法兰和对焊活套法兰，多用于铜、铝等有色金属及不锈钢管道上。这种法兰连接的优点是法兰可以旋转，易于对中螺栓孔，在大口径管道上易于安装，也适用于管道需要频繁拆卸以供清洗和检查的地方。其法兰附属元件材料与管道材料一致，而法兰材料可与管道材料不同（法兰的材料多为 Q235、Q255 碳素钢），因此比较适用于输送腐蚀性介质的管道。但松套法兰耐压不高，一般仅适用于低压管道的连接。

⑤螺纹法兰。螺纹法兰是将法兰的内孔加工成管螺纹，并和带外螺纹的管道配合实现连接，是一种非焊接法兰。与焊接法兰相比，它具有安装、维修方便的特点，可在一些现场不允许焊接的场合使用。法兰厚度大，造价较高，可用于高压管道的连接。但在温度高于260℃和低于-45℃的条件下，建议不使用螺纹法兰，以免发生泄漏。

2）按密封面形式分类。法兰的密封面主要根据工艺条件、密封口径以及垫片等进行选择。

①容器法兰的密封面形式有平面、凹凸面、榫槽面等形式，其中以凹凸面、榫槽面最为常用。

②管法兰密封面形式有平面、凸面、凹凸面、榫槽面、O形圈面和环连接面六种。
法兰密封面形式见表2-3。

表 2-3　法兰密封面形式

密封面形式		简　图
平面		
凸面		
凹凸面	凸面	
	凹面	
榫槽面	榫面	
	槽面	
O形圈面	O形圈凸面	
	O形圈槽面	
环连接面		

　　a. 平面型。在平面上加工几道浅槽，其结构简单，但垫圈没有固定，不易压紧。适用于压力不高、介质无毒的场合。

　　b. 凸面型。与平面型密封面相近，其表面是一个光滑的平面，也可车制密纹水线。密封面结构简单，加工方便，且便于进行防腐衬里。但是，这种密封面垫片接触面积较大，预紧时垫片容易往两边挤，不易压紧。

c. 凹凸面型。凹凸面型是相配合的凹形和凸形密封面。安装时便于对中，还能防止垫片被挤出。但垫片宽度较大，需较大压紧力。适用于压力稍高的场合。

d. 榫槽面型。榫槽面型是具有相配合的榫面和槽面的密封面，垫片放在槽内，由于受槽的阻挡，不会被挤出。垫片比较窄，因而压紧垫片所需的螺栓力也就相应较小。即使应用于压力较高处，螺栓尺寸也不致过大。安装时易对中。垫片受力均匀，故密封可靠。垫片很少受介质的冲刷和腐蚀。适用于易燃、易爆、有毒介质及压力较高的重要密封。但更换垫片困难，法兰造价较高。此外，榫面部分容易损坏，在拆装或运输过程中应加以注意。

e. O形圈面型。这是一种较新的法兰连接形式，它是随着各种橡胶O形圈的出现而发展起来的。具有相配合的凸面和槽面的密封面，O形圈嵌在槽内。O形密封圈是一种挤压型密封，其基本工作原理是依靠密封件发生弹性变形，在密封接触面上造成接触压力，当接触压力大于被密封介质的内压，不发生泄漏，反之则发生泄漏。像这种借介质本身来改变O形圈接触状态使之实现密封的过程，称为"自封作用"。O形圈在密封效果上比一般平垫圈可靠。由于O形圈的截面尺寸都很小，质量轻，消耗材料少，且使用简单，安装、拆卸方便，更为突出的优点还在于O形圈具有良好的密封能力，压力适用范围很宽，静密封工作压力可达100MPa以上，适用温度为-60~200℃，可满足多种介质的使用要求。

f. 环连接面型。环连接面密封的法兰，也属于窄面法兰，其在法兰的凸面上开出一环状梯形槽作为法兰密封面，和榫槽面法兰一样，这种法兰在安装和拆卸时必须在轴向将法兰分开。这种密封面专门与用金属材料加工成截面形状为八角形或椭圆形的实体金属垫片配合，实现密封连接。由于环形金属垫片可以依据各种金属的固有特性来选用，因而这种密封面的密封性能好，对安装要求也不太严格，适合于高温、高压工况，但密封面的加工精度较高。

（2）垫片　垫片按材质可分为非金属垫片、半金属垫片和金属垫片三大类，用于管道之间的密封连接、机器设备的机件与机件之间的密封连接。

1）非金属垫片。非金属垫片质地柔软、耐腐蚀、价格便宜，但耐温和耐压性能差。多用于常温和中温的中低压容器或管道的法兰密封。非金属垫片包括橡胶垫片、石棉垫片、石棉橡胶垫片、柔性石墨垫片和塑料垫片等。

①橡胶垫片。制作橡胶垫片的主要原料有天然橡胶、丁腈橡胶、氯丁橡胶等。橡胶具有组织致密、质地柔软，回弹性好，容易剪切成各种形状且价格便宜等特点。但它不耐高压，容易在矿物油中溶解和膨胀且耐腐蚀性较差，在高温下容易老化失去回弹性。常用于输送低压水、低浓度酸和碱等介质的管道法兰连接。

②石棉垫片。石棉耐热、耐碱性好、抗拉强度高，但耐酸性能较差。石棉垫片正常使用温度在550℃以下。直径较大的低压容器可以使用石棉带或石棉绳。

③石棉橡胶垫片。石棉橡胶垫片由石棉、橡胶和填料压制而成。一般石棉纤维占60%~85%。根据其加工工艺、性能及用途不同，石棉橡胶板有高压石棉橡胶板、中低压石棉橡胶板和耐油石棉橡胶板。石棉橡胶板有适宜的强度、弹性、柔软性等，用它制作垫片既便宜又方便，在化工企业中得到推广和应用。

④柔性石墨垫片。柔性石墨是一种新颖的密封材料，具有良好的回弹性、柔软性和耐温性，在化工企业中得到迅速的推广和应用。

⑤塑料垫片。塑料垫片适用于输送各种腐蚀性较强介质的管道的法兰连接。常用的塑料垫片有聚氯乙烯垫片、聚乙烯垫片和聚四氟乙烯垫片等。聚四氟乙烯垫片的耐腐蚀性、耐热性、耐寒性和耐油性优于其他塑料垫片，具有"塑料之王"之称。它不易老化、不燃烧、吸水性近乎为零。聚四氟乙烯垫片用于接触面可以做到平整光滑，对金属法兰不黏附。除受熔融碱金属以及含氟元素气体侵蚀外，它能耐多种酸、碱、盐、油脂类溶液介质的腐蚀。其使用温度一般小于200℃，但不能用于压力较高的场合。

2）半金属垫片。半金属垫片又称金属复合垫片，主要有金属包覆垫片、金属缠绕垫片等。

①金属包覆垫片。该垫片以非金属材料为材芯、外包厚度为0.25~0.5mm的金属薄板。按包覆状态可分为全包覆、半包覆、波形包覆和双层包覆等。金属薄板根据材料的弹塑性、耐热性、耐蚀性取材，主要有铜、镀锌薄钢板、不锈钢等。作为金属包覆垫片的芯材，耐热性是主要考核指标。一般采用石棉板或低橡胶石棉板、耐高温性能好的碳纤维或瓷制纤维及柔性石墨板等。

金属包覆垫片能制成各种型号垫片，可以满足各种换热器管箱和非圆形压力容器密封的需要。

②金属缠绕垫片。金属缠绕垫片是由金属带和非金属带螺旋复合绕制而成的一种半金属平垫片。其特性是压缩、回弹性能好，具有多道密封和一定的自紧功能，对于法兰压紧面的表面缺陷不太敏感，不粘接法兰密封面，容易对中，因而拆卸便捷。能在高温、低压、高真空、冲击振动等循环交变的各种苛刻条件下保持其优良的密封性能。在石油化工工艺管道上被广泛采用。

3）金属垫片。在高温、高压以及荷载循环频繁等苛刻操作条件下，各种金属材料是密封垫片的首选材料。金属垫片常用的材料有铜、铝、低碳钢、不锈钢、铬镍合金钢等。

①平形金属垫片。平形金属垫片分为宽垫片和窄垫片两种。宽垫片因预紧力大，易引起螺栓、法兰变形，在压力超过1.96MPa时光滑面的法兰上很少使用。窄垫片容易预紧，可在压力为6.27~9.8MPa的管道上使用。

②波形金属垫片。波形金属垫片的金属板厚度一般为0.25~0.8mm。垫片厚度一般为波长的40%~50%。适宜在光滑密封面且公称压力超过3.34MPa的管道上使用。

③齿形金属垫片。齿形金属垫片是利用同心圆的齿形密纹与法兰密封面相接触，构成多道密封环，因此密封性能较好，使用周期长。常用于凹凸式密封面法兰的连接。缺点是在每次更换垫片时，都要对两法兰密封面进行加工，费时费力。另外，垫片使用后容易在法兰密封面上留下压痕，故一般用于较少拆卸的部位。齿形金属垫片的材质有普通碳素钢、低合金钢和不锈钢等。其密封性能比平形金属垫片好，压紧力也比平形金属垫片小一些。

④环形金属垫片。环形金属垫片是用金属材料加工成截面为八角形或椭圆形的实体金属垫片，具有径向自紧密封作用。环形金属垫片主要应用于环连接面型法兰连接，环形金属垫片是靠与法兰梯槽的内外侧面（主要是外侧面）接触，并通过压紧而形成密封的。按制造材质分为低碳钢、不锈钢、纯铜、铝和铅等。依据材料的不同，最高使用温度可达800℃。

（3）法兰用螺栓　用于连接法兰的螺栓有单头螺栓和双头螺栓两种，其螺纹一般都是米制管螺纹。

5. 补偿器

（1）自然补偿　自然补偿是利用管路几何形状所具有的弹性来吸收管道的热变形。最常见的管道自然补偿法是将管道两端以任意角度相接，多为两管道垂直相交。自然补偿的缺点是管道变形时会产生横向位移，而且补偿的管段不能很大。

自然补偿器分为 L 形和 Z 形两种，安装时应正确确定弯管两端固定支架的位置。

（2）人工补偿　人工补偿是利用补偿器来吸收管道热变形的补偿方式，常用的有方形补偿器、填料式补偿器、波形补偿器、球形补偿器等。

1）方形补偿器。该补偿器由管道弯制或由弯头组焊而成，利用刚性较小的回折管挠性变形来补偿两端直管部分的热伸长量。其优点是制造容易，运行可靠，维修方便，补偿能力大，轴向推力小；缺点是占地面积较大。

2）填料式补偿器。该补偿器又称套筒式补偿器，主要由三部分组成：带底脚的套筒、插管和填料函。在内外管间隙之间用填料密封，内插管可以随温度变化自由活动，从而起到补偿作用。其材质有铸铁和钢质两种。铸铁制的适用于压力在 1.3MPa 以下的管道，钢制的适用于压力不超过 1.6MPa 的热力管道，其形式有单向和双向两种。

填料式补偿器的优点是安装方便，占地面积小，流体阻力较小，补偿能力较大。缺点是轴向推力大，易漏水漏气，需经常检修和更换填料。如管道变形有横向位移时，易造成填料圈卡住。这种补偿器主要用在安装方形补偿器时空间不够的场合。

3）波形补偿器。它是靠波形管壁的弹性变形来吸收热胀或冷缩，按波数的不同分为一波、二波、三波和四波，按内部结构的不同分为带套筒与不带套筒两种。

在热力管道上，波形补偿器只用于管径较大、压力较低的场合。它的优点是结构紧凑，只发生轴向变形，与方形补偿器相比占据空间位置小；能在高温和耐腐蚀场合使用。缺点是制造比较困难、耐压低、补偿能力小、轴向推力大。它的补偿能力与波形管的外形尺寸、壁厚、管径大小有关。

4）球形补偿器。球形补偿器主要依靠球体的角位移来吸收或补偿管道一个或多个方向上的横向位移。该补偿器应成对使用，单台使用没有补偿能力，但它可作管道万向接头使用。

球形补偿器具有补偿能力大，流体阻力和变形应力小，且对固定支座的作用力小等特点。球形补偿器用于热力管道中补偿热膨胀，其补偿能力为一般补偿器的 5~10 倍；用于冶金设备（如高炉、转炉、电炉、加热炉等）的汽化冷却系统中，可作万向接头用；用于建筑物的各种管道中，可防止因地基产生不均匀下沉或振动等意外原因对管道产生的破坏。

2.3　建筑给水工程常用设备

2.3.1　水泵

泵是输送流体的机械，输送流体包括液体、气体、固体及其混合物。

1. 泵的种类

（1）按作用原理分类　泵可分为动力式泵、容积式泵及其他类型泵。泵的种类如图 2-34 所示。

1) 动力式泵（又称叶片式泵）。依靠旋转的叶轮对液体的动力作用，将能量连续地传递给液体，使液体的速度能（为主）和压力能增加。随后通过压出室将大部分速度能转换为压力能。各式离心泵、轴流泵、混流泵、旋涡泵均属于此类型泵。在给水系统中，一般采用离心式水泵，它具有结构简单、体积小、效率高、流量和扬程在一定范围内可以调整等优点。

2) 容积式泵。在包容液体的密封工作空间里，依靠其容积的周期性变化，把能量周期地传递给液体，使液体的压力增加并将液体强行排出。往复泵、回转泵为容积式泵。

3) 其他类型泵。如射流（喷射）泵、水环泵、电磁泵水锤泵等，是依靠流动的流体能量来输送液体的泵。

（2）水泵的其他分类

1) 按叶轮吸入方式分为：单吸式离心泵、双吸式离心泵。

2) 按泵轴方向分为：卧式泵、立式泵。

3) 按叶轮数目分为：单级离心泵、多级离心泵。

4) 按叶轮结构分为：敞开式叶轮离心泵、半开式叶轮离心泵、封闭式叶轮离心泵。

5) 按工作压力分为：低压离心泵（$p \leqslant 2MPa$）、中压离心泵（$2MPa < p < 6MPa$）、高压离心泵（$p \geqslant 6MPa$）。

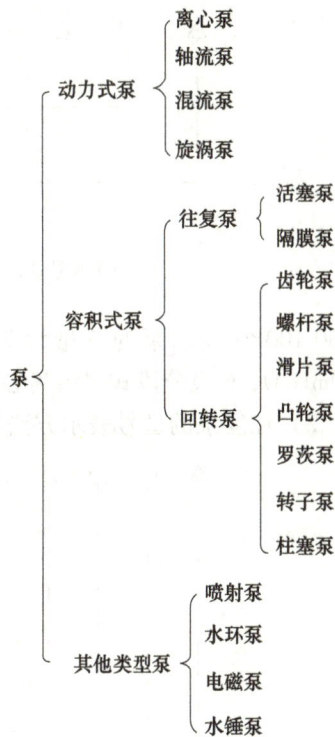

图 2-34　泵的种类

2. 国产泵的型号表示法

1) 离心泵、轴流泵、混流泵和旋涡泵的型号表示方法如图 2-35 所示。

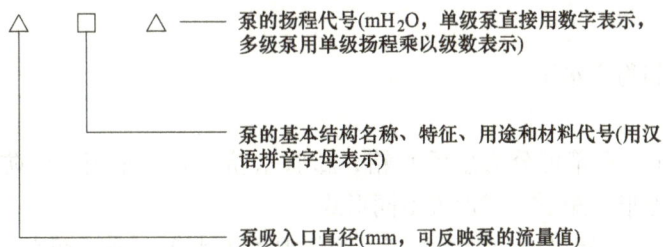

- 泵的扬程代号(mH₂O，单级泵直接用数字表示，多级泵用单级扬程乘以级数表示)
- 泵的基本结构名称、特征、用途和材料代号(用汉语拼音字母表示)
- 泵吸入口直径(mm，可反映泵的流量值)

图 2-35　泵的型号表示方法

例如，80Y100 表示泵吸入口直径为 80mm（流量约为 50m³/h），扬程为 100mH₂O，离心式油泵。100D45×8 表示泵吸入口直径为 100mm（流量约为 85m³/h），单级扬程为 45mH₂O，总扬程为 45mH₂O×8 = 360mH₂O，8 级分段式多级离心式水泵。

上述型号表示方法是我国目前普遍使用的标准型号编列法。这种方法有一个明显的缺陷，就是型号中没有直接反映出流量这一重要参数，查换算表又不方便。所以目前离心泵的型号还可以用另一种方法表示，如图 2-36 所示。

例如，B100-50 表示泵的流量为 100m³/h，扬程为 50mH₂O，单级悬臂式离心式水泵。

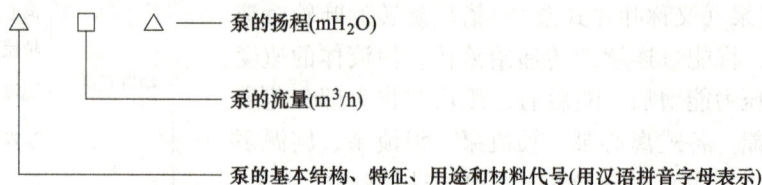

图 2-36　离心泵型号表示方法

注：B—单级悬臂式离心泵；S—单级双吸离心水泵；D—多段式多级离心水泵。

D280-100×6 表示泵的流量为 280m³/h，单级扬程为 100mH₂O，总扬程为 100mH₂O×6＝600mH₂O，6 级分段式多级离心式水泵。

2）往复泵的型号表示方法如图 2-37 所示。

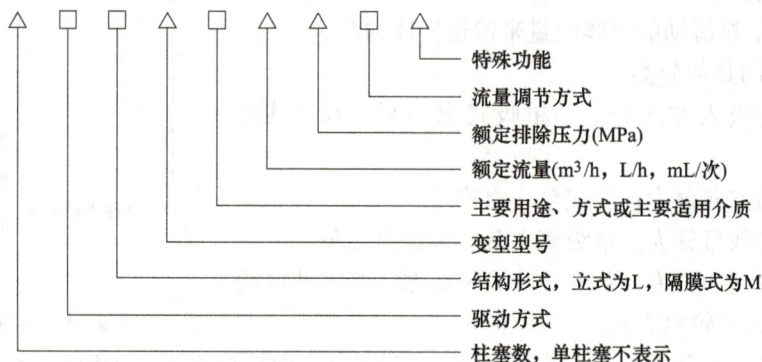

图 2-37　往复泵的型号表示方法

注：往复泵驱动方式代号为：D—电力驱动；N—内燃机驱动；Q—气（汽）压驱动；Y—液压驱动；S—手动。

2.3.2　水箱

水箱用于贮水和稳定水压。

1. 水箱的分类

1）按功能不同，水箱可分为生活水箱、膨胀水箱、凝结水箱、消防水箱、生产水箱等。水箱的形状有方形、矩形、球形等不同形式。

2）按材质不同，水箱可分为钢板水箱、钢筋混凝土水箱、玻璃钢水箱、不锈钢水箱等类型。其中钢板水箱，内外均应防腐。由于钢筋混凝土生活水箱和钢板生活水箱容易污染、不卫生，所以有些地区已淘汰这两类水箱。

水箱的容积包括有效容积（生活调节容积、消防贮备水量、事故贮备水量）和无效容积（超高部分、出水管至箱底部分组成的容积）。水箱设置的高度应使最低水位的标高满足最不利配水点或消火栓的流出水头要求。若位置高度不能满足要求，可设气压供水设备。

2. 水箱的连接管

水箱配管由带水位控制阀的进水管、出水管、溢流管、泄水管、信号管和人孔及通气管组成。

1）进水管：管道中心距箱顶应有 200mm 的距离。当水箱利用外网压力进水时，进水管上应装设液压水位控制阀或不少于两个浮球阀，为检修方便，阀前均应设置阀门。

2）出水管：管口下缘应高出水箱底面 50~100mm，以防箱底沉淀物流入配水管网。若水箱为生活、消防合用，则应将生活出水管安装在消防储水对应水位之上。出水管上应设置止回阀。

3）溢流管：溢流管管口应高于设计最高水位 50mm，管径应比进水管大 1~2 号，溢流管上不得装设阀门，不得与排水系统直接连接。管口应设置防尘、防蚊虫等措施。

4）泄水管：泄水管为放空水箱和排污而设置，其管口由水箱底部接出与溢流管连接，管径通常为 40~50mm，泄水管上应设置阀门。

5）信号管：是水位控制阀失灵报警装置。一般安装在水箱溢流管口以下 10mm 处，常用管径为 15mm，其出口一般接至有人值班房间内的洗涤盆（或污水池）上，以便及时发现水箱浮球阀是否失灵。

6）人孔及通气管：生活水箱应设有密封箱盖，箱盖上应设有检修人孔及通气管，通气管上不得装设阀门，管口应向下且应装设防护滤网。通气管管径一般不小于 50mm。

对生活和消防共用水箱，消防储水量应按不低于 10min 室内消防设计流量考虑。

水箱制作完毕后，应进行盛水试验或煤油渗漏等密闭性试验。水箱外形、配管及附件如图 2-38 所示。

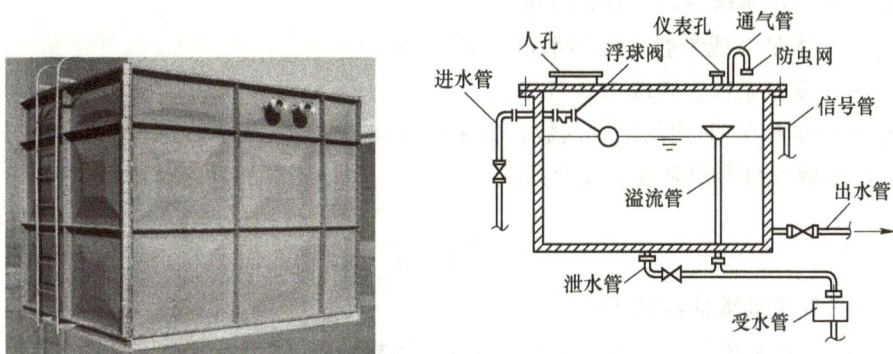

图 2-38 水箱外形、配管及附件示意图

2.3.3 气压水罐

气压水罐构造如图 2-39 所示。其原理为水泵将水压入罐内，压缩罐内空气；用水时罐内空气再将水压入管网。其优点是可设在任何位置，水质好。缺点是水压变化大，水量小，水泵启闭频繁，耗电多。

1. 气压水罐的规定

生活给水系统采用气压给水设备供水时，应符合下列规定：

1）气压水罐内的最低工作压力，应满足管网最不利处的配水点所需水压。

2）气压水罐内的最高工作压力，不得使管网最大水压处配水点的水压大于 0.55MPa。

3）水泵（或泵组）的流量（以气压水罐内的平均压力计，其对应的水泵扬程的流量），不应小于给水系统最大小时用水量的 1.2 倍。

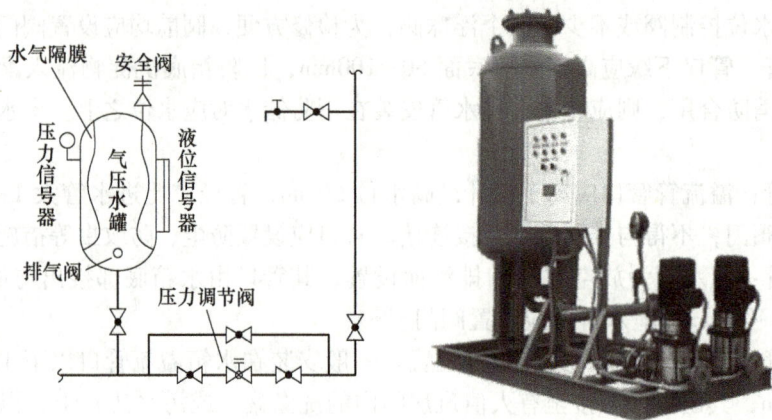

图 2-39 气压水罐构造

2. 气压水罐的计算

1）气压水罐的调节容积应按下式计算：

$$V_{q2} = \frac{\alpha_a q_b}{4 n_q} \tag{2-1}$$

式中　V_{q2}——气压水罐的调节容积（m^3）；

　　　q_b——水泵（或泵组）的出水量（m^3/h）；

　　　α_a——安全系数，宜取 1.0~1.3；

　　　n_q——水泵在 1h 内的启动次数，宜采用 6~8 次。

2）气压水罐的总容积应按下式计算：

$$V_q = \beta \frac{V_{q1}}{1 - \alpha_b} \tag{2-2}$$

式中　V_q——气压水罐总容积（m^3）；

　　　V_{q1}——气压水罐的水容积，应大于或等于调节容积（m^3/h）；

　　　α_b——气压水罐内的工作压力比（以绝对压力计），宜采用 0.65~0.85；

　　　β——气压水罐的容积系数，隔膜式气压水罐取 1.05。

【例 2-1】　隔膜式气压供水装置的水泵出水量 $q_b = 20L/s$，安全系数为 1.2，水泵 1h 内的启动次数为规定的中值，隔膜式气压水罐内的工作压力比（以绝对压力计）为 0.8，气压水罐的调节容积为多少？若气压水罐的水容积为 $3.6m^3$，则气压水罐的总容积为多少？

【解】

1）　　　$V_{q2} = \frac{\alpha_a q_b}{4 n_q} = 1.2 \times 20 \times 3.6 \div 4 \div 7 m^3 = 3.09 m^3$

2）　　　$V_q = \beta \frac{V_{q1}}{1 - \alpha_b} = 1.05 \times 3.6 \div (1 - 0.8) m^3 = 18.9 m^3$

气压水罐的调节容积为 $3.09m^3$；气压水罐的总容积为 $18.9m^3$。

3. 气压水罐的分类

气压水罐有隔膜式、气囊式和补气式三种类型。

1）隔膜式气压水罐完全实现气水分开，水在橡胶隔膜的一侧，另外一侧是预充空气，这种气压水罐没有气溶与水的损失问题，可一次充气，长期使用。因此，节省了投资，简化了系统，扩大了使用范围，常用于高楼二次供水。

2）气囊式气压水罐气水分开，水在橡胶囊内部，外部与罐体之间的间隙预充空气，这种气压水罐没有气溶与水的损失问题，可一次充气，长期使用（需要定期维护）。

3）补气式气压水罐中空气与水直接接触，经过一段时间后，空气因漏失和溶解于水而减少，使调节水量逐渐减少，水泵启动渐趋频繁，因此需定期补气。补气方法有空气压缩机补气、水射器补气和定期泄空补气等。

4. 工作原理

（1）隔膜式气压水罐工作原理　当外界有压力的水进入气压水罐内时，密封在罐内隔膜另外一侧的空气被压缩，根据玻意耳定律，气体受到压缩后体积变小压力升高，直到气压水罐内气体压力与水的压力达到一致时停止进水。当水流失后压力降低时气压水罐内气体压力大于水的压力，此时空气体积膨胀将隔膜另一侧的水挤出气压水罐补到系统中，直到空气气体压力与水的压力再次达到一致时停止排水。

（2）气囊式气压水罐工作原理　当外界有压力的水进入气压水罐气囊内时，密封在罐内的空气被压缩，根据玻意耳定律，气体受到压缩后体积变小压力升高，直到气压水罐内气体压力与水的压力达到一致时停止进水。当水流失后压力降低时气压水罐内气体压力大于水的压力，此时空气体积膨胀将气囊内的水挤出气压水罐补到系统中，直到空气气体压力与水的压力再次达到一致时停止排水。

（3）补气式气压水罐工作原理　当外界有压力的水进入气压水罐气囊内时，密封在罐内的空气被压缩，利用罐内空气的可压缩性来调节和贮存水量并使之保持所需压力，同时通过定期补气来维持罐内的压力稳定，从而实现供水的稳定性和连续性。

5. 特征

1）罐体为密闭装置，气水不接触，可保持水质不受外界污染。

2）占地面积少、安装快、投资省、操作维修方便。

3）可取代生活消防及供暖、空调用的高位水箱（水塔），有利于建筑美观和结构抗震，降低建筑的造价。

4）能自动消除管网中的水锤及噪声。

5）自动给水装置的水泵采用电接点压力表自动控制，无须专人管理。

6）在热水供暖及空调系统中起膨胀水箱和自动补水作用。

2.4　建筑给水系统布置与敷设

建筑给水系统布置与敷设的要求如下：

1）小区的室外给水管网，宜布置成环状网，或与城镇给水管连接成环状网。环状给水管网与城镇给水管的连接管不宜少于 2 条。

2）小区的室外给水管道应沿区内道路敷设，宜平行于建筑物敷设在人行道、慢车道或草地下；管道外壁距建筑物外墙的净距不宜小于1m，且不得影响建筑物的基础。

小区的室外给水管道与其他地下管线及乔木之间的最小净距，应符合《建筑给水排水设计标准》（GB 50015—2019）的规定。

室外给水管道与污水管道交叉时，给水管道应敷设在上面，且接口不应重叠；当给水管道敷设在下面时，应设置钢套管，钢套管的两端应采用防水材料封闭。

3）室外给水管道的覆土深度，应根据土壤冰冻深度、车辆荷载、管道材质及管道交叉等因素确定。管顶最小覆土深度不得小于土壤冰冻线以下0.15m，行车道下的管线覆土深度不宜小于0.70m。

4）室外给水管道上的阀门，宜设置阀门井或阀门套筒。

5）敷设在室外综合管廊（沟）内的给水管道，宜在热水、热力管道下方，冷冻管和排水管的上方。给水管道与各种管道之间的净距，应满足安装操作的需要，且不宜小于0.3m。

室内冷、热水管上、下平行敷设时，冷水管应在热水管下方。卫生器具的冷水连接管，应在热水连接管的右侧。

生活给水管道不宜与输送易燃、可燃或有害的液体或气体的管道同管廊（沟）敷设。

6）室内生活给水管道宜布置成枝状管网，单向供水。

7）室内给水管道不应穿越变配电房、电梯机房、通信机房、大中型计算机房、计算机网络中心、音像库房等遇水会损坏设备和引发事故的房间，并应避免在生产设备、配电柜上方通过。

室内给水管道的布置，不得妨碍生产操作、交通运输和建筑物的使用。

8）室内给水管道不得布置在遇水会引起燃烧、爆炸的原料、产品和设备的上面。

9）埋地敷设的给水管道应避免布置在可能受重物压坏处。管道不得穿过生产设备基础，在特殊情况下必须穿过时，应采取有效的保护措施。

10）给水管道不得敷设在烟道、风道、电梯井内、排水沟内。给水管道不宜穿越橱窗、壁柜。给水管道不得穿过大便槽和小便槽，且立管离大、小便槽端部不得小于0.5m。

11）给水管道不宜穿过变形缝。如必须穿过时，应设置补偿管道伸缩和剪切变形的装置。

12）塑料给水管道在室内宜暗敷。明敷时立管应布置在不易受撞击处，如不能避免时，应在管外加保护措施。

13）塑料给水管道不得布置在灶台上边缘；明敷的塑料给水立管距离灶台边缘不得小于0.4m，距离燃气热水器边缘不宜小于0.2m。达不到此要求时，应有保护措施。塑料给水管道不得与水加热器或热水炉直接连接，应有不小于0.4m的金属管段过渡。

14）室内给水管道上的各种阀门，宜装设在便于检修和便于操作的位置。

15）建筑物内埋地敷设的生活给水管与排水管之间的最小净距，平行埋设时不宜小于0.50m；交叉埋设时不应小于0.15m，且给水管应在排水管的上面。

16）给水管道的伸缩补偿装置，应按直线长度、管材的线膨胀系数、环境温度和管内水温的变化、管道节点的允许位移量等因素经计算确定。应优先利用管道自身的折角补偿温度变形。

17）当给水管道结露会影响环境，引起装饰层或物品等受损害时，给水管道应做防结露绝热层，防结露绝热层的计算和构造，可按《设备及管道绝热设计导则》（GB/T 8175—2008）执行。

18）给水管道暗敷时，应符合下列要求：

①不得直接敷设在建筑物结构层内。

②干管和立管应敷设在吊顶、管井、管窿内，支管可敷设在吊顶、楼（地）面的垫层内或沿墙敷设在管槽内。

③敷设在垫层或墙体管槽内的给水支管的外径不宜大于 25mm。

④敷设在垫层或墙体管槽内的给水管管材宜采用塑料、金属与塑料复合管材或耐腐蚀的金属管材。

⑤敷设在垫层或墙体管槽内的管材，不得采用可拆卸的连接方式，柔性管材宜采用分水器向各卫生器具配水，中途不得有连接配件，两端接口应明露。

19）管道井的尺寸，应根据管道数量、管径大小、排列方式、维修条件，结合建筑平面和结构形式等合理确定。需进入维修管道的管井，维修人员的工作通道净宽度不宜小于0.6m。管道井应每层设外开检修门。管道井的井壁、检修门的耐火极限和管道井的竖向防火隔断应符合消防相关规范的规定。

20）给水管道应避免穿越人防地下室，必须穿过时应按《人民防空地下室设计规范》（GB 50038—2005）的要求设置防护阀门等措施。

21）需要泄空的给水管道，其横管宜设有 0.002~0.005 的坡度坡向泄水装置。

22）给水管道穿过下列部位或接管时，应设置防水套管：

①穿过地下室或地下构筑物的外墙处。

②穿过屋面处。有可靠的防水措施时，可不设套管。

③穿过钢筋混凝土水池（箱）的壁板或底板连接管道时。

23）明敷的给水立管穿过楼板时，应采取防水措施。

24）在室外明敷的给水管道，应避免受阳光直接照射，塑料给水管还应有有效保护措施；在结冻地区应做保温层，保温层的外壳应密封防渗。

25）敷设在有可能结冻的房间、地下室及管井、管沟等处的给水管道应有防冻措施。

思考题

1. 试说明建筑给水的方式与适用条件。
2. 简述止回阀和闸阀的选用特点。
3. 简述建筑内部给水系统的组成。
4. 建筑给水系统的管材有几种？分别采用什么连接方法？
5. 泵的种类有哪些？
6. 试说明室内给水管道布置的注意事项。
7. 给水管道暗敷时，应符合哪些要求？

二维码形式客观题

微信扫描二维码可在线做题，提交后可查看答案。

第 2 章
客观题

3

第 3 章
建筑排水工程

本章重点内容

熟悉建筑排水工程相关内容：掌握建筑排水系统、建筑排水系统常用材料、建筑排水管道的布置与敷设、建筑中水系统、建筑给水排水工程施工图识读相关知识。

本章学习目标

通过本章的学习，掌握建筑排水的基本原理和方法，并能用于解决建筑排水工程领域的复杂工程问题，同时培养在工程中明白生命至上的价值理念和对生命的责任感，理解并遵守工程职业道德和行为规范，具有较强的社会责任感，能够在工程实践中自觉履行。

3.1 建筑排水系统

3.1.1 建筑排水系统的分类

根据排水系统所接纳的污废水的性质，建筑内部的排水系统可以分为以下三类：

1. 生活污废水排水系统

生活污废水排水系统是指住宅建筑、公共建筑及工业建筑的生活空间的污废水的排水系统。它主要排除人们在日常生活中所产生的污废水，包括盥洗、沐浴、洗涤、便溺等活动所产生的污废水。

根据污废水处理、卫生条件或杂用水水源的需要，还可以将该系统进一步划分为排除粪便冲洗水的生活污水排水系统和排除盥洗、沐浴、洗涤水的生活废水排水系统。生活废水的污染程度较轻，经过一定处理后，可作为杂用水回用于建筑，如冲洗厕所、拖地、冲洗汽车、浇洒绿地等。

2. 生产污废水排水系统

生产污废水排水系统是指排除工业建筑中生产工艺过程产生的污废水的排水系统。工业生产工艺种类繁多，污废水的性质也非常复杂。为了便于污废水的处理及综合利用，可将生产污废水按照污染程度划分为生产污水和生产废水。生产污水污染较为严重，需要经过处理，达到排放标准后排放；生活废水污染程度较轻，如机械设备的冷却水，可经过简单处理之后回用于建筑。

3. 屋面雨雪水排水系统

屋面雨雪水排水系统主要用于收集多跨工业厂房、大屋面建筑和高层建筑屋面上的雨雪水，并通过管道系统排除。

3.1.2 建筑排水系统的组成

室内排水系统一般由卫生器具和生产设备受水器、排水管道系统、通气管道、清通设备、污水抽升设备、污水局部处理设备等部分组成，如图3-1所示。

1. 卫生器具和生产设备受水器

卫生器具和生产设备受水器是室内给水系统的终点、排水系统的起点。主要用于收集和排除各种污废水，满足日常生活和生产过程的卫生及生产要求。

因各种卫生器具的用途、设置地点、安装和维护条件不同，其结构、形式和材料也各不相同。为满足卫生清洁的要求，卫生器具一般采用不透水、无气孔、表面光滑、耐腐蚀、耐磨损、耐冷热，便于清扫并有一定强度的材料制造，如陶瓷、搪瓷生铁、塑料、不锈钢、水磨石和复合材料等。

建筑内部常用的卫生器具包括盥洗器具、沐浴器具、洗涤器具、便溺器具、地漏等。

（1）盥洗器具、沐浴器具

1）洗脸盆。洗脸盆一般设在盥洗室、浴室、卫生间等场所，有长方形、椭圆形和三角形等形式，如图3-2所示。安装方式有墙架式、柱脚式和台式，成组安装的洗脸盆，可共用一个存水弯。

图3-1 室内排水系统组成示意图

2）盥洗槽。盥洗槽一般设置在集体宿舍、工厂、公共建筑等卫生间和盥洗间内，可供多人同时使用。盥洗槽常用瓷砖、水磨石等材料现场建造，外形主要为长条形，如图3-3所示。

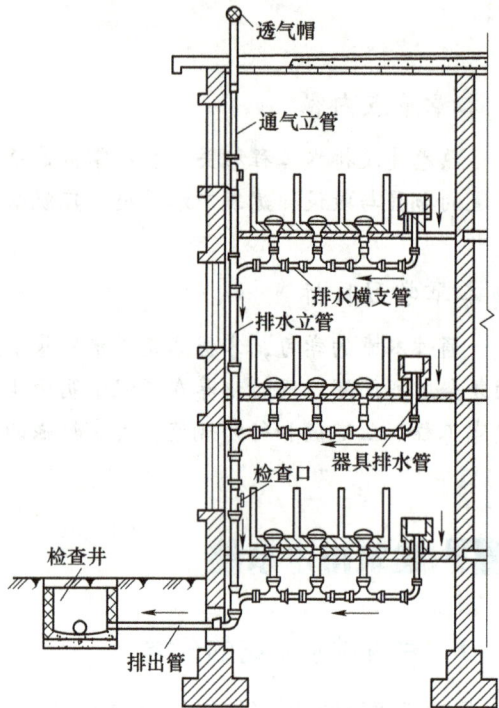

图3-2 洗脸盆

图3-3 盥洗槽

3）淋浴器。淋浴器一般用于工厂、学校机关、集体宿舍、体育馆、宾馆和公共浴室内。与浴盆相比，淋浴器具有占地面积小、设备费用低、耗水量小、清洁卫生等优点，如图 3-4 所示。

a) 整体淋浴房　　　　　　b) 淋浴器花洒

图 3-4　淋浴器

4）浴盆。浴盆一般设置在住宅、宾馆等卫生间或公共浴室内。浴盆配有冷热水管或混合龙头，有的还配有淋浴设备，如图 3-5 所示。

a)　　　　　　　　　　　　　　　b)

图 3-5　各种形式的浴盆

5）净身盆。净身盆一般设置在宾馆的高级客房、医院的卫生间内。可与大便器配套使用，供便溺后清洗身体用，更适合女性或痔疮患者使用，如图 3-6 所示。

（2）洗涤器具

1）洗涤盆。洗涤盆一般设置在厨房或公共食堂内，用于洗涤蔬菜、炊具等，如图 3-7 所示。洗涤盆有单格和双格之分。

2）化验盆。化验盆一般设置在工厂、科研机关、学校、医院的化验室或实验室内，如图 3-8 所示。化验盆根据需要可以设置单联、双联、三联鹅颈水嘴。

3）污水盆。污水盆一般设置在公共建筑的厕所，如图 3-9 所示。盥洗室内，用于洗涤拖把，打扫厕所或倾倒污水。

图 3-6　净身盆

图 3-7　洗涤盆

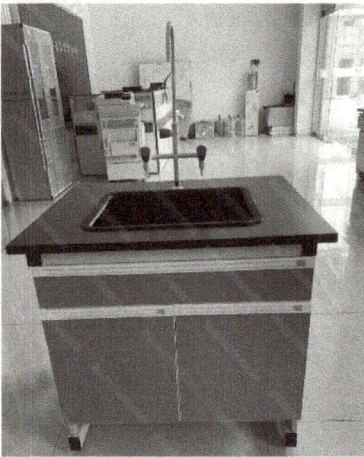

图 3-8　化验盆

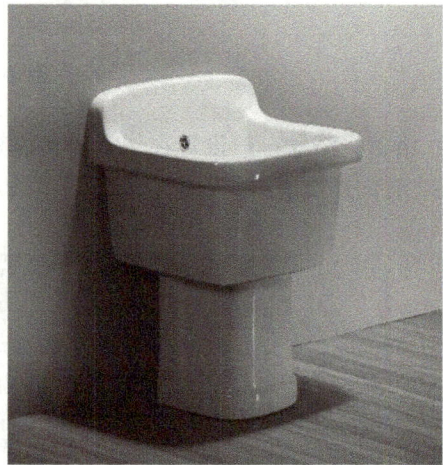

图 3-9　污水盆

（3）便溺器具　便溺器具是用来收集排除粪便、尿液用的卫生器具。设置在卫生间和公共厕所内，包括便溺器和冲洗设备两部分。便溺器有坐便器、蹲便器、小便器、大便槽、小便槽等形式。

1）大便器。大便器设置在各类建筑的卫生间内，主要用于排除粪便，同时要有防臭功能。

常用的大便器有坐便器、蹲便器和大便槽三种形式。图 3-10 所示分别为坐便器和蹲便器。

坐便器按照冲洗的水力原理又可分为冲洗式和虹吸式两种。

冲洗式坐便器环绕便器上口是一圈开有很多小孔的冲水槽，如图 3-11a 所示。冲洗开始时，水进入冲洗槽，经小孔沿便器内表面冲下，便器内水面涌高，将粪便冲出存水弯边缘。冲洗式坐便器的缺点是受污面积大，水面面积小，每次冲洗不一定能保证将污物冲洗干净。

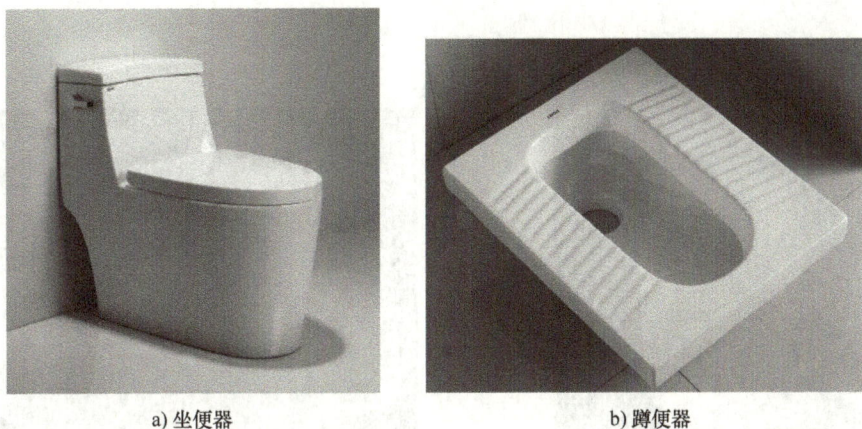

a) 坐便器   b) 蹲便器

图 3-10 大便器

　　虹吸式坐便器是靠虹吸作用，将粪便污水全部吸出。在冲水槽进水口处有一个冲水缺口，部分水从此处冲射下来，加快虹吸作用。虹吸式坐便器冲洗水流速度大，会产生较大的噪声。目前，虹吸式坐便器有喷射虹吸式和旋涡虹吸式两种类型。

　　喷射虹吸式坐便器除了部分水从空心边沿孔口流下外，另一部分水从大便器边部的通道口冲下，由 a 向上喷射，如图 3-11b 左图所示。其特点是冲洗作用快，噪声较小。旋涡虹吸式坐便器上圈下来的水量很小，其旋转已经不起作用，因此将水道冲水出口 Q 处做成弧形，水流呈切线冲出，形成强大的旋涡，将漂浮的污物借助于旋涡向下旋转的作用，迅速下到水管入口处，在入口底反作用力的影响下，很快进入排水管道，从而大大加强了虹吸能力，降低了噪声，如图 3-11b 右图所示。

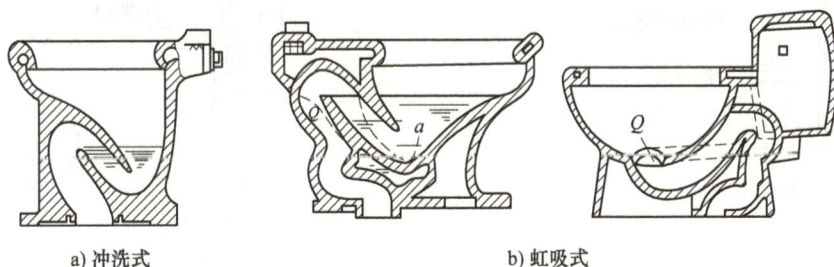

a) 冲洗式   b) 虹吸式

图 3-11 坐便器冲水原理

　　2）小便器。小便器设置在各种建筑的男厕所内，有挂式、立式和小便槽三种形式，如图 3-12 所示。立式小便器一般用于标高较高的建筑中，小便槽则应用于工业建筑、公共建筑及集体宿舍等。

　　3）冲洗设备。冲洗设备是便溺器具的配套设备，其作用是以足够的水压和水量冲走便溺器具中的污物，保持器具清洁。常用的冲洗设备有冲洗水箱和冲洗阀。

　　冲洗水箱（图 3-13）按照安装位置可分为高位水箱和低位水箱；按照控制方式可分为手动式水箱和自动式水箱。低位水箱一般用于坐式大便器（即坐便器），为手动式；高位水箱一般用于蹲式大便器（即蹲便器）和大小便槽，住宅及宾馆多为手动式，公共场所多为自动式。

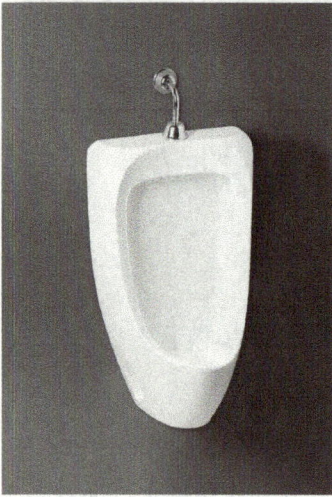

图 3-12 小便器

图 3-13 冲洗水箱

冲洗阀直接安装在大小便器的冲洗管上，广泛应用于住宅、公共建筑、工业建筑的卫生间内。其特点是冲洗时间、水量均可调整，节约用水，密封性能好，噪声小。图 3-14 所示为延时自闭冲洗阀；图 3-15 所示为手拉冲洗阀。

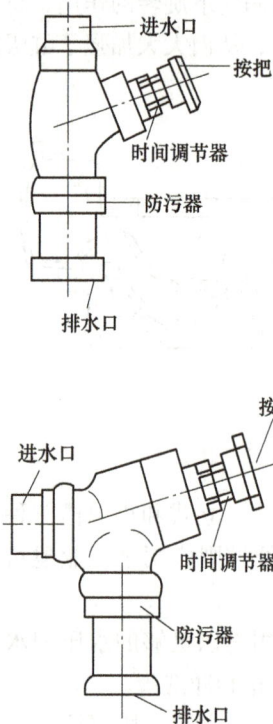

图 3-14 延时自闭冲洗阀

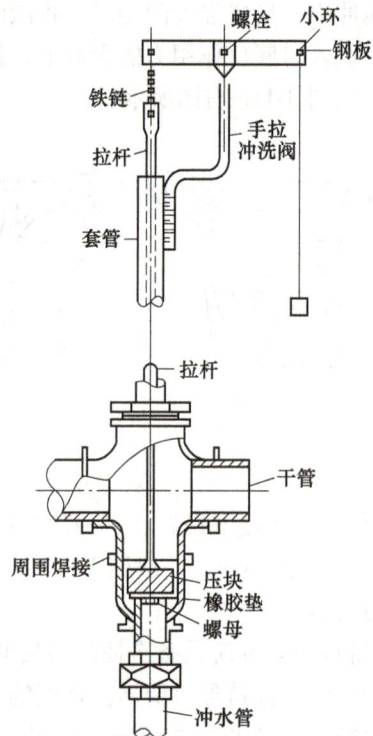

图 3-15 手拉冲洗阀

（4）地漏　地漏是一种特殊的排水装置，一般装在地面需要经常清洗或从地面排水的场所，如厨房、淋浴间、厕所、盥洗室、卫生间、水泵房等，用于排除地面积水，住宅还可以用于排除洗衣机产生的污水。

地漏常用铸铁、不锈钢或塑料制成，其类型有很多种，如普通地漏、扣碗式、多通道式、双算杯式、防回流式、密闭式、无水式、防冻式、侧墙式、存水盒地漏等，如图 3-16 所示。地漏需设置在房间地面最低处，地面做成 0.5%~1% 的坡度，坡向地漏。

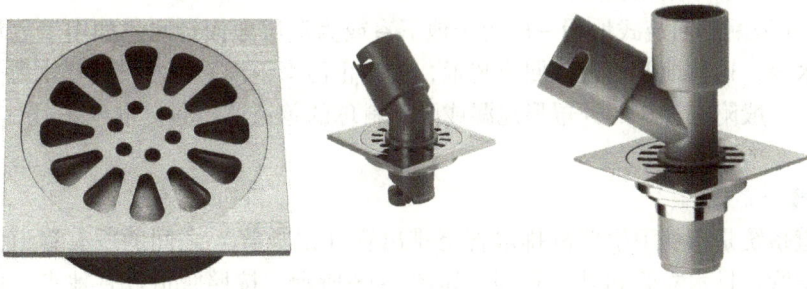

图 3-16　各种形式地漏

1）普通地漏。普通地漏有圆形和方形两种，其水封深度较浅，易发生水封被破坏或水面蒸发造成水封干燥等现象，其内部结构如图 3-17a 所示。

2）多通道式地漏。多通道式地漏一般埋设在楼板的面层内，有单通道、双通道、三通道等多种形式，水封高度为 50mm，可以连接多根排水管，使用方便，主要用于卫生间内设有洗脸盆、浴盆和洗衣机处，其内部结构如图 3-17b 所示。为防止不同卫生器具排水可能造成的地漏反冒，多通道式地漏设有塑料球封住通往地面的通道。其缺点是所连接的排水横支管为暗敷设，一旦损坏，维修就比较麻烦。

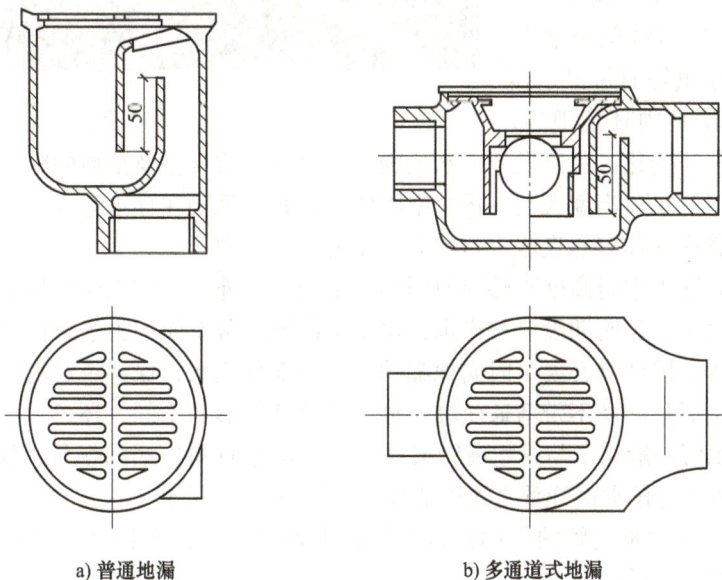

a) 普通地漏　　　　　　　　　　　　b) 多通道式地漏

图 3-17　地漏结构示意图

3）双算杯式地漏。双算杯式地漏的内部水封盒采用塑料制作，形如杯子，水封高度为50mm，便于清洗，比较卫生，地漏盖的排水分布合理，排泄量大，排水快，采用双算有利于阻截污物。该地漏另附塑料密封盖，施工时可利用此密封盖盖住地漏，防止水泥、砂石等从盖的算子孔进入排水管道，造成管道堵塞而排水不畅。平时用户不需要使用地漏时，也可利用塑料密封盖封死。

4）存水盒地漏。存水盒地漏为盒状，并设有防水翼环，可随不同地面做法调节安装高度，施工时将翼环放在结构板上。

5）回流式地漏。回流式地漏一般用于地下室或为深层地面排水，如用于电梯井排水及地下通道排水等，这种地漏内设防回流装置，可防止污水干浅、排水不畅、水位升高而发生的污水倒流。一般附有浮球的钟罩形地漏或附塑料球的单通道地漏，也可采用一般地漏附回流止回阀。

2. 排水管道系统

排水管道系统是指从卫生器具排水管至排出管（出户管）之间的所有管道，包括器具排水管、横支管、排水立管和排出管等，如图3-18所示。按照管道设置地点、条件及污水的性质和成分，建筑内部排水管材主要有塑料管、铸铁管、钢管等。

（1）器具排水管 器具排水管是指连接卫生器具或生产污废水受水器与排水横支管之间的短管。除坐便器外，器具排水管上都要设水封装置，即存水弯。

存水弯内存有一定深度的水，通常为50~100mm，称为水封。其作用是利用一定高度的静水压力来抵抗排水管内气压变化，隔绝和防止排水管道内产生的难闻有害气体、可燃气体及小虫等通过卫生器具进入室内而污染室内环境卫生。

图3-18 排水管道

水封高度与管内气压变化、水蒸发率、水量损失、水中杂质含量及杂质的密度有关，既不能太大也不能太小。若水封高度太大，污水中固体杂质容易沉积在存水弯底部，堵塞管道；若水封高度太小，管内气体容易克服水封的静水压力进入室内。

存水弯的水封除因水封高度不够等原因容易遭受破坏外，有的卫生器具由于使用间歇时间过长，尤其是地漏，长时期没有补充水，水封水面不断蒸发而失去水封作用，这是造成臭气外逸的主要原因，因此有必要定时向地漏的存水弯部分注水，保持一定水封高度。

存水弯有带清通丝堵和不带清通丝堵两种，按照其外形的不同，还可以分为P形、S形等形式。P形存水弯一般用于与排水横管或排水立管水平直角连接的场所，如图3-19所示。S形存水弯一般用于与排水横管垂直连接的场所，如图3-20所示。

（2）横支管 排水横支管的作用是将器具排水管送来的污水排至立管中去。横支管应有一定的坡度，坡向立管。

（3）排水立管 排水立管穿楼层敷设，用于接受各层横支管排出的污水，然后再排至排出管。为保证污水排出畅通，立管管径不得小于 50mm。

（4）排出管　排出管也称出户管，用来收集一根或几根立管排出的污水，并将其排至室外管网中。它是室内排水立管与室外排水检查井之间的连接管段，其管径不得小于与其连接的最大立管管径。

3. 通气管道

建筑内部的排水系统是水气两相流动，通气管道的作用是把管道内产生的有害气体排至大气中，以免影响室内的卫生，减轻废水、废气对管道的腐蚀；并在排水时向管内补充空气，减轻立管内气压变化幅度，防止卫生器具的水封受到破坏，保证水流通畅。

对于仅设一个卫生器具或虽然接有几个卫生器具但共用一个存水弯的排水管道，以及底层污水单排的排水管道，可以不设通气管道。

对于层数不多的建筑，在排水横支管不长、卫生器具不多的情况下，常采取将排水立管上部延伸出屋顶的通气措施。排水立管上部延伸部分称为伸顶通气管。这是排水管系最简单、最基本的通气方式。通气管伸出屋面后顶端应设通气帽（图 3-21），以防止杂物进入排水管内，其形式一般有两种：一种是甲型通气帽，采用扁钢丝绕成螺旋形网罩，多用于气候较暖和的地区；另一种是乙型通气帽，采用镀锌薄钢板制作，适用于冬季室外平均温度低于-12℃的地区，可避免因潮气结霜封闭网罩而堵塞通气口。

图 3-19　P 形存水弯　　　　图 3-20　S 形存水弯　　　　图 3-21　通气帽

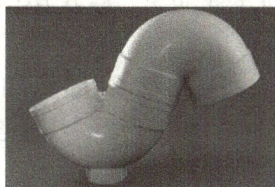

对于多层及高层建筑，由于立管较长且卫生器具数量较多，同时排水概率大，容易在管内产生压力波动而破坏水封。除了设置伸顶通气管外，还应该根据具体情况设置不同类型的辅助通气管道，各种形式的通气管道如图 3-22 所示。

（1）器具通气管　对一些卫生标准及控制噪声要求高的排水系统，如高级宾馆等，应设置器具通气管，即在每个卫生器具上设置通气管。这种通气方式通气效果最好，尤其是能防止器具因自虹吸作用破坏水封。但该方式造价较高，管道隐蔽较困难，一般用于高层建筑。

（2）共轭通气管　共轭通气管也称结合通气管，是排水立管与通气立管之间的连接管段。在一般情况下，专用通气立管每隔 2 层、主通气立管每隔 8~10 层应设结合通气管与污水立管连接。当上部横支管排水时，水流沿立管向下流动，水流前方空气被压缩，通过结合通气管释放被压缩的空气至通气立管。

（3）环形通气管　环形通气管是指在多个卫生器具的排水横支管上，从最开始端卫生器具的上游端接至通气立管的管段。

当横管上连接的卫生器具较多（连接 4 个及 4 个以上卫生器具且横支管的长度大于

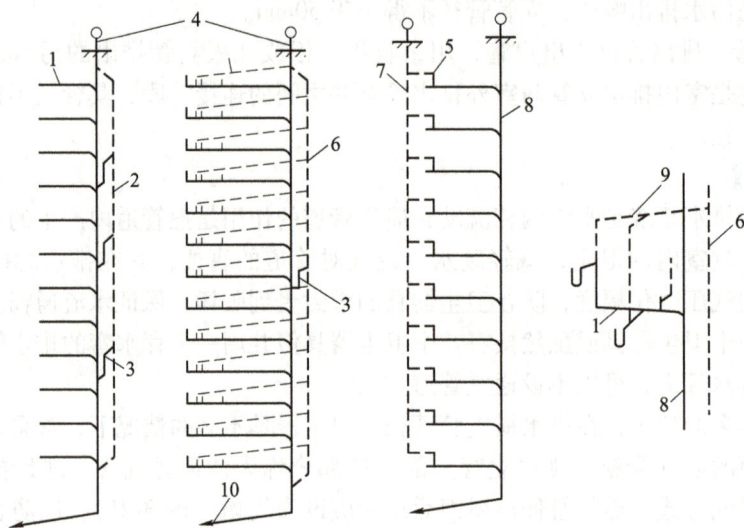

图 3-22　各种形式的通气管道

1—污水横支管　2—专用通气立管　3—共轭通气管　4—伸顶通气管　5—环形通气管
6—主通气立管　7—副通气立管　8—污水立管　9—器具通气管　10—排出管

12m，连接 6 个及 6 个以上大便器的污水横支管），相应的排水量较多时，容易造成管内压力波动，使水流前方的卫生器具的水封被压出，后方卫生器具的水封被吸入，为避免出现这种情况，应设置环形通气管。

（4）主通气立管　主通气立管是指连接排水横支管和排水立管的垂直管道。

（5）副通气立管　副通气立管是指仅与环形通气管连接，不与排水立管相连接，为使排水横支管内空气流通而设置的通气管道。

（6）专用通气立管　专用通气立管适用于各层卫生器具分别单个接入排水立管或当排水横支管接入时，其接入的卫生器具数不超过 3 个，且排水横支管不长的 10 层及 10 层以上的高层旅馆和住宅卫生间的排水系统。生活排水立管所承担的卫生器具排水设计流量，超过仅设置伸顶通气管的排水立管的最大排水能力时，也应设置专用通气立管。

4. 清通设备

为疏通建筑内部排水管道，保障排水畅通，需要在管道上设置清通设备。通常在横支管上设置清扫口或带清扫门的 90° 弯头和三通；在立管上设置检查口；在室内埋地横干管上设置检查井等。

（1）清扫口　清扫口装设在排水横管上，当连接的卫生器具较多时，横管末端应设清扫口，用于单向清通排水管道的维修口，有时也可用能供清掏的地漏代替，如图 3-23 所示。

（2）检查口　检查口是带有可开启检查盖的配件，装设在排水立管及较长水平管段上，可作检查和双向清通管道之用，如图 3-24 所示。

（3）检查井　对于生活污水管道，在建筑物内一般不设检查井（图 3-25），在排出管与室外排水管相接处，应设检查井。对于不散发有害气体或大量蒸汽的工业废水管道，在转弯、变径或改变坡度处，可在建筑物内设置检查井。当直线管道过长时，也应设检查井，排除生产污水的管道，检查井间距不超过 20m；排除生产废水的管道，检查井间距不超过 30m。

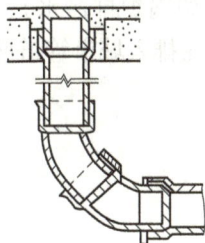

图 3-23　清扫口

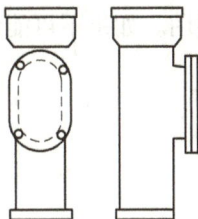

图 3-24　检查口

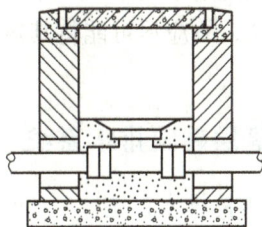

图 3-25　检查井

5. 污水抽升设备

高层建筑和大型公共建筑一般都有地下室，用作车库、技术设备层。工业建筑的车间、用水设备房等常会排放污废水，火灾发生后，消防用水经电梯井、楼梯间流到建筑最底层。当建筑内这些部位标高低于室外地坪标高时，污废水不能自流排出室外，必须设置污水泵和集水池等污水抽升设备。

污废水的成分复杂，流量变化大，为方便运行管理，污水泵均为自控启动。常用的污水泵有潜水泵、液下泵和卧式离心泵等。集水池（坑）的作用是收集地下室地面水、排水沟污水、地下卫生间、淋浴间的污水等。

6. 污水局部处理设备

当室内污水未经处理不允许直接排入城市排水系统或水体时（如呈强酸性、强碱性、含大量汽油、油脂或大量杂质的污水），需设置污水局部处理设备，使污水水质得到初步改善后再排入室外排水管道。常用的污水局部处理设备有化粪池、隔油池和降温池等。

（1）化粪池　化粪池是一种利用沉淀和厌氧发酵原理去除生活污水中悬浮性有机物的最初级处理构筑物。由于目前我国许多小城镇还没有生活污水处理厂，建筑物卫生间内所排出的生活污水必须经过化粪池处理后才能排入合流制排水管道。

化粪池可由砖、石或钢筋混凝土等材料砌筑成圆形和矩形，也可采用玻璃钢化粪池等环保型产品，如图 3-26 所示。

（2）隔油池　隔油池能使含油污水流速降低，并使水流方向改变，使油类浮在水面上，然后将其收集排除，如图 3-27 所示。它适用于食品加工车间、餐饮业公共食堂的厨房排水的除油处理。

图 3-26　玻璃钢化粪池

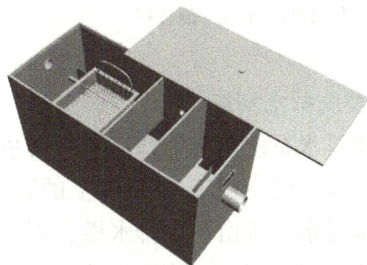

图 3-27　隔油池

（3）降温池　降温池是降低排水温度的小型处理构筑物。城市排水管道允许排入的污水温度一般规定不大于40℃，所以当室内排水温度高于40℃时（如锅炉排污水），会影响管道的寿命，故应尽可能将其热量回收利用。如果不可能回收时，在排入城市管道前应采取降温措施。

3.1.3　高层建筑排水系统

1. 苏维托排水系统

苏维托排水系统是采用一种气水混合或分离的配件来代替一般零件的单立管排水系统。其包括气水混合器和气水分离器两个基本配件。

（1）气水混合器　苏维托排水系统中的气水混合器（图3-28）是由长约80cm的连接配件装设在立管与每层楼横支管的连接处。横支管接入口有三个方向；混合器内部有三个特殊构造，即乙字弯、隔板和隔板上部约1cm高的孔隙。

（2）气水分离器　苏维托排水系统中的气水分离器又称跑气器（图3-29），通常装设在立管底部。它是由具有凸块的扩大箱体及跑气管组成的一种配件。

气水分离器的作用是沿立管流下的气水混合物遇到内部的凸块溅散，从而将气体（70%）从污水中分离出来，由此减少污水的体积，降低流速，并使立管和横干管的泄流能力平衡，气流不致在转弯处被阻塞；另外，将释放出的气体用一根跑气管引到干管的下游（或返向上接至立管中），这就达到了防止立管底部产生过大反（正）压力的目的。

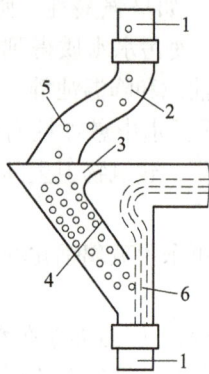

图 3-28　气水混合器

1—立管　2—乙字弯　3—孔隙　4—隔板
5—气水混合物　6—混合室

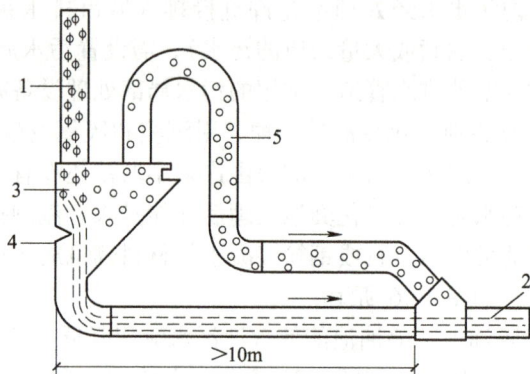

图 3-29　气水分离器

1—立管　2—排水横管　3—空气分离室
4—凸块　5—跑气管

2. 旋流排水系统

旋流排水系统也称为塞克斯蒂阿系统，是法国建筑科学技术中心于1967年提出的一项技术，后来广泛应用于10层以上的居住建筑。

旋流排水系统由各个排水横支管与排水立管连接起来的旋流连接配件和装设于立管底部的特殊排水弯头组成。旋流连接配件和特殊排水弯头如图3-30所示。

（1）旋流连接配件　旋流连接配件由盖板及底座组成。盖板上设有固定的导旋叶片；底座支管和立管接口处沿立管切线方向有导流板。横支管污水通过导流板沿立管断面的切线

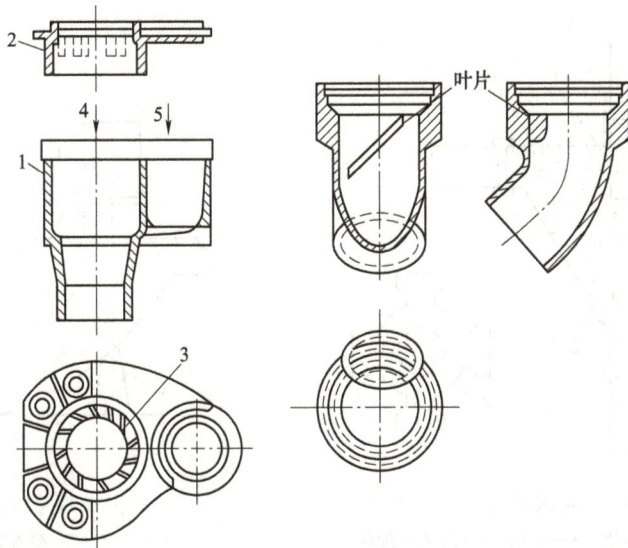

图 3-30　旋流连接配件和特殊排水弯头
1—底座　2—盖板　3—叶片　4—接立管　5—接大便器

方向以旋流状态进入立管，立管污水每流过下一层旋流接头时，经导旋叶片导流，增加旋流，污水受离心力作用贴附管内壁流至立管底部，立管中心气流通畅，气压稳定。

（2）特殊排水弯头　在立管底部的排水弯头是一个装有特殊叶片的45°弯头。该特殊叶片能迫使下落水流溅向弯头后方流下，这样就避免了出户管（横干管）中发生水跃而封闭立管中的气流，以致造成过大的正压。

3. 心形排水系统

（1）环流器　环流器外形呈倒圆锥形，平面上有2~4个可接入横支管的接入口（不接入横支管时也可作为清通用）的特殊配件，如图3-31所示。

立管向下延伸一段进入内管，插入内部的内管起隔板作用，防止横支管出水形成水舌，立管污水经环流器进入倒锥体后形成扩散，气水混合成水沫，密度减轻、下落速度减缓，立管中心气流通畅，气压稳定。

（2）角笛弯头　角笛弯头外形似犀牛角，大口径承接立管，小口径连接横干管，如图3-32所示。由于大口径以下有足够的空间，既可对立管下落水流起减速作用，又可将污水中所携带的空气集聚、释放。又由于角笛弯头的小口径方向与横干管断面上部也连通，可减小管中正压强度。这种配件的曲率半径较大，水流能量损失比普通配件小，从而增加了横干管的排水能力。

4. UPVC 螺旋排水系统

UPVC 螺旋排水系统是韩国在20世纪90年代开发研制的，由图3-33所示的偏心三通和图3-34所示的内壁有6条间距为50mm呈三角形凸起的导流螺旋线的管道所组成。

由排水横管排出的污水经偏心三通从圆周切线方向进入立管，旋流下落，经立管中的导流螺旋线的导流，管内壁形成较稳定的水膜旋流，立管中心气流通畅，气压稳定。同时，由于横支管水流由圆周切线方式流入立管，减少了撞击，从而有效克服了排水塑料管噪声大的缺点。

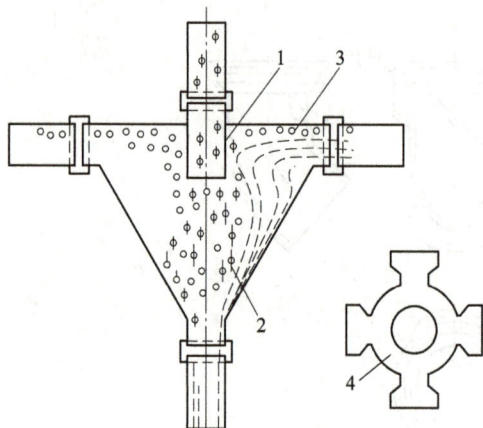

图 3-31 环流器
1—内管 2—气水混合物 3—空气 4—环流器配件

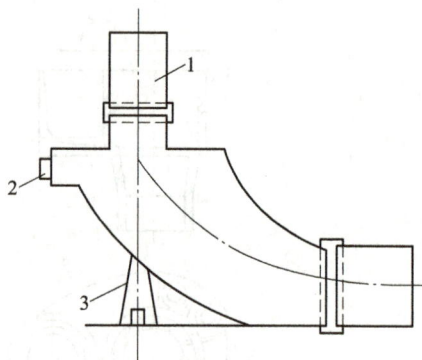

图 3-32 角笛弯头
1—立管 2—检查管 3—支墩

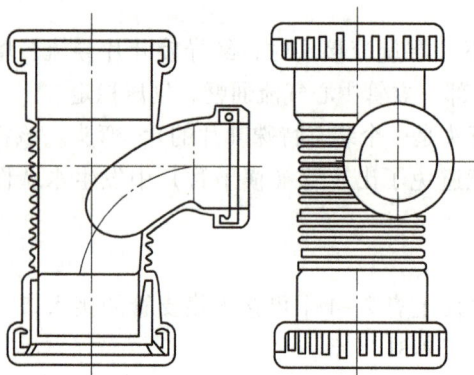

图 3-33 偏心三通

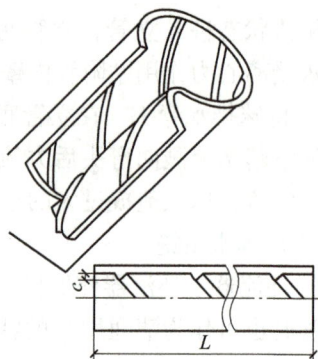

图 3-34 导流螺旋线的管道

3.2 建筑排水系统常用材料

3.2.1 塑料排水管

目前建筑物内广泛使用的塑料排水管是硬聚氯乙烯管（PVC-U 管）。塑料排水管包括实壁管、芯层发泡管、螺旋管等，具有质量轻、不结垢、不腐蚀、外壁光滑、美观、易切割、便于安装、可制成各种颜色、投资省和节能等优点；但强度低、耐温性较差（使用温度为－5~50℃）、排水时管道会产生噪声、在阳光下管道易老化、防火性能较差等。相对于相同规格的铸铁管，可大幅降低施工费用。

塑料排水管的规格用 De×δ（公称外径×壁厚）表示，常用规格见表 3-1。

表 3-1　塑料排水管常用规格

公称直径/mm	40	50	75	100	150
公称外径/mm	40	50	75	110	160
壁厚/mm	2.0	2.0	2.3	3.2	4.0
参考质量（g/m）	341	431	751	1535	2803

塑料管道熔点低、耐热性差，高层建筑中明敷塑料排水管道应按设计要求设置阻火圈或防火套管。阻火圈由金属材料制作外壳，内填充阻燃膨胀芯材，套在硬聚氯乙烯管道外壁，固定在楼板或墙体部位，火灾发生时芯材受热迅速膨胀，挤压 PVC-U 管道，在较短时间内封堵管道穿洞口，阻止火势沿洞口蔓延。

PVC-U 排水管由于受温度影响大，膨胀系数大，每层立管及较长的横管上均要求设置伸缩节。如设计无要求时，伸缩节间距不得大于 4m。在与其他管道平行敷设时，塑料管靠边，当交叉敷设时，塑料管在下且应错开，并考虑加金属套管防护。

敷设在高层建筑室内的塑料排水管道管径大于或等于 110mm 时，应在下列位置设置阻火圈：①明敷立管穿越楼层的贯穿部位；②横管穿越防火分区的隔墙和防火墙的两侧；③横管穿越管道井井壁或管窿围护墙体的贯穿部位外侧。阻火圈如图 3-35 所示。

3.2.2　铸铁排水管

与其他金属管和塑料管相比，铸铁排水管具有的优点有：强度高、耐腐蚀、噪声小、寿命长、阻燃防火、无二次污染、可再生循环利用等。铸铁排水管优良的耐腐蚀和强度特性，使其使用寿命远大于钢管和塑料管材。铸铁材质本身不含化学毒素，不会对污废水产生二次污染，并且当建筑或排水管道报废拆除时，铸铁排水管材可 100%回收再生，循环使用。

图 3-35　阻火圈

从接口形式上，铸铁排水管可以分为刚性接口和柔性接口两大类。

刚性接口排水管缺乏承受径向曲挠、伸缩变形能力和抗震能力，使用过程受到建筑变形、热胀冷缩、地质震动等外力作用时，易产生管体破裂，造成渗漏事故，因而被逐渐淘汰，仅在一些低矮建筑或特殊场合使用。

柔性接口排水管具有较强的抗曲挠、伸缩变形能力和抗震能力，具有广泛的适用性。从接口的连接方式上，柔性接口铸铁排水管又可分为 A 型柔性法兰接口、W 型无承口（管箍式）柔性接口。

A 型柔性法兰接口铸铁排水管采用法兰压盖连接，橡胶圈密封，螺栓紧固，具有良好的曲挠性、伸缩性、密封性及抗震性等性能，施工方便，广泛用于高层及超高层建筑及地震区的室内排水管道。

W 型无承口（管箍式）柔性接口铸铁排水管采用橡胶圈不锈钢带连接，便于安装和检修，安装时立管距墙尺寸小、接头轻巧、外形美观，长度可以在现场按需套裁，节省管材，拆装方便，便于维修更换。

在实际安装工程中，A 型和 W 型两种管材搭配使用效果较好。一般排水横干管、首层出户管宜采用 A 型管，排水立管及排水支管宜采用 W 型管。这样搭配使用的好处是：A 型管由于法兰压盖连接的机械性能较好，在作排水横干管时，可以保证使用寿命和使用功能。同时，由于自身良好的机械强度，特别适用于高层排水出户横管，可以承受上层来水的冲击力。柔性铸铁排水管如图 3-36 所示。

a) A 型铸铁排水管　　　　　b) W 型铸铁排水管

图 3-36　柔性铸铁排水管

3.2.3　钢管

由成组洗脸盆或饮用水喷水器到共用水封之间的排水管和连接卫生器具的排水短管，可使用镀锌钢管或焊接钢管。

3.2.4　混凝土管

混凝土管及钢筋混凝土管多用于室外排水管道及车间内部地下排水管道，一般直径在 400mm 以下者，为混凝土管；400mm 以上者，为钢筋混凝土管。其最大的优点是节约金属管材；缺点是强度低、内表面不光滑、耐腐蚀性差。管道连接采用承插法，接口同铸铁排水管的接法。

3.3　建筑排水管道的布置与敷设

3.3.1　排水管道的布置与敷设原则

建筑内部排水系统直接影响人们的日常生活和生产，为了创造一个良好的生活和生产环境，建筑内部排水管道布置与敷设时应遵循以下原则：

1）排水畅通，水力条件好。

2）使用安全可靠，不影响室内环境卫生。

3）管线简单，工程造价低，占地面积小，美观。

4）施工安装简便，易于维护管理。

5）兼顾其他管线的布置与敷设。

排水管布置时应该使卫生器具至排出管的距离最短，管道转弯应最少；排水管不能穿过风道、烟道及橱柜等；排水管道不得布置在遇水会引起燃烧、爆炸或损坏的原料、产品和设备的上面；架空管道不得布置在生产工艺或卫生有特殊要求的生产厂房内，不得敷设在食品和贵重商品仓库、通风小室、变配电室和电梯机房内；不得布置在食堂、饮食业厨房的主副食操作烹调、备餐部位以及浴池、游泳池的上方。

埋入地下的排水管与地面应有一定的保护距离，而且管道不得穿越生产设备的基础；排水管最好避免穿过伸缩缝，必须穿越时，应加套管；如遇沉降缝时，应另设一路排水管分别排出；排水管穿过承重墙或基础处应预留孔洞，使管顶上部净空不得小于建筑物的沉降量，一般不小于 0.15m；为了防止管道受机械损坏，在一般的厂房内，排水管的最小埋设深度应满足规范要求；排水管应尽量直线布置，力求减少不必要的转角和曲折，受条件限制必须偏置时，宜用乙字管或两个 45°弯头连接来实现。

3.3.2　排水管道的敷设方法

排水管道的敷设类似于给水管道，有明敷和暗敷两种形式。明敷时管道沿墙、梁、柱平行外露设置，明敷管道维护方便、造价低，但管道表面易积灰且不美观；暗敷时管道设在专门的管廊、管道井、沟槽中；为了便于清通和用于特殊的地方，有时也可采用明沟排除污水。

排水管道应以明敷为主，常用于一般居住建筑、公共建筑、车间等排水系统中；对卫生和美观方面要求较高的建筑，如宾馆、高级住宅、特殊生产车间等，在管道种类较多的情况下，宜采用暗敷方式。暗敷时，要留有检修门。

排水管道敷设时，应保证各管道之间、管道与墙面之间的净距，以利于安装和维修。管道穿越楼板或基础和承重墙时，应预留孔洞。

塑料排水管线膨胀系数大，为了消除管道的热胀冷缩应力，在立管、横管上应根据设计和规范要求设置伸缩节，如图 3-37 所示。

排水管道敷设时应采取固定措施，如图 3-38 所示。通常排水立管用管卡，其间距不超过 3m，在承插管接头处必须设置；横支管管卡、支吊架吊设在楼板下，间距不超过 1m，且应将支点设在承插接头处。

3.3.3　排水横支管的布置与敷设

1）排水横支管不宜太长，尽量少转弯，一根支管连接的卫生器具不宜太多。

2）排水横支管不得穿过沉降缝、伸缩缝、变形缝、烟道及风道。

3）排水横支管不得穿过有特殊卫生要求的生产厂房、食品及贵重商品仓库、通风室和变电室等。

4）排水横支管不得布置在遇水易燃、爆炸或损坏的原料、产品和设备上。

5）排水横支管不得布置在食堂、饮食业的主副食操作烹饪的上方。

6）排水横支管距楼板和墙应有一定的距离，便于安装和维修。

7）当排水横支管悬吊在楼板下，接有两个及两个以上大便器或三个及三个以上卫生器具的铸铁排水横管上时，或接有四个及四个以上大便器的塑料排水横管上时，宜设置清扫口。

8）排水横支管要有一定坡度通向立管。

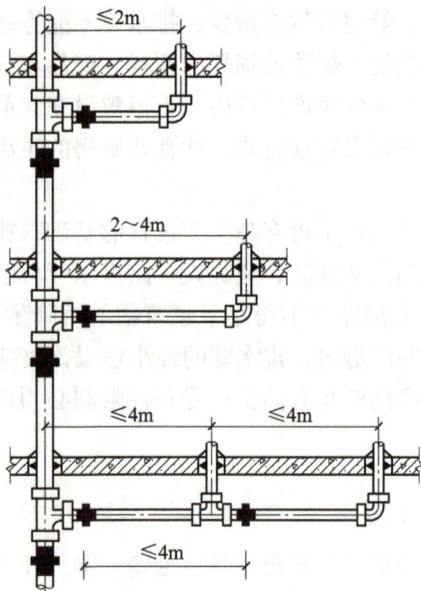

图 3-37　伸缩节

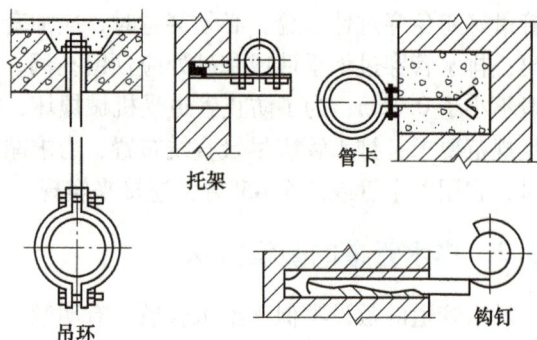

图 3-38　管道固定措施

9）排水横支管一般在本层地面上或楼板下明敷，如图 3-39 所示。有特殊要求或为了美观时可做吊顶，隐蔽在吊顶内。为了防止排水管（尤其是存水弯部分）结露，必须采取防结露措施。

3.3.4　排水立管的布置与敷设

1）排水立管应靠近排水量大、水中杂质多、最脏的排水点处。

2）排水立管不得穿过卧室、病房，不宜靠近与卧室相邻的内墙。

3）排水立管宜靠近外墙，以减少埋地管长度，便于清通和修理。

4）排水立管上应设置检查口，铸铁排水立管与检查口之间的距离不宜大于 10m，塑料排水管宜每六层设置一个检查口，但在建筑物最底层和最高层必须设置。当立管水平拐弯或有乙字弯时，在该层立管拐弯处和乙字弯上部应设置检查口。

5）排水立管一般设在墙角处或沿墙、沿柱垂直布置。

3.3.5　横干管及排出管的布置与敷设

排水横干管有两种布置形式：一种是建筑物底层的排水横干管可直接敷设在底层的地下；另一种是各楼层中的排水横干管，可敷设在支吊架上。

排出管是室内排水立管或横管与室外检查井之间的连接管道。排出管的安装是整个排水系统安装的起点，必须严格保证施工质量。安装时要保证管子的坡向和坡度，应该为直线管段，不能转弯或突然变坡。为了检修方便，排出管的长度不宜太长，一般检查井中心至建筑物外墙的距离不小于 3m，不大于 10m。排出管插入检查井的位置不能低于井的流水槽。图 3-40 所示为排出管穿过建筑物外墙的防水做法。

排出管布置与敷设时需要注意以下问题：

1）排出管一般靠外墙布置，以最短的距离排至室外，直线布置，不宜在室内转弯。

图 3-39 排水横支管的敷设

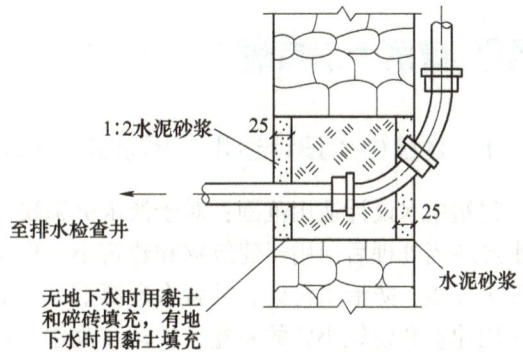

1:2水泥砂浆
25
至排水检查井
25
水泥砂浆
无地下水时用黏土
和碎砖填充,有地
下水时用黏土填充

图 3-40 排出管敷设

2）建筑层数较多时，应按规范确定底部横管是否单独排出。最低横支管与立管连接处至立管管底的最小距离应满足规范要求。

3）埋地管不得布置在可能受重物压坏处和穿越生产设备基础。

4）埋地管穿越承重墙或基础处，应预留洞口，且管顶上部净空不得小于建筑物的沉降量，一般不宜小于 0.15m。

5）距离较长的直线管段上应设检查口或清扫口，最大间距应满足规范要求。

6）排出管与室外排水管连接处设检查井，井中心距建筑物外墙不宜小于 3m。

7）为防止管道受机械损坏，按不同的地面性质，不同材料排出管的最小埋深为 0.4～1.0m。

8）排出管与引水管同侧布置时，两根管道的外壁水平距离不得小于 1.0m。

排水横管与立管连接，宜采用 45°斜三通或顺水三通，排水立管与排出管的连接应采用两个 45°弯头或弯曲半径不小于 4 倍管径的 90°弯头，以保证水流顺畅。

最低排水横支管应与立管管底有一定的高差，以免立管中的水流形成的正压破坏该横支管上所有连接的水封。在立管仅设置伸顶通气管时，最低排水横支管与立管管底的垂直距离见《建筑给水排水设计标准》（GB 50015—2019）。排水横支管连接在排水管或横干管上时，连接点距立管底部下游水平距离不宜小于 3.0m，当靠近排水立管底部的排水支管的连接不能满足上述要求时，排水支管应单独排至室外检查井或采取有效的防反压措施（一般一层住户的排水管单独入检查井）。

排水横支管与排出管或横干管的连接如图 3-41、图 3-42 所示。

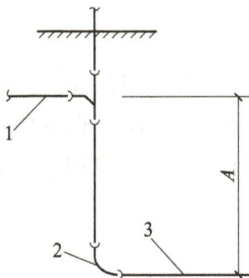

图 3-41 最低横支管与排出管距离
1—排水横支管 2—排水立管 3—排水支管

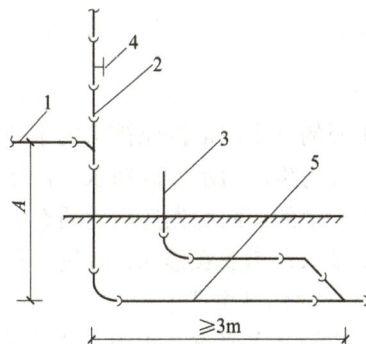

图 3-42 排水横支管与排出管或横干管的连接
1—最低横支管 2—立管底部 3—排出管
4—检查口 5—排水横干管或排出管

3.4 建筑中水系统

3.4.1 建筑中水设计适用范围及系统基本类型

建筑中水设计适用范围：对于淡水资源缺乏，城市供水严重不足的缺水地区，利用生活废水经适当处理后回用于建筑物和建筑小区供生活杂用，既节省水资源，又使污水无害化，是保护环境、防治水污染、缓解水资源不足的重要途径。建筑中水设计适用于缺水地区的各类民用建筑和建筑小区的新建、扩建和改建工程。

按中水供水范围划分，中水系统的基本类型一般可分为城市中水系统、小区中水系统、建筑中水系统3种，见表3-2。

表 3-2 中水系统的基本类型

类型	系统图	特点	适用范围
城市中水系统	上水管道 → 城市 下水管道 → 污水处理厂 中水管道 → 中水处理站	工程规模大，投资大，处理水量大，处理工艺复杂，一般短时期内难以实现	严重缺水城市，无可开辟地面和地下淡水资源时
小区中水系统	上水管道 → 建筑物 建筑物 建筑物 中水管道 下水管道 → 中水处理站	可结合城市小区规划，设小区污水处理厂，部分污水深度处理回用，可节水30%，工程规模较大，水质较复杂，管道复杂，但集中处理的处理费用较低	缺水城市的小区、建筑物分布较集中的新建住宅小区和集中高层建筑群
建筑中水系统	上水管道 → 建筑物 → 下水管道 中水管道 → 中水处理站	采用优质排水为水源，处理方便，流程简单，投资省，占地小，便于与其他设备机房统一考虑，管道短，施工方便，处理水量容易平衡	大型公共建筑、公寓和旅馆、办公楼等

3.4.2 中水水源及水质基本要求

1. 中水水源

中水水源的选用应根据原排水的水质，水量、排水状况和中水所需的水质、水量确定。中水水源一般为生活污水、冷却水、雨水等。医院污水不宜作为中水水源。根据所需中水水量应按污染程度的不同优先选用优质杂排水，可按下列顺序进行取舍：①冷却水；②淋浴排水；③盥洗排水；④洗衣排水；⑤厨房排水；⑥厕所排水。

2. 中水水质的基本要求

中水水质的基本要求：①卫生上安全可靠、无有害物质；②外观上无不快的感觉（如浊度、色度等）；③不引起设备、管道等的严重腐蚀、结垢和不造成维护管理的困难（如pH值等）。

3.4.3　中水处理工艺流程

1. 国内已设计，使用或正在设计施工中的流程

见表 3-3，表中名称栏是按主要处理工艺的习惯概括称法。前 4 种流程是处理经过分流的洗浴废水。前两种宜处理优质杂排水，第 3 种和第 4 种可处理杂排水。后 4 种流程可处理含粪便污水在内的生活污水。一般均需经过一段或二段生物处理。处理后的出水均可作为杂用水使用。

表 3-3　国内目前已设计的流程类型

序号	名称	预处理	主处理	后处理
1	直接过滤	加氯或药 ↓ 格网 → 调节池 →		消毒剂 ↓ 直接过滤 → 消毒 → 中水
2	接触过滤(双过滤)	混凝剂 ↓ 格网 → 调节池 →		消毒剂 ↓ 接触过滤 → 活性炭吸附 → 消毒 → 中水
3	混凝气浮	混凝剂 ↓ 格网 → 调节池 →		消毒剂 ↓ 混凝气浮 → 过滤 → 消毒 → 中水
4	接触氧化	格栅(网) → 调节池 (预曝气)	↓空气 →曝气 → 沉淀 接触氧化	消毒剂 ↓ 过滤 → 消毒 → 中水
5	氧化槽	格栅(网) → 调节池	→ 氧化槽 → 接触氧化	消毒剂 ↓ 过滤 → 消毒 → 中水
6	生物转盘	格栅(网) → 调节池	→ 生物转盘 → 沉淀 → 接触氧化	消毒剂 ↓ 过滤 → 消毒 → 中水
7	综合处理	格栅 → 调节池 → 生物处理 → 混凝 → 沉淀 → 过滤 → 碳吸附 → 消毒 (污泥法、氧化法)　　　　→ 污泥	(一、二级)	消毒剂 ↓
8	二级处理 +深度处理	二级处理出水 → 接触氧化 → 混凝 → 沉淀 → 过滤 → 碳吸附 → 消毒 　　　　　　　　　　　　　　　→ 污泥		消毒剂 ↓

注：1. 步骤可用，也可不用，视水质情况定。
　　　2. 后 4 种流程均有污泥处理，表内未列。

2. 选择流程应注意的问题

1）根据实际情况确定流程。确定流程时必须掌握中水原水的水量、水质和中水的使用要求，中水用途不同而对水质要求的不同以及各地各种建筑的具体条件的不同，其处理流程也不尽相同。选流程切忌不顾条件地照搬照套。

2）环境要求的提高和管理水平的限制，处理设备的组装化、密闭性及管理自动应予以

重视。不允许也不可能将常规的污水处理厂缩小后，搬入建筑或建筑群内。

3）应充分注意中水处理给建筑环境带来的臭味、噪声的危害。

4）选用定型设备，尤其是一体化设备应注意其功能和技术指标，确保出水水质。

3.4.4 中水处理方法

按已被采用的方法大致可分为以下三类：

1. 生物处理法

该方法是利用微生物的吸附，氧化分解污水中有机物的处理方法，包括好氧微生物处理和厌氧微生物处理。中水处理多采用好氧生物膜处理技术。表3-3中前4种均以此法为主。

2. 物理化学处理法

该方法以混凝沉淀（气浮）技术及活性炭吸附相组合为基本方式，与传统二级处理相比，提高了水质。表3-3中的第5、6种即为纯物理化学流程。

3. 膜处理法

超滤或反渗透膜处理法，其优点不仅悬浮物（SS）的去除率很高，而且在排水利用中令人担心的细菌数和病菌数及病毒也能得以很好分离。表3-3中的第5、6、7、8种即以膜处理法为主。各种中水处理方法比较见表3-4。

表3-4　各种中水处理方法比较

	项目	生物处理法	物理化学处理法	膜处理法
1	回收率	90%以上	90%以上	70%~80%
2	适用原水	杂排水、厨房排水、污水	杂排水	杂排水
3	重复用水的适用范围	杂排水——冲厕、空调污水——冲厕	冲便器、空调	冲便器、空调
4	负荷变化	小	稍大	大
5	间歇运转	不适合	稍适	适合
6	污泥处理	需要	需要	不需要
7	装置的密封性	差	稍差	好
8	臭气的产生	多	较少	少
9	运转管理	较复杂	较容易	容易
10	装置所占面积	最大	中等	最少

3.4.5 中水管道的布置及敷设

中水管道系统分中水原水集水系统和中水供水系统。

1. 中水原水集水系统

（1）室内合流制集水系统　将生活污水和生活废水用一套排水管道排出的系统。管道布置与室内排水管道相同，注意尽可能地提高污水的流出标高，室内集流管则可以充分利用排水的水头。室内集流干管要选择合适位置设置必要的水平清通口。

（2）室内分流集水系统　污水、废水分别以不同的排水管道排出，中水原水水质较好。分流管道布置在不影响使用功能的前提下，专业间协商合作，达到使用功能合理，接管顺畅美观的统一。便器与洗浴设备最好分设或分侧布置以便于接入单独的支管、立管。多层建筑洗浴设备宜上下对应布置以便于接入单独立管。高层公共建筑的排水宜采用污水、废水、通气三管组合管系。污、废支管不宜交叉以免横支管标高降低过大。

2. 中水供水系统

（1）中水供水管道系统　中水供水管道系统和给水供水系统相似，图 3-43a 所示是余压供水系统，靠最后处理工序的余压将水供至用户，图 3-43b 所示是水泵水箱供水系统，图 3-43c 所示是气压供水系统。

（2）中水供水管道和设备的要求

1）中水管道必须具有耐腐蚀性，因为中水保持有余氯和多种盐类，产生多种生物学和电化学腐蚀，采用塑料管、衬塑复合钢管和玻璃管比较适宜。

2）中水管道、设备及受水器具应按规定着色以免误饮误用。《建筑中水设计标准》（GB 50336—2018）规定为浅绿色。

3）不采用耐腐蚀材料的管道，设备应做好防腐蚀处理，表面光滑，易于清洗、清垢。

4）中水用水最好采用与人直接接触的密闭器具，冲洗浇洒采用地下式给水栓。

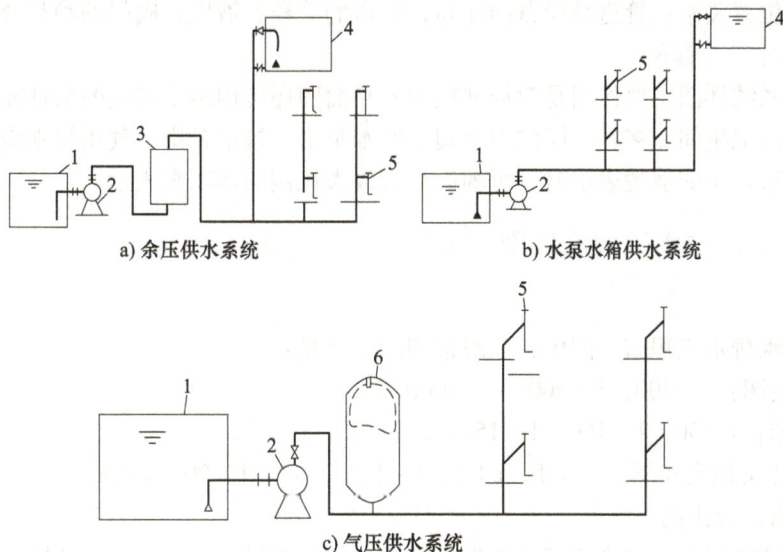

图 3-43　中水供水系统

1—中水贮池　2—水泵　3—压力处理器　4—中水供水箱　5—中水用水器具　6—气压水罐

3.5　建筑给水排水工程施工图的识读

3.5.1　建筑给水排水施工图的组成

给水排水工程施工图由图文与图纸两部分组成。图文部分一般由图纸目录、设计施工说明、设备材料明细表等组成。图纸部分通常包括：给水排水系统平面图、系统图、详图等。

1. 图纸目录

将全部施工图按其编号（水施-×）、图名、顺序填入图纸目录表格，同时在表头上标明建设单位、工程项目、分部工程名称、设计日期等，装订于封面。其作用是核对图纸数量，便于识图时查找。

2. 设计施工说明

设计施工说明主要内容包括给水排水系统的建筑概况；系统采用给水排水的标准与参数；给水排水的设计要求（水压、水量、水质的要求等）；要求自控时的设计运行工况；给水系统和排水系统的一般规定，管道材料及加工方法，管材、支吊架及阀门安装要求，保温、减振做法，管道试压和清洗等；水处理设备的安装要求；防腐要求；系统调试、试运行方法和步骤；应遵守的施工规范等。

3. 给水排水系统平面图

给水排水系统平面图包括建筑物各层用水设备及卫生器具的平面位置、类型；给水、排水系统的出口、入口位置、编号，地沟位置及尺寸、检查井位置及尺寸；干管走向、立管及其编号，横支管走向、位置等。

4. 给水排水系统系统图

给水排水系统系统图包括各系统编号及立管编号、用水设备及卫生器具编号，管道走向；与设备的位置关系；管道及设备的标高；管道的管径、坡度；阀门的种类及位置等。

5. 给水排水系统详图

给水排水系统详图主要作用是对局部放大的平面图还可用多个剖面图来补充其立体的布置。当较复杂的卫生间、多种不同的卫生间、给水泵房、排水泵房、气压给水设备、水箱间等设备的平面布置不能清楚表达时，可辅以局部放大比例的详图来表示。

3.5.2 建筑给水排水工程施工图的图示

1. 比例

在建筑给水排水工程施工图中，一般常用的比例是：

1）总平面图：1∶300，1∶500，1∶1000。

2）基本图：1∶50，1∶100，1∶150，1∶200。

3）详图（又称大样图）：1∶1，1∶2，1∶5，1∶10，1∶20，1∶50。

4）系统图：无比例。

有时，在施工图上，有许多部位并没有标注出相应的尺寸，这就要求读图人员用尺度量出该部位尺寸，并按图上标明的比例尺换算出实际的尺寸大小。

2. 线型

在给水排水施工图中，常用的线型及其主要用途见表 3-5。

表 3-5　给水排水施工图中线型及其主要用途

名称		线型	线宽	主要用途
实线	粗	———————	b	给水引入管、干管等平面图
	中粗	———————	$0.5b$	给水引入管、干管等系统图
	细	———————	$0.25b$	土建轮廓线、尺寸线、尺寸界线、引出线、材料图例线、标高符号等

（续）

名称		线型	线宽	主要用途
虚线	粗	— — — — — — —	b	排水干管、排水排出管等平面图
	中粗	— — — — — —	$0.5b$	排水干管、排水排出管等系统图
	细	- - - - - - -	$0.25b$	原有风管的轮廓线、地下管沟等

3. 标高

1）标注单位为 m，一般标注到小数点后第 3 位，在总图中可标注到小数点后第 2 位。

2）管道应该标注起止点、转角点、连接点、边坡点、交叉点的标高。其中，压力管道（如给水管道）所标注标高一般为管道中心标高，而沟渠和重力管道（如排水管道）所标注标高一般为沟（管）内底标高。

3）室内管道标高为相对标高（相对房屋底层地面），室外管道标高应注意绝对标高。无资料时可注相对标高，但应与总图专业一致。

4）具体标注方法如图 3-44~图 3-46 所示。

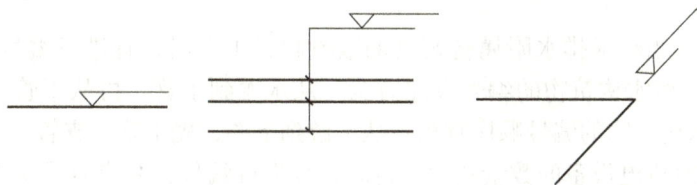

图 3-44　平面图、系统图中管道标高标注法

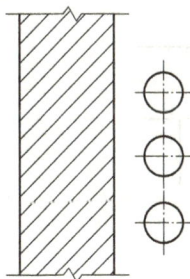

图 3-45　剖面图中管道标高标注法

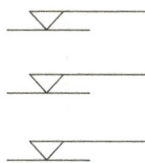

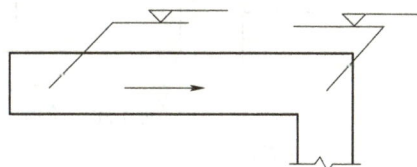

图 3-46　平面图中沟底标高标注法

4. 管径

1）管径以 mm 为单位。

2）当管道材质不同时，所注写管径含义也不同。镀锌或非镀锌钢管、铸铁管等管材，管径以公称直径 DN 表示（如 DN25、DN32）；无缝钢管、铜管、不锈钢管等管材，管径以外径 D 与壁厚的乘积表示（如 $D108×4$）；钢筋混凝土管（或混凝土管）、陶土管、耐酸陶瓷管、缸瓦管等管材，直径以 d 表示（如 $d230$、$d380$）；塑料管、复合管材，用公称外径表示（如 De63、d_n50）。

3）管径标注方法如图 3-47 所示。

5. 编号

1）当建筑物的给水引入管或排水排出管的数量超过 1 根时，宜进行编号，编号方法如图 3-48 所示。

2）建筑物内穿越楼层的立管，其数量超过 1 根时宜进行编号，编号方法如图 3-49 所示。

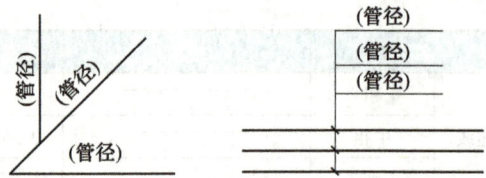

图 3-47 管径标注方法

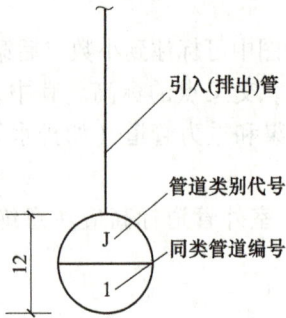

图 3-48 给水引入（排出）管编号方法

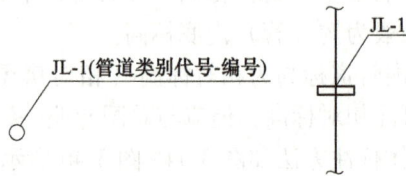

图 3-49 立管编号方法

3）在总图中，当给水排水附属构筑物的数量超过 1 个时，宜进行编号。编号方法为：构筑物代号-编号。给水构筑物的编号顺序宜为：从水源到干管，再从干管到支管，最后从支管到用户。排水构筑物的编号顺序宜为：从上游到下游，先干管后支管。

4）当给水排水机电设备的数量超过 1 台时，宜进行编号，并应有设备编号与设备名称对照表。

6. 管道转向、连接、交叉、中断、引来的表示

各表示方法如图 3-50~图 3-52 所示。

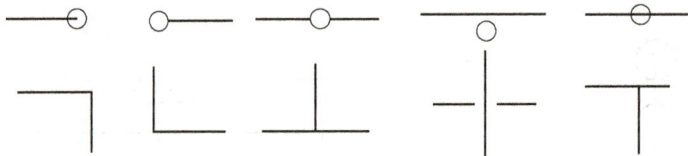

图 3-50 管道转向、连接表示方法

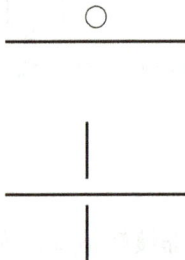

图 3-51 管道交叉表示方法

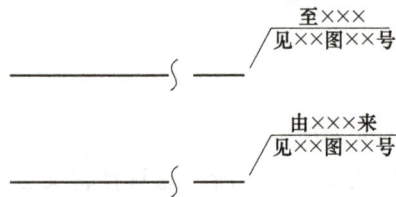

图 3-52 管道中断、引来表示方法

3.5.3 建筑给水排水工程施工图常用图例

建筑给水排水工程施工图常用图例见表 3-6~表 3-16。

表 3-6　管道

序号	名称	图例	备注
1	生活给水管	—— J ——	—
2	热水给水管	—— RJ ——	—
3	热水回水管	—— RH ——	—
4	中水给水管	—— ZJ ——	—
5	循环冷却给水管	—— XJ ——	—
6	循环冷却回水管	—— XH ——	—
7	热媒给水管	—— RM ——	—
8	热媒回水管	—— RMH ——	—
9	蒸汽管	—— Z ——	—
10	凝结水管	—— N ——	—
11	废水管	—— F ——	可与中水原水管合用
12	压力废水管	—— YF ——	—
13	通气管	—— T ——	—
14	污水管	—— W ——	—
15	压力污水管	—— YW ——	—
16	雨水管	—— Y ——	—
17	压力雨水管	—— YY ——	—
18	膨胀管	—— PZ ——	—
19	保温管	〜〜〜〜	—
20	多孔管	↑　↑　↑	—
21	地沟管	-----------	—
22	防护套管		—
23	管道立管	XL-1　　XL-1 平面　　系统	X：管道类别 L：立管 1：编号
24	伴热管	————————	—
25	空调凝结水管	—— KN ——	—
26	排水明沟	坡向 ——→	—
27	排水暗沟	坡向 ——→	—

表 3-7　管道附件

序号	名称	图例	备注
1	套管伸缩器		—
2	方形伸缩器		—

（续）

序号	名称	图例	备注
3	刚性防水套管		—
4	柔性防水套管		—
5	波纹管		—
6	可曲挠橡胶接头		—
7	管道固定支架		—
8	管道滑动支架		—
9	立管检查口		—
10	清扫口	平面　　　　系统	—
11	通气帽	成品　铅丝球	—
12	雨水斗	YD-　平面　　YD-　系统	—
13	排水漏斗	平面　　　　系统	—
14	圆形地漏		通用。如为无水封，地漏应加存水弯
15	方形地漏		—
16	自动冲洗水箱		—
17	挡墩		—

（续）

序号	名称	图例	备注
18	减压孔板	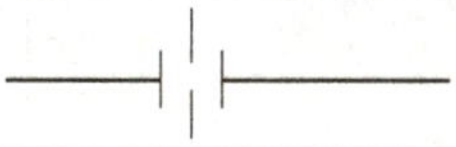	—
19	Y 形除污器	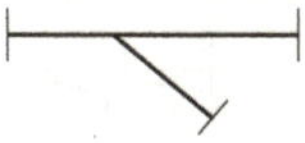	—
20	毛发聚集器	 平面　　系统	—
21	防回流污染止回阀（倒流防止器）		—
22	吸气阀		—

表 3-8　管道连接

序号	名称	图例	备注
1	法兰连接		—
2	承插连接	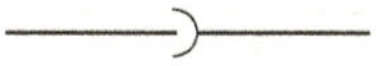	—
3	活接头		—
4	管堵		—
5	法兰堵盖		—
6	弯折管		表示管道向后及向下弯转 90°
7	三通连接		—
8	四通连接		—
9	盲板		—
10	管道丁字上接	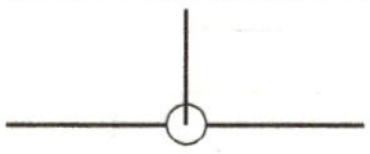	—
11	管道丁字下接	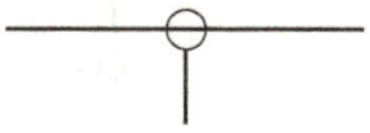	—
12	管道交叉		在下方和后面的管道应断开

表 3-9　管件

序号	名称	图例	备注
1	偏心异径管		—
2	同心异径管		—
3	乙字管		—
4	喇叭口		—
5	转动接头	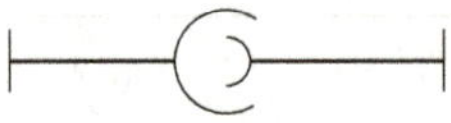	—
6	短管		—
7	存水弯		—
8	弯头	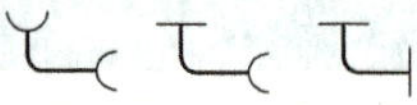	—
9	正三通	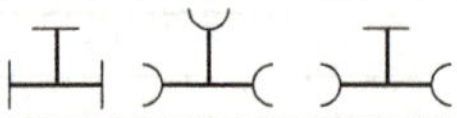	—
10	斜三通		—
11	正四通		—
12	斜四通	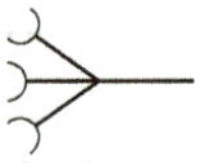	—
13	浴盆排水件		—

表 3-10　阀门

序号	名称	图例	备注
1	闸阀		—
2	角阀	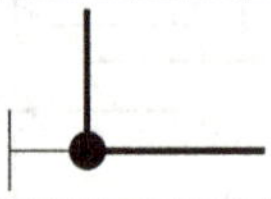	—
3	三通阀		—

（续）

序号	名称	图例	备注
4	四通阀		—
5	截止阀	平面　　系统	—
6	电动闸阀		—
7	液动闸阀		—
8	气动闸阀		—
9	减压阀		左侧为高压端
10	旋塞阀	平面　　系统	—
11	底阀		—
12	球阀		—
13	隔膜阀		—
14	气开隔膜阀		—
15	气闭隔膜阀		—
16	温度调节阀		—
17	压力调节阀		—
18	电磁阀		—
19	止回阀		—
20	消声止回阀		—
21	蝶阀		—

（续）

序号	名称	图例	备注
22	弹簧安全阀	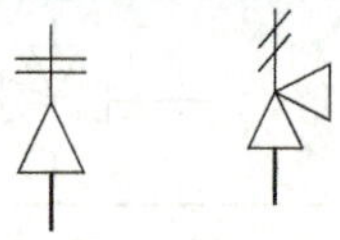	—
23	平衡锤安全阀	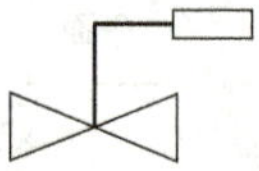	—
24	自动排气阀	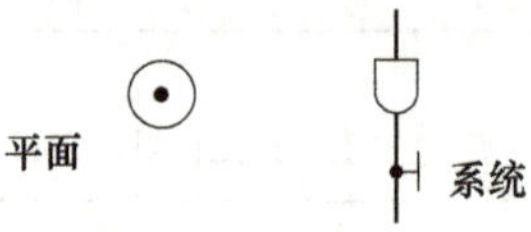 平面　系统	—
25	浮球阀	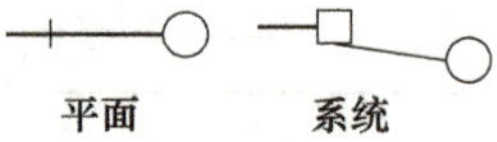 平面　系统	—
26	延时自闭冲洗阀		—
27	吸水喇叭口	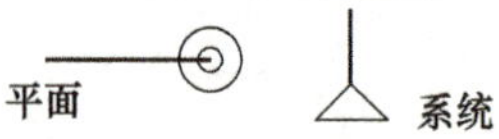 平面　系统	—
28	疏水器		—

表 3-11　给水配件

序号	名称	图例	备注
1	水嘴		左侧为平面，右侧为系统
2	皮带水嘴		左侧为平面，右侧为系统
3	洒水（栓）水嘴		—
4	化验水嘴	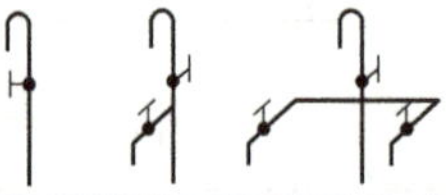	—
5	肘式水嘴	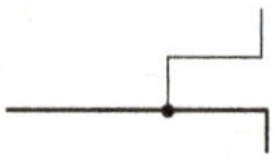	—
6	脚踏开关水嘴	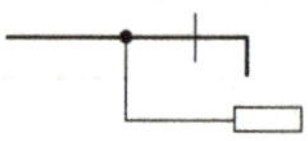	—
7	混合水嘴		—

（续）

序号	名称	图例	备注
8	旋转水嘴	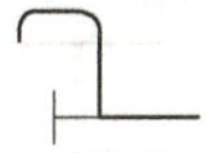	—
9	浴盆带喷头混合水嘴		—

表 3-12　消防设施

序号	名称	图例	备注
1	消火栓给水管	——XH——	—
2	自动喷水灭火给水管	——ZP——	—
3	室外消火栓		—
4	室内消火栓（单口）	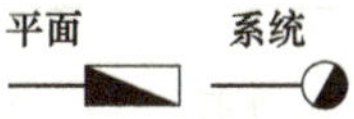 平面　　系统	白色为开启面
5	室内消火栓（双口）	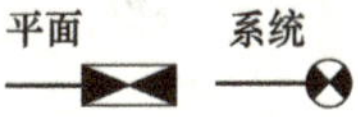 平面　　系统	—
6	水泵接合器		—
7	自动喷洒头（开式）	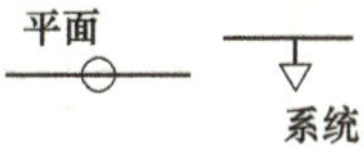 平面　　系统	—
8	自动喷洒头（闭式）	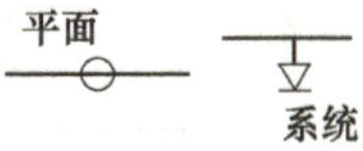 平面　　系统	下喷
9	自动喷洒头（闭式）	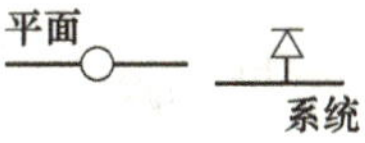 平面　　系统	上喷
10	自动喷洒头（闭式）	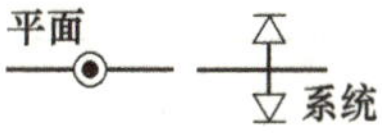 平面　　系统	上下喷
11	侧墙式自动喷洒头	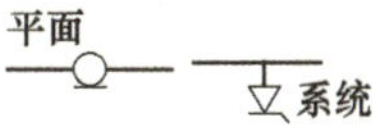 平面　　系统	—
12	侧喷式喷洒头	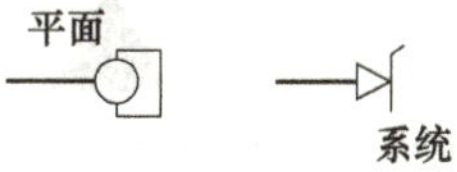 平面　　系统	—
13	雨淋灭火给水管	——YL——	—
14	水幕灭火给水管	——SM——	—

（续）

序号	名称	图例	备注
15	水炮灭火给水管	—— SP ——	—
16	干式报警阀	平面 ◎ ⋈○ 系统	—
17	水炮	⊙→	—
18	湿式报警阀	平面 ● ⋈○ 系统	—
19	预作用报警阀	平面 ◑ ⋈○ 系统	—
20	信号闸阀	⋈	—
21	水流指示器	—Ⓛ—	—
22	水力警铃	◠	—
23	雨淋阀	平面 ◕ ⋈○ 系统	—
24	末端试水装置	平面 ⊙ ⊽ 系统	—
25	手提式灭火器	▲	—
26	推车式灭火器	▲	—

表 3-13　卫生器具及水池

序号	名称	图例	备注
1	立式洗脸盆		—
2	台式洗脸盆		—
3	挂式洗脸盆		—
4	浴盆		—
5	化验盆、洗涤盆		—
6	带沥水板洗涤盆		不锈钢制品
7	盥洗槽		—
8	污水池		—
9	妇女净身盆		—
10	立式小便器		—
11	壁挂式小便器		—
12	蹲式大便器		—
13	坐式大便器		—
14	小便槽		—
15	淋浴喷头		—

表 3-14 污水局部处理构筑物

序号	名称	图例	备注
1	矩形化粪池	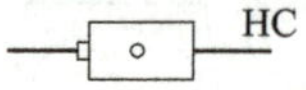	HC 为化粪池代号
2	圆形化粪池		—
3	隔油池	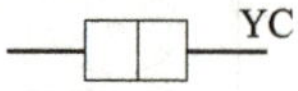	YC 为除油池代号
4	沉淀池	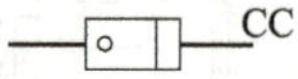	CC 为沉淀池代号
5	降温池	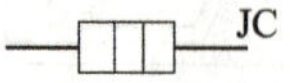	JC 为降温池代号
6	中和池	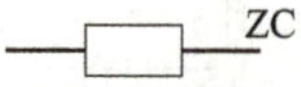	ZC 为中和池代号
7	雨水口		单口
			双口
8	阀门井 检查井		—
9	水封井		—
10	跌水井		—
11	水表井		—

表 3-15 设备

序号	名称	图例	备注
1	水泵	 平面 系统	—
2	潜水泵	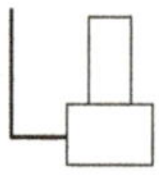	—
3	定量泵	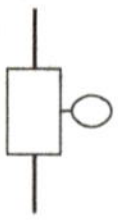	—
4	管道泵		—
5	卧式换热器	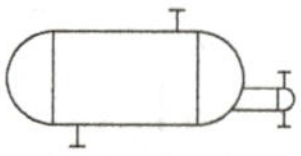	—

（续）

序号	名称	图例	备注
6	立式换热器	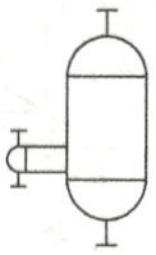	—
7	快速管式换热器	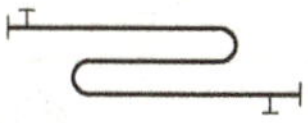	—
8	开水器	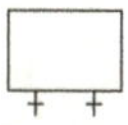	—
9	喷射器	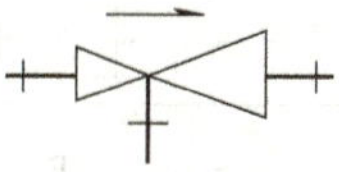	小三角为进水端
10	除垢器		—
11	水锤消除器	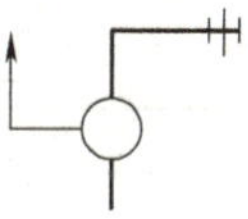	—
12	浮球液位器	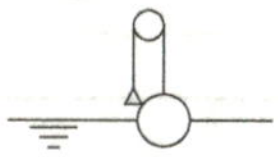	—
13	搅拌器	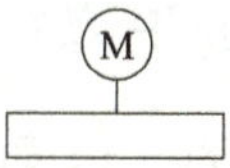	—

表 3-16 仪表

序号	名称	图例	备注
1	温度计		—
2	压力表		—
3	自动记录压力表		—
4	压力控制器		—
5	水表		—

（续）

序号	名称	图例	备注
6	自动记录流量计		—
7	转子流量计		—
8	真空表		—
9	温度传感器	$-\ -\ -\ -\ \boxed{T}\ -\ -\ -\ -$	—
10	压力传感器	$-\ -\ -\ -\ \boxed{P}\ -\ -\ -\ -$	—
11	pH 值传感器	$-\ -\ -\ -\ \boxed{pH}\ -\ -\ -\ -$	—
12	酸传感器	$-\ -\ -\ -\ \boxed{H}\ -\ -\ -\ -$	—
13	碱传感器	$-\ -\ -\ -\ \boxed{Na}\ -\ -\ -\ -$	—
14	余氯传感器	$-\ -\ -\ -\ \boxed{Cl}\ -\ -\ -\ -$	—

3.5.4 建筑给水排水工程施工图的识读方法

给水排水系统施工图有其自身的特点，识读时要切实掌握各图例的含义，把握给水系统与排水系统的独立性和完整性。识读时要搞清系统，摸清环路，分系统阅读。

1. 认真阅读图纸目录

根据图纸目录了解该工程图的概况，包括图纸张数、图幅大小及名称、编号等信息。

2. 阅读施工说明

根据施工说明了解该工程概况，包括给水排水的形式、划分及主要卫生器具布置等信息，在此基础上，确定哪些图纸代表该工程的特点，是这些图纸中的典型或重要部分，图纸的阅读就从这些重要图纸开始。

3. 阅读主要图纸

给水排水图的识读一般按照介质流向，分别识读平面图和系统图。

识读给水排水平面图时，应该区分给水系统与排水系统。先读底层平面图，然后读各楼层平面图；读给水系统底层平面图时，先读给水进户管，然后读立管和卫生器具；读排水系统平面图时，先读卫生器具、地漏及排水设备，然后读立管，再读排水排出管及检查井。

识读给水系统图时，一般从给水引入管开始，依次按水流方向：引入管→水平干管→立管→支管→配水器具的顺序进行识读。当给水系统设有高位水箱时，则需找出水箱的进水管，再按水箱出水管→水平干管→立管→支管→配水器具的顺序进行识读。

识读排水系统图时，应逆着水流方向识读，依次按检查井→排出管→排水干管→排水立管→排水横支管→器具排水管→卫生器具的顺序进行识读。

另外，还应结合图纸说明来识读平面图、系统图，以了解设备管道材料、安装要求及所需的详图（标准图）。

通过图纸识读，应掌握下列主要内容：给水引入管和排水排出管的平面布置、走向、管径、定位尺寸、系统编号以及与建筑小区给水排水管网的连接方式；给水排水干管、立管、支管的管径、平面位置以及立管编号；卫生器具、用水设备、升压设备、消防设备的平面位置、型号规格；该图纸所需的标准图集等。

4. 阅读其他内容

在读懂整个给水排水系统的前提下，再进一步阅读施工说明与设备及主要材料表，了解给水排水系统的详细安装情况，同时参考零部件加工、设备安装详图，从而完全掌握图纸的全部内容。

3.6　建筑给水排水工程施工图的识读案例

3.6.1　设计说明与施工图

现以某宿舍楼给水排水工程施工图为例进行识读，施工图如图 3-53~图 3-57 所示。

设计说明：

1）本工程为三层宿舍楼，屋面标高为 9.980m。给水管道采用镀锌钢管螺纹连接，排水管道采用铸铁管承插连接。引入管管径为 DN70。

2）明装镀锌钢管刷银粉两道，埋地镀锌钢管刷沥青漆两道；明装铸铁管刷红丹防锈漆两道，银粉两道，埋地铸铁管刷红丹防锈漆两道，沥青漆两道。

3）卫生间设蹲式大便器，盥洗台、架空拖布池和小便池现场砌筑，卫生器具安装详见《卫生设备安装》（09S304）。

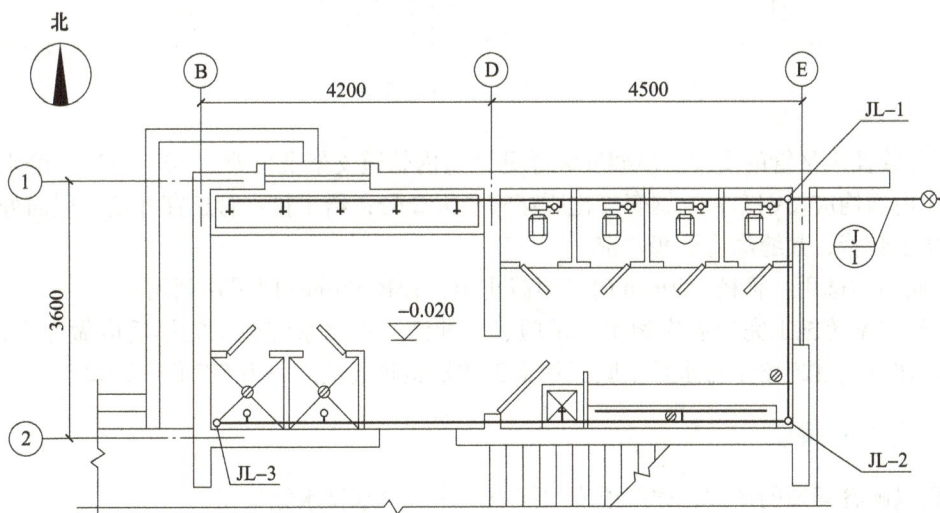

图 3-53　某宿舍楼室内底层给水平面图 1：50

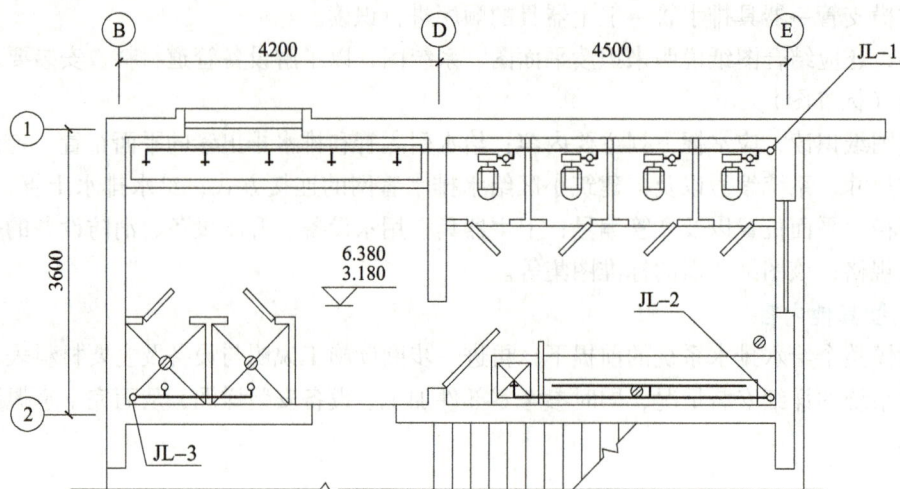

图 3-54 某宿舍楼室内二、三层给水平面图 1：50

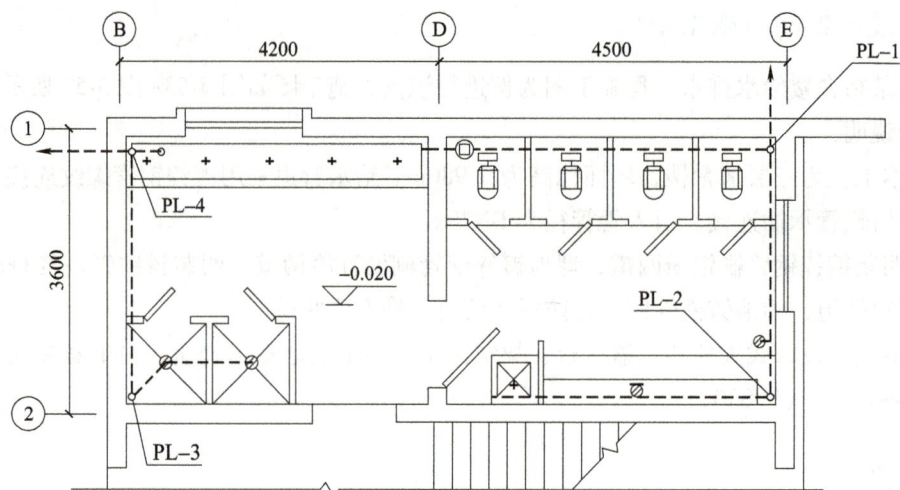

图 3-55 某宿舍楼室底层排水平面图 1：50

4）立管及水平管的支架、吊架安装详见《室内管道支架及吊架》（03S402）。给水管道穿楼板、内墙均应设钢套管，钢套管比所穿管径大 2 号；给水排水管道穿外墙、屋面处应设置刚性防水套管，其缝隙应填塞严密。

5）阀门的选用：管径≤50mm 时采用截止阀，管径>50mm 时采用闸阀。

6）给水系统施工完毕后应做水压试验、水冲洗，排水系统施工完毕后应做灌水试验，试验要求详见《建筑给水排水及采暖工程施工质量验收规范》（GB 50242—2002）。

3.6.2 施工图解读

下面以解答问题的形式，详细说明如何识读建筑给水排水施工图。

1）该宿舍楼有几层？各层的层高为多少？室内外高差是多少？

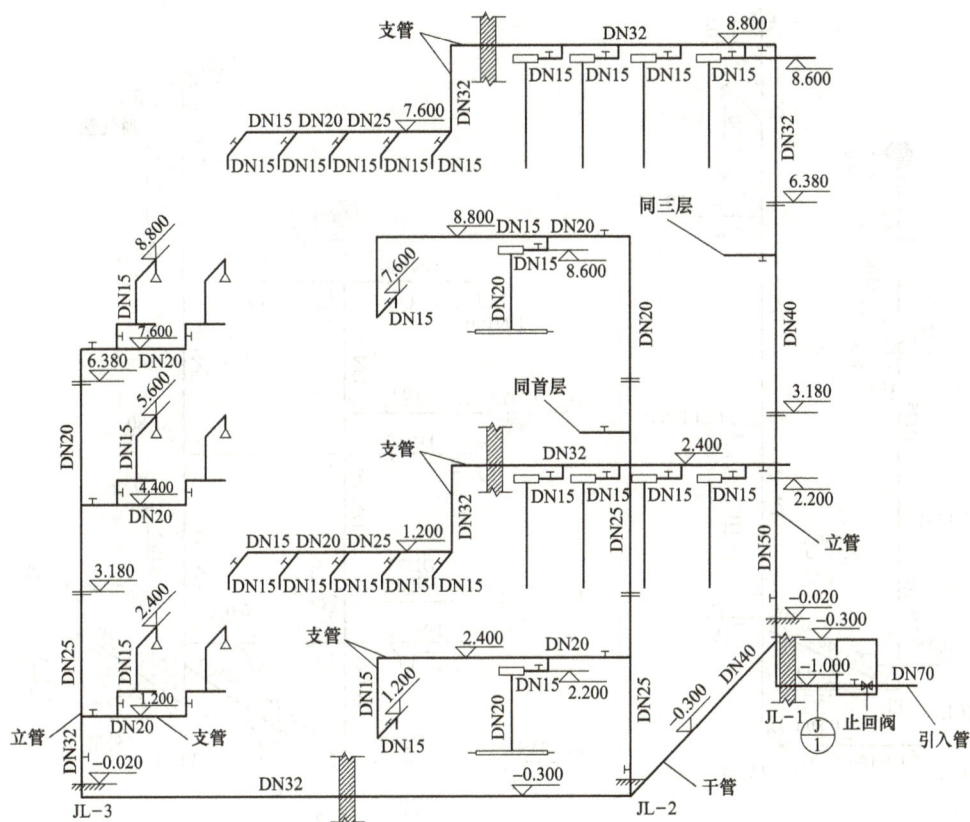

图 3-56 某宿舍楼室内给水系统图

答：由平面图可知，该宿舍楼共有三层，一层的层高为 3.180m-(-0.020m)=3.2m，二层的层高为 6.380m-3.180m=3.2m，由说明可知屋面标高为 9.980m，则三层的层高为 9.980m-6.380m=3.6m。由系统图可知，室外的标高为-0.300m，说明室内外高差为 0.3m。

2）该建筑物的给水引入管有几根？管径为多大？标高为多高？入户位置在哪里？

答：由一层平面图可知，该建筑物的给水引入管有 1 根；由说明知引入管管径为 DN70；由给水系统图可以看到引入管标高为-1.000m；由一层平面图可知入户位置在宿舍楼东侧靠近①轴处。

3）该建筑物的给水立管有几根？在平面图上的哪个位置？如何表示？管径多大？

答：从平面图上可以看到，该给水系统共有 3 根立管，分别位于①轴和Ⓔ轴相交处、②轴和Ⓔ轴相交处以及②轴和Ⓑ轴相交处。编号分别为 JL-1、JL-2、JL-3，用圆圈表示。由给水系统图可知，JL-1 的管径有 DN70、DN50、DN40 和 DN32 四种，JL-2 的管径有 DN25 和 DN20 两种，JL-3 的管径有 DN32、DN25 和 DN20 三种。

4）该建筑物的排水排出管有几根？管径分别为多大？标高为多高？出户位置在哪里？

答：由底层排水平面图可知，该建筑物的排水排出管有 2 根；从排水系统图上看，管径应分别为 DN200（连接 PL-1 和 PL-2）和 DN100（连接 PL-3 和 PL-4），标高分别为-1.200m 和-0.800m；由底层排水平面图可知，出户位置分别位于建筑物北墙①轴和Ⓔ轴相交处，以及建筑物西墙①轴和Ⓑ轴相交处。

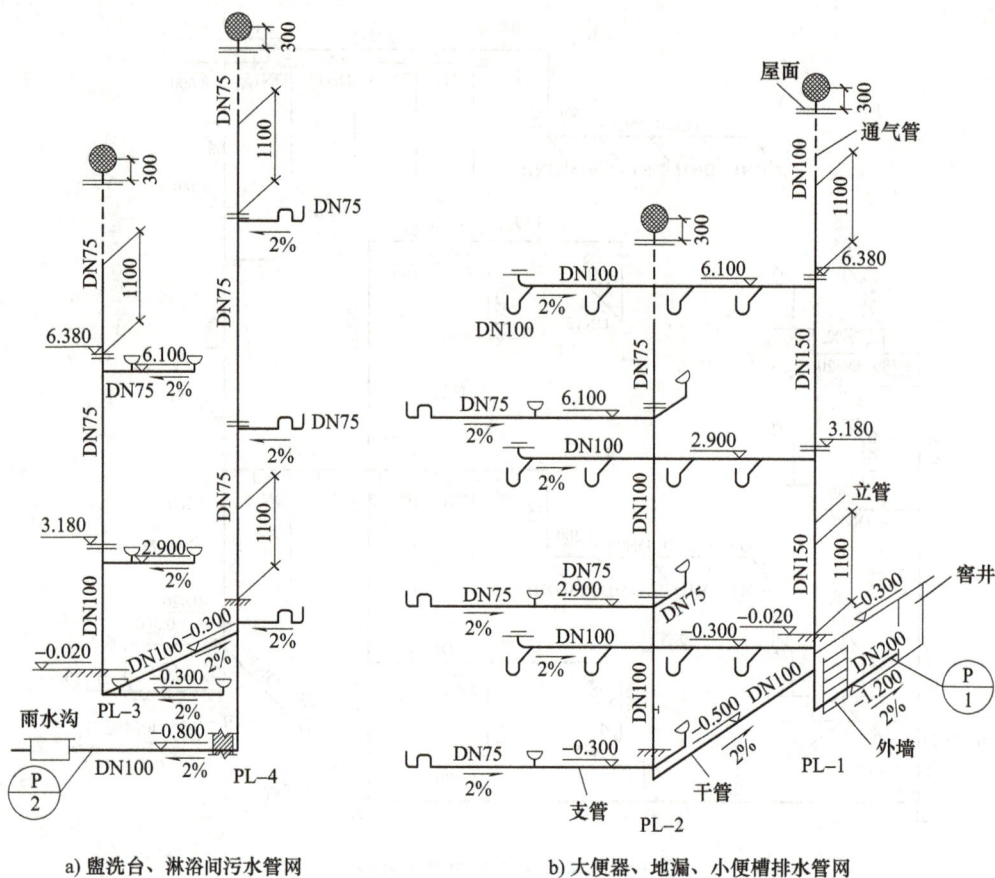

a) 盥洗台、淋浴间污水管网   b) 大便器、地漏、小便槽排水管网

图 3-57　某宿舍楼室内排水系统图

5) 该建筑物的排水立管有几根？在平面图上的哪个位置？如何表示？管径多大？

答：该建筑物的排水立管有4根，在排水平面图上分别位于①轴和Ⓔ轴相交处、②轴和Ⓔ轴相交处、①轴和Ⓑ轴相交处以及②轴和Ⓑ轴相交处。编号分别为 PL-1、PL-2、PL-3、PL-4，用圆圈表示。由排水系统图可知，PL-1 的管径有 DN200、DN150 和 DN100 三种，PL-2、PL-3 和 PL-4 的管径均有 DN100 和 DN75 两种。

6) 各层有哪些卫生器具？

答：由平面图可知，各层的卫生器具有蹲式大便器、小便槽、盥洗台、架空拖布池和淋浴。

7) JL-1 立管为哪些卫生器具供水？有无变径？若有变径指出变径点在哪里？

答：结合平面图和系统图可知，JL-1 负责为一至三层蹲式大便器和盥洗台供水；立管有变径，DN50 在一层支管三通后变为 DN40，DN40 在二层三通后变为 DN32。

8) JL-1 上接有几根支管？支管管径为多大？标高各为多少？有无变径？描述第三层支管的供水路线。

答：JL-1 上接有 3 根支管，每层支管从立管接出时管径均为 DN32，标高分别为 2.400m、2.400m+3.200m（二层地面标高）= 5.600m、2.400m+6.400m（三层地面标高）= 8.800m。支管有变径，由 DN32 逐渐变为 DN25、DN20 和 DN15。第三层支管最初的管径为

DN32，先为四套高位水箱蹲式大便器供水，然后向左穿Ⓓ轴墙，穿墙后标高由 8.800m 降为 7.600m，然后为盥洗台的水嘴供水，第二个水嘴之后管径变为 DN25，第三个水嘴之后管径变为 DN20，第四个水嘴之后管径变为 DN15，由给水系统图可知，高位水箱和水嘴接管管径均为 DN15。

9）JL-2 立管为哪些卫生器具供水？有无变径？若有变径指出变径点在哪里？

答：结合平面图和系统图可知，JL-2 负责为一至三层小便槽和拖布池供水；立管有变径，变径点在二层支管三通处。

10）JL-2 上接有几根支管？支管管径为多大？标高各为多少？有无变径？描述第三层支管的供水路线。

答：JL-2 上接有 3 根支管，每层支管从立管接出时管径均为 DN20，标高分别为 2.400m、2.400m+3.200m（一层层高）= 5.600m、2.400m+6.400m（一、二层层高之和）= 8.800m。支管有变径，由 DN20 变为 DN15。第三层支管最初的管径为 DN20，先为小便槽供水，然后管径变为 DN15，标高由 8.800m 降为 7.600m，为拖布池供水。

11）JL-3 立管为哪些卫生器具供水？有无变径？若有变径指出变径点在哪里？

答：结合平面图和系统图可知，JL-3 负责为一至三层淋浴供水；立管有变径，DN32 在一层三通后变为 DN25，DN25 在二层三通后变为 DN20。

12）JL-3 上接有几根支管？支管管径为多大？标高各为多少？有无变径？描述第三层支管的供水路线。

答：JL-3 上接有 3 根支管，每层支管从立管接出时管径均为 DN20，标高分别为 1.200m、4.400m、7.600m。支管无变径，均为 DN20。第三层支管管径为 DN20，为淋浴供水，由系统图可知，接淋浴的支管管径均为 DN15。

13）PL-1 立管用于收集哪些卫生器具的污废水？PL-1 上接有几根支管？支管管径为多大？标高各为多少？描述第三层支管的排水路线。

答：结合平面图和系统图可知，PL-1 立管用于排除蹲式大便器的污水；其上共有 3 根支管，每根支管的管径均为 DN100；标高分别为 -0.300m、2.900m、6.100m，可见，每一层的支管都在本层的楼板下面 0.3m；第三层支管从地面清扫口开始，连接四个蹲式大便器（注意蹲式大便器和坐便器在系统图上用不同的表示方法），然后接入立管。

14）PL-2 立管用于收集哪些卫生器具的污废水？PL-2 上接有几根支管？支管管径为多大？标高各为多少？描述第三层支管的排水路线。

答：结合平面图和系统图可知，PL-2 立管用于排除架空拖布池、小便槽和小便槽前地漏的污水；PL-2 立管共有 6 根支管，每根支管的管径均为 DN75；标高分别为 -0.300m、2.900m、6.100m；第三层西支管从拖布池开始，连接用于排除小便器污水的地漏，北支管连接小便槽前地漏，然后接入立管。

15）PL-3 立管用于收集哪些卫生器具的污废水？PL-3 上接有几根支管？支管管径为多大？标高各为多少？描述第三层支管的排水路线。

答：结合平面图和系统图可知，PL-3 立管用于排除淋浴废水；其上共有 3 根支管，每根支管的管径均为 DN75；标高分别为 -0.300m、2.900m、6.100m；第三层支管连接两个用于排除淋浴废水的地漏，然后接入立管。

16）PL-4 立管用于收集哪些卫生器具的污废水？PL-4 上接有几根支管？支管管径为多

大？标高各为多少？描述第三层支管的排水路线。

答：结合平面图和系统图可知，PL-4立管用于排除盥洗台废水；其上共有3根支管，每根支管的管径均为DN75；标高分别为-0.300m、2.900m、6.100m；第三层支管连接用于排除盥洗台废水的存水弯，然后接入立管。

17）引入管穿墙入户需设多大的套管？若外墙为37墙，内外抹灰厚度均为2cm，则套管长度应为多少？

答：引入管DN70穿墙入户需要设DN100的刚性防水套管（比所穿管径大2号）。若为以上条件，套管的长度应为：0.37m（墙厚）+0.02m（抹灰厚度）×2=0.41m。

18）给水立管上哪些地方要设套管？套管的管径为多大？若楼板装修好之后总厚度为20cm，则单个套管的长度为多少？

答：各给水立管穿楼板处均应设钢套管。套管的管径比管道大两号。若楼板装修好之后总厚度为20cm，则穿普通房间楼板的套管长度为0.2m（楼板厚）+0.02m（高出楼板2cm）=0.22m，穿卫生间、洗漱间、厨房等有水房间楼板的套管长度为0.2m（楼板厚）+0.05m（高出楼板5cm）=0.25m。

19）给水立管JL-1、JL-2、JL-3的高度分别为多少？

答：由系统图可知，JL-1的高度为8.8m-（-1m）=9.8m，JL-2的高度为8.8m-（-0.3m）=9.1m，JL-3的高度为7.6m-（-0.3m）=7.9m。

20）排水立管PL-1、PL-2、PL-3、P-L4的高度分别为多少？

答：排水立管PL-1的高度为：9.98m（屋面标高）+0.3m（透气帽高出屋面的高度）-（-1.2m）（排出管标高）=11.48m。

排水立管PL-2的高度为：9.98m（屋面标高）+0.3m（透气帽高出屋面的高度）-（-0.5m）（横管标高）=10.78m。

排水立管PL-3的高度为：9.98m（屋面标高）+0.3m（透气帽高出屋面的高度）-（-0.3m）（排出管标高）=10.58m。

排水立管PL-4的高度为：9.98m（屋面标高）+0.3m（透气帽高出屋面的高度）-（-0.8m）（横管标高）=11.08m。

21）透气帽超出屋面多高？由此可推断，此屋面是否为上人屋面？

答：从系统图上看，透气帽高出屋面0.3m，可判断此屋面为非上人屋面（上人屋面要求透气帽高出屋面2m，不上人屋面应高出屋面0.3m，但必须大于最大积雪厚度）。

22）给水系统上设置的附件有哪些？

答：给水系统上设置的附件有阀门和水嘴。

23）给水系统上设置的阀门为哪种阀门？

答：从给水系统图上可以看到，引入管上设置有闸阀和止回阀，立管和支管上设有截止阀。

24）统计出所有阀门的数量。

答：根据系统图统计：

DN70闸阀　　1个　　　　（引入管上）

DN70止回阀　1个　　　　（引入管上）

DN50 截止阀　1 个　　　　（JL-1 立管底部）

DN25 截止阀　1 个　　　　（JL-2 立管底部）

DN32 截止阀　4 个　　　　（JL-3 立管底部 1 个，JL-1 三根支管上 3 个）

DN20 截止阀　6 个　　　　（JL-2 三根支管上 3 个，JL-3 三根支管上 3 个）

注：高位水箱和淋浴的截止阀不统计，因为是随卫生器具成套供应的，计量时不计算。

25）试统计给水系统中水嘴的数量。

答：DN15 水嘴　18 个　（每层盥洗台 5 个，拖布池 1 个，共 3 层）

26）卫生间蹲式大便器采用哪种冲水方式？统计所有大便器的数量。

答：由给水系统图可知，卫生间采用的蹲式大便器为高位水箱冲水方式，三层共有 12 套大便器。

27）卫生间的地漏设在哪些地方？其安装高度要低于地面多少？试统计所有地漏的数量。

答：由排水平面图可知，卫生间的地漏设在小便槽处和淋浴处；其安装高度要求低于地面 5~10mm；地漏的数量为 12 个（每层小便槽内 1 个，小便槽前 1 个，淋浴 2 个）。

28）试统计排水检查口的数量。

答：由排水系统图可知，检查口设置在每根排水立管的一层和三层，DN150 的检查口有 1 个，DN100 的检查口有 3 个，DN75 的检查口有 4 个。

29）清扫口在平面图上的哪个位置？管径为多大？为什么要设置？试统计所有清扫口的数量。

答：由排水平面图可知，清扫口位于靠①轴墙大便器的左侧。由系统图可知其管径为 DN100。设置清扫口的原则是：连接两个或两个以上大便器的支管或连接三个或三个以上卫生器具的支管的末端要设置清扫口，由于本支管连接 4 个大便器，所以需要设置清扫口。清扫口共有 3 个。

30）排水排出管在室外应与哪种构筑物相连？此构筑物距离外墙的距离为多少？

答：排水排出管在室外应与检查井相连，若没有特别说明，检查井距外墙的距离应不小于 3m，不大于 10m。

31）对于给水系统其室内外的分界线在哪里？

答：给水系统室内外分界线的界定：有水表的以水表为界；没有水表有阀门的以阀门为界；没有水表和阀门的以墙外皮 1.5m 为界。

32）排水系统室内外分界线在哪里？

答：对于排水系统，室内外以检查井为界。

33）为了便于维修，给水系统在阀门之后应装哪种管件？

答：为了便于维修，一般在阀门之后安装活接头，方便拆卸。后指的是顺水流方向阀门的后面。

34）刚性防水套管和柔性防水套管的应用场所有何不同？

答：在有防水要求的场所，如管道穿过外墙、基础和屋面时，应设置刚性防水套管；若有更严格的防水要求，如穿过水箱或水池壁时应设置柔性防水套管，其安装可参考相应的图集。

思考题

1. 试述建筑排水系统的组成及它们的作用。
2. 试述建筑排水管道布置应注意的问题。
3. 建筑排水系统分为哪几类？
4. 简述水封的含义。
5. 简述建筑给水排水工程施工图的识读方法。
6. 中水水质的基本要求是什么？
7. 排水横支管的布置应注意哪些问题？
8. 建筑排水系统常用的管材有哪些？

二维码形式客观题

微信扫描二维码可在线做题，提交后可查看答案。

第 3 章
客观题

第4章

建筑热水工程

本章重点内容

熟悉建筑热水工程相关内容；掌握建筑热水供应系统、热水供应管道及附件、热水供应常用设备、热水管道安装要求等相关知识。

本章学习目标

通过本章的学习，培养学生遵纪守法和遵守规则的纪律意识，培养学生明白工程安全在生命中的重要性，在设计环节中具有一定的创新意识，并考虑社会、经济、管理、健康、安全、法律和环境问题等因素。

4.1 建筑热水供应系统

4.1.1 热水供应系统的分类

热水供应系统的分类、特点及适用范围见表 4-1。

表 4-1 热水供应系统的分类、特点及适用范围

分类		特点	适用范围
按供水范围	局部供应	采用各种小型加热器（如电加热器、小型家用燃气热水器、太阳能热水器）等在用水场所或附近就近加热	供局部范围内的用水点使用
	集中供应	在锅炉房、热交换站等处将水集中加热，通过热水供应管网输送至整栋或更多建筑	适用于热水用量较大、用水点比较集中的建筑，如旅馆、公共浴室、医院、体育馆、游泳池及规模较小的住宅小区
	区域供应	水在热电厂或区域性锅炉房或区域热交换站加热，通过室外热水管网将热水输送至城市街坊、住宅小区各建筑中	适用于热水供应的建筑多且较集中的城镇住宅区、大型工业企业办公和生产区

（续）

分类		特点	适用范围
按热水管网循环方式	无循环	热水供应系统中只有从加热器流出的热水流经热水管道至用水器具；热水供应管路不循环，热水不能返回加热器内	适用于定点、定量且用水较集中的用水点，如定时开放的工厂、学校等场所的公共浴室
	全循环	热水供应系统中干管、立管和分支管均设有相应的热水回水管，管网内任意一点的水温保持在设计温度内	适用于旅馆、医院、饭店等建筑
	半循环	在热水干管设有相应的热水回水管，保证干管的设计水温	适用于支管、分支管较短、对水温要求不严且用水较集中的建筑
按热水管网运行方式	全日循环热水供应系统	循环水泵全天运行，使设计管段的水温在全天任何时刻都保持不低于设计温度	适用于旅馆、饭店等建筑
	定时循环热水供应系统	一般在集中使用热水之前，开启循环水泵，将回水管道中已经冷却的水进行循环加热，当供水管道中的热水达到设计温度后再开始使用的循环方式	适用于定点、定量且用水较集中的用水点，如定时开放的工厂、学校等场所的公共浴室
按热水管网循环动力	自然循环	利用热水管网中配水管和回水管内的温度差所形成的重力压头进行自然循环，使管网内维持一定的循环流量	一般只适用于系统小、管路简单、水平干管短的系统
	机械循环	利用水泵进行热水循环，保证热水系统正常循环。水泵的作用压头可以根据需要选择	广泛用于一般公共建筑
按热水供应系统开闭式	闭式系统	在所有配水点关闭后，整个供应系统与大气隔绝，形成密闭系统。为保证系统安全必须设置安全阀或膨胀罐	水质不宜受到外界污染，适用于对水质要求高的用水点
	开式系统	因设有高位水箱或开式膨胀水箱，在所有配水点关闭后系统内的水仍与大气相通，不会因水温升高引起水压升高，故不必设置安全阀	广泛用于一般公共建筑

4.1.2 热水供应系统的组成

1）热源供应设备。主要是城市集中供热网，区域锅炉房锅炉。当有条件时也可以利用工业余热、废热、地热等为热源。

2）加热设备和热水贮存设备。主要应视采用的热源、热媒和位置等情况选用。加热设备是用蒸汽或高温水把冷水加热成热水。系统加热器常用的有容积式换热器、管式换热器、螺旋式换热器、板式换热器等；局部加热设备有电热水器、燃气热水器、太阳能热水器等。热水贮存设备用于贮存热水，分为热水箱和热水罐。

3）管道系统。管道系统分为冷水供应和热水供应管道系统。管道系统除管道外，还在管道上安装有阀门、补偿器、排气阀、泄水装置等附件。

4）其他设备。在全循环、半循环热水供应系统中，循环管道上安装有循环水泵。为控制水温，在换热设备的进热媒管道上安装温度自控装置，在蒸汽管道末端安装疏水阀。

4.1.3 高层建筑热水供应系统

高层建筑热水供应系统也存在低层管道静水压力大的问题，应采用垂直分区的供水形式，分区形式与冷水给水分区一致。各区的水加热器、贮水器的进水均应由同区的给水系统专门设管供给，不能分支供给其他用水，以保证热水系统水压的相对稳定。对于卫生器具带有冷、热水混合器或冷、热水混合水嘴时，同区可能出现冷、热水供水系统在配水点水压不同的情况，使用水点水量水压波动较大而影响水的使用，为保证安全供水，需要设置恒温调压阀调节冷、热水的水量水压。还可以通过增加或减少冷、热水管道阻力的方法来保持冷、热水压力的平衡。

高层建筑分区热水供应系统有下列三种方式：

1. 集中加热分区热水供应系统

集中加热分区热水供应系统如图4-1所示。高层建筑物内的各区热水管网自成独立的系统，水加热器集中设置在建筑物的底层或地下室中，水加热器的冷水供应来自各层的给水水箱，加热后的热水分别送往各区系统使用。这种供水方式各区热水管网互不影响，供水安全可靠，设备便于维修管理。但高区水加热设备承受压力大，对管材要求高，费用较高，所以多用于不宜多于三个分区的建筑物。一般建筑高度在100m以下，不适宜用于超高层建筑物。管网形式多采用上行下给式。

2. 分散加热分区热水供应系统

分散加热分区热水供应系统如图4-2所示。高层建筑物内的各区水加热器和循环水泵分

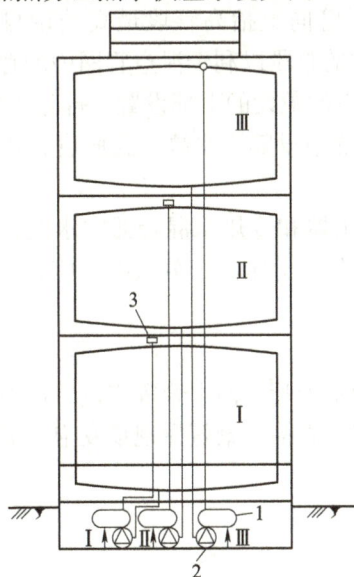

图4-1 集中加热分区热水供应系统
1—加热器 2—循环水泵 3—自动排气阀

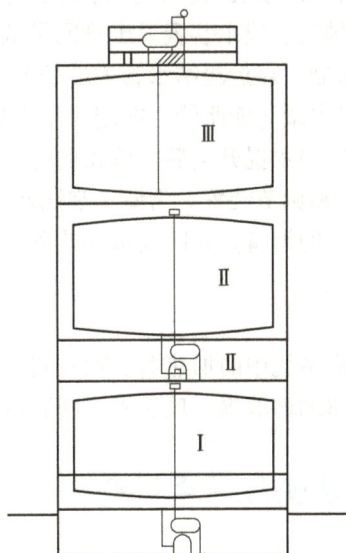

图4-2 分散加热分区热水供应系统

别设置在各区的技术层内，根据具体情况，水加热器等可置于该区的上部或下部，加热后的热水沿该区管网送往本区各配水点。这种供水方式供水安全可靠，造价低，加热设备承压低，但设备占用一定的建筑面积，而且维修管理不便。分散加热分区热水供应系统适用于建筑高度在 100m 以上的超高层建筑物。

3. 局部热水供应系统

高层、多层高级旅馆建筑的顶层如果是高标准的套间客房，宜单独设置热水供水管，不与下层共用立管，使供水水压保持稳定。高层宾馆的洗衣房、厨房等大用水量部门，也可单独设置局部热水供应系统。

4.2 热水供应管道及附件

4.2.1 管道

热水管网应采用耐压管材及管件，一般可采用热浸镀锌钢管或塑钢管、铝塑管、聚丁烯管、聚丙烯管、交联聚乙烯管等。宾馆、高级公寓和办公楼等宜采用铜管和铜管件。

4.2.2 附件

1）水表。设在水加热器的冷水进水干管上，用于计量系统热水总用量；用于计量分户用水量或个别供水点用水量的水表，一般布置在配水支管上。

2）阀门。在热水供应系统中主干管、配水立管、接出超过 5 个配水点支管、加热设备、贮水器、自动温度调节器、疏水器、循环水泵等进、出水管应装设阀门。

3）管道热伸长补偿器。用管道敷设形成的 L 形和 Z 字弯曲管段来补偿管道的温度变形。当室内热水供应管道长度超过 40m 时，一般应设补偿器。

4）排气和泄水装置。在上行横干管最高处或干管向上抬高管段最高处设自动排气装置，以利于排气。泄水装置设于管网最低处或向下凹的管段以利于泄空管网中的存水。

5）疏水器。靠近凝结水管末端处或蒸汽管水平下凹敷设的下部设置，排除凝结水。

6）膨胀水罐与膨胀管。在闭式集中热水供应系统中设膨胀水罐、膨胀管，用于补偿贮热设备及管网中水温升高后水体积的膨胀量。

7）观测和调节装置。为便于观测水加热器、贮水器和冷热水混合器中水温，应装设温度计。对有压的设备，如闭式水加热器、贮水罐、锅炉、分水缸、分汽缸上应装设压力表。

4.2.3 保温

热水供应系统中的加热器、贮水器、热水箱及配水干管、回水管等应进行保温。常用的保温材料有超细玻璃棉、玻璃棉、膨胀珍珠岩、石棉、岩棉、聚氨酯现场发泡、矿渣棉等。

4.3 热水供应常用设备

4.3.1 直接加热设备

1）太阳能热水器直接加热。

2）热水锅炉直接加热，如图 4-3 所示。热水锅炉有燃煤、燃气、燃油及电加热等。

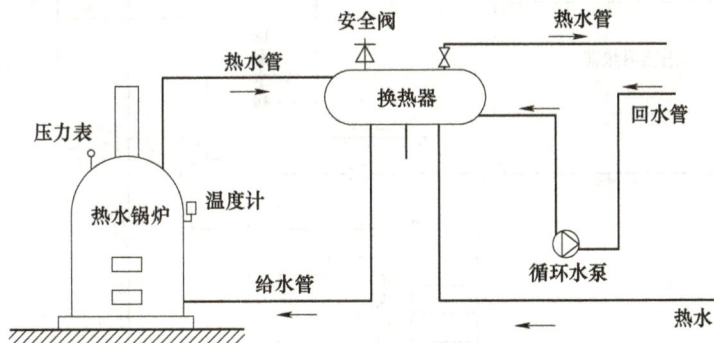

图 4-3　热水锅炉直接加热

3）蒸汽直接加热。蒸汽直接加热多应用于开式热水供应系统，将蒸汽直接通入水中或采取汽水混合设备，如图 4-4 所示。这类水加热方式应保证蒸汽中不含油质及有害物质，防止对水质产生影响，而且不需要回收凝结水，设备简单，运行费用低。如加热产生的噪声超标时，应采用消声混合器。

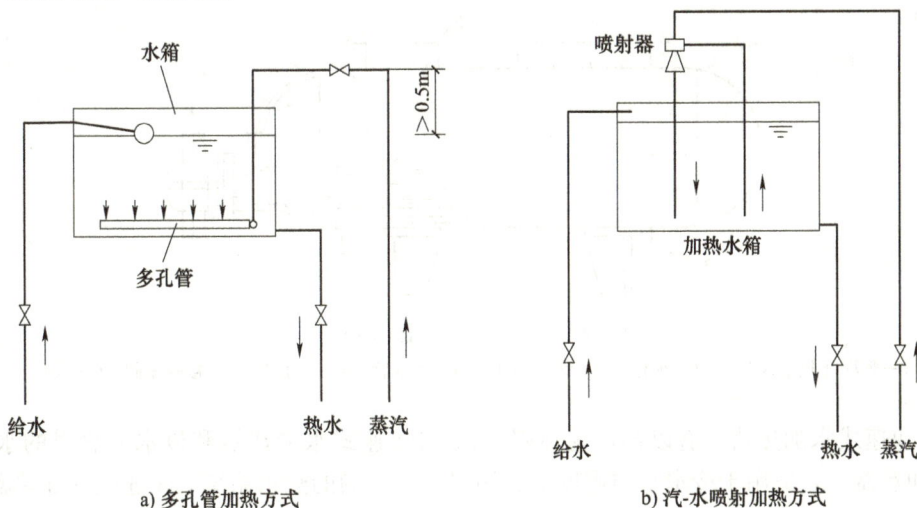

a) 多孔管加热方式　　　　　　　　　b) 汽-水喷射加热方式

图 4-4　蒸汽直接加热

4）热泵热水器。热水器是一种绿色能源装置，其使用成本低，节能环保、安全；安装方便，无须特别的安装位置要求；热水输出温度恒定。但是其水箱较大，需要一定的安装空间，而且受环境温度影响较大。太阳能-空气源热泵联合供热系统如图 4-5 所示。

4.3.2　间接加热设备

1）容积式换热器。容积式换热器以蒸汽或热水为热媒，通过加热盘管、加热密闭钢罐储存的冷水。

它具有加热和储存功能，其形式有卧式和立式。图 4-6 所示为容积式水加热器（卧式）。容积式换热器适用于用水量变化大，供水要求可靠性高，供水水温、水压平稳，需要一定的调节容量的建筑物。采用容积式换热器的建筑物的设备用房应较宽敞，容积式换热器的一侧

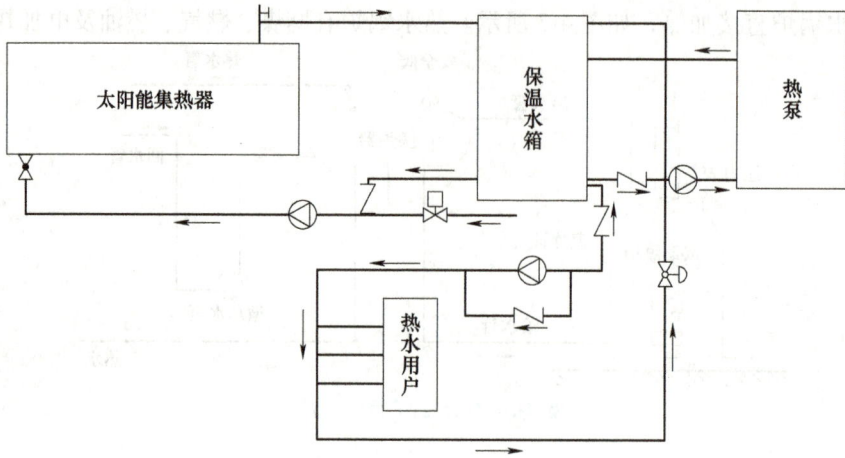

图 4-5 太阳能-空气源热泵联合供热系统

应有净宽不小于 0.7m 的通道，前端留出能取出加热盘管的位置，上部附件的最高点距建筑结构最低点的净距应满足检修要求，不得小于 0.2m，房间净高不得低于 2.2m。

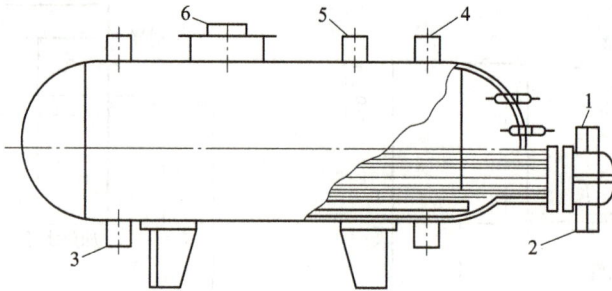

图 4-6 容积式水加热器（卧式）

1—蒸汽（热水入口） 2—冷凝水（回水）出口 3—进水管 4—出水管 5—接安全阀 6—人孔

2）快速式水加热器。有以蒸汽为热媒的汽-水快速式水加热器和以水为热媒的水-水快速式水加热器。它适用于冷水水质硬度低、用水比较均匀的热水系统。快速式水加热器结构简单，占地面积小，维护方便，但需要储存热水的设备。图 4-7 为汽-水快速式水加热器。

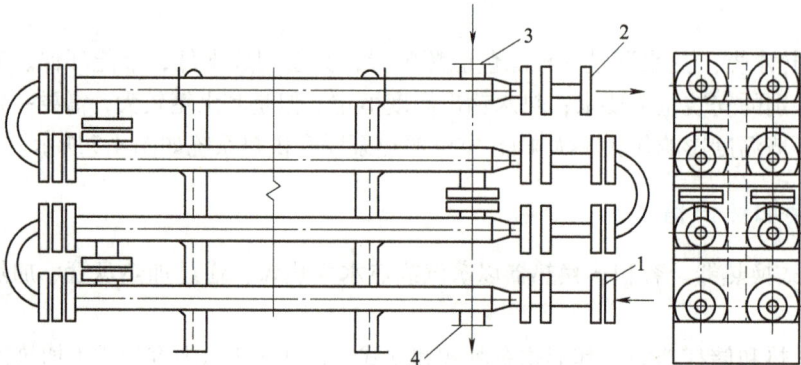

图 4-7 汽-水快速式水加热器

1—蒸汽进口 2—冷凝水出口 3—冷水进口 4—热水出口

3）加热水箱。将蒸汽通入水箱内的盘管，通过盘管表面面积加热冷水，消除噪声，回收凝结水。热水箱应加盖，并要设置溢流管、泄水管和通气管。热水箱溢流水位超出冷水补水箱的水位高度，应按热水膨胀量计算，溢流管、泄水管不得与排水管道直接连接。

4）其他。间接加热设备还有导流型容积式换热器、半容积式换热器、半即热式换热器等。

4.4　热水管道安装要求

4.4.1　立管安装

1）给水立管净距。管径 DN25 以下净距为 25～30mm，DN32～DN50 净距为 35～50mm，DN65～DN125 净距为 55mm。室内立管净距还应根据实际情况处理。冷热水立管中心间距不小于 80mm，热水管安装在面向的左侧。

2）立管暗装。安装在墙内的立管应在结构施工中预留管槽，立管安装后吊直找正，用卡件固定。直管的甩口应露明并加临时丝堵。

3）热水立管。按设计要求加套管。立管与导管连接要采用 2 个弯头。立管长度达 15m 时要采用 3 个弯头。立管如有伸缩器，安装同干管。

4.4.2　支管安装

1）支管暗装。确定支管高度后画线定位，剔除管槽，将预制好的支管敷在槽内，找平找正定位后用勾钉固定。卫生器具的冷热水预留口要做在明处，加丝堵。暗装管道变径不得使用补心变径，应使用大小头变径，暗装管道不得有螺纹、承插、法兰等活接头。

2）热水支管。热水支管穿墙处按规范要求做好套管。热水支管应做在冷水支管上方，支管预留口位置应为左热右冷。其余安装方法同冷水支管。

3）管道试压。敷设、暗装、保温的给水管道在隐蔽前进行单项水压试验。管道系统安装完成进行综合水压试验。水压试验时放净空气，充满水对试压管道进行外观检查，检查管壁及接口有无渗漏，若有，则返修；若无，则开始加压。

4）管道冲洗。管道在试压完成后即可做冲洗。冲洗以图纸上提供的系统最大设计流量进行，用自来水连续进行冲洗，直至各出水口水色透明度与进水目测一致为合格。冲洗合格后办理验收手续。进户管、横干管安装完成后可进行冲洗，每根立管安装完成后可单独冲洗。管道未进行冲洗或冲洗不合格就投入使用，可能会引起管道堵塞。

5）管道通水。交工前按《建筑给水排水及采暖工程施工质量验收规范》（GB 50242—2002）中第 4.2.2 条的要求进行给水系统通水试验，按设计要求同时开启最大数量的配水点，测试能否达到额定流量，且分系统分区段进行。

思考题

1. 试述热水供应的几种方式，比较它们的优缺点。
2. 热水管网的敷设要注意哪些方面？
3. 建筑内部热水供应系统按供水范围大小可分为哪几类？各有何特点？
4. 热水供应系统主要由哪几个部分组成？
5. 热水供应系统加热设备有哪些？

二维码形式客观题

微信扫描二维码可在线做题，提交后可查看答案。

第 4 章
客观题

5

第5章
燃气工程

本章重点内容

熟悉燃气工程相关内容；掌握燃气的分类、燃气供应系统、用户燃气系统、用户燃气通道安装要求等相关知识。

本章学习目标

通过本章的学习，培养和锻炼学生综合运用所学有关基础知识的能力，掌握燃气工程的基本特性、热工性能计算及其选择，同时为扩大视野了解当前燃气技术的发展趋势，为今后从事燃气工程和科学研究提供必要的工程知识，并能够运用科学思维方式，通过文献检索和了解学科前沿等，对工程管理领域的复杂问题进行分析和比较，并在综合分析与评价中寻求解决问题的最佳方案。

5.1 燃气的分类

燃气主要有天然气、人工煤气和液化石油气三大类，另外还有沼气。

5.1.1 天然气

天然气主要成分以甲烷为主。天然气是理想的城市气源，也是制取化工产品的原料气。天然气通常没有气味，故在使用时需混入某种无害而有臭味的气体（如乙硫醇），以便于发现漏气，避免发生中毒或爆炸燃烧事故。

5.1.2 人工煤气

人工煤气是以固体、液体或气体（包括煤、重油、轻油、液化石油气和天然气等）为原料经转化制得的、符合国家标准质量要求的可燃气体。

5.1.3 液化石油气

液化石油气是开采和炼制石油过程中的副产品，由石油伴生气液化而成。现在有些城镇居民使用的罐装液化气就是这种液化石油气。

5.1.4 沼气

沼气是有机物质在隔绝空气的条件下发酵，并在微生物的作用下产生的可燃气体，主要成分为甲烷、二氧化碳和少量氢、一氧化碳等，多使用在农村和乡镇。

5.2 燃气供应系统

燃气供应系统主要由气源、输配系统和用户三部分组成。

5.2.1 燃气输配系统

燃气输配系统主要由燃气输配管网、储配站、调压计量装置、运行监控、数据采集系统等组成。

5.2.2 燃气输配管网

（1）燃气系统压力分级　城镇燃气管道按燃气设计压力 p（MPa）分为七级。

1）高压燃气管道 A 级：压力为 $2.5\text{MPa}<p\leqslant4.0\text{MPa}$。

2）高压燃气管道 B 级：压力为 $1.6\text{MPa}<p\leqslant2.5\text{MPa}$。

3）次高压燃气管道 A 级：压力为 $0.8\text{MPa}<p\leqslant1.6\text{MPa}$。

4）次高压燃气管道 B 级：压力为 $0.4\text{MPa}<p\leqslant0.8\text{MPa}$。

5）中压燃气管道 A 级：压力为 $0.2\text{MPa}<p\leqslant0.4\text{MPa}$。

6）中压燃气管道 B 级：压力为 $0.01\text{MPa}<p\leqslant0.2\text{MPa}$。

7）低压燃气管道：压力为 $p<0.01\text{MPa}$。

（2）输配管网形式　城市燃气管网包括街道燃气管网、庭院燃气管网。

街道燃气管网流程：街道高压管网（或次高压管网）—燃气调压站—街道中压管网—区域的燃气调压站—街道低压管网—庭院管网—接用户。

1）大城市，街道燃气管网布置成环状、枝状。

2）小城市（城镇），一般采用中低压或低压燃气管网。

3）庭院燃气管网，指连接街道燃气管网和用户的建筑物前的户外管路。

（3）燃气输送系统的组成

1）输气干管：将燃气从气源厂或门站送至城市各高中压调压站的管道，燃气压力一般为高压。

2）中压输配干管：将燃气从气源厂或储配站送至城市各用气区域的管道，包括出厂管、出站管和城市道路干管。

3）低压输配干管：将燃气从调压站送至燃气供应地区，沿途分配给各类用户的管道。

4）配气支管：分为中压支管和低压支管。中压支管是将燃气从中压输配干管引至调压站的管道，低压支管是将燃气从低压输配干管引至各类用户室内燃气计量表前的管道。

5）用气管道：将燃气计量表引向室内各个燃具的管道。

5.2.3　燃气储配站及燃气调压装置

燃气储配站的主要功能是储存燃气、加压和向城市燃气管网分配燃气。燃气储配站主要由压送设备、储存装置、燃气管道和控制仪表以及消防设施等辅助设施组成。

燃气调压装置的主要功能是按要求将上一级输气压力降至下一级输气压力；当系统负荷发生变化时，保持调压后的输气压力稳定在要求的范围内。

1）燃气调压站（室）：通常由调压器、过滤器、安全装置、阀门、旁通管和测量仪表等组成。有的调压站装有计量设备，除了调压以外，还起计量作用，故称作调压计量站。

2）组合式燃气调压柜：是将燃气调压站的功能集成起来，实际上就是成品的燃气调压站，一般称为区域调压柜，广泛用于住宅小区、酒店、宾馆、工厂、学校等单位供气。

3）燃气调压箱：分为直燃式调压箱、楼栋调压箱。直燃式调压箱适用于直燃设备（燃气锅炉、燃气空调、燃烧机等）供气；楼栋调压箱适用于住宅楼、机关、学校餐厅等小流量单位供气。

5.2.4　燃气系统附属设备

1）凝水器：按构造分为封闭式和开启式两种。封闭式凝水器无盖，安装方便，密封良好，但不易清除内部垃圾、杂质；开启式凝水器有可以拆卸的盖，清除内部垃圾、杂质比较方便。常用材质有铸铁凝水器、钢板凝水器等。

2）补偿器：常用在架空管、桥管上，用于调节因环境温度变化而引起的管道膨胀与收缩。补偿器形式有套筒式补偿器和波形管补偿器，埋地敷设的聚乙烯管道长管段上通常设置套筒式补偿器。

3）过滤器：通常设置在压送机、调压器、阀门等设备进口处，用以清除燃气中的灰尘、焦油等杂质。过滤器的过滤层用不锈钢丝网或尼龙网组成。

5.3　用户燃气系统

5.3.1　室外燃气管道

1. 管材和管件的选用

燃气高压、中压管道通常采用钢管，中压和低压采用钢管或铸铁管，塑料管多用于工作压力小于或等于 0.4MPa 的室外地下管道。

1）天然气输送钢管为无缝钢管和螺旋缝埋弧焊接钢管等。

2）燃气用球墨铸铁管适用于输送设计压力为中压 A 级及以下级别的燃气（如人工煤气、天然气、液化石油气等）。其塑性好，切断、钻孔方便，抗腐蚀性好，使用寿命长。与钢管相比，金属消耗多，自重大，质脆，易断裂。接口形式常采用机械柔性接口和法兰接口。

3）适用于燃气管道的塑料管主要是聚乙烯（PE）管，目前国内聚乙烯燃气管分为 SDR11 和 SDR17.6 两个系列。SDR11 系列宜用于输送人工煤气、天然气、液化石油气（气态）；SDR17.6 系列宜用于输送天然气。

2. 室外燃气管道安装

1）钢管：一般采用三层 PE 防腐钢管，焊接，直埋敷设；管道与管件焊接完毕，接口处现场做防腐。三层 PE 防腐层的结构：环氧粉末底层—胶黏剂中间层—聚乙烯外层。

2）球墨铸铁管：机械接口比承插连接接口具有接口严密、柔性好、抵抗外界振动及挠动的能力强、施工方便等特点。胶圈应采用符合燃气输送管使用要求的橡胶制成。螺栓采用耐腐蚀螺栓。

3）燃气聚乙烯（PE）管：采用电熔连接（电熔承插连接、电熔鞍形连接）或热熔连接（热熔承插连接、热熔对接连接、热熔鞍形连接），不得采用螺纹连接和粘接。聚乙烯管与金属管道连接，采用钢塑过渡接头连接。当公称外径 De≤90mm 时，宜采用电熔连接，当公称外径 De≥110mm 时，宜采用热熔连接。

5.3.2 室内燃气管道

1. 管材的选用

低压管道当管径 DN≤50mm 时，一般选用镀锌钢管，连接方式为螺纹连接；当管径 DN>50mm 时，选用无缝钢管，连接方式为焊接或法兰连接。中压管道选用无缝钢管，连接方式为焊接或法兰连接。

按安装位置选材：明敷采用镀锌钢管，螺纹连接；埋地敷设采用无缝钢管，焊接钢管，要求防腐。

2. 室内燃气管道安装

燃气管道严禁敷设在易燃、易爆品的仓库、有腐蚀性介质的房间、配电间、变电室、电缆沟、暖气沟、烟道和进风道等部位。

1）燃气管道由室外进入室内，引入管不得敷设在卧室、浴室、密闭地下室或穿越暖气沟；居民用户的引入管应尽量直接引入厨房内，也可以由楼梯间引入；公共设施的引入管应尽量直接引至安装燃气设备或燃气表的房间内。当引入管从室外绕行时，应做地上引入口保护栏杆或混凝土保护台。

2）燃气管道敷设高度（从地面到管道底部或管道保温层部）应符合下列要求：

①在有人行走的地方，敷设高度不应小于 2.2m。

②在有车通行的地方，敷设高度不应小于 4.5m。

3）室内燃气管道必须穿越浴室、厕所、吊平顶（垂直穿）、客厅时，管道应安装在套管中；燃气管道穿越楼板、楼梯平台、墙壁和隔墙时，必须安装在套管中；室内燃气管道不宜穿越水斗下方，当必须穿越时，应加设套管。

5.3.3 燃气器具

1. 燃气灶具

燃气灶具是含有燃气燃烧器的烹调器具的总称。

1）家用灶具。家用燃具按气源的种类可分为人工煤气灶、天然气灶、液化石油气灶和适用于两种以上燃气的灶具。燃气类别代号：R 为人工煤气，T 为天然气，Y 为液化石油气。家用燃具的安装方式有嵌入式灶和台式灶两种。

2）公用灶具。公用灶具类型代号按功能不同，用大写汉语拼音字母表示为：JZ 表示燃气灶，JKZ 表示烤箱灶，JHZ 表示烘烤灶，JH 表示烘烤器，JK 表示烤箱，JF 表示饭锅。

公用灶具与家用灶具相比，具有用气量大、气源压力高、工作时间长、用途比较单一等特点。公用灶具安装方式有两种，即软连接和硬连接。

2. 燃气热水器

1）燃气热水器类型：烟道式、强排式、平衡式、户外式等。每台燃气热水器只适用一种燃气，不能各种燃气通用。

2）燃气热水器安装：首先确定气源种类和安装位置，应安装在厨房、室外或适宜的房间，室内净高不低于 2.6m，并具有良好自然通风的条件；热水器的安装高度，宜满足观火孔离地 1500mm 的要求；安装位置要确保墙体能承受两倍于灌满水的热水器质量。

3. 燃气采暖炉

燃气采暖炉按工作方式分为即热式和容积式两类。

1）即热式燃气采暖炉的优点是热效率高、噪声小、体积小、质量轻，不但能供采暖还可以提供生活热水，适用于住宅和小型商户。

2）容积式燃气采暖炉的优点是本身带一个较大的热水水箱，有较充裕的热储备，缺点是自重大、体积大、占地面积大、燃烧效率低、初次启动时间长等。

5.3.4　计量装置

1）燃气表的选择。燃气表的主要作用是统计用户的耗气量，是收缴燃气费的唯一依据。燃气用户应根据燃气的最大工作压力和周期用量等选择燃气表。目前，一种为传统的机械式膜式燃气表，多用在管网或区域总干管；另一种为预付费膜式燃气表，基本用于用户末端。

2）安装主要技术要求。燃气表安装高度有高位、中位、低位之分。其中：高位，表底距地面大于或等于 1.8m；中位，表底距地面 1.4~1.7m；低位，表底距地面不少于 0.1m。

安装燃气表时，应注意：燃气表应与燃具错位安装，不得安装在燃具的正上方；计量为 6~34m³/h 的燃气表应单独设置固定支架；住宅建筑挂装燃气表预留支管的管径不应小于 DN20（天然气管径为 DN15），高度宜为离室内地坪 2.2m。

5.4　用户燃气通道安装要求

5.4.1　管道安装

1）进户管道安装。自室外管网至用户开闭阀门止，这段管道称为进户管道。

安装时，埋深一般在当地冰冻线以下，坡度为 0.5% 坡向室外燃气管网。进户管道在室外穿出地面，然后再穿墙进入室内。在立管上设三通、丝堵来代替弯头。

2）户内管道安装。从用户开闭阀门起至燃气表或用气设备的管道称为户内管道。户内管道通常要明装在用气的厨房间，不得从卧室、起居室、会客室和办公室等房间通过。安装时要确保管道严密不渗漏。

3）管道的防腐。进户管道埋地部分应做正常防腐（即沥青、玻璃丝布各三层）。户内管道的扁钢制管卡应除锈后涂刷底漆、面漆各两遍，其面漆的颜色一般为白色。

5.4.2 燃气表安装

燃气表应设在便于安装、维修、观察（抄表）、清洁、无湿气、无振动、远离电气设备和远离明火的地方。为了节省钢管，燃气表尽量靠近用户开闭阀门安装。

5.4.3 燃气炉安装

燃气炉通常是放置在砖砌或混凝土制的台子上，进气口与燃气表的出口（或出口短管）以橡胶软管连接。

5.4.4 热水器安装

1. 热水器的结构

普通热水器的结构如图 5-1 所示，主要由外壳、脉冲点火气阀、胶膜水阀、蛇形铜管、点火头（一段细铜管）、主喷嘴、弹簧和传动轴等组成。

2. 热水器的工作原理

普通热水器的工作原理如下：

首先用手打开脉冲点火气阀，此时，点火头的出口有少量燃气并同时被点燃（即长明火）；然后打开冷水阀，此时，水流经胶膜水阀、蛇形铜管由莲蓬头喷出。

冷水在流经胶膜水阀时，靠水的压力将胶膜向左鼓起，推传动轴向左移动，使该轴左端的主气阀打开，此时，大量的燃气由主喷嘴（通常为 9 个）喷出并由长明火点燃。主喷嘴的火焰直接烘烤蛇形铜管，使流经其内的冷水温度迅速升高成为热水。热水沿细胶管流至洗澡间的莲蓬头，由其出水口喷洒而下，供人们淋浴使用。

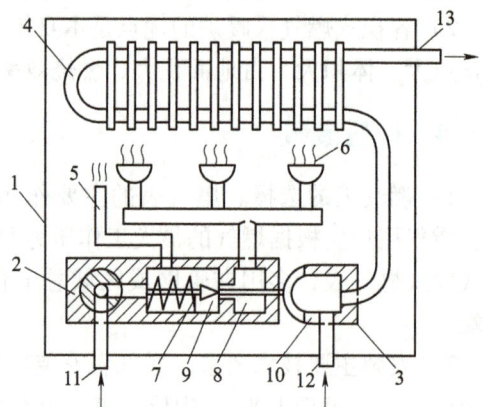

图 5-1 热水器

1—外壳 2—脉冲点火气阀 3—胶膜水阀
4—蛇形铜管 5—点火头 6—主喷嘴 7—弹簧
8—传动轴 9—主气阀 10—胶膜水阀 11—燃气进口
12—冷水进口 13—热水出口

淋浴过程中的水温调节：当需要水温高些时，一是将脉冲点火气阀的开度调大些；二是将冷水阀的开度调小些。反之，当需要水温低些时，一是将脉冲点火气阀的开度调小些；二是将冷水阀的开度调大些。

淋浴完毕后，先将冷水阀关闭。此时，胶膜水阀内的水压消失，胶膜迅速恢复原状，带动传动轴向右回程，主气阀自动关闭，主喷嘴的火焰因断绝气源而自动熄灭。最后将脉冲点火气阀关闭，长明火熄灭。

3. 热水器的故障及其分析

1）莲蓬头出水量小且不热的原因之一是供水压力太低，不足以使胶膜水阀的胶膜向左鼓起，因而主气阀打不开。措施：提高供水压力。原因之二是冷水阀开度太小或冷水阀损坏使其不能全开。措施：将冷水阀的开度调大或更换新的阀门。原因之三是供水管路有局部堵塞。措施：检查供水管路，找出堵塞部位进行清通。

2）关闭冷水阀之后主喷嘴的火焰仍然不熄灭的原因之一是胶膜水阀内有污物将胶膜撑

起，使胶膜不能恢复原状，传动轴不能向右回程，主气阀处于常开状态而不能自闭。措施：将胶膜水阀拆开，清洗干净后重新装上并在胶膜水阀的前面安装过滤网。原因之二是传动轴生锈使其回程受阻，致使主气阀不能自闭或不能完全关闭。措施：清洗传动轴，并加润滑油。

4. 热水器安装

1）热水器的安装位置。热水器通常安装在洗澡间外面的墙壁上。安装时，热水器的底部距地面 1.5~1.6m。

对于大容量的热水器需安装排烟管，排烟管应引至室外，在其立管端部安装伞形帽。排烟管采用钢管或薄钢板制作，不得用易燃材料制作排烟管。

2）冷水阀和莲蓬头安装。冷水阀设在洗澡间内靠墙安装，距踏板面约 1.2m；莲蓬头出水口距踏板面 1.8~2m。

用户水表至冷水阀的管段采用镀锌钢管连接。冷水阀出口与热水器进口以及热水器出水口与莲蓬头进水口的管段，可采用胶管连接。热水器进气口与燃气表出口的管段采用镀锌钢管及胶管连接。

思考题

1. 简述燃气的分类。
2. 简述城镇燃气供应系统的组成。
3. 室内燃气管道系统由哪些部分组成？
4. 热水器如何安装？
5. 简述燃气表、燃气炉灶的安装方法。
6. 燃气输配系统由什么组成？
7. 简述室外燃气管道中，钢管和燃气聚乙烯管的安装方法。
8. 简述燃气输送系统的组成。

二维码形式客观题

微信扫描二维码可在线做题，提交后可查看答案。

第 5 章 客观题

第6章
建筑消防给水系统

本章重点内容

　　了解火灾的分类；熟悉消火栓给水系统的组成、给水方式；熟悉自动喷水灭火系统的分类及其组成；了解其他灭火系统的类型及作用；掌握消防给水工程设备安装要求和消防工程施工图的识读。

本章学习目标

　　通过本章的学习，学生对建筑消防给水系统有更深入的认识，引起对消防安全的重视，培养在消防安全方面的责任感，并能够将专业知识和基本理论用于复杂工程问题解决方案的比较和决策。在设计环节中具有一定的创新意识，并考虑社会、经济、管理、健康、安全、法律和环境问题等因素。

6.1　火灾的分类

　　按照《火灾分类》（GB/T 4968—2008）的规定，火灾分为A、B、C、D、E、F六类。

　　1）A类火灾：固体物质火灾。这种物质通常具有有机物性质，一般在燃烧时能产生灼热的余烬，如木材、棉、毛、麻、纸张等火灾。

　　2）B类火灾：液体或可熔化固体物质火灾，如汽油、煤油、原油、甲醇、乙醇、沥青、石蜡等火灾。

　　3）C类火灾：气体火灾，如煤气、天然气、甲烷、乙烷、氢气、乙炔等火灾。

　　4）D类火灾：金属火灾，如钾、钠、镁、钛、锆、锂等火灾。

　　5）E类火灾：带电火灾。物体带电燃烧的火灾，如变压器等设备的电气火灾。

　　6）F类火灾：烹饪器具内的烹饪物（如动物油脂或植物油脂）火灾。

6.2　消火栓给水系统

6.2.1　消火栓给水系统的组成

　　室内消火栓给水系统由消火栓设备、水泵接合器、消防水池、消防水箱、消防管道、消防水泵、消防通道和水源组成。下面介绍前四部分。

1. 消火栓设备

（1）室内消火栓　室内消火栓由水枪、水带和消火栓组成，均安装于消火栓箱内，如图 6-1 所示。

图 6-1　室内消火栓

1）水枪。喷口直径有 13mm、16mm、19mm 三种。当水枪喷口直径为 13mm 时，用 50mm 的水带和消火栓；当喷口直径为 16mm、19mm 时，用 65mm 的水带和消火栓。水枪如图 6-2 所示。

2）水带。水带有麻织和橡胶水带两种，麻织水带耐折叠性能较好。水带的长度有 10m、15m、20m 和 25m 四种。水带如图 6-3 所示。

3）消火栓。消火栓是一个带内螺纹接头的阀门，一端接消防立管，一端接水带。规格有两种：DN50 和 DN65。消火栓如图 6-4 所示。

图 6-2　水枪　　　　　　图 6-3　水带　　　　　　图 6-4　消火栓

（2）室外消火栓　室外消火栓是一种室外消防供水设施，用于向消防车供水或直接与水带、水枪连接进行灭火，如图 6-5 所示。

2. 水泵接合器

水泵接合器是连接消防车向室内消火栓给水系统加压供水的装置，一端由消防给水管网水平干管引出，另一端设于消防车易于接近的地方。水泵接合器如图 6-6 所示。

3. 消防水池

消防水池用于无室外消防水源情况下，贮存火灾持续时间内的室内消防用水量。一般设于室外地下或地面上，也可设在室内地下室，或与室内游泳池、水景水池兼用。消防水池如

图 6-7 所示。在市政给水管道、进水管或天然水源不能满足消防用水量，以及市政给水管道为枝状或只有一条进水管的情况下，且室外消火栓设计流量大于 20L/s 或建筑高度大于 50m 的建筑物应设消防水池。

图 6-5　室外消火栓

图 6-6　水泵接合器

4. 消防水箱

消防水箱对扑救初期火起着重要作用。消防水箱如图 6-8 所示。

图 6-7　消防水池

图 6-8　消防水箱

（1）采用临时高压给水系统的建筑物应设消防水箱

1）一类高层公共建筑，消防水箱不应小于 $36m^3$。

2）多层公共建筑、二类高层公共建筑和一类高层住宅，消防水箱不应小于 $18m^3$。

3）二类高层住宅，消防水箱不应小于 $12m^3$。

4）建筑高度大于 21m 的多层住宅，消防水箱不应小于 $6m^3$。

5）总建筑面积大于 $10000m^2$ 且小于 $30000m^2$ 的商店建筑，消防水箱不应小于 $36m^3$；总建筑面积大于 $30000m^2$ 的商店建筑，消防水箱不应小于 $50m^3$。

（2）水箱的设置要求

1）水箱一般设在屋顶，保证供水可靠性。

2）消防水箱宜与生活（或生产）高位水箱合用，以保持箱内贮水经常流动、防止水质变坏。

3）水箱的安装高度应满足室内最不利点消火栓所需的水压要求，且应贮存供室内10min 的消防水量。

6.2.2　消火栓系统的给水方式

1）由室外给水管网直接供水的消防给水方式，如图 6-9 所示。

2）设水箱的消火栓给水方式，如图 6-10 所示。

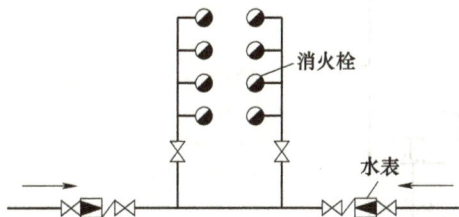

图 6-9　室外给水管网直接供水的消防给水方式

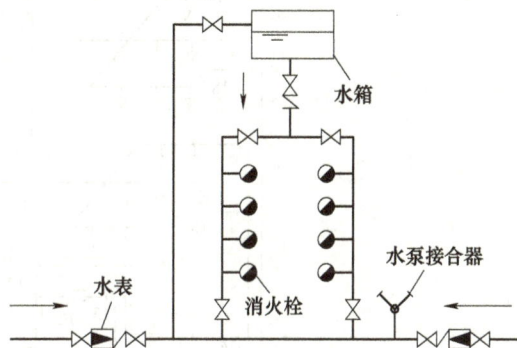

图 6-10　设水箱的消火栓给水方式

3）设水池、水泵的消火栓给水方式，如图 6-11 所示。

4）设水泵、水池、水箱的消火栓给水方式，如图 6-12 所示。

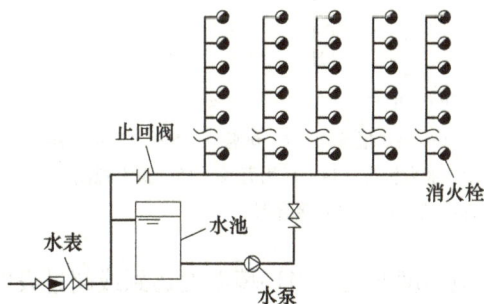

图 6-11　设水池、水泵的消火栓给水方式

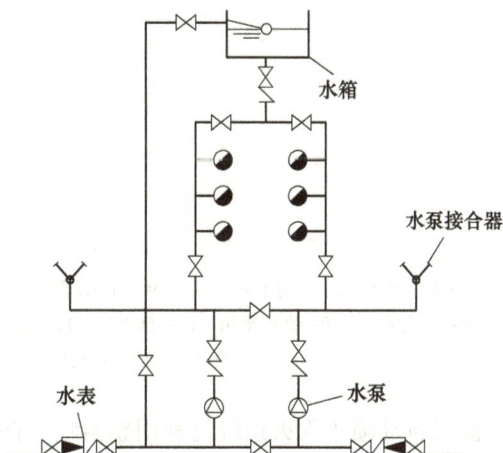

图 6-12　设水泵、水池、水箱的消火栓给水方式

6.3　自动喷水灭火系统

自动喷水灭火系统的特点是成功率高、造价高。在人员密集、不易疏散、外部增援与救

生困难、性质重要或火灾危害性较大的场所，应采用自动喷水灭火系统。

6.3.1 自动喷水灭火系统的分类

1. 湿式系统

湿式自动喷水灭火系统（简称湿式系统）如图 6-13 和图 6-14 所示。该系统主要动作特征：感烟探测器→报告控制台；闭式喷头喷水→湿式报警阀开。其特点是灭火快、效率高；适用于 4~70℃场所。为提高系统的可靠性及保证检修时系统关闭部分不致过大，一个报警阀控制的喷头数不宜超过 800 只。

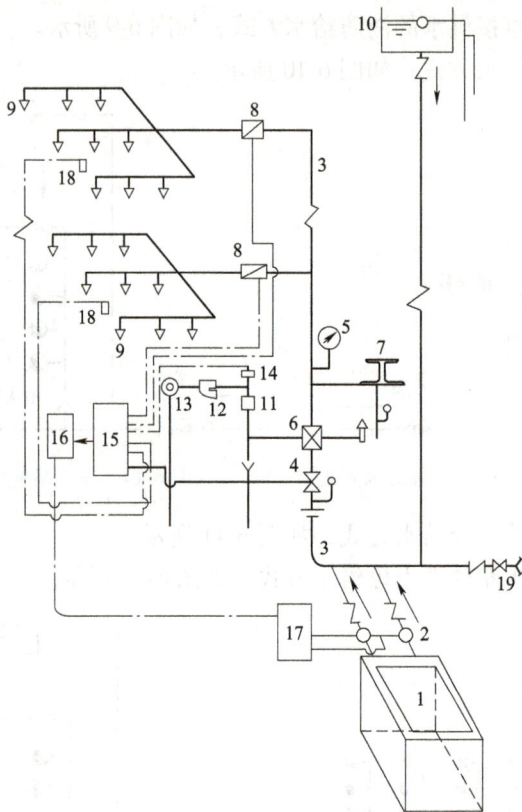

图 6-13　湿式自动喷水灭火系统
1—消防水池　2—消防水泵　3—管网　4—蝶阀　5—压力表　6—湿式报警阀　7—试验阀　8—水流指示器
9—闭式喷头　10—高位水箱　11—延迟器　12—过滤器　13—水力警铃　14—压力开关　15—报警控制台
16—控制箱　17—水泵启动箱　18—探测器　19—水泵接合器

湿式自动喷水灭火系统是利用感温喷头探测环境温度变化。当环境温度达到或超过设定温度时，感温喷头玻璃球膨胀破裂，喷头支撑密封垫脱开，喷出压力水；此时，消防管网压力随之降低，当管网压力降低到某一设定值时，湿式报警阀上的压力开关动作，水压信号转换成电信号启动喷淋水泵运行；在喷淋灭火的同时，水流通过装在主管道分支处的水流指示器输出电信号至消防控制中心报警。湿式自动喷水灭火系统控制流程如图 6-15 所示。

2. 干式系统

干式自动喷水灭火系统（简称干式系统）如图 6-16 所示。该系统主要动作特征：感烟探测器→报告控制台；闭式喷头喷气→干式报警阀开。其特点是先喷气，再喷水；温度不受限。一般只在湿式自动喷水灭火系统无法使用的场所应用。一个干式报警阀控制的喷头数不宜超过 500 只。

图 6-14　湿式喷水系统连接

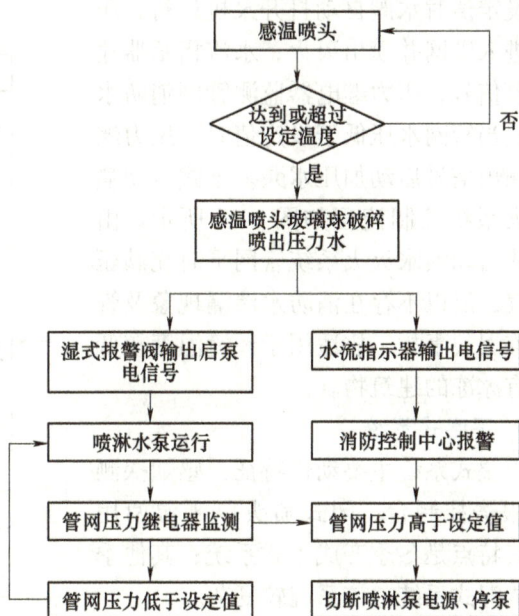

图 6-15　湿式自动喷水灭火系统控制流程

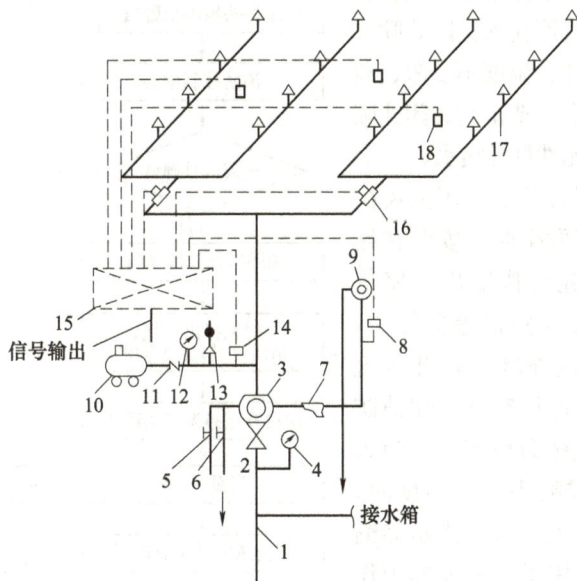

图 6-16　干式自动喷水灭火系统

1—供水管　2—闸阀　3—干式报警阀　4、12—压力表　5—试验阀　6—排水阀　7—过滤器
8、14—压力开关　9—水力警铃　10—空压机　11—止回阀　13—安全阀　15—报警控制台　16—水流指示器
17—闭式喷头　18—探测器

干式自动喷水灭火系统的管网中平时充入压缩空气，火灾发生时喷头打开，空气外泄使管网压力降低；当管网气压降到某一设定值时水阀自动打开泵机运行，压力水进入管网并喷出灭火；水流指示器输出报警信号，压力继电器监测管网消防水压力，当管网水压低于设定值时，压力继电器输出信号启动加压水泵。干式自动喷水灭火系统控制流程如图 6-17 所示。由于干式自动喷水灭火系统管网平时充满压缩空气，所以不存在消防水渗漏现象及管道冰冻爆裂事故，故适用于环境温度较低可能有冰冻的建筑物。

3. 干湿式系统

干湿式系统主要动作特征：感烟探测器→报告控制台；闭式喷头→干湿两用阀。其特点是冬季变成干式系统；其他季节变成湿式系统。该系统较复杂。

4. 预作用系统

预作用自动喷水灭火系统（简称预作用系统）主要动作特征：感烟探测器→报告控制台→打开预作用阀→管网充水；闭式喷头喷水。其特点是不误动作；温度不受限；兼有干式和湿式系统的特点；造价高；闭式喷头，由喷头的温度敏感元件打开喷水。

预作用自动喷水灭火系统采用火灾探测器作信号源。当火灾发生时，安装在被监控场所的探测器首先动作输出报警信号；火灾消防报警中心收到报警信号后，在报警的同时立即通过外触点打开排气阀，迅速排出管网内的低压空气，使消防水进入管网，这种方式称为预作用；当火灾使环境温度升至闭式喷头动作温度时，喷头打开，系统喷水灭火；水流指示器输出信号。系统中由于采用了灭火前的预作用，克服了湿式系统消防水可能渗漏的弊病，同时避免干式系统必须排出管网内压缩空气才能喷水灭火的时间延误。预作用自动喷水灭火系统控制流程如图 6-18

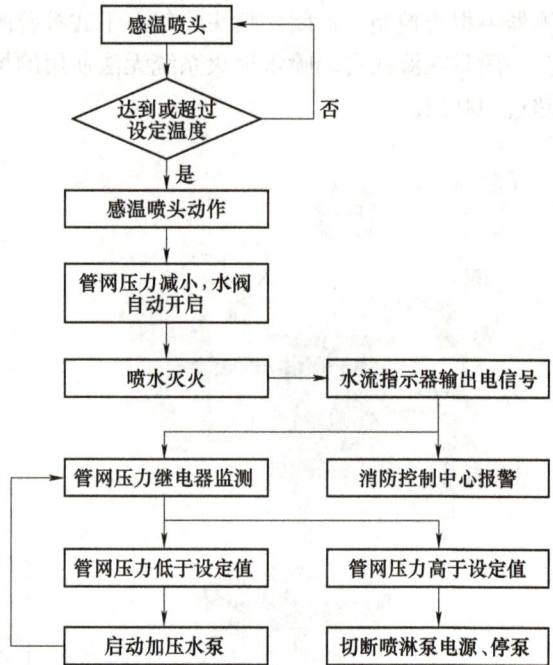

图 6-17　干式自动喷水灭火系统控制流程

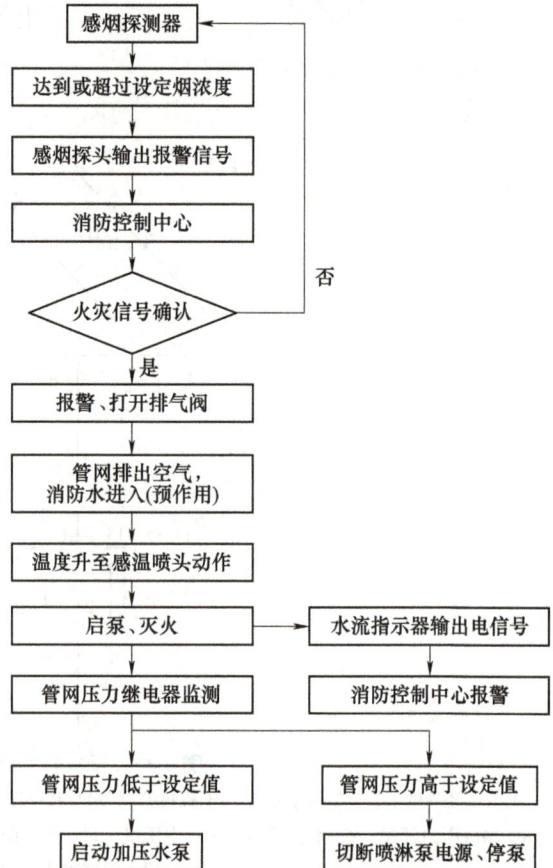

图 6-18　预作用自动喷水灭火系统控制流程

所示。

5. 雨淋系统

雨淋系统主要动作特征：开式喷头；感烟探测器→报告控制台→打开雨淋阀→喷头喷水。其特点是水大，速度快，适用于大面积灭火。

6. 水幕系统

水幕系统如图 6-19 所示。其特点是喷头布置呈线形；起隔离冷却作用。

6.3.2　自动喷水灭火系统的组成

1. 火灾探测器

火灾探测器有感烟和感温两种类型。其布置在房间或走道的顶棚下面。

2. 报警阀

报警阀的作用是开启和关闭管网的水流，传递控制信号至控制系统并启动水力警铃直接报警，有湿式、干式、预作用，如图 6-20~图 6-22 所示。

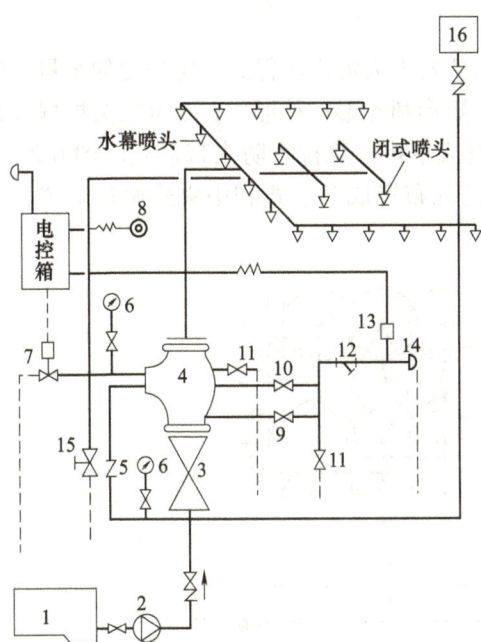

图 6-19　水幕系统

1—水池　2—水泵　3—闸阀　4—雨淋阀　5—止回阀
6—压力表　7—电磁阀　8—按钮　9—试警铃阀
10—警铃管阀　11—放水阀　12—过滤器　13—压力开关
14—警铃　15—手动快开阀　16—水箱

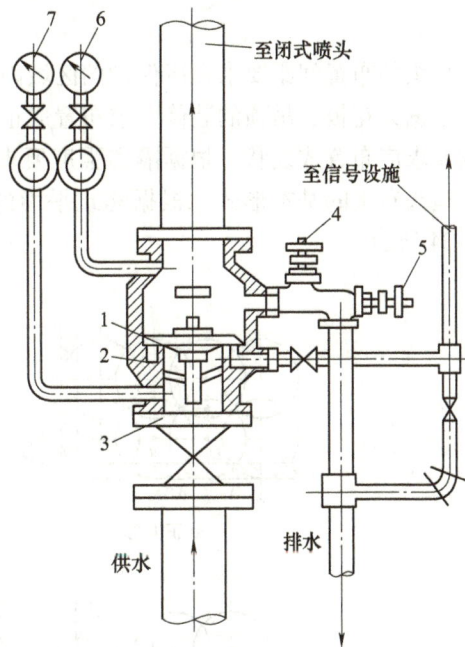

图 6-20　湿式报警阀

1—阀芯　2—阀座凹槽　3—控制阀　4—试警铃阀
5—排水阀　6—阀芯下压力表　7—阀芯上压力表

3. 延迟器

延迟器是一个罐式容器，安装在报警阀与水力警铃（或压力开关）之间，用来防止由于水压波动引起报警阀开启而导致的误报。

4. 水流报警装置

水流报警装置主要由水力警铃、水流指示器和压力开关组成。

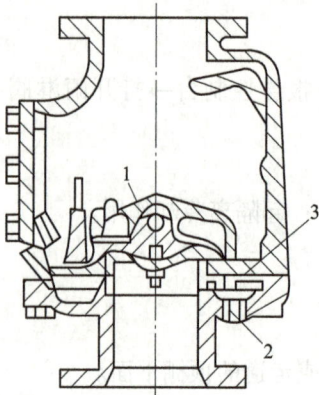

图 6-21　干式报警阀　　　　　　图 6-22　预作用报警阀

1—阀瓣　2—水力警铃接口　3—弹性隔膜

5. 喷头

喷头的布置间距要求在所保护的区域内任何部位发生火灾都能得到一定强度的水量。喷头应根据天花板、吊顶的装修要求布置成正方形、矩形和菱形三种形式；水幕喷头根据成帘状的要求应布置成线状，根据隔离强度要求可布置成单排、双排和防火带形式。图 6-23 所示为喷头布置的基本形式。根据建筑平面的具体情况布置成侧边式和中央式两种形式，如图 6-24 所示。

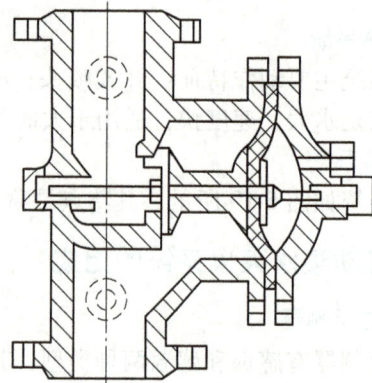

a) 正方形　　　　　　　　　　b) 菱形

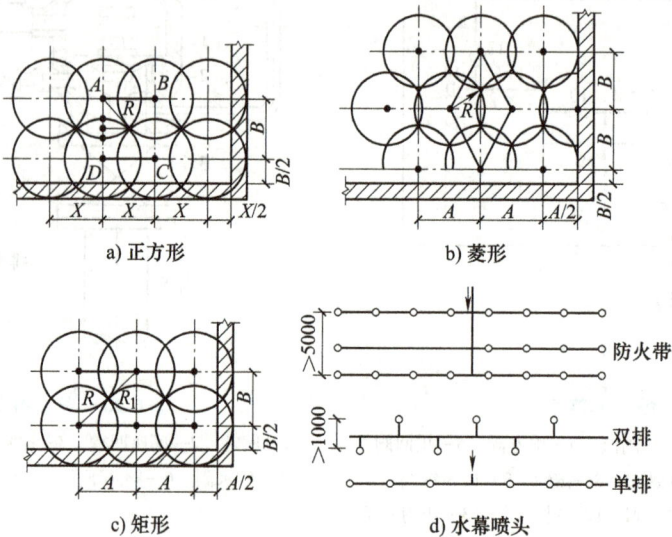

c) 矩形　　　　　　　　　　d) 水幕喷头

图 6-23　喷头布置

R—喷头喷水半径　X—喷头间距　A—喷头长边间距　B—喷头短边间距

闭式喷头的喷口用由热敏元件组成的释放机构封闭，当达到一定温度时能自动开启，如玻璃球爆炸、易熔合金脱离。其构造按溅水盘的形式和安装位置有直立型、下垂型、边墙型、普通型、吊顶型和干式下垂型洒水喷头之分。闭式喷头如图 6-25 所示。

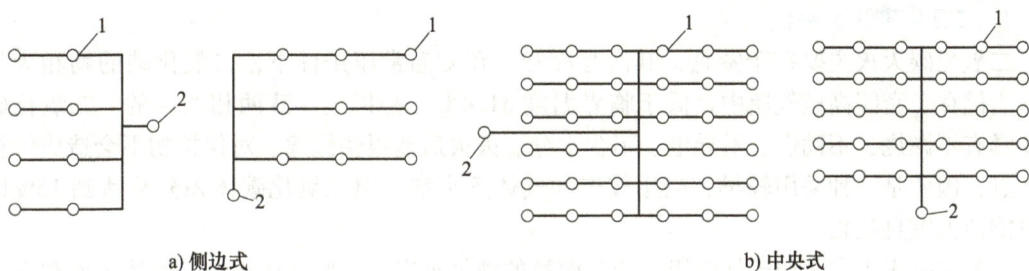

a) 侧边式　　　　　　　　　　　　b) 中央式

图 6-24　喷头平面形式

1—喷头　2—消防立管

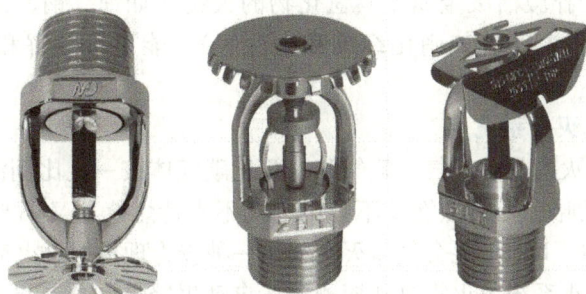

图 6-25　闭式喷头

开式喷头根据用途又可分为开启式喷头、水幕喷头和喷雾喷头三种类型。开式喷头如图 6-26 所示。

图 6-26　开式喷头

6.4　其他灭火系统

6.4.1　气体灭火系统

目前常用的气体灭火系统主要有二氧化碳灭火系统、IG541 混合气体灭火系统、七氟丙烷灭火系统和热气溶胶预制灭火系统。气体灭火系统比传统的水喷淋灭火系统、消火栓灭火系统的优点就是灭火后不留任何痕迹，无二次污染，但气体灭火系统大都采用高压贮存、高压输送，相比水喷淋灭火系统危险系数要大。

1. 二氧化碳灭火系统

二氧化碳灭火主要在于窒息，其次是冷却。在常温常压条件下，二氧化碳的物相为气相，当储存于密闭高压气瓶中，低于临界温度 31.4℃，是以气、液两相共存的。二氧化碳本身具有不燃烧、不助燃、不导电、不含水分、灭火后能很快散逸、对保护物不会造成污损等优点，因此是一种采用较早、应用较广的气体灭火剂。但二氧化碳体积分数达到 15% 以上时能使人窒息死亡。

二氧化碳灭火主要用于扑救甲、乙、丙类的液体火灾，某些气体火灾、固体表面和电气设备火灾。

二氧化碳为化学性质不活泼的气体，但在高温条件下能与锂、钠等金属发生燃烧反应，因此二氧化碳不适用于扑救活泼金属及其氢化物的火灾（如锂、钠、镁、铝、氢化钠等）、自己能供氧的化学物品火灾（如硝化纤维和火药等）、能自行分解和供氧的化学物品火灾（如过氧化氢等）。

2. IG541 混合气体灭火系统

IG541 混合气体灭火剂是由氮气、氩气和二氧化碳气体按一定比例混合而成的气体。混合气体无毒、无色、无味、无腐蚀性及不导电，既不支持燃烧，又不与大部分物质产生反应。以环保的角度来看，IG541 混合气体灭火剂是一种较为理想的灭火剂。

IG541 混合气体灭火系统由火灾自动探测器、自动报警控制器、自动控制装置、固定灭火装置及管网、喷嘴等组成，具有自动启动、手动启动和机械应急启动三种启动方式。该系统主要适用于计算机房、通信机房、配电房、油浸变压器、自备发电机房、图书馆、档案室、博物馆及票据、文物资料库等经常有人工作的场所，可用于扑救电气火灾、液体火灾或可溶化的固体火灾，固体表面火灾及灭火前能切断气源的气体火灾，但不可用于扑救 D 类活泼金属火灾。

3. 七氟丙烷灭火系统

七氟丙烷灭火剂是一种无色、无味、不导电的气体，其密度大约是空气密度的 6 倍，可在一定压力下呈液态储存。该灭火剂为洁净药剂，释放后无残余物，不会污染环境和保护对象。

七氟丙烷灭火剂具有清洁、低毒、电绝缘性好、灭火效率高的特点；特别是它不含溴和氯，对臭氧层无破坏，在大气中的残留时间比较短，其环保性能明显优于卤代烷，是一种洁净气体灭火剂，被认为是替代卤代烷 1301、1211 的最理想的产品之一。

七氟丙烷灭火系统具有效能高、速度快、环境效应好、不污染被保护对象、安全性强等特点，适用于有人工作的场所，对人体基本无害；但不可用于下列物质的火灾：

1）氧化剂的化学制品及混合物，如硝化纤维、硝酸钠等。

2）活泼金属，如钾、钠、镁、铝、铀等。

3）金属氧化物，如氧化钾、氧化钠等。

4）能自行分解的化学物质，如过氧化氢、联氨等。

4. 热气溶胶预制灭火系统

S 型气溶胶灭火装置的特性和适用范围：S 型气溶胶是固体气溶胶发生剂反应的产物，含有约 98% 以上的气体。几乎无微粒（其微粒量比一个月内封闭计算机房自然降落的灰尘量还少），沉降物极低。气体是氮气、水汽、少量的二氧化碳。从生产到使用过程中无毒、无公害、无污染、无腐蚀、无残留。不破坏臭氧层，无温室效应，符合绿色环保要求。其灭火剂是以固态常温常压储存，不存在泄漏问题，维护方便。热气溶胶预制灭火系统属于无管网灭火系统，安装相对灵活，无须布置管道，工程造价相对较低。

S 型气溶胶主要适用于扑救电气火灾、可燃液体火灾和固体表面火灾，如计算机房、通信机房、变配电室、发电机房、图书室、档案室、丙类可燃液体等。

5. 储存装置及管道安装

1）二氧化碳灭火系统的储存装置由储存容器、容器阀和集流管等组成，七氟丙烷和IG541 混合气体灭火系统的储存装置由储存容器、容器阀等组成，热气溶胶预制灭火系统的储存装置由发生剂罐、引发器和保护箱（壳）体等组成。

2）储存装置的布置应便于操作、维修及避免阳光照射。操作面距墙面或两个操作面之间的距离不宜小于 1.0m，且不应小于储存容器外径的 1.5 倍。

3）输送气体灭火剂的管道应采用无缝钢管，无缝钢管及管件内、外应进行防腐处理；输送气体灭火剂的管道安装在腐蚀性较大的环境中时宜采用不锈钢管及管件，输送启动气体的管道宜采用铜管。

4）管道的连接，当公称直径小于或等于 80mm 时，宜采用螺纹连接；大于 80mm 时，宜采用法兰连接。

5）容器阀和集流管之间应采用挠性连接。储存容器和集流管应采用支架固定。

6）在储存容器或容器阀上应设安全泄压装置和压力表。组合分配系统的集流管应设安全泄压装置。

7）在通向每个防护区的灭火系统主管道上应设压力信号器或流量信号器。

8）组合分配系统中的每个防护区应设置控制灭火剂流向的选择阀，选择阀的位置应靠近储存容器且便于操作。选择阀应设有标明其工作防护区的永久性铭牌。

9）喷头的布置应满足喷放后气体灭火剂在防护区内均匀分布的要求。当保护对象属于可燃液体时，喷头射流方向不应朝向液体表面。

6.4.2　泡沫灭火系统

泡沫灭火系统是采用泡沫液作为灭火剂，主要用于扑救非水溶性可燃液体和一般固体火灾，如商品油库、煤矿、大型飞机库等。系统具有安全可靠、灭火效率高的特点。对于水溶性可燃液体火灾，应采用抗溶性泡沫灭火剂灭火。

1. 系统的分类

泡沫灭火系统有多种类型。按泡沫发泡倍数分类有低倍数泡沫灭火系统、中倍数泡沫灭火系统、高倍数泡沫灭火系统；按泡沫灭火剂的使用特点分类有 A 类泡沫灭火剂灭火系统、B 类泡沫灭火剂灭火系统、非水溶性泡沫灭火剂灭火系统、抗溶性泡沫灭火剂灭火系统等；按设备安装使用方式分类有固定式泡沫灭火系统、半固定式泡沫灭火系统和移动式泡沫灭火系统；按泡沫喷射位置分类有液上喷射泡沫灭火系统和液下喷射泡沫灭火系统。

（1）按泡沫发泡倍数分类

1）低倍数泡沫灭火系统。低倍数泡沫是指泡沫混合液吸入空气后，体积膨胀小于 20 倍的泡沫。

2）中倍数泡沫灭火系统。发泡倍数在 21~200 的称为中倍数泡沫。

3）高倍数泡沫灭火系统。发泡倍数在 201～1000 的称为高倍数泡沫。

（2）按设备安装使用方式分类

1）固定式泡沫灭火系统。固定式泡沫灭火系统由固定的泡沫液消防水泵、泡沫液贮罐、泡沫比例混合器、泡沫混合液的输送管道及泡沫产生装置等组成，并与给水系统连成一体。当发生火灾时，先启动消防水泵、打开相关阀门，系统即可实施灭火。固定式泡沫灭火系统的泡沫喷射方式可采用液下喷射和液上喷射方式。

2）半固定式泡沫灭火系统。该系统有一部分设备为固定式，另一部分是不固定的，发生火灾时，进入现场与固定设备组成灭火系统灭火。

3）移动式泡沫灭火系统。移动式泡沫灭火系统一般由水源（室外消火栓、消防水池或天然水源）、泡沫消防车或机动消防水泵、移动式泡沫产生装置、水带、泡沫枪、泡沫比例混合器等组成。当发生火灾时，所有移动设施进入现场通过管道、水带连接组成灭火系统。

2. 系统的主要设备

（1）泡沫比例混合器 泡沫比例混合器是泡沫灭火系统的主要设备之一，它的作用是将水与泡沫液按一定比例自动混合，形成泡沫混合液。目前我国生产的泡沫比例混合器按混合方式不同分为负压比例混合器和正压比例混合器。负压类的有环泵式泡沫比例混合器和管线式泡沫比例混合器；正压类的有压力式泡沫比例混合器和平衡压力式泡沫比例混合器。

（2）空气泡沫产生器 空气泡沫产生器可将输送来的混合液与空气充分混合形成灭火泡沫喷射覆盖于燃烧物表面。根据泡沫灭火系统的要求，应采用不同形式的泡沫产生器。根据安装方式的不同，有立式和横式两种。立式泡沫产生器由产生器、泡沫室、导板组成。

（3）泡沫喷头 泡沫喷头用于泡沫喷淋系统，按照喷头是否能吸入空气分为吸气型和非吸气型。吸气型可采用蛋白、氟蛋白或水成膜泡沫液，通过泡沫喷头上的吸气孔吸入空气，形成空气泡沫灭火。

非吸气型只能采用水成膜泡沫液，不能用蛋白和氟蛋白泡沫液。并且这种喷头没有吸气孔，不能吸入空气，通过泡沫喷头喷出的是雾状的泡沫混合液滴。

（4）泡沫液贮罐 泡沫液贮罐用于储存泡沫液。贮罐用于压力式泡沫比例混合流程时，泡沫液贮罐应选用压力贮罐；当用于其他泡沫比例混合流程时，泡沫液贮罐应选用常压贮罐。泡沫液贮罐有卧式、立式圆柱形贮罐，贮罐上应设有液面计、排渣孔、人孔、呼吸阀、取样口等。

（5）火灾报警系统 火灾报警系统按照验收要求包括：

1）火灾自动报警系统装置，如各种火灾探测器、手动报警按钮、区域报警控制器和集中报警控制器等。

2）灭火系统控制装置，包括室内消火栓、自动喷水、卤代烷、二氧化碳、干粉、泡沫等固定灭火系统的控制装置。

3）电动防火门、防火卷帘控制装置。

4）通风空调、防烟排烟及电动防火阀等消防控制装置。

5）火灾事故广播、消防通信、消防电源、消防电梯和消防控制室的控制装置。

6）火灾事故照明及疏散指示控制装置等。

6.4.3　干粉灭火系统

干粉灭火系统在组成上与气体灭火系统相类似。干粉灭火系统由干粉灭火设备和自动控制两大部分组成。前者由干粉储存容器、驱动气体瓶组、启动气体瓶组、减压阀、管道及喷嘴组成；后者由火灾探测器、信号反馈装置、报警控制器等组成。

干粉灭火系统造价低，占地小，不冻结，对于我国无水及寒冷的北方尤为适宜。

干粉灭火系统适用于灭火前可切断气源的气体火灾，易燃、可燃液体和可熔化固体火灾，可燃固体表面火灾；不适用于火灾中产生含有氧的化学物质（如硝酸纤维），可燃金属如钠、钾、镁等及其氢化物，可燃固体深位火灾，带电设备火灾。

6.4.4　固定消防炮灭火系统

固定消防炮灭火系统是指由固定消防炮和相应配置的系统组件组成的固定灭火系统。

1. 按喷射介质分类

按喷射介质可分为水炮系统、泡沫炮系统和干粉炮系统。

1）水炮系统：喷射水灭火剂的固定消防炮系统，主要由水源、消防泵组、管道、阀门、水炮、动力源和控制装置组成。

2）泡沫炮系统：喷射泡沫灭火剂的固定消防炮系统，主要由水源、泡沫液罐、消防泵组、泡沫比例混合装置、管道、阀门、泡沫炮、动力源和控制装置组成。

3）干粉炮系统：喷射干粉灭火剂的固定消防炮系统，主要由干粉罐、氮气瓶组、管道、阀门、干粉炮、动力源和控制装置组成。

2. 按控制装置分类

按控制装置分为：远控消防炮灭火系统，可远距离控制消防炮的固定消防炮灭火系统；手动消防炮灭火系统，只能在现场手动操作消防炮的固定消防炮灭火系统。

3. 系统灭火剂的选用及适用范围

1）泡沫炮系统适用于甲、乙、丙类液体及固体可燃物火灾现场。

2）干粉炮系统适用于液化石油气、天然气等可燃气体火灾现场。

3）水炮系统适用十一般固体可燃物火灾现场。

4）水炮系统和泡沫炮系统不得用于扑救遇水发生化学反应而引起燃烧、爆炸等物质的火灾。

4. 固定消防炮灭火系统的设置

1）在下列场所宜选用远控消防炮灭火系统：有爆炸危险性的场所；有大量有毒气体产生的场所；燃烧猛烈、产生强烈辐射热的场所；火灾蔓延面积较大且损失严重的场所；高度超过 8m 且火灾危险性较大的室内场所；发生火灾时灭火人员难以及时接近或撤离固定消防炮位的场所。

2）室内消防炮的布置数量不应少于两门；设置消防炮平台时，其结构强度应能满足消防炮喷射反力的要求。

3）室外消防炮的布置应能使消防炮的射流完全覆盖被保护场所及被保护物，消防炮应设置在被保护场所常年主导风向的上风方向；当灭火对象高度较高、面积较大时，或在消防炮的射流受到较高大障碍物的阻挡时，应设置消防炮塔。

6.5 消防给水工程设备安装要求

6.5.1 室外消火栓

室外消火栓灭火系统设置在建筑物外，其主要作用是供消防车取水，经增压后向建筑物内的供水管网供水或实施灭火，也可以直接连接水带、水枪出水灭火。

1）按其安装场合可分为地上式和地下式。地上式又分为湿式和干式，地上湿式室外消火栓适用于气温较温和地区，地上干式室外消火栓和地下式室外消火栓适用于气温较寒冷地区。

2）按消火栓进水口与市政管网连接方式分为承插式和法兰式，承插式消火栓压力为1.0MPa，法兰式消火栓压力为1.6MPa；进水口规格可分为DN100和DN150两种。

3）按其用途可分为普通型消火栓和特殊型消火栓。特殊类型消火栓有泡沫型、防撞型、调压型、减压稳压型。

6.5.2 室内消火栓

室内消火栓是扑救建筑物内火灾的主要设施。

1. 室内消火栓布置及安装

室内消火栓的设置应该根据使用者、火灾危险性、火灾类型和不同灭火功能等因素综合确定。其设置应符合下列要求：

1）应采用DN65的室内消火栓，并可与消防软管卷盘或轻便水龙设置在同一箱体内；配置DN65有内衬里的消防水带，长度不宜超过25m。

2）设置室内消火栓的建筑，包括设备层在内的各层均应设置消火栓。

3）屋顶设有直升机停机坪的建筑，应在停机坪出入口或非电气设备机房处设置消防栓，且距停机坪机位边缘的距离不应小于0.5m。

4）消防电梯前室应设置室内消火栓，并应计入消火栓使用数量。

5）室内消火栓的布置应满足同一平面有2支消防水枪的2股充实水柱同时到达任何部位的要求，但建筑高度小于或等于24m且体积小于或等于5000m³的多层仓库、建筑高度小于或等于54m且每单元设置一部疏散楼梯的住宅，以及《消防给水及消火栓系统技术规范》（GB 50974—2014）第3.5.2条中规定可采用1支消防水枪计算消防量的场所，可采用1支消防水枪的1股充实水柱到达室内任何部位。

6）室内消火栓宜按直线距离计算其布置间距，对于消火栓按2支消防水枪的2股充实水柱布置的建筑物，消火栓的布置间距不应大于30m，对于消火栓按1支消防水枪的1股充实水柱布置的建筑物，消火栓的布置间距不应大于50m。

2. 室内消火栓类型

室内消火栓是一种具有内螺纹式接口的球形阀式龙头，有单出口和双出口两种类型。消火栓的一端与消防竖管相连，另一端与水带相连。当发生火灾时，消防水通过室内消火栓给水管网供给水带，经水枪喷射出有压水流进行灭火。分类如下：

1）按出水口形式划分：单出口室内消火栓、双出口室内消火栓。

2）按栓阀数划分：单栓阀室内消火栓、双栓阀室内消火栓。

3）按结构形式划分：直角出口型室内消火栓、45°出口型室内消火栓、旋转型室内消火栓、减压型室内消火栓、旋转减压型室内消火栓、减压稳压型室内消火栓和旋转减压稳压型室内消火栓。

6.5.3　水泵接合器

消防水泵接合器是供消防车向消防给水管网输送消防用水的预留接口。它既可用于补充消防水量，也可用于提高消防给水管网的水压。

1. 设置要求

高层民用建筑、设有消防给水的住宅、超过五层的其他多层民用建筑、超过两层或建筑面积大于 10000m² 的地下或半地下建筑（室）、室内消火栓设计流量大于 10L/s 平战结合的人防工程、高层工业建筑和超过四层的多层工业建筑、城市交通隧道，其室内消火栓给水系统应设水泵接合器。

自动喷水灭火系统、水喷雾灭火系统、泡沫灭火系统和固定消防炮灭火系统等系统均应设置消防水泵接合器。

2. 安装要求

1）水泵接合器应设在室外便于消防车使用的地点，且距室外消火栓或消防水池的距离不宜小于 15m，并不宜大于 40m。

2）消防水泵接合器的安装应按接口、本体、连接管、止回阀、安全阀、放空管、控制阀的顺序进行，止回阀的安装方向应使消防用水能从消防水泵接合器进入系统。

3）墙壁消防水泵接合器安装高度距地面宜为 0.7m；与墙面上的门、窗、孔、洞的净距离不应小于 2.0m，且不应安装在玻璃幕墙下方；地下消防水泵接合器的安装应使进水口与井盖底面的距离不大于 0.4m，且不应小于井盖的半径。

6.5.4　消防水泵、水箱及水池

1. 消防水泵

消防水泵是消防给水系统的心脏。目前消防给水系统中使用的水泵多为离心泵，该类水泵具有适用范围广、型号多、供水连续、可随意调节流量等优点。消防水泵主要是指水灭火系统中的消防给水泵，如消火栓泵、喷淋泵、消防转输泵等。

消火栓给水系统与自动喷水系统宜分别设置消防水泵，当与消火栓系统合用消防水泵时，系统管道应在报警阀前分开。

设置消防水泵和消防转输泵时均应设置备用泵，备用泵的工作能力不应小于最大一台消防工作泵的工作能力。自动喷水灭火系统可按"用一备一"或"用二备一"的比例设置备用泵。

消防水泵管路设置，一组消防水泵的吸水管不应少于 2 条，当其中一条损坏或检修时，其余吸水管应仍能通过全部消防用水量；消防水泵的出水管上应设止回阀和压力表，并宜安装检查和试水用的放水阀门；消防水泵泵组的总出水管上还应安装压力表和泄压阀。

2. 消防水箱

采用临时高压给水系统的建筑物应设消防水箱：

1) 一类高层公共建筑，消防水箱不应小于36m³。

2) 多层公共建筑、二类高层公共建筑和一类高层住宅，消防水箱不应小于18m³。

3) 二类高层住宅，消防水箱不应小于12m³。

4) 建筑高度大于21m的多层住宅，消防水箱不应小于6m³。

5) 总建筑面积大于10000m²且小于30000m²的商店建筑，消防水箱不应小于36m³；总建筑面积大于30000m²的商店建筑，消防水箱不应小于50m³。

3. 消防水池

在市政给水管道、进水管或天然水源不能满足消防用水量，以及市政给水管道为枝状或只有一条进水管的情况下，且室外消火栓设计流量大于20L/s或建筑高度大于50m的建筑物应设消防水池。

当建筑群共用消防水池时，消防水池的容积应按消防用水量最大的一栋建筑物的用水量计算确定。

6.6 消防工程施工图的识读

6.6.1 消防工程施工图的组成

消防工程施工图一般由图纸目录、主要设备材料表、设计说明、图例、平面图、系统图、施工详图等组成。

6.6.2 消防工程施工图常用图例

消防工程水灭火管路系统施工图常用图例见表6-1。

表6-1 消防工程水灭火管路系统施工图常用图例

序号	名称	图例	附注
1	消防水管	—X—	—
2	消火栓给水管	—XH—	—
3	自动喷水灭火给水管	—ZP—	—
4	雨淋灭火给水管	—YL—	—
5	水幕灭火给水管	—SM—	—
6	水炮灭火给水管	—SP—	—
7	干式立管	—●◎	入口无阀门
8	湿式立管	⊗▷●→	出口带阀门
9	折弯管	○	向后弯90°
10	折弯管	○	向前弯90°
11	阀门	—▷◁—	—

（续）

序号	名称	图例	附注
12	闸阀		—
13	球阀		—
14	浮球阀		—
15	止回阀		—
16	底阀		—
17	水泵		—
18	可曲挠橡胶接头		—
19	湿式报警阀	平面　　系统	—
20	减压阀		—
21	流量计		—
22	水流指示器	或	—
23	自动排气阀		—
24	减压孔板		—
25	室内消火栓（单口）	平面　　系统	白色为开启面
26	室内消火栓（双口）	平面　　系统	—
27	室外消火栓箱		—
28	消防喷淋头（开式）		—
29	消防喷淋头（闭式）		—
30	水泵接合器		—
31	水锤消除器		—

6.6.3　消防工程施工图的识读方法

　　识读建筑室内消防施工图时一般先看设计说明，对工程情况和施工要求有一个大致的了解。搞清楚工程采用的灭火系统是消火栓灭火系统还是自动喷水灭火系统，如果两种系统都有，则要分开阅读，不可混在一起。阅读时将平面图和系统图对照起来看，弄清楚管道、设备、附件等的平面布置和空间位置。对雨水泵房和水箱间，一般都有详图，通过阅读详图，搞清设备和管道间的连接走向及安装要求。特别注意应按消火栓灭火系统和自动喷水灭火系统分别阅读，还应注意对照图纸目录，不要漏掉部分内容。

1. 平面图的识读

建筑消防给水平面图主要表明建筑物内消防管道和消防设备的平面布置。读平面图时，先读底层平面图，后读各楼层平面图；读底层平面图时，先读给水进户管，后读干管、立管、支管和消防用水设备。

读平面图时，要找到水泵接合器、水泵房、水箱等的具体位置，同时注意统计消防设备（如消火栓、喷头等）的数量，并与材料明细表比对。

2. 系统图的识读

建筑消防给水系统图主要表明管道系统的立体走向和管道的标高及规格。

读建筑消防给水系统图时，先找平面图和系统图相同编号的给水引入管，然后找相同编号的立管，最后分系统对照平面图识读。识读顺序：

一般从消防给水引入管开始，依次按水流方向进行：

消防引入管

消防水泵出水管 ——→ 水平干管 → 立管 → 支管 → 消火栓或喷头

消防水箱出水管

3. 详图的识读

建筑消防给水系统施工图中一般都有详图，用以表现水泵房、水箱间等设备多、管线复杂的场所，图上有管道和设备的详细尺寸及连接位置，还有附件的具体设置位置及标高，可供安装和计量时使用。

6.7 消防工程施工图的识读案例

6.7.1 设计说明与施工图

现以某综合楼消防给水工程施工图为例进行识读，主要材料表见表 6-2，施工图如图 6-27~图 6-36 所示。下面以解答问题的形式，详细说明如何识读建筑消防给水施工图。

表 6-2 主要材料表

序号	图例	名称	型号规格	单位	数量	备注
1		喷淋泵	XBD6/20 $p=37.0$kW $Q=20$L/s $H=60$m $n=2940$r/min	台	2	一备一用
2		水流指示器	DN100	个	4	—
3		安全信号阀	DN100	个	4	—
4		湿式报警阀	DN150	个	1	—
5		闭式喷头	DN15	个	157	—

（续）

序号	图例	名称	型号规格	单位	数量	备注
6		末端试水装置	DN25	套	1	—
7		末端泄水装置	DN25	套	3	—
8		自动空气排气阀	DN25	个	1	—
9		闸阀	DN70	个	2	—
10		闸阀	DN80	个	2	—
11		闸阀	DN100	个	9	—
12		闸阀	DN150	个	6	—
13		止回阀	DN80	个	2	—
14		止回阀	DN150	个	2	—
15		偏心异径管	DN150 * 100	个	2	—
16		压力表	DN25	个	1	—
17		可曲挠橡胶接头	DN150	个	4	—
18		消防水泵接合器	DN100	套	3	地上式
19		室外地上消火栓	DN100	套	2	地上式
20		室内消火栓	DN65	套	12	—
21		蝶阀	DN100/DN150	个	2/1	—
22		热镀锌钢管	DN25~150	m		—
23		磷酸铵盐干粉灭火器	MFZL4	具	36	—
24		螺翼式水表	LXL-100N	套	2	—
25		Y 形过滤器	DN100	套	2	—

设计说明：

1）工程概况：本工程为六层，属于低层建筑，一至四层为娱乐场所，五层为住户用房，六层为工作人员用房，一至四层设置自动喷水灭火系统。

2）设计依据：《建筑设计防火规范（2018 年版）》（GB 50016—2014）、《自动喷水灭火系统设计规范》（GB 50084—2017）。

3）尺寸单位：管道长度和标高以 m 计，其余以 mm 计。

4）管道标高表示法：所注管道标高是以±0.000 为基准的相对标高，给水管标高指管道中心线，排水管标高指管内底。

5）本工程消防用水量：室外消火栓 20L/s，室内消火栓 15L/s，喷淋系统 20L/s。

6）室内外消火栓给水系统及喷淋系统采用管材与接口：管道采用热镀锌钢管，钢管采用沟槽式管道连接件连接（DN≥65mm）和螺纹连接（DN<65mm）。

7）消防给水管道试验压力：室内消火栓及喷淋系统 1.20MPa，室外给水系统 0.60MPa。

8）室外给水管道埋地敷设时，如地基为一般天然土壤，均可直接埋设，不做管基础；如地基为岩石，应有不小于 200mm 的沙垫层找平，且管道四周应回填沙或土；如地基为淤泥或其他劣质土，则应通知设计院处理。

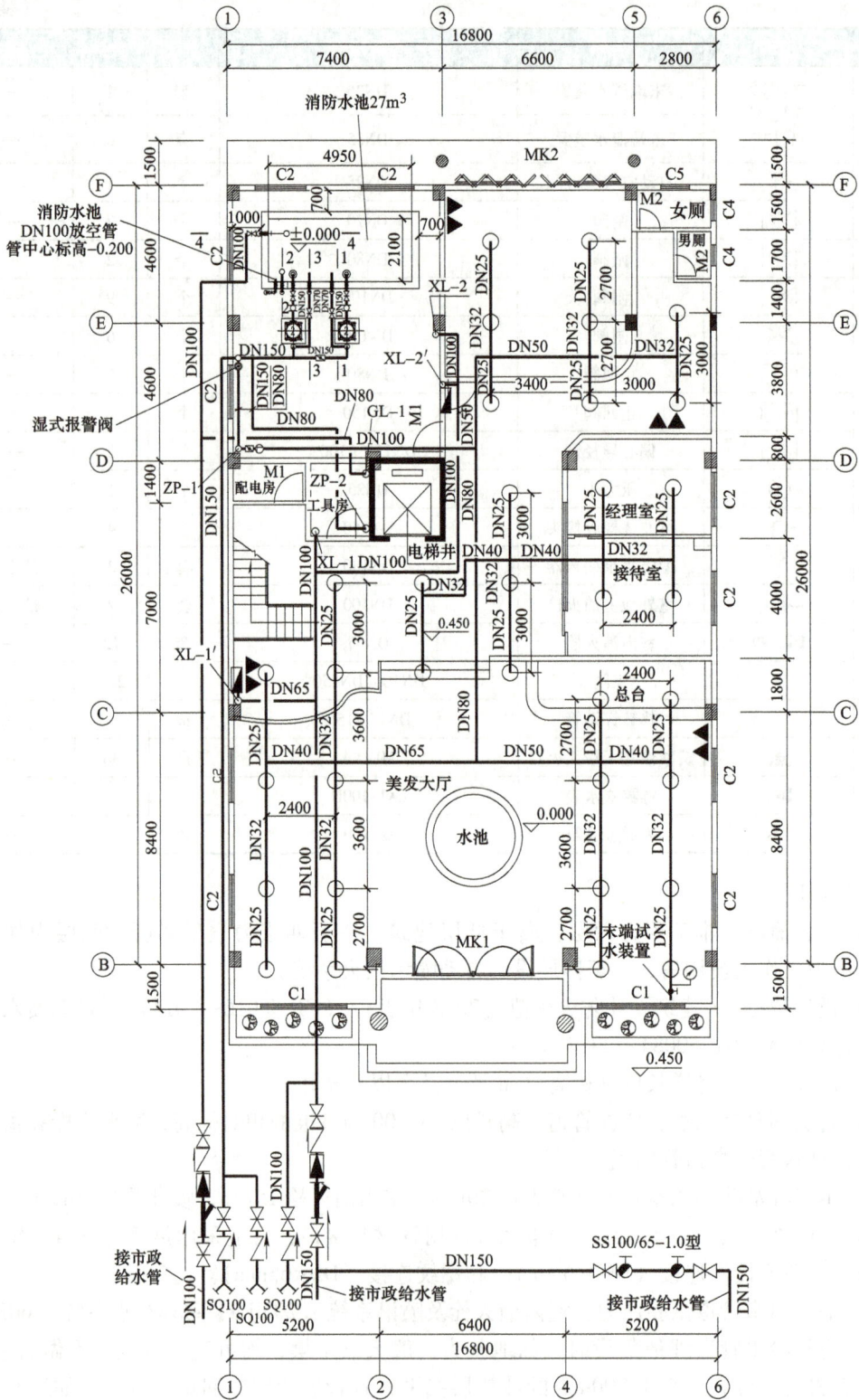

图 6-27　底层消防给水平面图

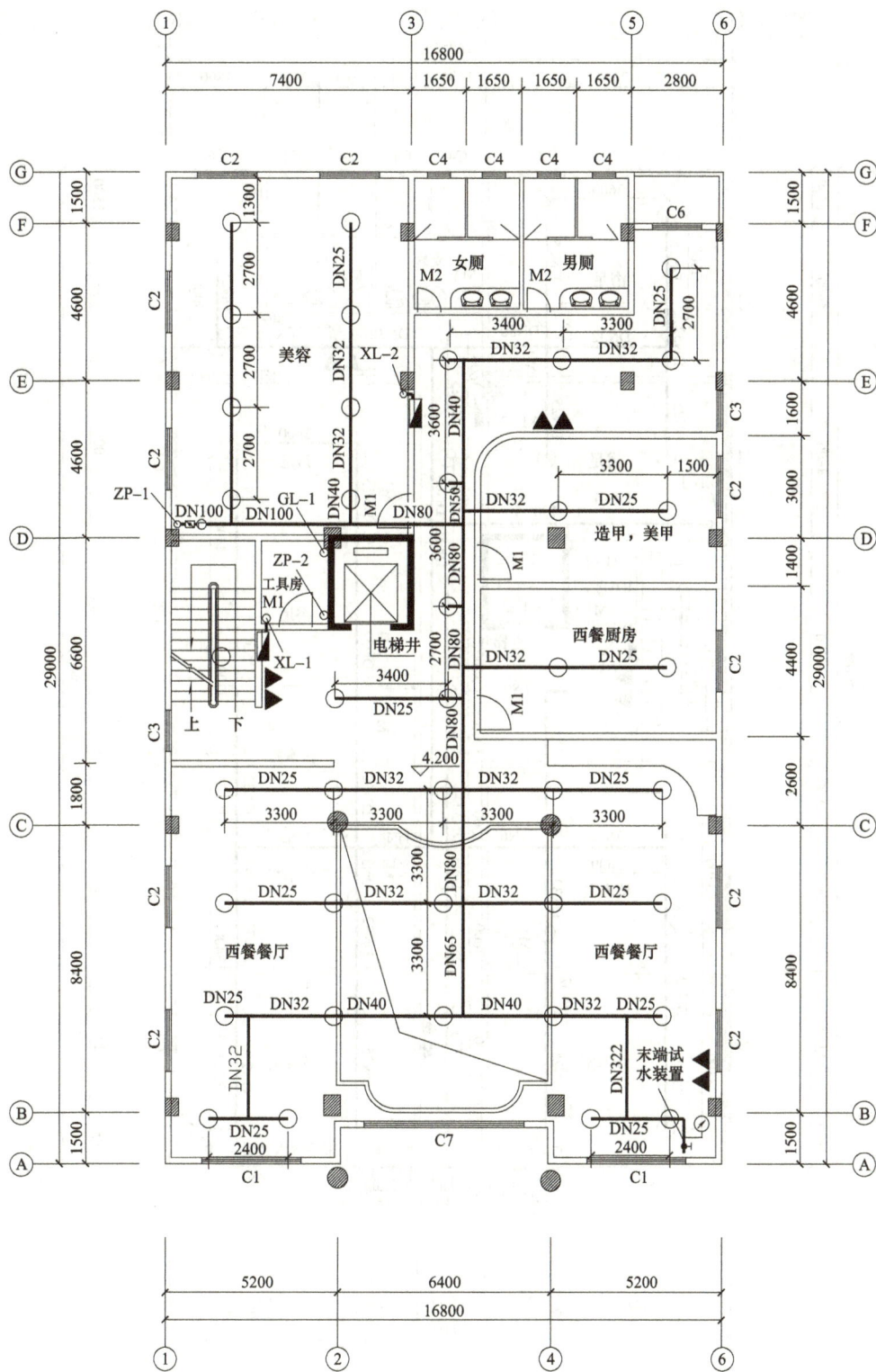

图 6-28　二层消防给水平面图

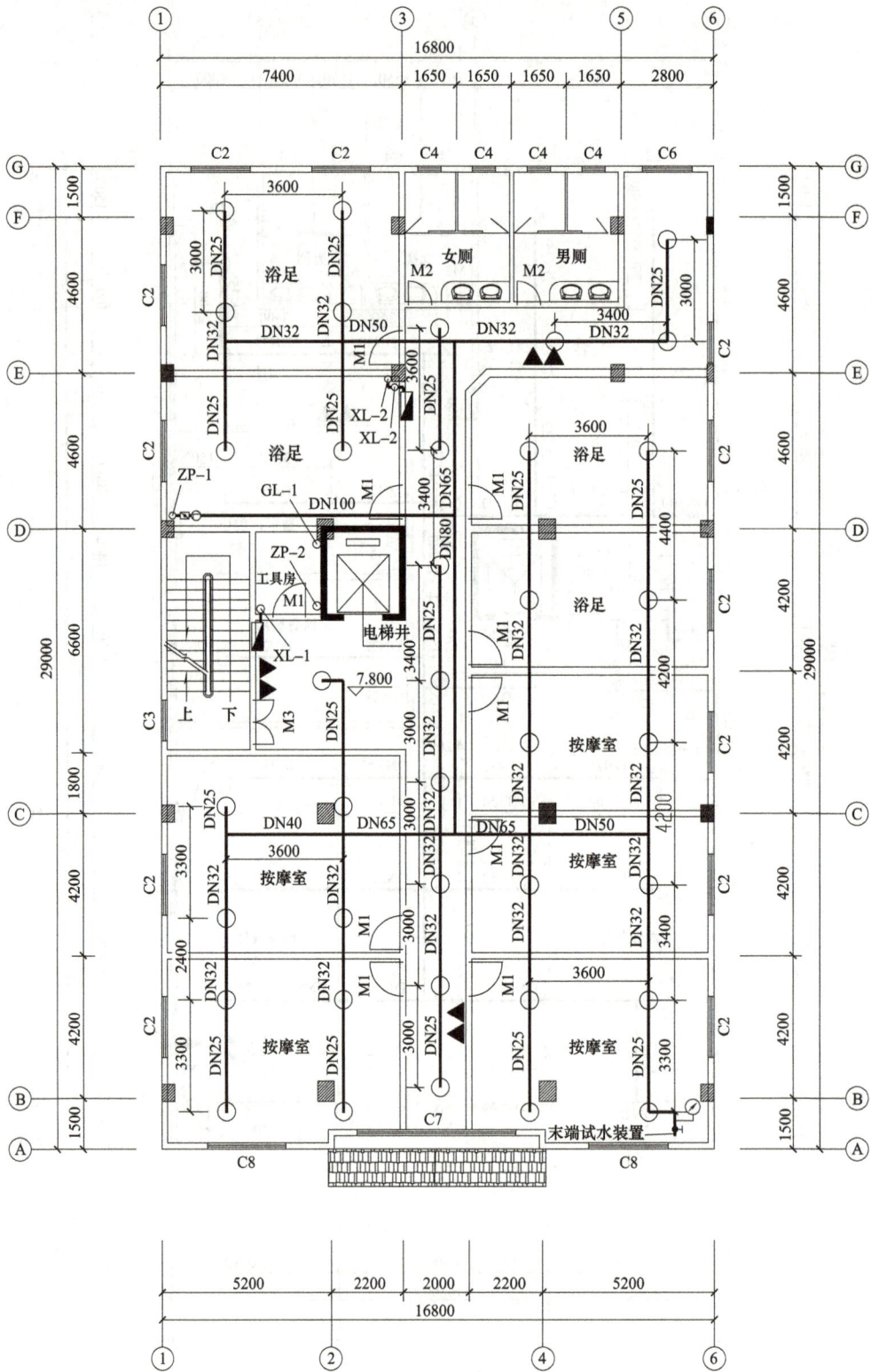

图 6-29　三层消防给水平面图

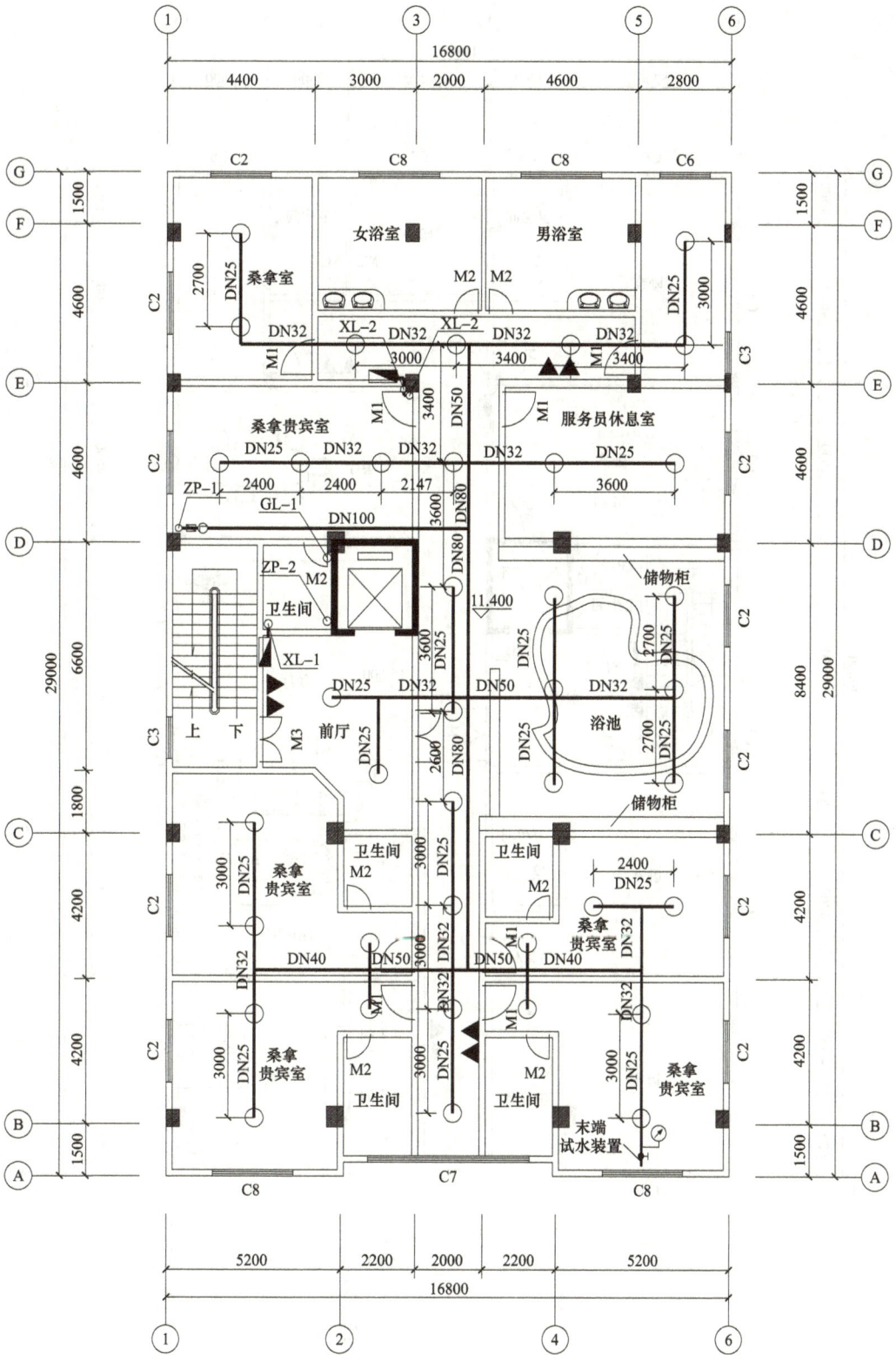

图 6-30　四层消防给水平面图

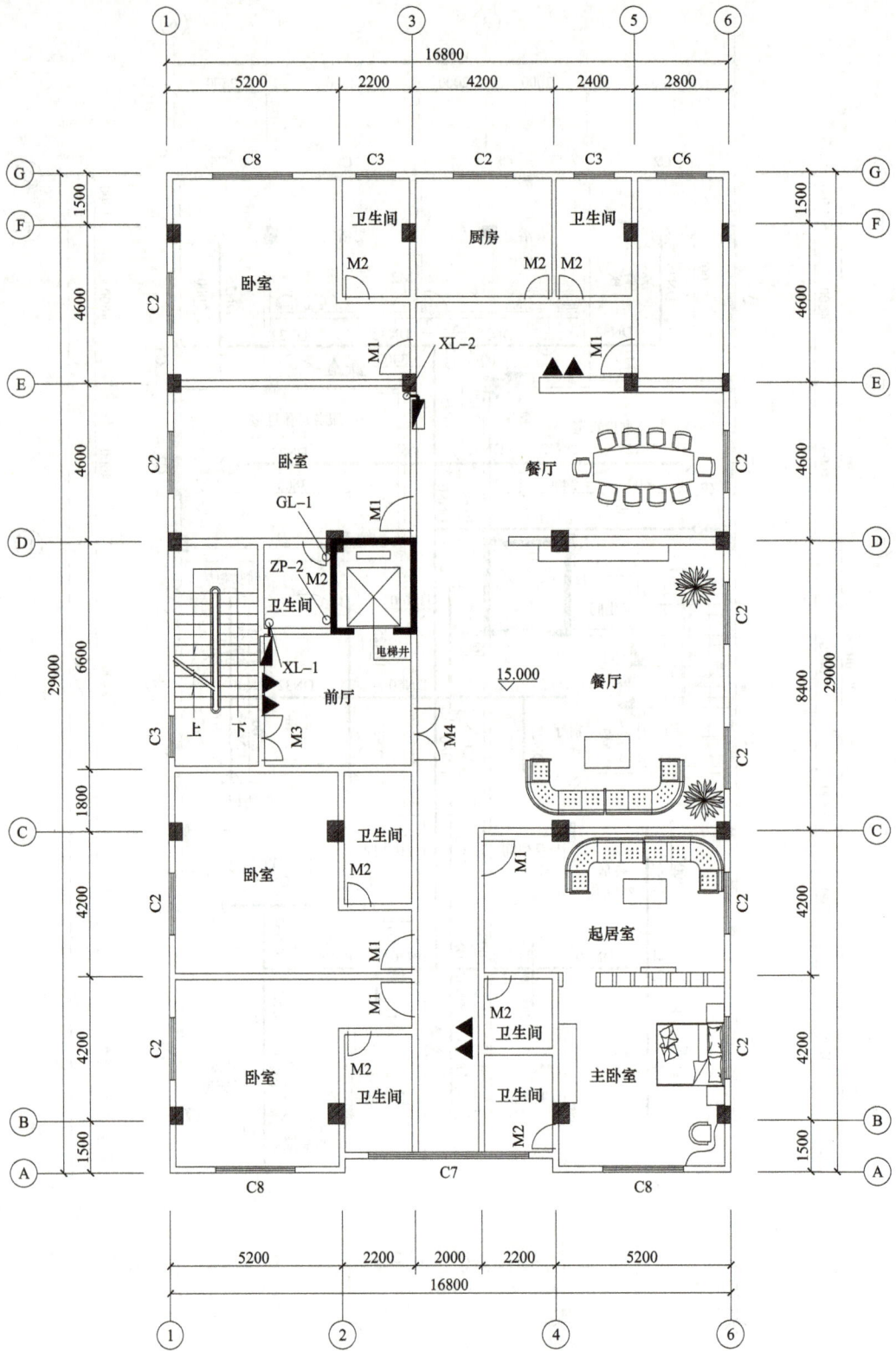

图 6-31 五层消防给水平面图

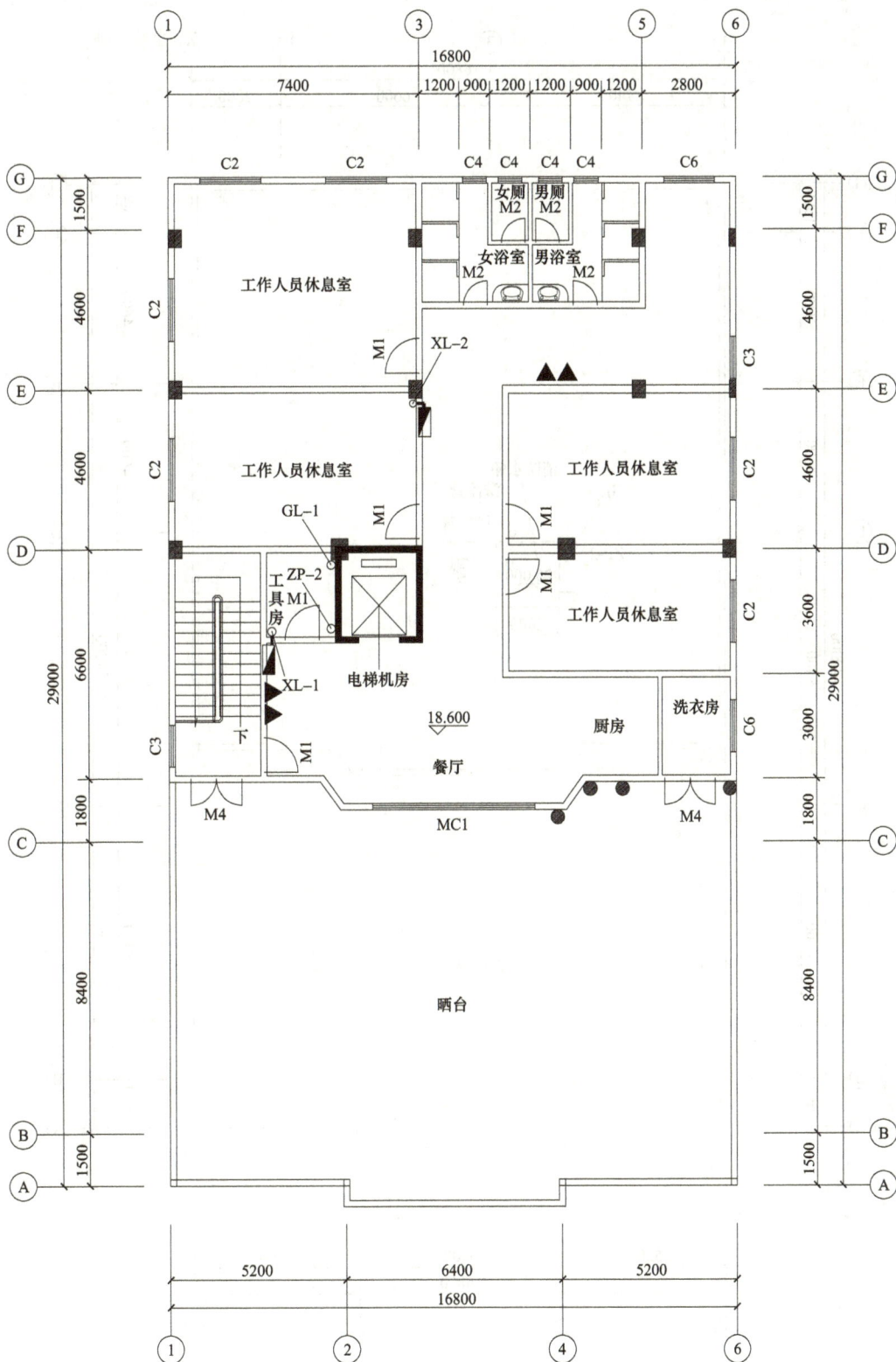

图 6-32　六层消防给水平面图

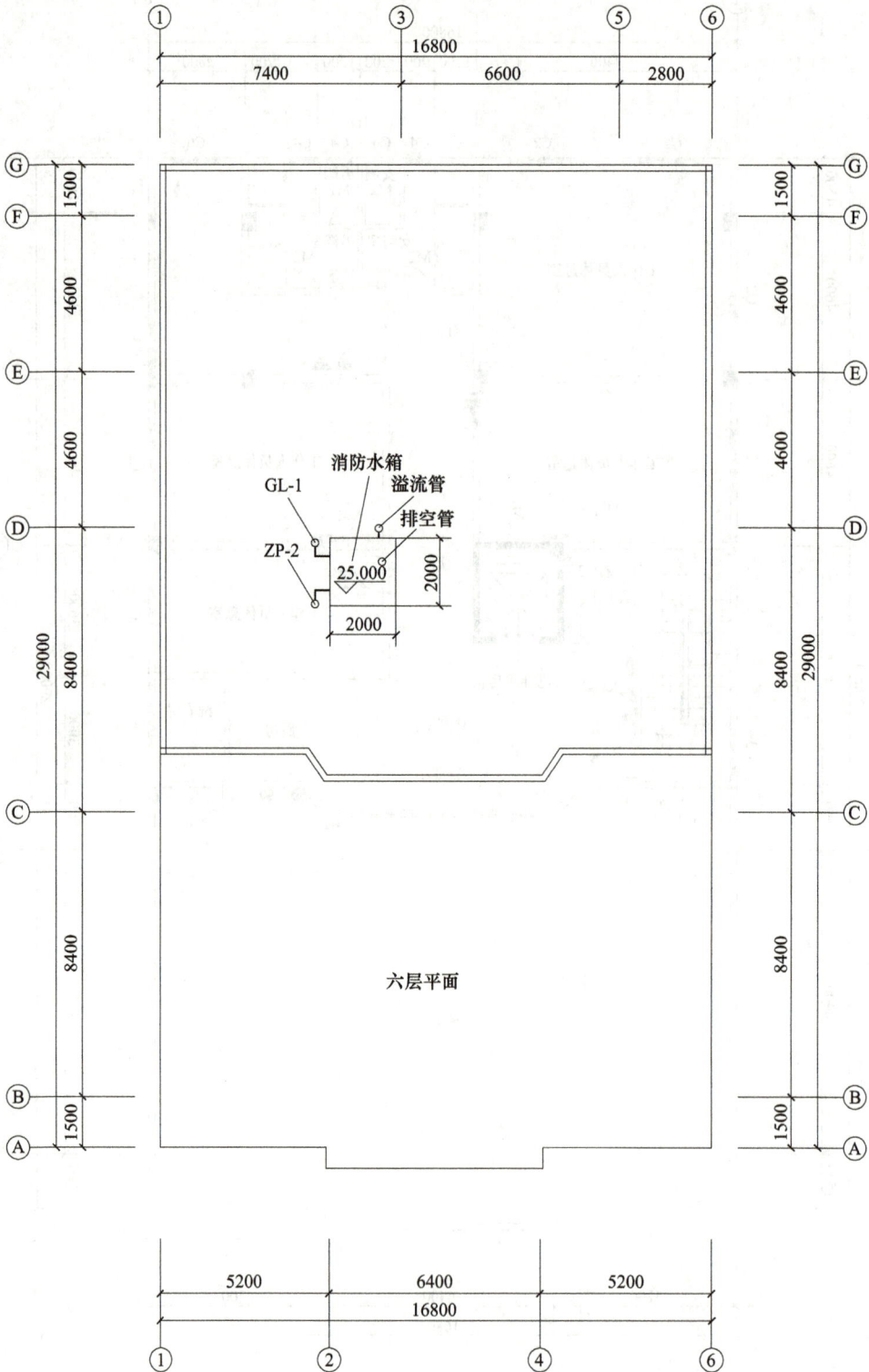

图 6-33　天面层消防给水平面图

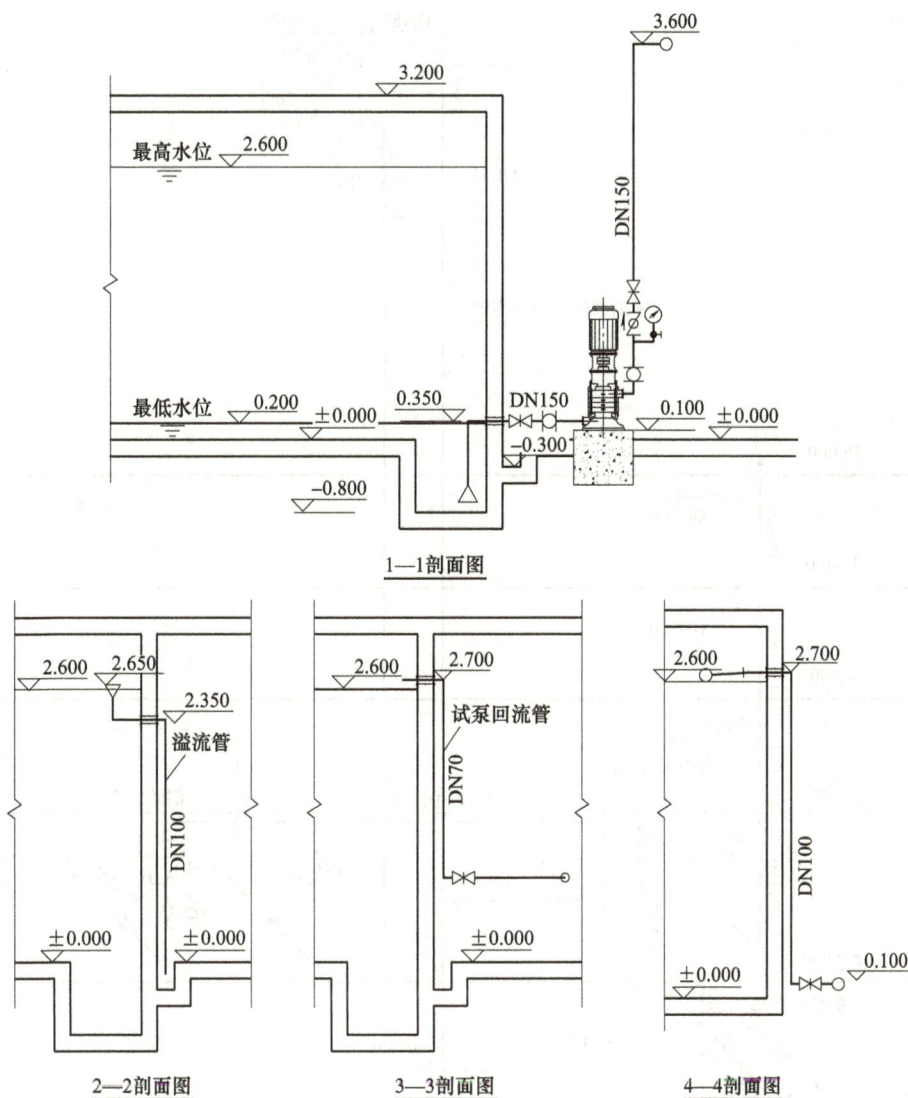

图 6-34 剖面图

9）管道支架的要求：

①金属管道支架按照图集 03S402 采用，水平安装支架间距不得大于表 6-3 中数据。

表 6-3 水平安装支架间距

公称直径/mm		15	20	25	32	40	50	65	80	100	125	150	200	250	300
支架最大间距/m	保温	1.5	2	2	2.5	3	3	4	4	4.5	5	6	7	8	8.5
	不保温	2.5	3	3.5	4	4.5	5	6	6	6.5	7	8	9.5	11	12

②立管管卡安装要求：层高 $H \leqslant 5m$ 时每层设 2 个（包括楼板固定在内），层高 $H > 5m$ 时每层设 3 个（包括楼板固定在内）。

③自动喷水灭火系统配水管的吊架设置应符合图集 89SS175/66 页，管道固定及支架设

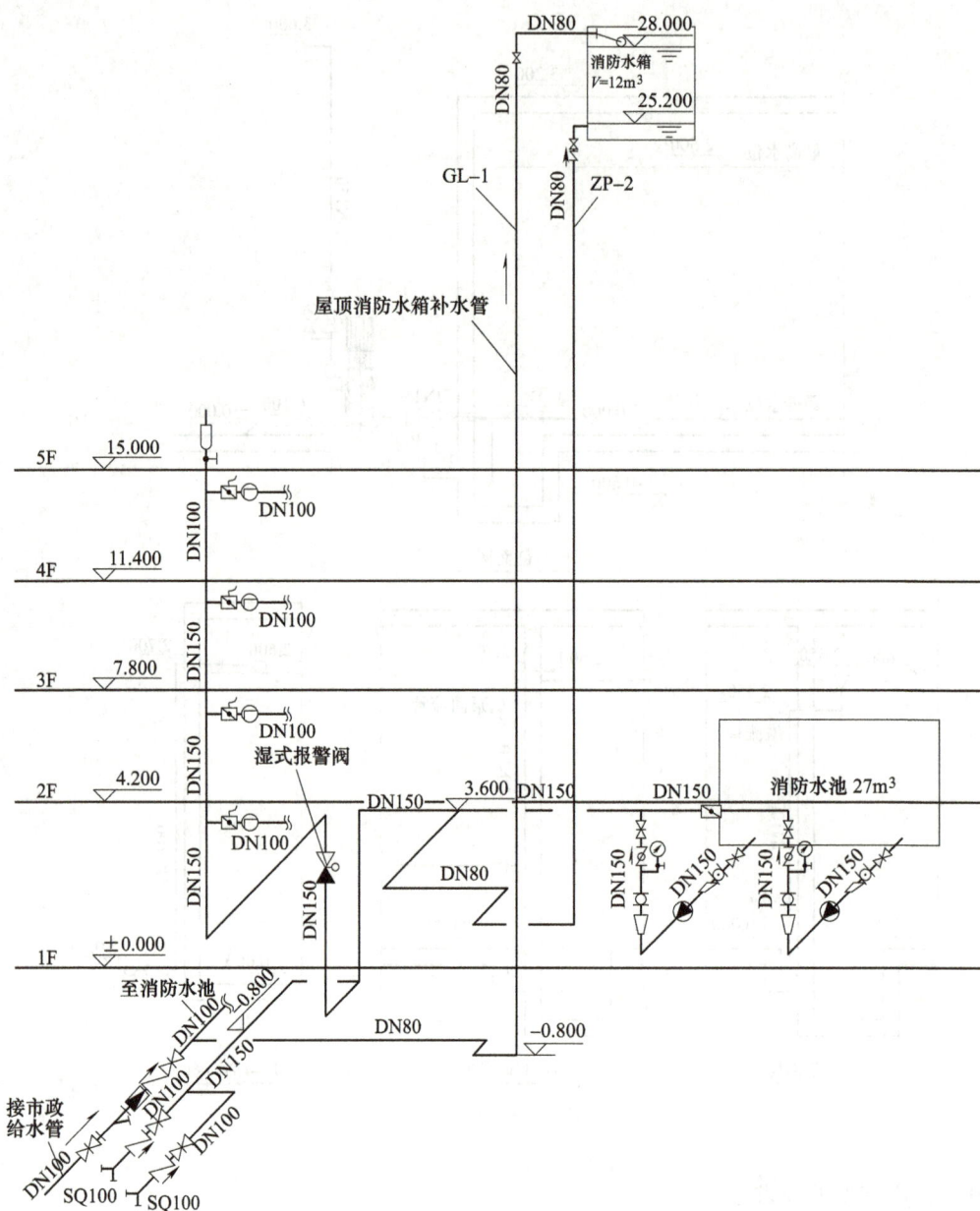

图 6-35 自动喷水系统图

置说明中的规定。

10）钢管外表面防腐：

①室内明装管道：红丹底漆一遍，外刷红色调和漆两遍，每隔 10m 或每层按所属系统书写黄色"消火栓"或"喷淋"字样。

②埋地管道：冷底子油底漆一遍，外刷热沥青三遍，中间包中碱玻璃布两层。

11）管道在穿越楼板及钢筋混凝土墙处应做套管，管道在穿越地下室外墙、卫生间楼地面及屋面处应设防水套管，防水套管安装见图集 02S404。

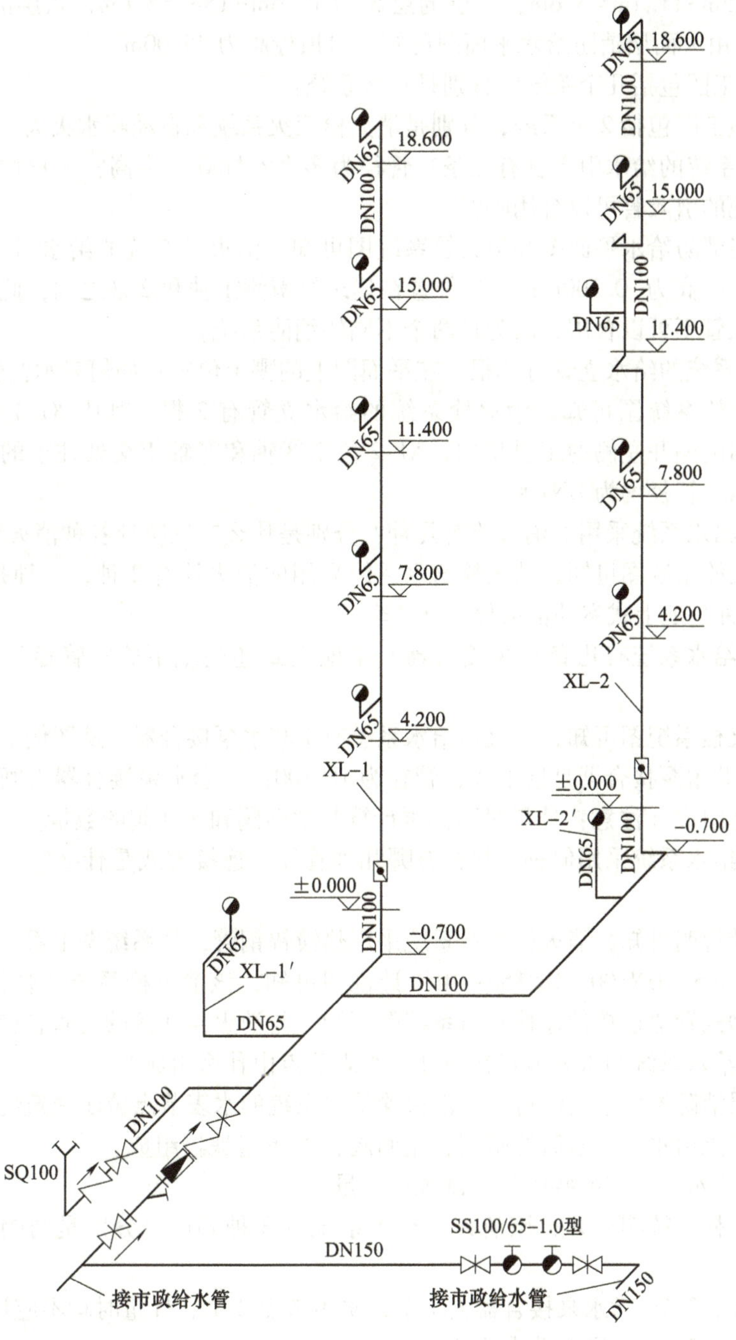

图 6-36 消火栓系统图

6.7.2 施工图解读

1）该综合楼有几层？各层的层高为多少？

答：根据设计说明，结合平面图和系统图可知，该综合楼共有 6 层；从系统图上看，一层的层高为 4.2m，二层的层高为 7.8m－4.2m＝3.6m，三层的层高为 11.4m－7.8m＝3.6m，四层的层高为 15m−11.4m=3.6m，五层的层高为 18.6m−15m=3.6m，六层的层高为 25m−18.6m=6.4m，由天面层消防给水平面图可知，屋顶标高为 25.00m。

2）该套施工图包括几个系统？分别是什么系统？

答：该套施工图包括 2 个系统，分别是消火栓灭火系统和自动喷水灭火系统。

3）消火栓系统的给水引入管有几条？管径为多大？标高为多高？入户位置在哪里？其与自动喷水系统的引入管可以合用吗？

答：由底层消防给水平面图和消火栓系统图可知，消火栓系统的给水引入管只有 1 条，管径为 DN100，标高为−0.700m；入户位置在建筑物南侧①轴和②轴之间；此引入管与自动喷水系统的引入管不可以合用，因为是两个不同的消防系统。

4）消火栓系统的给水立管有几根？在平面图上的哪个位置？如何表示？管径多大？

答：由消火栓系统图可知，消火栓系统的给水立管有 2 根，其中 XL-1 位于平面图上①轴和②轴之间电梯井左侧的工具房内，XL-2 位于③轴和Ⓔ轴相交处柱子的南侧；在平面图上用圆圈表示，管径均为 DN100。

5）消火栓给水系统采用的消火栓有几种？分别是什么？试统计各种消火栓的数量。

答：由消火栓系统图可知，消火栓给水系统采用的消火栓有 2 种，一种是室内消火栓，共 12 套；另一种是地上式室外消火栓，共 2 套。

6）消火栓给水系统有几套水泵接合器？是地上式还是地下式？管径为多大？由什么组成？

答：由消火栓系统图可知，消火栓给水系统有 1 套水泵接合器；从图例上看（也可参考材料表备注），此水泵接合器是地上式，管径为 DN100；一套水泵接合器由闸阀、止回阀和水泵接合器本体组成（注意：计量时不得再计算其中闸阀和止回阀的数量）。

7）消火栓给水系统采用何种管材？有哪几种管径？连接方式是什么？与消火栓连接的支管管径为多大？

答：由设计说明可知，消火栓给水系统采用热镀锌钢管；从系统图上看，消火栓系统共有 3 种管径：DN65、DN100、DN150；由设计说明可知，该消火栓系统的管径 DN≥65mm，所以应采用沟槽式管道连接件连接；由系统图可知，与消火栓连接的支管管径为 DN65。

8）消火栓给水系统的水表节点在何处？水表节点由什么组成？

答：由底层消防给水平面图可知，消火栓给水系统的水表节点位于建筑物南外墙外靠近②轴处；水表节点由水表、前后的闸阀、止回阀和 Y 形过滤器组成。

9）消火栓给水系统有哪些阀门？试统计数量。

答：由消火栓系统图可知，该消火栓给水系统有 3 种阀门，分别是闸阀、蝶阀、止回阀。数量为：

闸阀 DN100：3 个 （水泵接合器上 1 个，水表节点 2 个，计量时均不应计）

闸阀 DN150：2 个 （室外消火栓处）

蝶阀 DN100：2 个 （2 根立管底部）

止回阀 DN100：2 个 （水泵接合器上 1 个，水表节点处 1 个，计量时均不应计）

10）消防给水立管 XL-2 为什么要在 4 层移位？是如何实现的？

答：从消火栓系统图上看，XL-2 在 4 层处有位移，对照三、四层平面图可知，三层平面图上 XL-2 位于③轴和Ⓔ轴相交处柱子的南侧，而在四层同一位置有一道门，所以必须使XL-2 移位避让；具体实现方法是：在三层顶部将 XL-2 由③轴和Ⓔ轴相交处柱子的南侧移至柱子的西侧，避让四层的门，在四层顶部再由柱子的西侧回到柱子的南侧位置。

11）该消火栓给水系统采用哪种给水方式？此种给水方式适用于哪种情况？描述灭火供水方式。

答：该消火栓给水系统采用直接给水方式，此种方式适用于外网水量和水压均能满足系统要求的情况。发生火灾时，消火栓用水由室外市政管网直接供给，若水量不能满足要求，可由消防车从水泵接合器向系统供水。

12）消火栓系统引入管穿墙入户需设多大的套管？若外墙为 37 墙，内外抹灰厚度均为 2cm，则套管长度应为多少？

答：消火栓系统的给水引入管穿墙入户需设 DN125 的套管（引入管为 DN100，套管大 1 号），若外墙为 37 墙，内外抹灰厚度均为 2cm，则套管长度应为 0.37m+0.02m×2=0.41m。

13）消防给水立管上哪些地方要设套管？应该设哪种套管？套管的管径为多大？若楼板装修好之后总厚度为 20cm，则单个套管的长度为多少？

答：消防给水立管上穿楼板的地方要设套管，应该设钢套管，套管的管径应为 DN125；对于一层的两个立支管 XL-1′和 XL-2′，穿一层楼板处应设 DN100 钢套管（管径为 DN65，套管大 2 号）；若楼板装修好之后总厚度为 20cm，则单个套管的长度在普通房间为 22cm，在卫生间、淋浴间等有积水房间为 25cm。

14）给水立管 XL-1 的高度为多少？消火栓的安装高度为距地多高？

答：由消火栓系统图可知，给水立管 XL-1 的高度为 18.6m+1.1m−(−0.7m)=20.4m；由施工工艺可知，消火栓的安装高度为距地 1.1m。

15）消火栓在系统图和平面图上的表示方法一样吗？若不一样，图例分别是什么？

答：消火栓在系统图和平面图上的表示方法不同，分别是 和 。

16）消火栓管道是否被要求采取防腐措施？采取何种措施？

答：由设计说明第 10）条可知，消火栓管道要有防腐措施，室内明装管道为红丹底漆一道，红色调和漆两道，埋地管道为冷底子漆一道，外设二布三油。

17）该建筑采用哪种自动喷水灭火系统？有何主要优点和缺点？与其互补的系统是哪种系统？

答：该建筑采用的是湿式自动喷水灭火系统，此种系统的主要优点是灭火及时，缺点是管网中始终充满有压水，只能用于 4℃ 以上 70℃ 以下的场所，另外容易漏水弄脏吊顶；与其互补的系统是干式自动喷水灭火系统。

18）该喷水灭火系统的消防水池设在哪个位置？消防水箱设在哪个位置？描述该系统的灭火过程。

答：由底层消防给水平面图、天面层消防给水平面图及自动喷水系统图可知：消防水池位于一层①轴、③轴之间及Ｅ轴、Ｆ轴之间，消防水箱位于屋顶；由系统图可知，发生火灾时自动喷水灭火系统启动，首先用消防水箱的水灭火，然后用消防水池的水灭火，最后还可以通过 2 台水泵接合器向系统供水灭火。

19）该自动喷水灭火系统的水泵房设在哪个位置？有几台水泵？水泵的进水管和出水管上分别接有哪些附件和仪表？

答：由底层消防给水平面图和自动喷水系统图可知，水泵房设在一层消防水池的南侧，共有 2 台水泵；从系统图上看，水泵的进水管安装有闸阀、可曲挠橡胶接头，水泵的出水管安装有闸阀、止回阀、压力表和可曲挠橡胶接头。

20）消防水池的容量是多大？各种进出水池的管道穿水池壁时应设置哪种套管？

答：由底层消防给水平面图和自动喷水系统图可知，消防水池的容量为 $27m^3$，各种进出水池的管道穿水池壁时应设置柔性防水套管。

21）与消防水池相连的管道有几条？分别是什么管？

答：由底层消防给水平面图和水泵房剖面图可知，与消防水池相连的管道共有 7 条，分别是：进水管 1 条，排空管 1 条，溢流管 1 条，水泵吸水管 2 条，试泵回流管 2 条。

22）与消防水箱相连的管道有几条？分别是什么管？

答：由天面层消防给水平面图可知，与消防水箱相连的管道一共有 4 条，分别是：进水管 1 条，出水管 1 条，溢流管 1 条，排空管 1 条。

23）该自动喷水灭火系统有几根立管？如何编号？管径为多大？

答：由自动喷水系统图及底层消防给水平面图可知，该自动喷水灭火系统有 2 根立管，编号为 ZP-1、ZP-2；ZP-1 的管径有 DN150 和 DN100 两种，ZP-2 的管径为 DN80。

24）立管 ZP-1 应从何处起至何处止？计算立管 ZP-2 的长度。

答：从自动喷水系统图上看，立管 ZP-1 应从一层标高为 3.600m 处起，至五层立管顶部的自动排气阀止；立管 ZP-2 的长度为 (25.2−3.6)m＝21.6m。

25）湿式报警阀安装在哪个位置？其安装高度为多高？

答：由底层消防给水平面图和自动喷水系统图可知，湿式报警阀安装在 ZP-1 北侧的立管上；由施工工艺知，其安装高度为距地 1.2m。

26）该自动喷水灭火系统有几条引入管？管径为多大？标高为多高？入户位置在哪里？

答：从底层消防给水平面图上看，该自动喷水灭火系统有 3 条引入管，一条管径为 DN100，标高为−0.800m，入户位置在建筑物西侧Ⓔ轴、Ⓕ轴之间；另一条管径为 DN150，标高为−0.800m，入户位置在建筑物西侧Ⓓ轴、Ⓔ轴之间靠近Ⓔ轴处；还有一条管径为 DN80，标高为−0.800m，入户位置在建筑物西侧Ⓓ轴、Ⓔ轴之间靠近Ⓓ轴处。

27）自动喷水灭火系统的引入管为哪些设备供水？

答：从自动喷水系统图上看，自动喷水灭火系统的 3 条引入管各有任务，DN00 引入管为消防水池供水，DN150 引入管直接接入自动喷水灭火系统，DN80 引入管为消防水箱供水。

28）与自动喷水灭火系统相连的水泵接合器有几套？在平面图上哪个位置？如何保证系统的水不从水泵接合器流出？

答：由底层消防给水平面图和自动喷水系统图可知，与自动喷水灭火系统相连的水泵接合器共有 2 套，在平面图上建筑物的西南侧靠近①轴处。水泵接合器上安装有止回阀可保证系统的水不从水泵接合器流出。

29）自动喷水灭火系统共有几层？采用何种管材？共有几种管径？各自的连接方法是什么？

答：由自动喷水系统图可知，该系统共有 4 层；由设计说明知，该系统采用的管材为热镀锌钢管；由各层平面图可知，共有 DN25、DN32、DN40、DN50、DN65、DN80、DN100、DN150 等八种管径；由设计说明知，DN≥65mm 时采用沟槽式管道连接件连接，DN<65mm 时采用螺纹连接。

30）各层自动喷水灭火系统的报警装置是什么？控制装置是什么？

答：由各层平面图可知，各层自动喷水灭火系统的报警装置是水流指示器，控制装置是信号蝶阀。

31）该自动喷水灭火系统采用何种喷头？工作原理是什么？试验压力是多大？

答：该自动喷水灭火系统采用闭式喷头；其工作原理是：喷口用由热敏元件组成的释放机构封闭，当发生火灾时，喷口能够自动开启（如玻璃球爆炸、易熔合金脱离）喷水灭火。由施工工艺可知，喷头的试验压力为 3MPa。

32）从平面图上可以看出，与喷头相连的管径为多大？

答：可以看出，与喷头相连的管径均为 DN25。

33）一层平面图上Ⓑ轴和Ⓒ轴之间、①轴和②轴之间的 DN40 喷淋管与 DN100 消防管采用断桥法绘制，是什么意思？

答：此处用断桥法绘制，表明两根管不在同一标高，DN40 喷淋管为实线，说明其标高要高于 DN100 消防管。

34）该自动喷水灭火系统有几套末端试水装置？有何作用？

答：从各层平面图上看，每层自动喷水灭火系统的末端有 1 套末端试水装置（末端泄水装置作用同末端试水装置），该自动喷水灭火系统共有 4 套末端试水装置，用于每层自动喷水灭火系统的调试运行。

35）该自动喷水灭火系统有几条管道穿外墙？应设置何种套管？

答：由底层消防给水平面图可知，该自动喷水灭火系统共有 3 条引入管穿外墙，需设置刚性防水套管。

36）统计一层喷淋的喷头数量。

答：由底层消防给水平面图可知，一层喷头的数量为 34 个。

37）统计四层喷淋的喷头数量。

答：由四层消防给水平面图可知，四层喷头的数量为 39 个。

38）计价时水泵房的管道属于什么管道？与 GL-1 相连的 DN80 管道和与 ZP-2 相连的 DN80 管道在一层施工时有无困难？

答：计价时水泵房的管道属于工艺管道；由底层消防给水平面图与自动喷水系统图可知，与 GL-1 相连的 DN80 管道和与 ZP-2 相连的 DN80 管道在一层施工时无困难，因为虽然两管在平面图上有交叉，但其标高不同。

思考题

1. 简述消防给水的水压体制及其优缺点。
2. 简述室内消火栓的设置要求。
3. 简述消防水箱的设置要求。
4. 简述自动喷水灭火系统的设置要求及形式。
5. 简述干粉灭火系统、气体灭火系统及泡沫灭火系统的特点。
6. 什么是消防水泵接合器？其作用是什么？
7. 室内消火栓给水系统由哪几部分组成？
8. 什么是充实水柱？

二维码形式客观题

微信扫描二维码可在线做题，提交后可查看答案。

第 6 章
客观题

第7章
供暖系统

7

● 本章重点内容

熟悉供暖系统的分类和组成；熟悉热水供暖系统的分类和形式；了解蒸汽供暖系统的分类和蒸汽供暖与热水供暖系统的区别；了解热风供暖系统和辐射供暖系统的相关内容；掌握供暖工程常用设备、材料；了解室内供暖管道的安装；掌握供暖工程施工图的识读。

● 本章学习目标

通过本章的学习，旨在让学生扎实掌握供暖工程的理论知识，同时鼓励学生在日常生活中做到节能减排、文明健康、绿色低碳，帮助学生树立碳中和、碳达峰的新时代理念以及节能降耗意识。

7.1 供暖系统概述

7.1.1 供暖系统的分类

1. 按热媒种类分类

1）热水供暖系统：以热水为热媒的供暖系统，主要应用于民用建筑。

2）蒸汽供暖系统：以水蒸气为热媒的供暖系统，主要应用于工业建筑。

3）热风供暖系统：以热空气为热媒的供暖系统，如暖风机、热空气幕等，主要应用于大空间供暖。

2. 按设备相对位置分类

1）局部供暖系统：热源、供热管道、散热器三部分在构造上合在一起的供暖系统，如火炉供暖、简易散热器供暖、煤气供暖和电热供暖。

2）集中供暖系统：热源和散热设备分别设置，用供热管道相连接，由热源向各个房间或建筑物供给热量的供暖系统。

3）区域供暖系统：以区域性锅炉房作为热源，供一个区域的许多建筑物采暖的供暖系统。这种供暖系统的作用范围大、节能，可显著减少城市污染，是城市供暖的发展方向。

3. 按供暖的时间不同分类

1）连续供暖系统：适用于全天使用的建筑物，使采暖房间的室内温度全天均能达到设计温度的供暖系统。

2）间歇供暖系统：适用于非全天使用的建筑物，使采暖房间的室内温度在使用时间内达到设计温度，而在非使用时间内可以自然降温的供暖系统。

3）值班供暖系统：在非工作时间或中断使用的时间内，使建筑物保持最低室温要求（以免冻结）所设置的供暖系统。

7.1.2 供暖系统的组成

供暖系统由热源、热循环系统、散热设备和其他辅助装置组成，如图7-1所示。

1. 热源

热源用于产生热量，是供暖系统中供应热量的来源。常用的热源设备主要有锅炉和换热器。

1）锅炉：供暖系统中把燃料燃烧时所放出的热能，经过热传递使水（热媒）变成蒸汽（或热水）。

2）换热器：供暖系统中通过两种温度不同的热媒之间的热交换向系统间接提供热能。常见的换热器有汽-水换热器和水-水换热器两种。

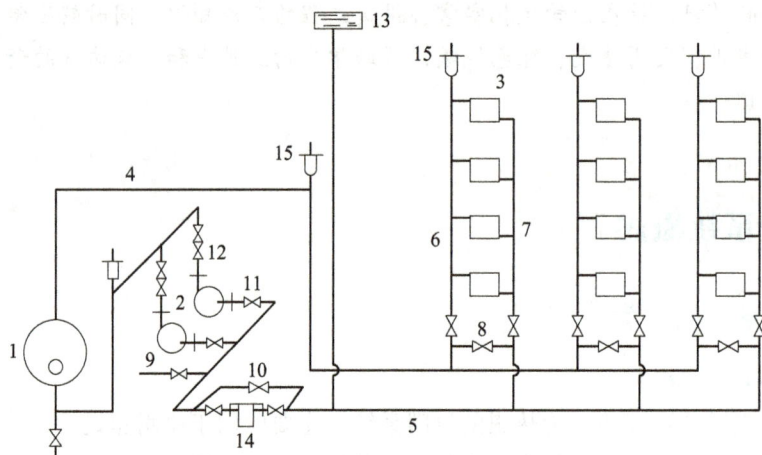

图7-1 机械循环热水供暖系统工作原理图

1—锅炉 2—水泵 3—散热器 4—供水干管 5—回水干管 6—用户供水管
7—用户回水管 8—循环管 9—给水管 10—泄水管 11—闸阀 12—止回阀
13—膨胀水箱 14—除污器 15—自动排气装置

2. 热循环系统

热循环系统是指用于进行热量输送的管道及设备，是热量传递的通道。热源到热用户散热设备之间的连接管道称为供热管，经散热设备散热后返回热源的管道称为回水管。水泵是供暖系统的主要循环动力设备。

3. 散热设备

散热设备是指用于将热量传递到室内的设备，是供暖系统中的负荷设备。如各种散热器、辐射板和暖风机等。热水（或蒸汽）流过散热器，通过它将热量传递给室内空气，从而达到向房间供暖的目的。

4. 其他辅助设备

为使供暖系统能正常工作，还需设置一些必需的辅助设备，如膨胀水箱、补水装置、排气装置、除污器等。

7.2　热水供暖系统

7.2.1　热水供暖系统的分类

热水供暖系统是以热水为热媒，把热量带给散热设备的供暖系统。

1. 按热媒温度的不同分类

1）低温热水供暖系统：供水温度为 95℃，回水温度为 70℃

2）高温热水供暖系统：供水温度多采用 130℃，回水温度为 80℃。

2. 按系统循环动力分类

（1）自然（重力）循环热水供暖系统　系统依靠供回水的密度差产生的重度差为循环动力，推动热水在系统中进行循环流动的供暖系统。其工作原理如图 7-2 所示。在系统工作之前，先将系统中充满冷水。水在锅炉内被加热后，密度减小向上流动，同时从散热器流回来的回水温度较低，密度较大，向下流动，从而使热水沿着供水干管上升，流入散热器；在散热器内水被冷却，再沿回水干管流回锅炉，形成一个循环。重力循环热水供暖系统维护管理简单，不需要消耗电能。但由于其作用压力小、管中水流速度不大，所以管径相对大一些，作用范围也受到限制。自然循环热水供暖系统通常只能在单幢建筑物中使用，作用半径不宜超过 50m。

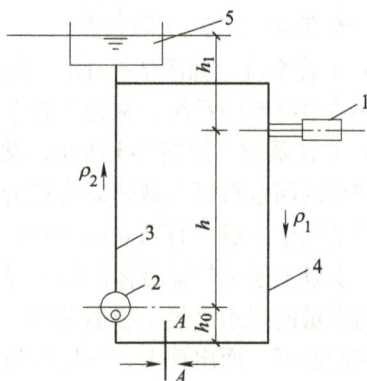

图 7-2　自然循环热水供暖系统工作原理图
1—散热设备　2—热水锅炉　3—供水管路
4—回水管路　5—膨胀水箱
ρ_1—回水密度　ρ_2—供水密度　h_0—锅炉中心高度
h—散热器中心至锅炉中心高度
h_1—膨胀水箱水位至散热器中心高度

（2）机械循环热水供暖系统　如图 7-3 所示，系统依靠水泵提供的动力使热水循环流动的供暖系统。自然循环热水供暖系统由于作用压力小，管中水流动速度不大，作用半径受到限制。如果系统作用半径较大，自然循环往往难以满足系统的工作要求。这时，应采用机械循环热水供暖系统。

机械循环热水供暖系统与自然循环热水供暖系统的主要区别：

1）在系统中设置了循环水泵，作为循环动力。

2）系统中设置了专门排气装置。

3）干管坡度坡向主立管。

4）膨胀水箱不是接在供水干管上，而是接在回水干管上。

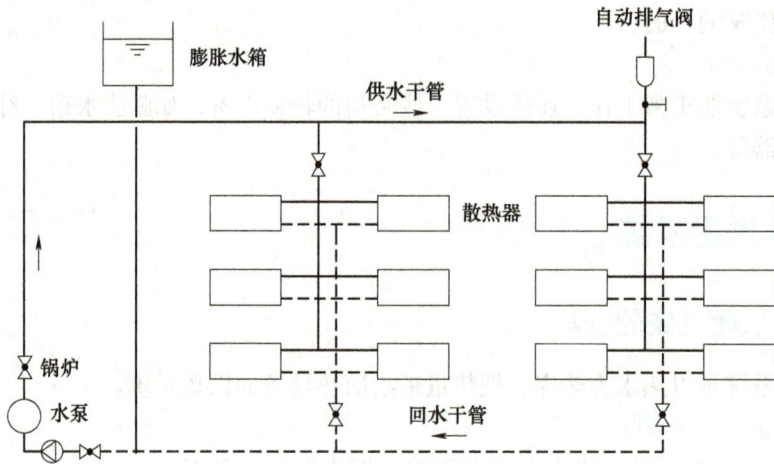

图 7-3　机械循环热水供暖（上供下回式双管）系统

3. 按供回水方式的不同分类

（1）单管系统　如图 7-4 所示。热水经立管或水平供水管顺序流过多组散热器，并顺序在各散热器中冷却的系统，称为单管系统。

（2）双管系统　如图 7-5 所示。热水经供水立管或水平供水管平行地分配给多组散热器，冷却后的回水自每个散热器直接沿回水立管或水平回水管流回热源的系统，称为双管系统。双管系统中一般设有独立的供水立管和独立的回水立管，由于循环水在上层和下层的密度不同，所以上层散热器流体的压力降比下层散热器的压力降大，导致大量的热水流经上层散热器而少量的热水流经下层散热器。在供暖建筑物内，同一竖向的各层房间的室温不符合设计要求的温度，而出现上、下层冷热不匀的现象，通常称作系统垂直失调。由此可见，双管系统的垂直失调，是由于通过各层的循环作用压力不同而出现的；而且楼层数越多，上下层的作用压差值越大，垂直失调就会越严重。

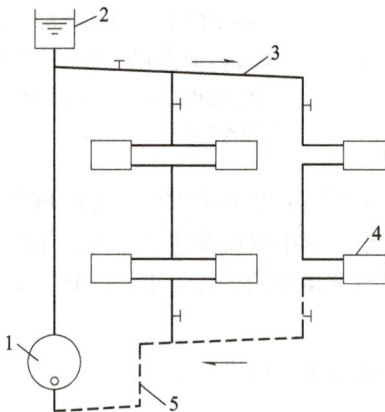

图 7-4　单管系统

1—锅炉　2—膨胀水箱　3—供水干管
4—散热器　5—回水干管

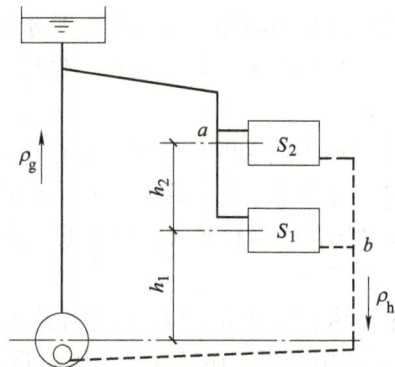

图 7-5　双管系统

ρ_h—回水密度　ρ_g—供水密度
h_1—1 层散热器中心距锅炉中心高度
h_2—2 层散热器中心距锅炉中心高度

4. 按各个立管的循环环路总长度不同分类

（1）同程式系统 如图 7-6 所示。特点是增加了回水管长度，使得各个立管循环环路的管长相等，因而环路间的压力损失易于平衡，热量分配易于达到设计要求。只是管材用量加大，地沟加深。系统环路较多、管道较长时，常采用同程式系统布置。

（2）异程式系统 如图 7-7 所示。系统总立管与各个分立管构成的循环环路的总长度不相等，这种布置叫作异程式系统。异程式系统最远环路同最近环路之间的压力损失相差很大，压力不易平衡，使得靠近总立管附近的分立管供水量过剩，而系统末端立管供水不足，供热量达不到要求。这种冷热不均的现象叫作系统的水平失调。

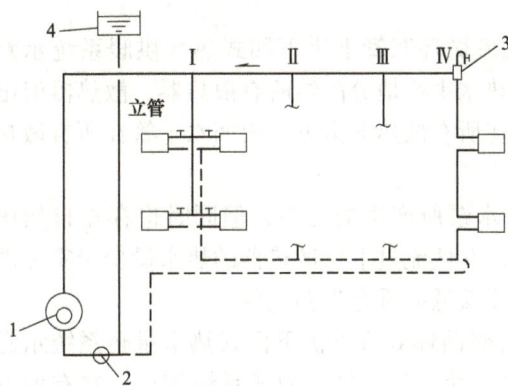

图 7-6 同程式系统　　　　　　　图 7-7 异程式系统

1—锅炉　2—水泵　3—立式集气罐　4—膨胀水箱

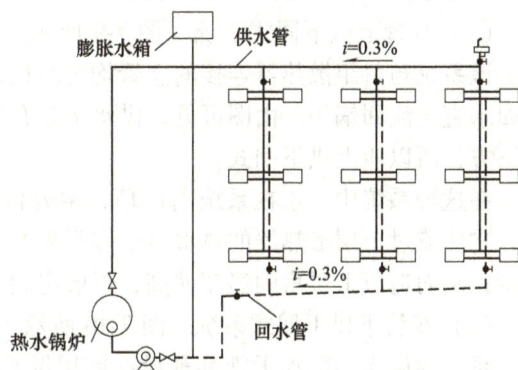

7.2.2 热水供暖系统的形式

1. 自然循环热水供暖系统的形式

（1）双管上供下回式 如图 7-8 左侧所示为双管上供下回式系统。双管上供下回式系统的特点：

1）供水和回水立管分别设置。

2）系统的供水干管必须有向膨胀水箱方向上升的坡度，其坡度宜采用 0.005～0.01；散热器支管的坡度一般取 0.01。

3）回水干管应有沿水流向锅炉方向下降的坡度。

4）易发生垂直失调（上层房间温度偏高，下层房间温度偏低）。

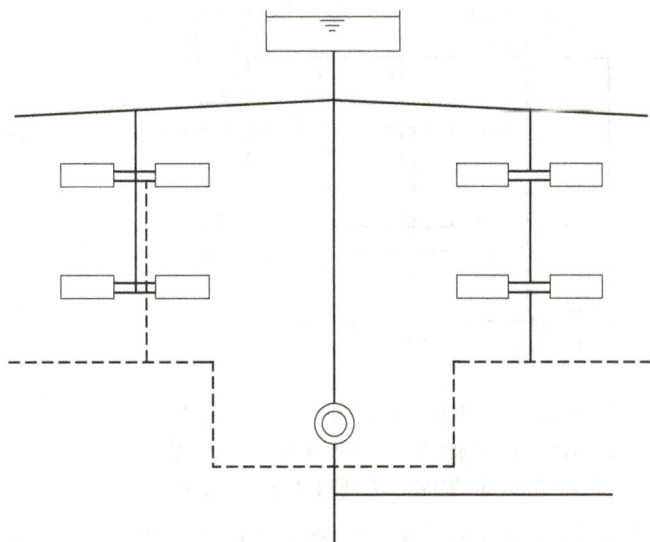

图 7-8 自然循环上供下回式热水供暖系统

（2）单管上供下回式　如图7-8右侧所示为单管上供下回式系统。单管上供下回式系统的特点：

1）供水和回水立管为同一根立管。

2）系统简单，造价低。

3）上下层房间的温度差异较小，不会产生垂直失调。

4）顺流式单管系统不能进行个体调节。

与双管系统相比，单管系统的优点是系统简单，节省管材，造价低，安装方便，上下层房间的温度差异较小，不会产生垂直失调；其缺点是顺流式单管系统不能进行个体调节。

2. 机械循环热水供暖系统的形式

（1）双管上供下回式系统　图7-9所示为机械循环双管上供下回式热水供暖系统示意图。该系统与每组散热器连接的立管均为两根，热水平行地分配给所有散热器，散热器流出的回水直接流回锅炉。由图可见，供水干管布置在所有散热器上方，而回水干管在所有散热器下方，所以叫上供下回式。

在这种系统中，水在系统内循环，主要依靠水泵所产生的压头，但同时也存在自然压头，它使流过上层散热器的热水多于实际需要量，并使流过下层散热器的热水量少于实际需要量；从而造成上层房间温度偏高，下层房间温度偏低的垂直失调现象。

（2）双管下供下回式系统　图7-10所示为机械循环双管下供下回式热水供暖系统示意图。系统的供水和回水干管都敷设在底层散热器下面，与上供下回式系统相比，它有如下特点：

1）在地下室布置供水干管，管路直接散热给地下室，无效热损失小。

2）在施工中，每安装好一层散热器即可供暖，给冬期施工带来很大方便，避免为了冬期施工的需要，特别装置临时供暖设备。

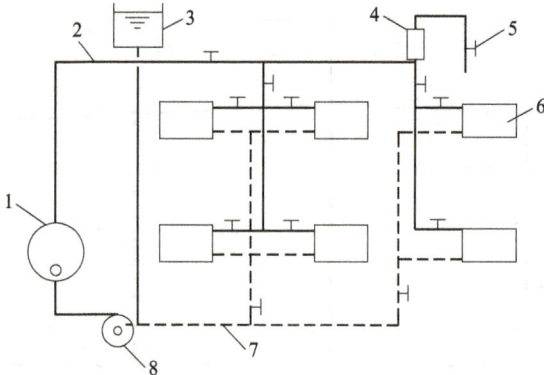

3）排除空气比较困难。

图 7-9　机械循环双管上供下回式热水供暖系统
1—锅炉　2—供水干管　3—膨胀水箱　4—集气罐
5—放气阀　6—散热器　7—回水干管　8—水泵

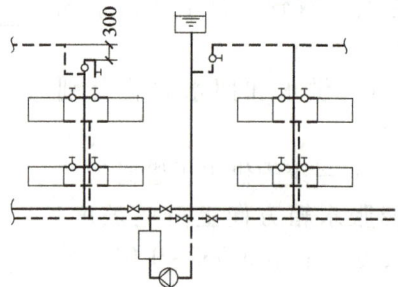

图 7-10　机械循环双管下供下回式热水供暖系统

（3）中供式系统　图7-11所示为机械循环中供式热水供暖系统示意图。

从系统总立管引出的水平供水干管敷设在系统的中部，下部系统为上供下回式，上部系统可采用下供下回式，也可采用上供下回式。中供式系统可用于既有建筑物加建楼层或上部建筑面积小于下部建筑面积的场合。

（4）下供上回式（倒流式）系统　图 7-12 所示为机械循环下供上回式热水供暖系统示意图。

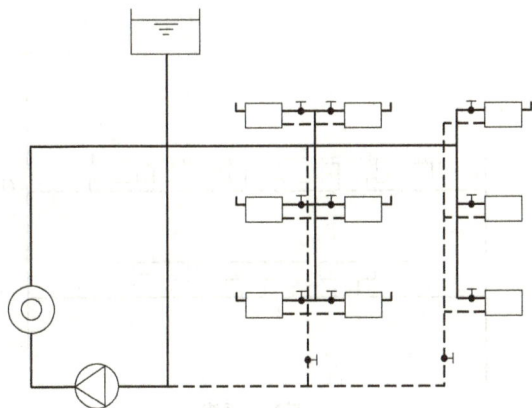

图 7-11　机械循环中供式热水供暖系统

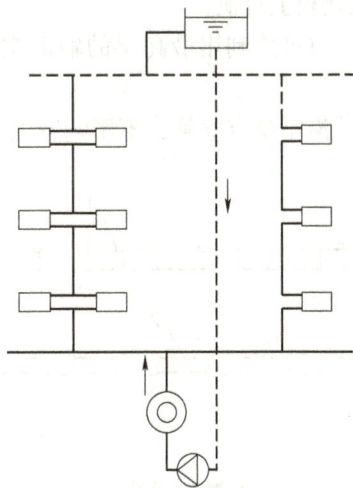

图 7-12　机械循环下供上回式
（倒流式）热水供暖系统

该系统的供水干管设在所有散热器设备的上面，回水干管设在所有散热器下面，膨胀水箱连接在回水干管上。回水经膨胀水箱流回锅炉房，再被循环水泵送入锅炉，倒流式系统具有如下特点：

1）水在系统内的流动方向是自下而上流动，与空气流动方向一致，可通过顺流式膨胀水箱排除空气，无须设置集中排气罐等排气装置。

2）对热损失大的底层房间，由于底层供水温度高，底层散热器的面积减小，便于布置。

3）当采用高温水供暖系统时，由于供水干管设在底层，这样可降低防止高温水汽化所需的水箱标高，减少布置高架水箱的困难。

4）供水干管在下部，回水干管在上部，无效热损失小。

这种系统的缺点是散热器的表面传热系数比上供下回式低，散热器的平均温度几乎等于散热器的出口温度，这样就增加了散热器的面积。但用于高温水供暖时，这一特点却有利于满足散热器表面温度不致过高的卫生要求。

（5）水平式系统　水平式系统按供水与散热器的连接方式可分为顺流式和跨越式两类，如图 7-13a、b 所示。

跨越式的连接方式可以有图 7-13b 中（1）、（2）两种。第 2 种连接方式虽然稍费一些支管，但增大了散热器的传热系数。由于跨越式系统可以在散热器上进行局部调节，它可以用于需要局部调节的建筑物中。

水平式系统排气比垂直式系统要麻烦，通常采用排气管集中排气。水平式系统的总造价要比垂直式系统少很多，但对于较大系统，由于有较多的散热器处于低水温区，尾端的散热器面积可能较垂直式系统的要多些。但它与垂直式（单管和双管）系统相比，还有以下优点：

1）系统的总造价一般要比垂直式系统低。

2）管路简单，便于快速施工。除了供、回水总立管外，无穿过各层楼管的立管，因此无须在楼板上打洞。

3）有可能利用最高层的辅助空间架设膨胀水箱，不必在顶棚上专设安装膨胀水箱的房间。

4）沿路没有立管，不影响室内美观。

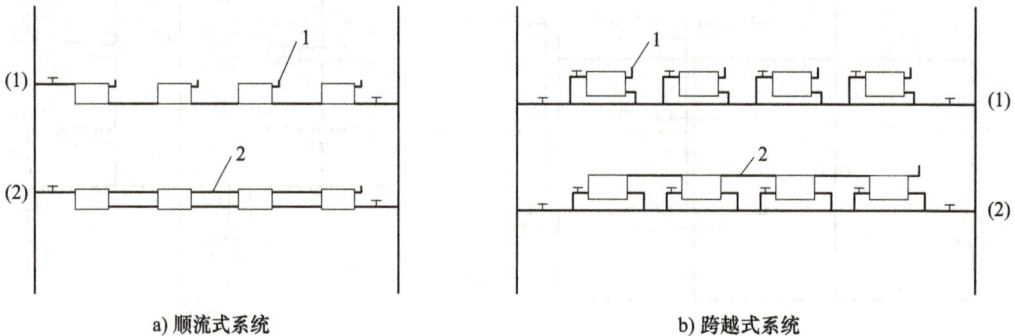

a) 顺流式系统　　　　　　　　b) 跨越式系统

图 7-13　水平式系统
1—放气阀　2—通气管

7.3 蒸汽供暖系统

蒸汽供暖系统是应用蒸汽作为热媒的供暖系统，其工作原理为：水在锅炉中被加热成具有一定压力和温度的蒸汽，蒸汽靠自身压力作用通过管道流入散热器内，在散热器内放出热量后，蒸汽变成凝结水，凝结水靠重力经疏水器（阻汽疏水）后沿凝结水管道返回凝结水箱内，再由凝结水泵送入锅炉重新被加热变成蒸汽。

蒸汽供暖系统按照供汽压力的大小，分为以下三类：

1）供汽的表压力高于 70kPa 时，称为高压蒸汽供暖。

2）供汽的表压力等于或低于 70kPa 时，称为低压蒸汽供暖。

3）当系统中的压力低于大气压力时，称为真空蒸汽供暖。

7.3.1　低压蒸汽供暖系统

1. 低压蒸汽供暖系统按照回水的方式不同分类

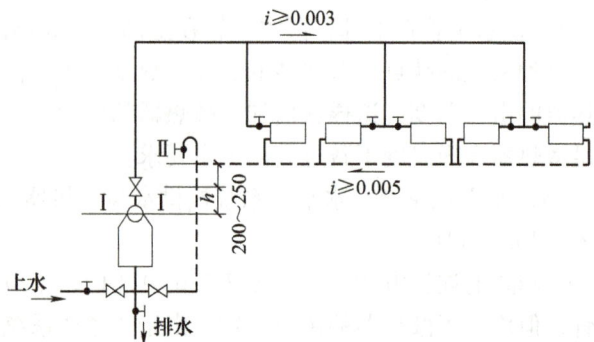

图 7-14　重力回水供暖系统

（1）重力回水供暖系统　如图 7-14 所示。工作原理：锅炉充水至 I—I 平面。锅炉加热后产生的蒸汽，在其自身压力作用下克服流动阻力,沿供汽管道输进散热器内,并将积聚在供汽管道和散热器内的空气驱入凝结水管,最后,经连接在凝结水管末端处排出。蒸汽在散热器内冷凝放热。凝结水靠重力作用沿凝结水管路返回锅炉,重新加热变成蒸汽。

重力回水供暖系统形式简单,无须如机械回水供暖系统那样,需要设置凝结水箱和凝结水泵,运行时不消耗电能,宜在小型系统中采用。但在供暖系统作用半径较大时,要采用较高的蒸汽压力才能将蒸汽输送到最远散热器。

(2)机械回水供暖系统 如图7-15所示。当系统作用半径较大,供汽压力较高(通常供汽表压力高于20kPa)时,一般都采用机械回水供暖系统。

机械回水供暖系统是一个断开式系统,凝结水不直接返回锅炉,而是首先进入凝结水箱,然后再用凝结水泵将凝结水送回锅炉重新被加热。在低压蒸汽

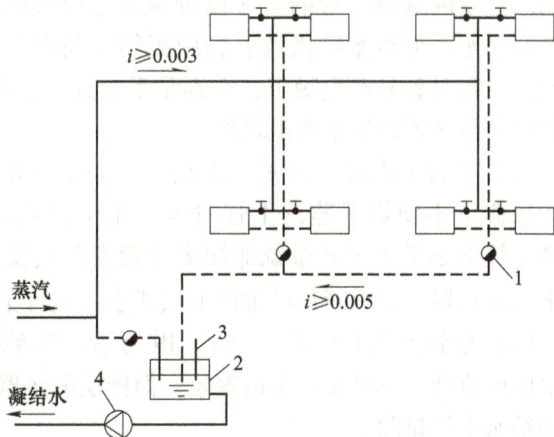

图 7-15 机械回水供暖系统
1—疏水器 2—凝结水箱 3—排气管 4—凝结水泵

供暖系统中,凝结水箱的位置应低于所有散热器和凝结水管。

进凝结水箱的凝结水干管应做顺流向下的坡度,使从散热器流出的凝结水靠重力自流进入凝结水箱。为了系统的空气可经凝结水干管流入凝结水箱,再经凝结水箱上的空气管排入大气,凝结水干管同样应按干式凝结水管设计。为了保持蒸汽的干度,避免沿途凝结水进入供汽立管,供汽立管宜从供水干管的上方或侧上方接出。

2. 低压蒸汽供暖系统按照干管的位置不同分类

(1)双管上供下回式 如图7-16所示。该系统是低压蒸汽供暖系统常用的一种形式。从锅炉产生的低压蒸汽经分汽缸分配到管道系统,蒸汽在自身压力的作用下,克服流动阻力经室外蒸汽管道、室内蒸汽主管、蒸汽干管、立管和散热器支管进入散热器。蒸汽在散热器内放出汽化热变成凝结水,凝结水从散热器流出后,经凝结水支管、立管、干管进入室外凝结水管网流回锅炉房内凝结水箱,再经凝结水泵注入锅炉,重新被加热变成蒸汽后送

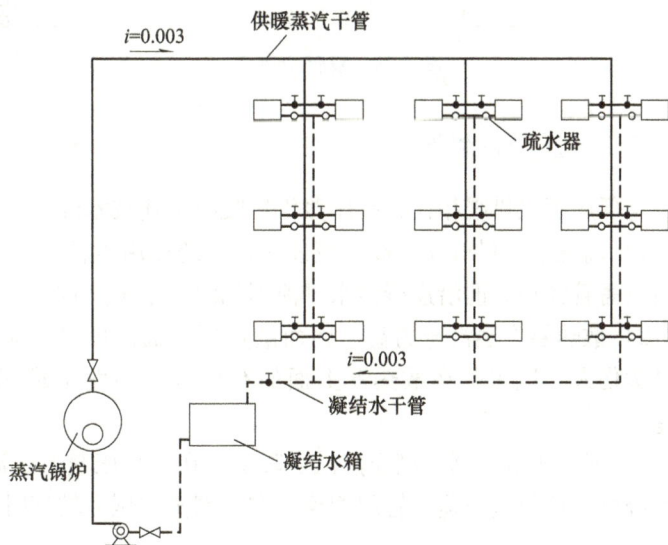

图 7-16 双管上供下回式

入供暖系统。

（2）双管下供下回式　如图 7-17 所示。该系统的
室内蒸汽干管与凝结水干管同时敷设在地下室或特设
地沟。在室内蒸汽干管的末端设置疏水器以排除管内
沿途凝结水，但该系统供汽立管中凝结水与蒸汽逆向
流动，运行时容易产生噪声，特别是系统开始运行时，
因凝结水较多容易发生水击现象。

（3）双管中供式　如图 7-18 所示。如多层建筑顶
层或顶棚下不便设置蒸汽干管时可采用中供式系统，
这种系统不必像下供式系统那样需设置专门的蒸汽干

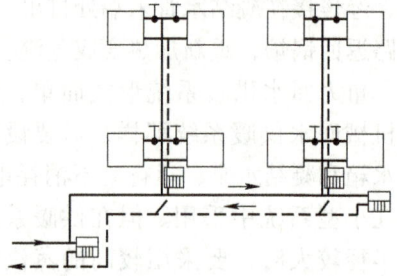

图 7-17　双管下供下回式

管末端疏水器，总立管长度也比上供式小，蒸汽干管的沿途散热也可得到有效的利用。

（4）单管上供下回式　如图 7-19 所示。该系统采用单根立管，可节省管材，蒸汽与凝
结水同向流动，不易发生水击现象，但低层散热器易被凝结水充满，散热器内的空气无法通
过凝结水干管排除。

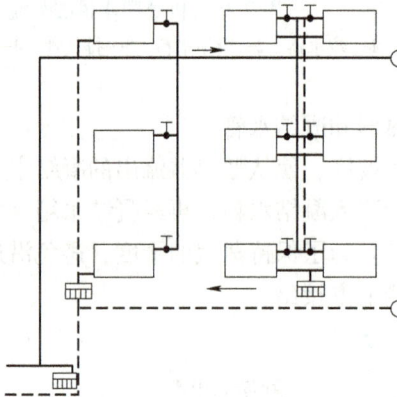

图 7-18　双管中供式

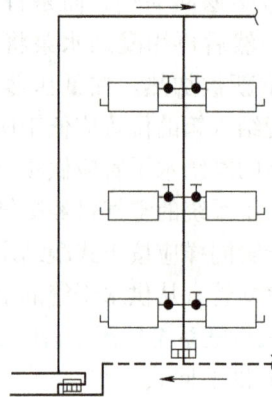

图 7-19　单管上供下回式

7.3.2　高压蒸汽供暖系统

与低压蒸汽供暖相比，高压蒸汽供暖有下述技术经济特点：

1）高压蒸汽供气压力高，流速大，系统作用半径大，但沿程热损失也大。对于同样热
负荷所需管径小，但沿途凝结水排泄不畅时会水击严重。

2）散热器内蒸汽压力高，因而散热器表面温度高。对同样热负荷所需散热面积较小；
但易烫伤人，烧焦落在散热器上面的有机灰尘会发出难闻的气味，安全条件与卫生条件
较差。

3）凝结水温度高。高压蒸汽供暖多用在有高压蒸汽热源的工厂内。室内的高压蒸汽供
暖系统可直接与室外蒸汽管网相连，在外网蒸汽压力较高时可在用户入口处设减压装置。

7.3.3　蒸汽供暖系统与热水供暖系统的区别

蒸汽供暖系统与热水供暖系统相比具有以下特点：

1）蒸汽供暖系统的热惰性小，因此系统的加热和冷却过程都很快。

2）蒸汽供暖系统所需的蒸汽流量少，本身重力所产生的静压力也很小，节省电能，节省散热器，节省管材，节省工程的初投资。

3）蒸汽的"跑、冒、滴、漏"等现象严重，热损失大。

4）由于蒸汽供暖系统间歇工作，管道内时而充满蒸汽，时而充满空气，管道内壁氧化腐蚀严重，因此，蒸汽供暖系统比热水供暖系统寿命短。

5）蒸汽供暖系统散热器表面温度高，易烫伤人，散热器表面灰尘剧烈升华，卫生、安全条件差，因此，民用建筑不适宜采用蒸汽供暖系统。

7.4 热风供暖系统

热风供暖系统以空气作为热媒。在热风供暖系统中，首先对空气进行加热处理，然后送到供暖房间散热，以维持或提高室内温度。热风供暖系统所用热媒为室外新鲜空气、室内循环空气或两者混合体。一般热风供暖只采用室内再循环空气，属于闭式循环系统。若采用室外新鲜空气应结合建筑通风考虑。在这种系统中，空气通常采用热水、蒸汽或高温烟气来加热。

热风供暖系统根据送风方式的不同有集中送风、风道送风及暖风机送风等几种基本形式。根据空气来源不同，可分为直流式（即空气为新鲜空气，全部来自室外）、再循环式（即空气为回风，全部来自室内）和混合式（即空气由室内部分回风和室外部分新风组成）等供暖系统。热风供暖系统具有热惰性小、升温快、室内温度分布均匀、温度梯度较小、设备简单和投资较小等优点。因此，热风供暖系统被广泛应用于既需要供暖又需要通风换气的建筑物内，有害物质产生很少的工业厂房中，人们短时间内聚散、需间歇调节的建筑物（如影剧院、体育馆）等场所。

热风供暖系统可兼有通风换气系统的作用，但系统噪声比较大。对于面积比较大的厂房，冬季需要补充大量热量，因此常采用暖风机或与送风系统相结合的热风供暖方式。

暖风机是热风供暖的主要设备，它是由风机、电动机、空气加热器、吸风口和送风口等组成的通风供暖联合机组。按风机的种类不同，暖风机可分为轴流式暖风机和离心式暖风机。在通风机的作用下，室内空气被吸入机体，经空气加热器加热成热风，然后经送风口送出，以维持室内一定的温度。轴流式暖风机为小型暖风机，结构简单，安装方便、灵活，可悬挂或用支架安装在墙上或柱子上。轴流式暖风机出风口送出的气流射程短，风速低，热风可以直接吹向工作区。

离心式暖风机送风量和产热量大，气流射程长，风速高，送出的气流不直接吹向工作区，而是使工作区处于气流的回流区。

暖风机供暖是利用空气再循环并向室内放热，不适用于空气中含有害气体，散发大量灰尘，产生易燃、易煤气体以及对噪声有严格要求的环境。

1. 采用热风供暖应符合的条件

1）能与机械送风系统合并时。

2）利用循环空气供暖，技术、经济合理时，循环空气的采用须符合国家现行的有关卫生标准和规范的有关规定。

3）由于防火、防爆和卫生要求，必须采用全新风的热风供暖时。

当符合上述条件之一时，可采用热风供暖。

2. 热风供暖的设置要求

1）热媒宜采用 0.1~0.3MPa 的高压蒸汽或不低于 90℃ 的热水。当采用燃气、燃油加热或电加热时，应符合国家现行标准的要求。

2）位于严寒地区或寒冷地区的工业建筑，采用热风供暖且距外窗 2m 或 2m 以内有固定工作地点时，宜在窗下设置散热器，条件许可时，兼作值班供暖。当不设散热器值班供暖时，热风供暖不宜少于两个系统（两套装置）。一个系统（装置）的最小供热量，应保持非工作时间工艺所需的最低室内温度，但不得低于 5℃。

3）选择暖风机或空气加热器时，其散热量应乘以 1.2~1.3 的安全系数。

4）采用暖风机供暖时，应符合下列规定：

①应根据厂房内部的几何形状、工艺设备布置情况及气流作用范围等因素，设计暖风机台数及位置。

②室内空气的换气次数，宜大于或等于每小时 1.5 次。

③热媒为蒸汽时，每台暖风机应单独设置阀门和疏水装置。

5）采用集中热风供暖时，应符合下列规定：

①工作区的最小平均风速不宜小于 0.15m/s；送风口的出口风速，一般情况下可采用 5~15m/s。

②送风口的高度不宜低于 3.5m，回风口下缘至地面的距离宜采用 0.4~0.5m。

③送风温度不宜低于 35℃ 并不得高于 70℃。

3. 设置热空气幕应符合的条件

1）位于严寒地区、寒冷地区的公共建筑和工业建筑，对经常开启的外门，且不设门斗和前室时。

2）公共建筑和工业建筑，当生产或使用要求不允许降低室内温度时或经技术经济比较设置热空气幕合理时。

符合上述条件之一时，可设置热空气幕。

4. 热空气幕的设置要求

1）热空气幕的送风方式：公共建筑宜采用由上向下送风。工业建筑，当外门宽度小于 3m 时，宜采用单侧送风；当大门宽度为 3~18m 时，应经过技术经济比较，采用单侧、双侧送风或由上向下送风；当大门宽度超过 18m 时，应采用由上向下送风。侧面送风时，严禁外门向内开启。

2）热空气幕的送风温度：应根据计算确定。对于公共建筑和工业建筑的外门，不宜高于 50℃；对高大的外门，不应高于 70℃。

3）热空气幕的出口风速：应通过计算确定。对于公共建筑的外门，不宜大于 6m/s；对于工业建筑的外门，不宜大于 8m/s；对于高大的外门，不宜大于 25m/s。

7.5 辐射供暖系统

辐射供暖是通过室内的一个或多个辐射面向供暖空间中的人和物传递热能的一种方式。

与对流供暖不同的是，辐射供暖直接由辐射面将能量以波长为 $8 \sim 13 \mu m$ 的远红外线形式传递给供暖空间中的人和物。通常可利用建筑物内的屋顶面、地面、墙面或其他表面的辐射散热设备散出的热量来满足房间或局部工作点的供暖需求。

7.5.1　辐射供暖的种类

按照不同的分类标准，辐射供暖的形式比较多，见表 7-1。

表 7-1　辐射供暖的分类

分类根据	名称	特征
按板面温度	低温辐射	辐射板面温度低于 80℃
	中温辐射	辐射板面温度等于 80~200℃
	高温辐射	辐射板面温度高于 500℃
按辐射板构造	埋管式	以直径 15~32mm 的管道埋置于建筑结构内构成辐射表面
	风道式	利用建筑构件的空腔使热空气在其间循环流动构成辐射表面
	组合式	利用金属板焊以金属管组成辐射板
按辐射板位置	顶棚式	以顶棚作为辐射供暖面，加热元件镶嵌在顶棚内的低温辐射供暖
	墙壁式	以墙壁作为辐射供暖面，加热元件镶嵌在墙壁内的低温辐射供暖
	地板式	以地板作为辐射供暖面，加热元件镶嵌在地板内的低温辐射供暖
按热媒种类	低温热水式	热媒水温度低于 100℃
	高温热水式	热媒水温度等于或高于 100℃
	蒸汽式	以蒸汽（高压或低压）为热媒
	热风式	以加热以后的空气作为热媒
	电热式	以电热元件加热特定表面或直接发热
	燃气式	通过燃烧可燃气体在特制的辐射器中燃烧发射红外线

7.5.2　低温热水地板辐射供暖系统

1. 低温热水地板辐射供暖系统的概念

低温热水地板辐射供暖系统（简称地暖系统）是采用低温热水为热媒，通过预埋在建筑物地板内的加热管辐射散热的供暖方式。地板辐射热水供暖系统一般由热源（小型锅炉）、分水器、集水器、温控阀、除污器、保温层、隔热反射材料（铝箔层）和管道及保温等部分组成，系统的构成如图 7-20 所示。民用建筑的供水温度不应超过 60℃，供、回水温差宜小于或等于 10℃。一般地，供回水温度为 35~55℃。地暖系统的工作压力不宜大于 0.8MPa，当建筑物高度超过 50m 时宜竖向分区设置。

2. 地暖加热管

地暖所采用的加热管有交联聚乙烯（PE-X）管、聚丁烯（PB）管、交联铝塑复合（XPAP）管、无规共聚聚丙烯（PP-R）管、耐热增强型聚乙烯（PE-RT）管等。这些管材具有耐老化、耐腐蚀、不结垢、承压高、无污染、沿程阻力小等优点。

地暖加热管的布置形式有联箱排管、平行排管、S 形盘管、回形盘管四种。联箱排管易于布置，但板面温度不均，排管与联箱之间采用管件或焊接连接，应用较少（图略）。其余

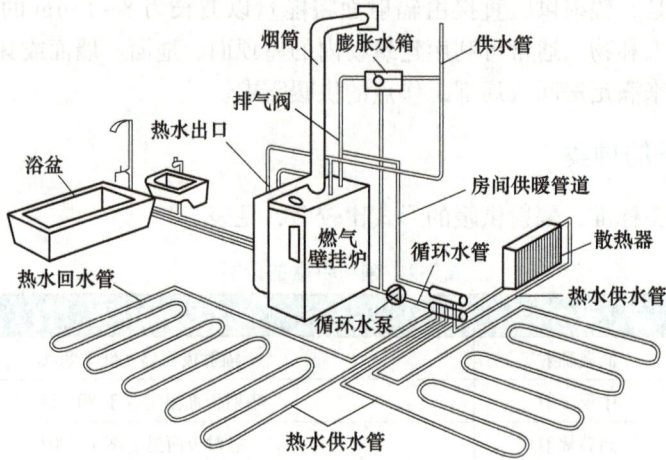

图 7-20 低温热水地板辐射供暖系统示意图

三种形式的管路均为连续弯管，应用较多，如图 7-21 所示。加热管间距一般为 100~350mm。为减少流动阻力和保证供、回水温差不致过大，地暖加热管均采用并联布置。每个分支环路的加热盘管长度宜尽量相近，一般为 60~80m，最长不宜超过 120m。

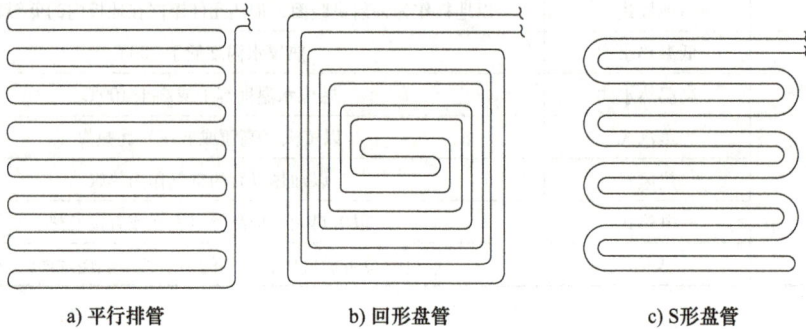

a) 平行排管   b) 回形盘管   c) S形盘管

图 7-21 地暖加热管常用布置形式

7.5.3 辐射供暖的特点

1. 辐射供暖的优点

1）有利于增加供暖舒适感。有关研究表明，在保持人体散失总热量一定时，适当减少人体的辐射散射而相应地增加一些对流散热，人就会感到更舒适。辐射供暖时，人体对外界的有效辐射散热会减弱，又由于辐射供暖室内空气温度比对流供暖环境空气温度低，所以相应地加大了一些人体的对流散热，所以会使人体感到更加舒适。

2）有利于减少能耗，节约能源。对流供暖系统中，人的冷热感觉主要取决于室内空气温度的高低；而采用辐射供暖时，人或物体受到辐射强度与环境温度的综合作用，人体感受的实感温度可比室内实际环境温度高出 2~3℃。也就是说，在具有相同舒适感的前提下，辐射供暖的室内温度可比对流供暖时低 2~3℃。研究表明，住宅室内温度每降低 1℃，可节约燃料 10%左右，因此，采用辐射供暖可有效地减少能源消耗。辐射供暖时，室内温度梯度比对流供暖时小，这大大减少了室内上部空间的热损失，使得热压减小，冷风渗透量也减小。另外，低温辐射供暖的热源选择灵活，在能提供 35℃ 以上热水（工业余热锅炉水、各种空调回水、地热水等）的地方即可应用，从而起到了有效综合节约能源的作用。

3）有利于改善室内空气条件。辐射供暖时，不会像空气对流那样产生大量尘埃及积尘，可减少墙面物品或室内空气的污染，从而有利于改善室内卫生条件。

4）有利于建筑的隔音降噪。目前我国隔层楼板一般采用预制板或现浇板，其隔音效果很差；而采用地板辐射供暖系统时，由于增加了保温层，从而使房间具有较好的隔音效果。

5）有利于改变室内布局。辐射供暖管道全部在屋顶、地面或墙面面层内，从而可使建筑物的实用面积相应增加，有利于自由装修墙面、地面、摆放家具。

6）有利于减少系统维护保养费用。低温地板辐射供暖由于采用 50℃ 以下的低温热水，管道不腐蚀、不结垢，可有效减少维护保养费用。

另外，在一些特殊场合和露天场所，使用辐射供暖可以达到对流供暖难以实现的供暖效果。

2. 辐射供暖的缺点

由于建筑物辐射散热表面温度有一定限制，不可过高，如地板式为 24~30℃，墙壁式为 35~45℃，顶棚式为 28~36℃，因此在一定热负荷情况下，低温辐射供暖系统则需要较多的散热板数量，从而使其初投资较大，一般比对流供暖初投资高出 15%~20%，且这种系统的埋管与建筑结构结合在一起，使结构变得更加复杂，施工难度增大，维护检查不便。

7.6 供暖工程常用设备、材料

7.6.1 散热器

散热器是设置在供暖房间内的放热设备，它把热媒携带的热能以传导、对流、辐射等方式传给室内空气，以维持室内正常工作和生产所需的温度，达到供暖的目的。散热器一般应满足以下性能要求：传热能力强，单位体积内散热面积大，耗用金属最小，成本低，具有一定的机械强度和承压能力，不漏水，不漏气，外表光滑，不积灰，易于清扫，体积小，外形美观，耐腐蚀，使用寿命长。

散热器的分类：

（1）按其使用材质分

1）铸铁散热器。铸铁散热器是由铸铁浇铸而成，结构简单，具有耐腐蚀、使用寿命长、热稳定性好等特点，因而被广泛应用。工程中常用的铸铁散热器有翼形和柱形两种。

2）钢制散热器。钢制散热器耐压强度高，外形美观整洁，金属耗量少，占地面积较小，便于布置，但易受到腐蚀，使用寿命较短，不适宜用于蒸汽供暖系统和潮湿及有腐蚀性气体的场所，主要有钢串片、板式、柱形及扁管形四大类。

3）铝合金散热器。铝合金散热器的材质为耐腐蚀的铝合金，经过特殊的内防腐处理，采用焊接方法加工而成，是一种新型、高效的散热器。其造型美观大方，线条流畅，占地面积小，富有装饰性；其质量约为铸铁散热器的 1/10，便于运输安装；节省能源，采用内防腐处理技术；其金属热强度高，约为铸铁散热器的 6 倍。

（2）按结构形式分

1）翼形散热器。翼形散热器有圆翼形和长翼形两种。翼形散热器制造工艺简单，价格低。圆翼形散热器是一根管子外面带有许多圆形肋片的铸铁件，在其两端有法兰与管道连接，如图 7-22a 所示。长翼形散热器的外表面具有许多竖向肋片，外壳内部为一扁盒状空间，可以由多片组装成一组散热器，如图 7-22b 所示。

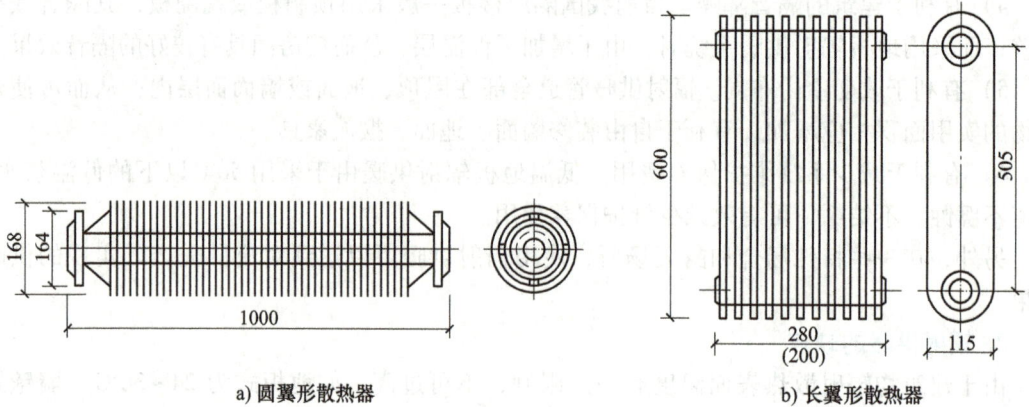

a) 圆翼形散热器   b) 长翼形散热器

图 7-22　翼形铸铁散热器

2）柱形散热器。柱形散热器是呈柱状的单片散热器，外表光滑，无肋片，每片各有几个中空的柱相连通。根据散热面积的需要，可将多片散热器组装成一组。该散热器主要有二柱、四柱、五柱三种类型，如图 7-23 所示。柱形散热器传热性能较好，易清扫，耐腐蚀性好，造价低；但施工安装较复杂，组片接口多。

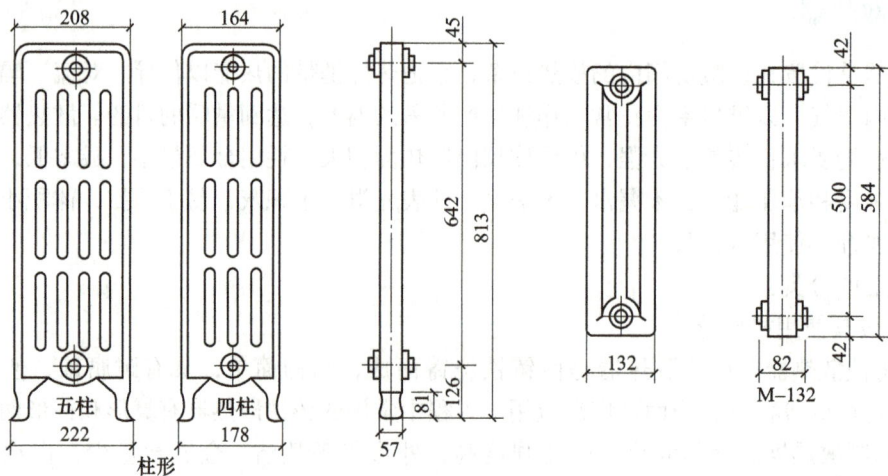

图 7-23　铸铁柱形散热器

3）钢串片散热器。图 7-24 所示为闭式钢串片散热器，它由钢管、钢串片、联箱、放气阀及管接头组成。钢串片散热器的特点是质量轻，体积小，承压高，制造工艺简单；但造价高，耗钢材多，水容量小，易积灰尘。

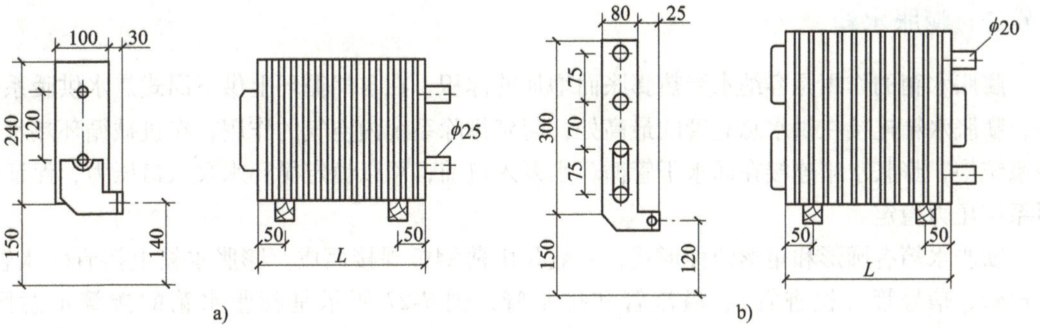

图 7-24　闭式钢串片散热器

4）板式散热器。图 7-25 所示为钢制板式散热器，它由面板、背板、对流片和进出管接头等部件组成。钢制板式散热器具有传热系数大、美观、质量轻、安装方便等优点，但热媒流量小，热稳定性较差，耐腐蚀性差，成本高。

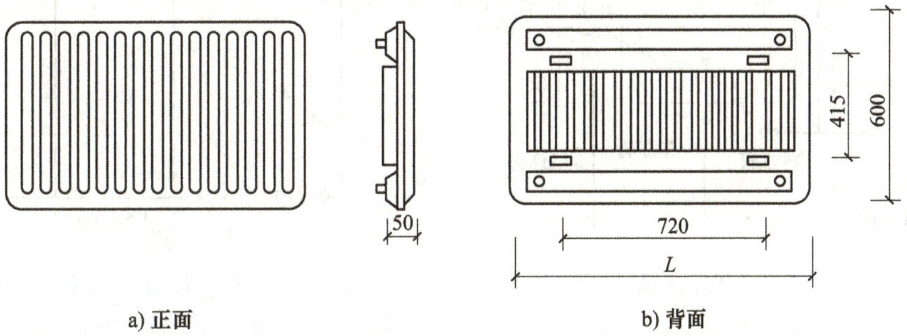

a) 正面　　　　　　　　　　　　　　　b) 背面

图 7-25　钢制板式散热器

5）管式散热器。钢制扁管式散热器采用扁管作为散热器的基本单元，将数根扁管叠加焊接在一起，在两端加上联箱形成扁管单板散热器，如图 7-26 所示。这种散热器的水容量大，热稳定性好，易于清扫；但造价高，金属热强度低。

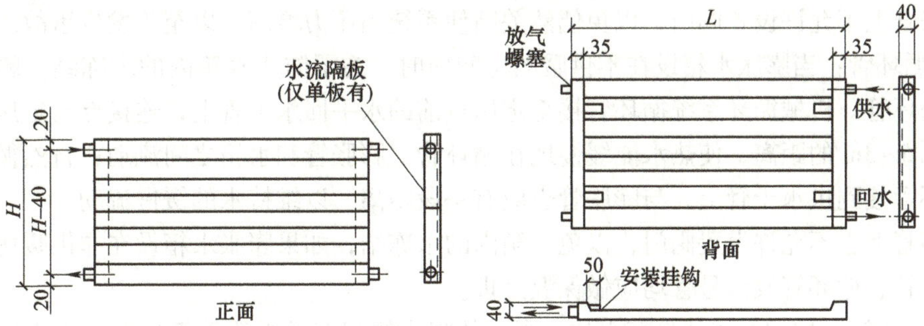

正面　　　　　　　　　　　　背面

图 7-26　扁管单板散热器（不带对流片型）

（3）按其传热方式分　按其传热方式可分为对流型、辐射型。

7.6.2　膨胀水箱

膨胀水箱的作用是容纳水受热膨胀而增加的体积。在自然循环上供下回式热水供暖系统中，膨胀水箱连接在供水总立管的最高处，起到排除系统内空气的作用；在机械循环热水供暖系统中，膨胀水箱连接在回水干管循环水泵入口前，可以恒定循环水泵入口压力，保证供暖系统压力稳定。

膨胀水箱有圆形和矩形两种形式，一般是由薄钢板焊接而成。膨胀水箱上接有膨胀管、循环管、信号管（检查管）、溢流管和排水管，图 7-27 所示是膨胀水箱的接管示意图，图 7-28 所示是膨胀水箱与机械循环热水供暖系统的连接方式。

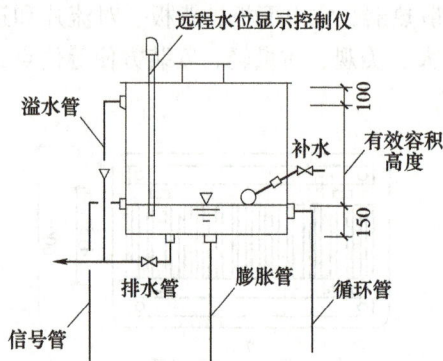

图 7-27　膨胀水箱接管示意图

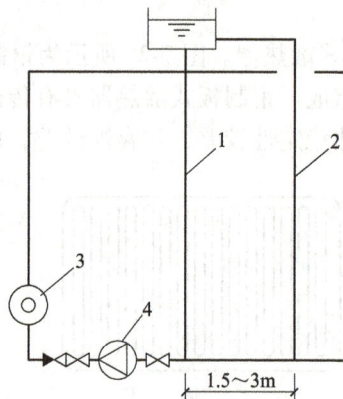

图 7-28　膨胀水箱与机械循环热水
供暖系统的连接方式

1—膨胀管　2—循环管　3—热水锅炉
4—循环水泵

1）膨胀管：膨胀水箱设在系统的最高处，系统的膨胀水量通过膨胀管进入膨胀水箱。自然循环系统膨胀管接在供水总立管的上部；机械循环系统膨胀管接在回水干管循环水泵入口前。

膨胀管上不允许设置阀门，以免偶然关断使系统内压力增高，以至于发生事故。

2）循环管：当膨胀水箱设在不供暖的房间内时，为了防止水箱内的水冻结，膨胀水箱需设置循环管。机械循环系统循环管接至定压点前的水平回水干管上，连接点与定压点之间应保持 1.5～3m 的距离，使热水能缓慢地在循环管、膨胀管和水箱之间流动；自然循环系统中，循环管接到供水干管上，与膨胀管也应有一段距离，以维持水的缓慢流动。

循环管上也不允许设置阀门，以免水箱内的水冻结，如果膨胀水箱设在非供暖房间，水箱、膨胀管、循环管及信号管均应做保温处理。

3）溢流管：控制系统的最高水位。当水的膨胀体积超过溢流管管口时，水溢出就近排入排水设施中。溢流管上也不允许设置阀门，以免偶然关闭时水从人孔处溢出。溢流管也可以用来排空气。

4）信号管（检查管）：用来检查膨胀水箱水位，决定系统是否需要补水。信号管控制系统的最低水位，应接至锅炉房内或人们容易观察的地方，信号管末端应设置阀门。

5）排水管：用于清洗、检修时放空水箱中的水，可与溢流管一起就近接入排水设施，其上应安装阀门。

7.6.3　排气装置

排气装置主要有集气罐和排气阀，用于排出供暖系统中的气体，防止形成气塞。

1）集气罐。集气罐是热水供暖系统中最常用的排气装置，一般设于系统供水干管末端的最高处。集气罐有立式和卧式两种安装形式，其构造如图7-29所示。

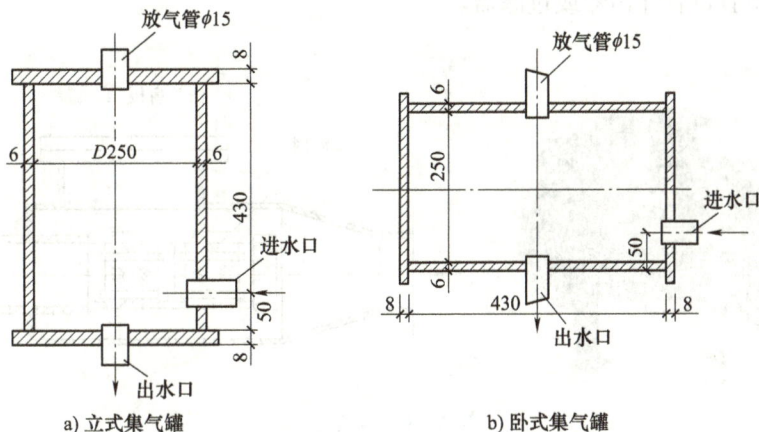

a) 立式集气罐　　　b) 卧式集气罐

图7-29　集气罐构造

集气罐上部的排气管应接到容易管理之处，排气管末端装有阀门，以定期把系统中的空气排除。系统充水时首先将排气管阀门打开，直至有水从管中流出为止。在系统运行期间，也应查看有无存气，若有应及时排净以利于热水的循环。

2）自动排气阀。自动排气阀大都是依靠水对浮体的浮力，通过自动阻气和排水机构，使排气孔自动打开或关闭，达到排气的目的，如图7-30a所示。

3）手动排气阀。手动排气阀又称冷风阀，在供暖系统中广泛应用。手动排气阀适用于公称压力≤600kPa，工作温度≤100℃的水或蒸汽供暖系统的散热器上，旋紧在散热器上部专设的螺纹孔上，以手动方式排除空气。手动排气阀如图7-30b所示。

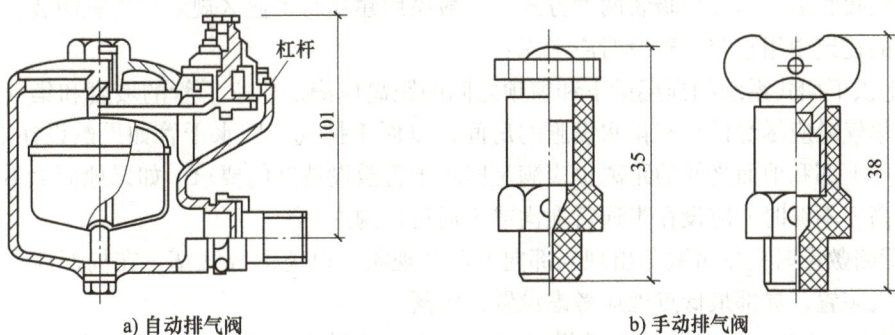

a) 自动排气阀　　　　b) 手动排气阀

图7-30　排气阀构造

7.6.4　除污器

除污器是热水供暖系统中最为常用的附属设备之一，可用来截留、过滤管路中的杂质和污物，保证系统内水质洁净，减少阻力，防止堵塞调压板及管路，如图 7-31 所示。除污器一般安装在循环水泵吸入口的回水干管上，用于集中除污；也可分别设置于各个建筑物入口处的供、回水干管上，用于分散除污。当建筑物入口供水干管上装有节流孔板时，除污器应安装在节流孔板前的供水干管上，以防止污物阻塞孔板。另外，在一些小孔口的阀前（如自动排气阀）也宜设置除污器或过滤器。

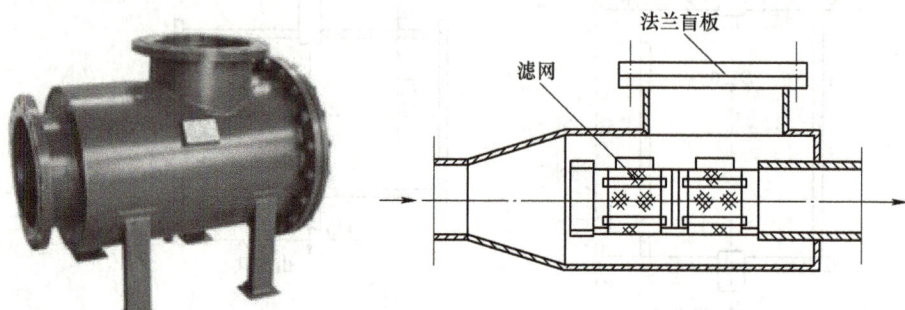

图 7-31　除污器

7.6.5　疏水器

疏水器是阻止蒸汽通过，自动并且迅速排出用热设备和管道中凝结水的设备。如果不设置疏水器，用汽设备后面连汽带水一起流走，不仅浪费热能，还会因凝结水管道内漏入蒸汽而使压力升高，使其他用汽设备回水受阻，影响散热。疏水器按其工作原理可分为机械型、热力型和恒温型三种。

7.7　室内供暖管道的安装

室内供暖管道有明装和暗装两种方式。一般民用建筑与工业区规划厂房宜明装，在装饰要求较高的建筑中用暗装。敷设时应考虑：

1）上供下回式系统的顶层梁下和窗顶之间的距离应满足供水干管的坡度和集气罐的设置要求。集气罐应尽量设在有排水设施的房间，以便于排气。回水干管如果敷设在地面上，底层散热器下部和地面之间的距离也应满足回水干管敷设坡度的要求。如果地面上不允许敷设或净空高度不够时，应设在半通行地沟或不通行地沟内。

2）管路敷设时应尽量避免出现局部向上凹凸现象，以免形成气塞。在局部高点处应考虑设置排气装置，局部最低点处应考虑设置排水阀。

3）回水干管过门时，如果下部设过门地沟或上部设空气管，应设置泄水和排空装置。具体做法如图 7-32 和图 7-33 所示。

两种做法中均设置了一段反坡向的管道，目的是顺利排除系统中的空气。

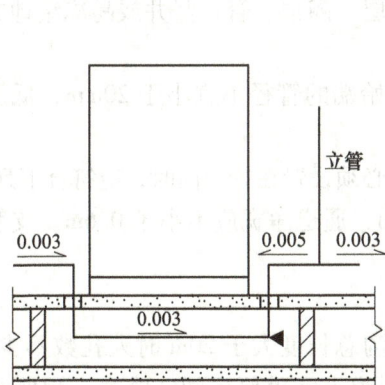

图 7-32　回水干管下部过门

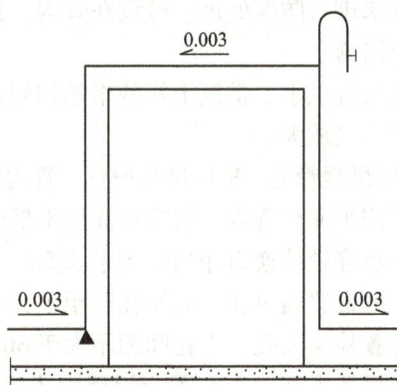

图 7-33　回水干管上部过门

4）立管应尽量设置在外墙角处，以补偿该处过多的热损失，防止该处结露。楼梯间或其他有冻结危险的场所应单独设置立管，该立管上各组散热器的支管均不得安装阀门。

5）室内供暖系统的供、回水管上均应设阀门；划分环路后，各并联环路的起、末端应各设一个阀门；立管的上、下端各设一个阀门，以便于检修时关闭。

6）散热器的供、回水支管应考虑避免散热器上部积存空气或下部放水时放不净，应沿水流方向设下降的坡度，坡度不得小于 0.01。

7）穿过建筑物基础、变形缝的供暖管道，以及埋设在建筑结构内的立管，应采取防止由于建筑物下沉而损坏管道的措施。当供暖管道必须穿过防火墙时，在管道穿过处应采取防火封堵措施，并在管道穿过处采取固定措施，使管道可向墙的两侧伸缩。供暖管道穿过隔墙和楼板时，宜装设套管。供暖管道不得同输送蒸汽、燃点低于或等于 120℃ 的可燃液体或可燃、腐蚀性气体的管道在同一条管沟内平行或交叉敷设。

8）供暖管道在管沟或沿墙、柱、楼板敷设时，应根据设计、施工与验收规范的要求，每隔一定间距设置管卡或支架、吊架。为了消除管道受热变形产生的热应力，应尽量利用管道上的自然转角进行热伸长的补偿，管线很长时应设补偿器，适当位置设固定支架。

热水供暖的供、回水管道固定与补偿应符合下列要求：

①干管管道的固定点应保证管道分支接点由管道胀缩引起的最大位移不大于 40mm，连接散热器的立管应保证管道分支接点由管道胀缩引起的最大位移不大于 20mm。

②计算管道膨胀量取用的管道安装温度应考虑冬季安装环境温度，宜取 -5~0℃。

③室内供暖系统供、回水干管环管布置应为管道自然补偿创造条件。没有自然补偿条件的系统宜采用波纹管补偿器，补偿器设置位置及导向支架设置应符合产品技术要求。

④供暖系统主立管应按要求设置固定支架，必要时应设置补偿器，宜采用波纹管补偿器。

⑤垂直双管系统散热器立管、垂直单管系统中带闭合管或直管段较长的散热器立管应按要求设置固定支架，必要时应设置补偿器，宜采用波纹管补偿器。

⑥管径大于或等于 DN50 的管道固定支架应进行支架推力计算，并验算支架强度。立管固定支架荷载力计算应考虑管道膨胀推力和管道及管内水的重力荷载。采用自然补偿的管段应进行管道强度校核计算。

⑦供暖管道多采用水、煤气钢管，可采用螺纹连接、焊接或法兰连接。管道应按施工与

验收规范要求进行防腐处理。敷设在管沟、技术夹层、闷顶、管道竖井或易冻结地方的管道应采取保温措施。

⑧供暖系统供水、供汽干管的末端和回水干管始端的管径不宜小于 20mm，低压蒸汽的供汽干管可适当放大。

9）室内供暖管道一般应避免设置于管沟内。当必须设置在管沟内时，应符合下列要求：

①宜采用半通行管沟，管沟净高应不低于 1.2m，通道净宽应不小于 0.6m。支管连接处或有其他管道穿越处通道净高宜大于 0.5m。

②管沟应设置通风孔，通风孔间距不大于 20m。

③应设置检修人孔，人孔间距不大于 30m，管沟总长度大于 20m 时人孔数不少于 2 个。检修阀处应设置人孔。人孔不应设置在人流主要通道上、重要房间、浴室、厕所和住宅户内，必要时可将管沟延伸至室外设人孔。

④管沟不得与电缆沟、通风道相通。

7.8 供暖工程施工图的识读

7.8.1 供暖施工图的组成

室内供暖施工图包括设计施工说明、供暖平面图、供暖系统图（轴测图）、详图和设备及主要材料明细表等，简单工程可不编制设备材料表。其基本内容如下所述：

1. 设计说明与施工图

设计图上用图或符号表达不清楚的问题，或用文字能更简单明了表达清楚问题，用文字加以说明，构成设计说明。主要内容有：

1）建筑物的供暖面积。

2）供暖系统的热源种类、热媒参数、系统总热负荷。

3）系统形式，进出口压差（即供暖所需资用压头）。

4）各个房间设计温度。

5）散热器型号及安装方式。

6）管材种类及连接方式。

7）管道防腐、保温的做法。

8）所采用标准图号及名称。

9）施工注意事项，施工验收应达到的质量要求。

10）系统的试压要求。

11）有关图例。

一般中小型工程的设计说明可以直接写在图纸上，工程较大、内容较多时另附专页编写，放在一份图纸的首页。施工人员看图时，应首先看设计说明，然后再看图，在看图过程中，针对图上的问题再看设计说明。

2. 供暖平面图

供暖施工图的图示方法与给水施工图是一样的，只是采用的图例和符号有所不同。室内供暖平面图，主要表示供暖管道、附件及散热器在建筑平面图上的位置以及它们之间的相互关系，管道用粗线（粗实线、粗虚线）表示，其余均用细线表示。图纸内容反映供暖系统入口位置及系统编号；室内地沟的位置及尺寸；干管、立管、支管的位置及立管编号等。供暖平面图一般有底层平面图、标准层平面图、顶层平面图。

3. 供暖系统图

供暖系统图是表明从供热总管入口直至回水总管出口整个供暖系统的管道、散热设备、主要附件的空间位置和相互连接情况的图样。供暖系统图通常是用正面斜等轴测方法绘制的，因此又称轴测图。

4. 详图

详图是施工图的一个重要组成部分。供暖系统供热管、回水管与散热器之间的具体连接形式、详细尺寸和安装要求及设备和附件的制作、安装尺寸、接管情况，一般都有标准图，无须自己设计，需要时从标准图集中选择索引再加入一些具体尺寸就可以了。因此，施工人员必须会识读图中的标准代号，会查找并掌握这些标准图，记住必要的安装尺寸和管道连接用的管件，以便做到运用自如。

通用标准图有：

1）膨胀水箱和凝结水箱的制作、配管与安装。

2）分汽罐、分水器、集水器的构造、制作与安装。

3）疏水管、减压阀、调压板的安装和组成形式。

4）散热器的连接与安装。

5）供暖系统立、支干管的连接。

6）管道支吊架的制作与安装。

7）集气罐的制作与安装等。

作为供暖施工详图，通常只画平面图、系统轴测图中需要表明而通用、标准图中没有的局部节点图，如图 7-34 ~ 图 7-39 所示。

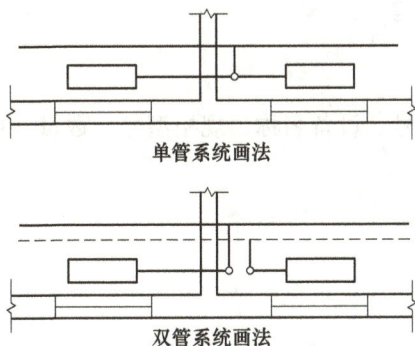

图 7-34 平面图中散热器与管道连接

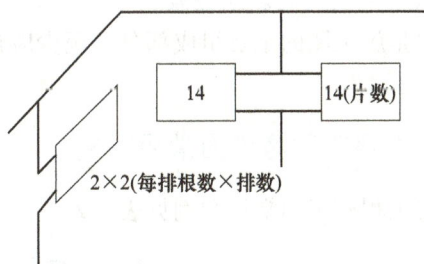

图 7-35 柱形、圆翼形散热器画法

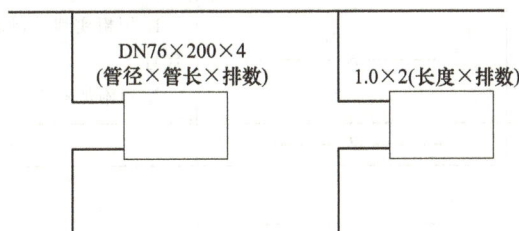

图 7-36 光管式、串片式散热器画法

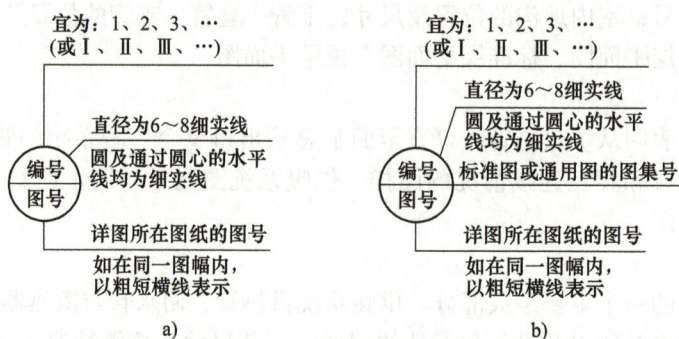

图 7-37　详图索引号

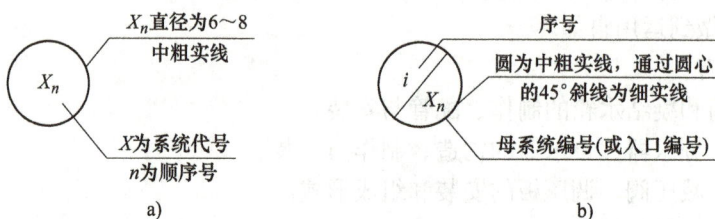

图 7-38　系统代号

图 7-39　立管号

5. 设备与主要材料明细表

此表是施工图的重要组成部分，至少应包括序号、设备名称、规格型号、数量、单位及备注栏等。

7.8.2　供暖工程施工图常用图例

供暖工程施工图常见图例见表 7-2。

表 7-2　供暖工程施工图常见图例

序号	名称	图例	备注
1	（供暖、生活、工艺用）热水管	—— R ——	1. 用粗实线、粗虚线代表供回水管时可省略代号 2. 可附加阿拉伯数字 1、2 区分供水、回水
2	蒸汽管	—— Z ——	
3	凝结水管	—— N ——	

（续）

序号	名称	图例	备注
4	膨胀管、排污管、排气管、旁通管	—— P ——	
5	补给水管	—— G ——	
6	泄水管	—— X ——	
7	循环管、信号管	——XH——	循环管用粗实线，信号管为细虚线
8	溢排管	—— Y ——	
9	绝热管		
10	方形补偿器		
11	套管补偿器		
12	波形补偿器		
13	弧形补偿器		
14	球形补偿器		
15	流向		
16	丝堵		
17	滑动支架		
18	固定支架		
19	手动调节阀		
20	减压阀		左侧为高压端
21	膨胀阀		也称"隔膜阀"
22	平衡阀		

（续）

序号	名称	图例	备注
23	快开阀		也称快速排污阀
24	三通阀		
25	四通阀		
26	疏水阀		
27	散热器放风门		
28	手动排气阀		
29	自动排气阀		
30	集气罐		
31	散热器三通阀		
32	节流孔板、减压孔板		
33	散热器		
34	可曲挠橡胶软接头		
35	过滤器		
36	除污器		
37	暖风机		
38	水泵		左侧为进水，右侧为出水

7.8.3 供暖工程施工图的识读方法

1. 室内供暖施工图识读方法

识读图纸的方法没有统一规定，可按适合于自己的能够迅速熟读图纸的方法进行识读。这需要在掌握供暖系统组成、系统形式、安装施工工艺、施工图常用图例及表示方法等知识的基础上，多进行识图练习，并不断总结，灵活掌握识图的基本方法，形成适于自己迅速、全面识读图纸的方法。

识读室内供暖施工图的基本方法和顺序如下：

1）熟悉、核对施工图：迅速浏览施工图，了解工程名称、图纸内容、图纸数量、设计日期等。对照图纸目录，检查整套图纸是否完整，确认无误后再正式识读。

2）认真阅读施工图设计与施工说明：通过阅读文字说明，能够了解供暖工程概况，有助于读图过程中正确理解图纸中用图形无法表达的设计意图和施工要求。

3）以系统为单位进行识读：识读时必须分清系统，不同编号的系统不能混读。可按水流方向识读，先找到供暖系统的入口，按供水总管、供水水平干管、供水立管、供水支管、散热设备、回水支管、回水立管、回水水平干管、回水总管的顺序识读；也可按从主管到支管的顺序识读，先看总管，再看支管。

4）平面图与系统图对照识读：识读时应将平面图与系统图对照起来看，以便相互补充和相互说明，建立全面、完整、细致的工程形象，以全面地掌握设计意图。

5）细看安装详图：安装详图很重要，用以指导正确的安装施工。安装详图多选用全国通用标准安装图集，也可单独绘制。对单独绘制的安装详图，也应将平面详图与系统详图对照识读。

2. 供暖平面图的识读

要掌握的主要内容与识读方法如下：

1）首先查明供热总干管和回水总干管的出入口位置，了解供热水平干管与回水干管的分布位置及走向。图中供热管用粗虚线表示，供热管与回水管通常是沿墙分布。若供暖系统为上行下回式双管供暖，则供热水平干管绘在顶层平面图上，供热立管与供热水平干管相连，回水干管绘在底层平面图上，回水立管与回水干管相连。

2）查看立管的编号，立管编号标志是 Ln，其含义是 L 表示供暖立管代号，n 表示编号，用阿拉伯数字编号。通过立管的编号可知整个供暖系统立管的数量、立管的安装位置。

3）查看散热器的布置，凡是有供热立管（供热总立管除外）的地方就有散热器与之相连，并且散热器通常都布置在窗口处，了解散热器与立管的连接情况，可知该散热器组由哪根供热立管供热，回水又流入哪根回水立管。

4）了解管道系统上的设备附件的位置与型号，热水供暖系统要查明膨胀水箱、集气罐的位置、连接方式和型号。若为蒸气供暖系统，要查明疏水器的位置及规格尺寸。还要了解供热水平干管和回水水平干管固定支点的位置和数量，以及在底层平面图上管道通过地沟的位置与尺寸等。

5）看管道的管径尺寸、管道敷设坡度及散热器的片数，供热管的管径规律是入口的管径大，末端的管径小；回水管的管径是起点管径小，出口的回水总管管径大。管道坡度通常只标注水平干管的坡度，散热器的片数通常标注在散热器图例近旁的窗口处。

6）要重视阅读设计施工说明，从中了解设备的型号和施工安装的要求及所用的通用图等。如散热器的类型、管道连接要求、阀门设置位置及系统防腐要求等。

3. 供暖系统图的识读

要掌握的主要内容与识读方法如下：

1）首先沿着热媒流动的方向查看供热总管的入口位置，与水平干管的连接及走向，各供热立管的分布，散热器通过支管与立管的连接形式，及散热器、集气罐等设备、管道固定支点的分布与位置。

2）从每组散热器的末端起看回水支管、立管、回水干管，直到回水干管出口的整个回水系统的连接、走向及管道上的设备附件、固定支点和过地沟的情况。

3）查看管径、管道坡度、散热器片数的标注。在热水供暖系统中，一般是供热水平干管的坡度顺水流方向越走越高，回水水平干管的坡度顺水流方向越走越低。散热器要看设计说明所采用的类型与规格。

4）看楼（地）面的标高、管道的安装标高，从而掌握管道安装时在房间中的位置。如供热水平干管是在顶层顶棚下面还是底层地沟内，回水干管是在地沟里还是在底层地面上等。

7.9 供暖工程施工图的识读案例

7.9.1 设计说明与施工图

现以某住宅楼供暖工程施工图为例进行识读，施工图如图 7-40～图 7-42 所示。下面以解答问题的形式，详细说明如何识读建筑室内供暖工程施工图。

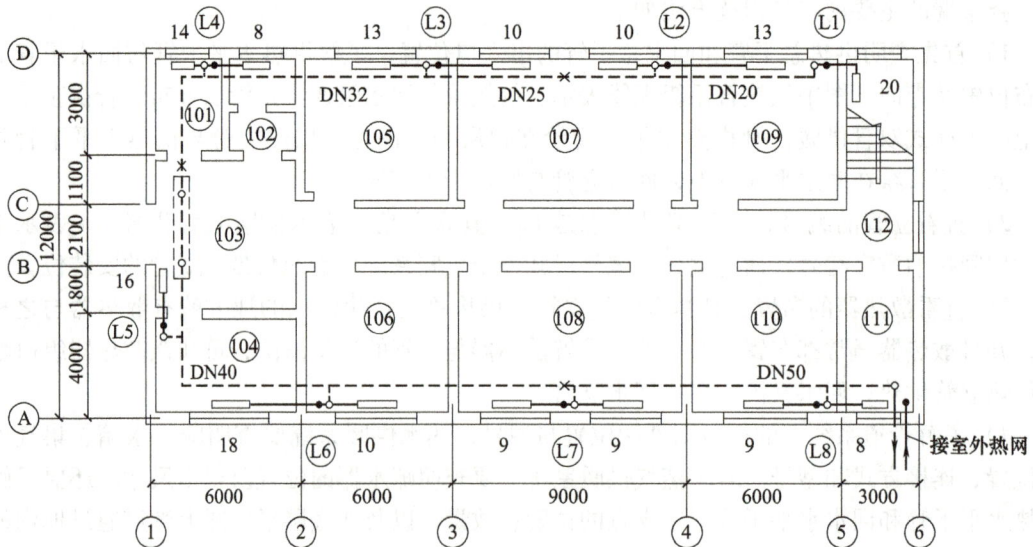

图 7-40　一层供暖平面图

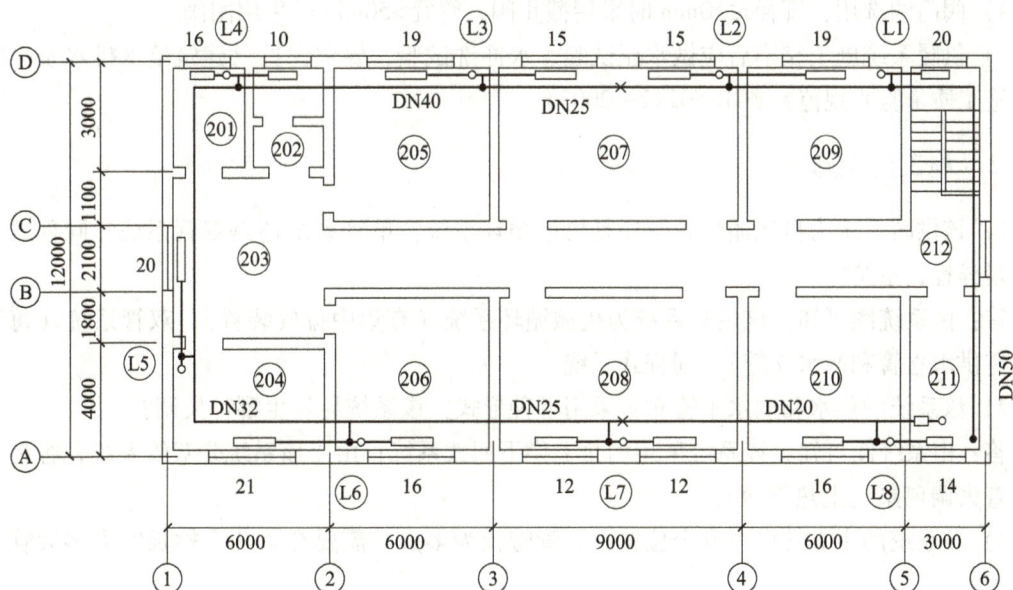

图 7-41 二层供暖平面图

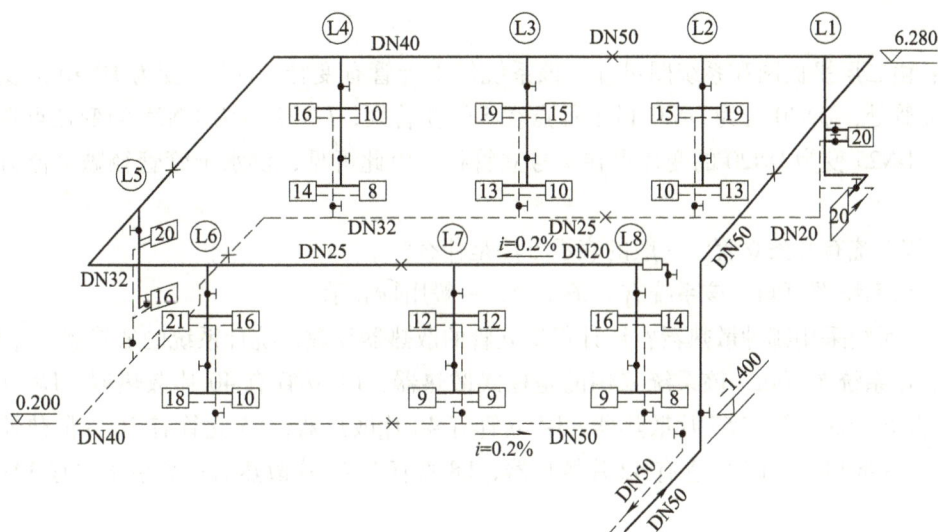

图 7-42 供暖系统图

设计说明：

1）本工程为二层住宅楼。供暖系统采用焊接钢管，DN≤32mm 采用螺纹连接，DN＞32mm 采用焊接。散热器连接立管和支管管径均为 DN20，回水干管标高为 0.200m。

2）明装焊接钢管刷防锈漆两道、银粉两道，埋地焊接钢管刷沥青漆两道。

3）立管及水平管的支架、吊架安装详见图集 03S402。供暖管道穿楼板、内墙均应设钢套管，套管比所穿管径大 2 号，管道穿外墙应设置刚性防水套管，其缝隙应填塞严密。

4）阀门的选用：管径≤50mm 时采用截止阀，管径>50mm 时采用闸阀。

5）供暖系统施工完毕后应做水压试验、水冲洗试验，要求详见《建筑给水排水及采暖工程施工质量验收规范》（GB 50242—2002）。

7.9.2　施工图解读

1）该供暖系统为自然循环系统还是机械循环系统？单管系统还是双管系统？同程式系统还是异程式系统？

答：由系统图可知，该供暖系统为机械循环系统（有集中排气装置），双管系统（每趟立管有供水立管和回水立管），同程式系统。

2）该系统的供水和回水干管布置采用哪种形式？该系统易发生哪种失调？

答：由系统图可知，该系统采用的是上供下回式系统；由于该系统是双管系统，容易发生垂直失调现象（上热下冷）。

3）该系统的主立管设在哪个位置？立管管径为多大？需要穿越几个楼板？需多大管径的套管？

答：由一层平面图和二层平面图可知，该系统的主立管在建筑物东南角Ⓐ轴北侧⑥轴西侧；由系统图可知，主立管的管径为 DN50，需要穿越 2 个楼板，需要 DN80 的钢套管。

4）该系统供水干管有无变径？若有变径，变径点在哪个位置？供水干管管径变化有何特点？

答：由二层平面图和系统图可知，该系统供水干管有变径；DN50 变为 DN40 的变径点在 3 号立管处，DN40 变为 DN32 的变径点在 5 号立管处，DN32 变为 DN25 的变径点在 6 号立管处，DN25 变为 DN20 的变径点在 7 号立管处；由此可见，供水干管管径顺水流方向逐渐变小。

5）该系统有几条立管？一般的表示方法是什么？

答：由系统图可知，该系统有 8 条立管，一般用Ⓛ表示。

6）该系统采用哪种散热器？统计每趟立管的散热器片数，统计系统的散热器总片数。

答：由系统图可知，该系统采用的是柱式散热器，L1 立管有 40 片散热器，L2 立管有 57 片散热器，L3 立管有 57 片散热器，L4 立管有 48 片散热器，L5 立管有 36 片散热器，L6 立管有 65 片散热器，L7 立管有 42 片散热器，L8 立管有 47 片散热器；该系统共有 392 片散热器。

7）该系统采用哪种阀门？统计阀门的规格和数量。

答：由设计说明和系统图可知，该系统采用的阀门是截止阀；

截止阀 DN50　　　2 个　　　（供回水主立管）

截止阀 DN20　　　25 个　　　（立管和支管）

截止阀 DN15　　　1 个　　　（集气罐上放气阀）

8）该系统的排气是如何考虑的？供水干管和回水干管的坡度如何设置？

答：由系统图可知，该系统经过集气罐排气；供水干管的坡度为 0.002，最高点在集气罐处，回水干管的坡度为 0.002，坡向室外管网。

9）该系统的支架形式有哪些？有几个固定支架？

答：由系统图可知，该系统的支架有固定支架和活动支架（图上不画出），可从图上数得，共有 7 个固定支架（供水干管上 4 个，回水干管上 3 个）。

10）立管和支管的管径分别为多大？

答：由设计说明和系统图可知，立管和支管的管径均为 DN20。

11）每趟立管需要几个穿楼板套管？套管管径为多大？

答：由系统图可知，该系统为双立管系统，每趟立管需要 2 个穿楼板套管（供回水立管穿二层地板），套管管径为 DN32。

12）统计支管穿墙需要设多少个套管？该套管的材质可以是哪些？

答：由平面图可知，一、二层共有 14 处支管穿墙（每层 7 处），共需要设 14 个×2＝28 个套管；套管可以是钢套管或镀锌薄钢板套管。

13）供水干管穿内墙套管管径分别为多大？各种规格的套管分别需要多少个？

答：由二层平面图可知，供水干管共有 12 处需穿内墙；

钢套管 DN80	4 个	（穿 DN50 干管）
钢套管 DN70	4 个	（穿 DN40 干管）
钢套管 DN50	1 个	（穿 DN32 干管）
钢套管 DN40	1 个	（穿 DN25 干管）
钢套管 DN32	2 个	（穿 DN20 干管）

14）回水干管穿内墙套管管径分别为多大？各种规格的套管分别需要多少个？

答：由一层平面图可知，回水干管共有 10 处需穿内墙；

钢套管 DN32	1 个	（穿 DN20 干管）
钢套管 DN40	1 个	（穿 DN25 干管）
钢套管 DN50	4 个	（穿 DN32 干管）
钢套管 DN70	2 个	（穿 DN40 干管）
钢套管 DN80	2 个	（穿 DN50 干管）

15）回水干管过门口处是如何处理的？

答：由一层平面图和系统图可知，回水干管过门口时采用地沟敷设。

16）供回水干管穿越外墙需如何处理？

答：由设计说明可知，供回水干管穿越外墙时需要设置刚性防水套管。

17）供回水干管在室外敷设的方法有哪些？

答：供回水干管在室外敷设的方法有：地沟敷设、架空敷设、埋地敷设。

18）该系统回水干管有无变径？若有变径，变径点在哪个位置？回水干管管径变化有何特点？

答：由一层平面图和系统图可知，回水干管有变径；DN20 变为 DN25 的变径点在 2 号立管处，DN25 变为 DN32 的变径点在 3 号立管处，DN32 变为 DN40 的变径点在 5 号立管处，DN40 变为 DN50 的变径点在 7 号立管处；由此可见，回水干管管径顺水流方向逐渐变大。

19）立管与支管空间位置发生矛盾时，避让原则是什么？

答：当立管与支管空间位置发生矛盾时，立管应设置抱弯避让支管。

20）为了便于排气和回水，散热器的支管坡向应如何设置？

答：为了便于排气和回水，散热器的供水支管坡向散热器，回水支管坡向立管。

21）采取哪些措施可以减轻垂直失调？

答：垂直失调指的是上层热下层冷的现象，可以在散热器支管上设置阀门来减轻和调节。

22）采取哪些措施可以减轻水平失调？

答：水平失调指的是靠近热源立管热、远离热源立管冷的现象，可以在立管上设置阀门来减轻和调节。

23）回水干管敷设在地上还是地下？可从哪里获得信息？

答：由系统图可知，回水干管的标高为0.200m，敷设在地上。

24）供暖系统室内、室外的划分界线在哪里？

答：供暖系统室内、室外的划分界线：有阀门的以阀门为界，没有阀门的以墙外皮1.5m为界。

25）敷设在室外的供暖管道还应考虑哪些工程内容？

答：敷设在室外的供暖管道还应考虑防腐、保温、防潮工作内容。

26）保温结构包括哪些？对保温材料有何要求？

答：保温结构包括保温层和保护层；对保温材料的要求：质量轻、导热系数小、具有一定的机械强度、成本低廉。

27）供暖系统一般采用哪种管材？螺纹连接和焊接连接的管径界线为多大？

答：供暖系统一般采用焊接钢管；螺纹连接和焊接连接的管径界线为DN32。

28）若每层的层高为3.3m，底层的散热器回水支管标高为0.400m，则每根回水立管的长度为多少？回水立管共有多长？

答：单根回水立管长度为：3.3m+0.400m（二层回水支管标高）-0.200m（回水干管标高）=3.5m；回水立管总长度为：3.5m×8=28m。

29）若底层的散热器回水支管标高为0.400m，散热器上下接口之间的距离为0.5m，则每根供水立管的长度为多少？供水立管共有多长？

答：单根供水立管长度为：6.280m（供水干管标高）-（0.500+0.400）m（一层供水支管标高）=5.38m；回水立管总长度为：5.38m×8=43.04m。

30）若每片散热器的厚度为0.05m，计算L8立管上散热器支管的总长度。

答：由图可知，L8立管接110室、111室、210室和211室共4组散热器，散热器中心与窗户中心一致，L8立管上散热器支管的总长度：

（6+3m）÷2（散热器中心距）×2（每层供回水共2根支管）×2（共2层）-（16+14+9+8）÷2×0.05m（4组散热器中心距支管距离）×2（每层供回水共2根支管）=15.65m

31）该系统用到哪些管件？

答：该系统用到的管件有：三通、四通、变径管、活接头等管件。

思考题

1. 简述热水供暖系统的分类方法。
2. 蒸汽供暖按供汽压力的大小可分为哪几类？
3. 蒸汽供暖系统与热水供暖系统相比存在哪些不足？
4. 蒸汽供暖系统与热水供暖系统相比，有哪些优点？
5. 简述自然循环热水供暖系统的工作原理。
6. 为什么说垂直双线单管供暖系统"各层散热器的平均温度近似地可认为是相同的"？
7. 低温辐射供暖系统的基本构造是什么？
8. 钢制散热器与铸铁散热器相比，具有哪些特点？
9. 简述膨胀水箱的作用。

二维码形式客观题

微信扫描二维码可在线做题，提交后可查看答案。

第 7 章
客观题

第8章
通风与空调系统

本章重点内容

熟悉通风系统的分类、组成及主要设备；熟悉空调系统的分类、组成及主要设备；了解通风管道常用材料及安装；熟悉通风管道常用部件及安装；掌握空调水系统的分类及各系统的作用；熟悉空调系统调试及建筑防排烟系统；掌握通风空调施工图识读。

本章学习目标

本章将思想教育与理论教学活动融为一体，密切联系生活实际和生产实际，旨在培养学生求同存异、敬业爱岗的奉献精神和科学创新能力。培养学生能够应用工程专业的基础理论和知识，对投资决策、设计、施工等关键环节的复杂工程问题进行有效识别和表达；在工程实践中能自觉考虑环境因素和社会可持续发展因素，主动应用能够改善环境、促进社会可持续发展的先进技术。

8.1 通风系统

在现代建筑中，通风起着改善室内空气条件、保护人们身体健康、提高生产率的重要作用；通风也是保证生产正常进行和提高产品质量的重要手段。通风工程是送风、排风、除尘、气力输送以及防烟、排烟系统工程的总称。其任务是把室外的新鲜空气送入室内，把室内受到污染的空气排放到室外。它的作用在于消除生产过程中产生的粉尘、有害气体、高度潮湿和辐射热的危害，保持室内空气清洁和适宜，保证人的健康和为生产的正常进行提供良好的环境条件。

8.1.1 通风系统的分类

1. 按通风范围不同分类

按通风的范围不同，通风方式可分为全面通风和局部通风。

（1）全面通风　全面通风方式是整个房间进行通风换气，实质是稀释环境空气中的污染物，在条件限制、污染源分散或不确定等原因，采用局部通风方式难以保证卫生标准时可以采用。按其对有害物控制机理的不同，又分为以下几种：

1）稀释通风。该方法是对整个房间（或车间）进行通风换气，用新鲜空气把整个房间的有害浓度稀释到最高允许浓度之下。该方法所需的全面通风量大，控制效果差。

2）单向流通风。通过有组织的气流运动，控制有害物的扩散和转移，保证操作人员在呼吸区内达到卫生标准的要求。这种方法具有通风量小、控制效果好等优点，如图 8-1 所示。

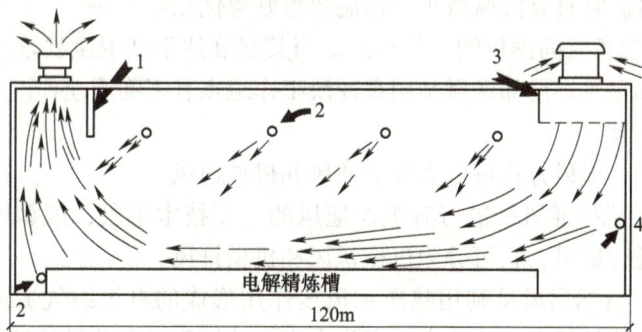

图 8-1　单向流通风示意图

1—屋顶排风机组　2—局部加压射流　3—屋顶送风小室　4—基本射流

3）均匀流通风。速度和方向完全一致的宽大气流称为均匀流，用它进行的通风称为均匀流通风。它的工作原理是利用送风气流构成的均匀流把室内污染空气全部压出和置换，气流速度原则上要控制在 0.2 ~ 0.5m/s 之间。这种通风方法能有效排出室内污染空气，如图 8-2 所示。

4）热置换通风。热置换通风的概念和均匀流通风是基本相同的。在有余热的房间，由于在高度方向上具有稳定的温度梯度，如果经较低的风速将送风温差较小的新鲜空气直接送入室内工作区，低温的新风在重力作用下先是下沉，随后慢慢扩散，在地面上方形成一层薄薄的空气层。而室内热源产生的热气流，由于浮力作用而上升，并不断卷吸周围空气。这样由于热气流上升时的卷吸作用、后续新风的推动作用和排风口的抽吸作用，地板上方的新鲜空气缓慢向上移动，形成类似于向上的均匀的流动，于是工作区的浑浊空气被后续的新风所替代，这种方式称为热置换通风。它具有节能、通风效率高等优点，如图 8-3 所示。

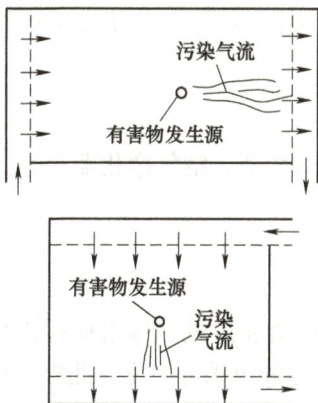

图 8-2　均匀流通风示意图

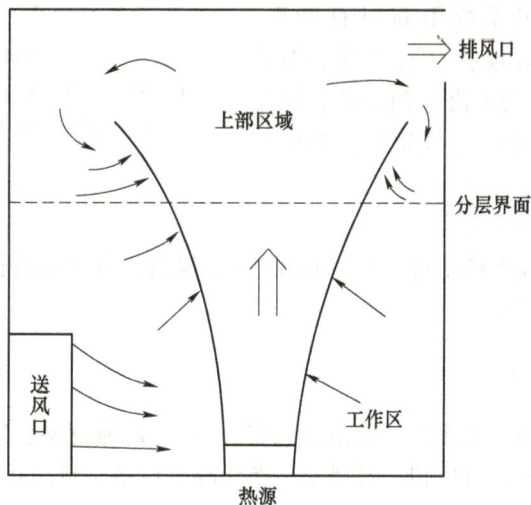

图 8-3　热置换通风示意图

（2）局部通风　局部通风是对房间局部区域进行通风以控制局部区域污染物的扩散，或在局部区域内获得较好的空气环境。按其功能可分为局部排风和局部送风。

1）局部排风：是利用局部气流直接在有害物质产生地点对其加以控制或捕集，不使其扩散到车间作业地带。它具有排风量小、控制效果好等优点。

2）局部送风：较长时间操作的工作地点，当其温度达不到卫生要求或辐射热度大于室外温度时应设置局部送风。局部送风是用来冲淡工作地点有害物质超标。

2. 按动力不同分类

按照动力的不同，通风方式可分为自然通风和机械通风。

（1）机械通风　机械通风是进行有组织通风的主要技术手段，依靠风机提供空气流动所需的压力和风量进行通风，它可分为机械送风和机械排风。

（2）自然通风　自然通风是利用热压和风压作用形成的有组织气流进行通风，它具有不使用机械动力、经济的特点。热压主要产生在室内外温度存在差异的建筑环境空间；风压主要是指室外风作用在建筑物外围护结构，造成室内外静压差。

由于自然通风易受室外气象条件的影响，特别是风力的作用很不稳定，所以自然通风主要在热车间排除余热的全面通风中采用；某些热设备的局部排风也可以采用自然通风；当工艺要求进风需经过过滤和净化处理时，或进风能引起雾或凝结水时，不能采用自然通风。

8.1.2　通风系统的组成

由于通风系统设置场所的不同，其系统组成也各不相同。图8-4所示为全面机械送风系统示意图。

机械通风系统主要由通风系统和排风系统组成。

1. 通风系统

通风系统由新风百叶窗、空气处理设备（过滤器、加热器等）、通风机（离心式、轴流式、贯流式）、风道以及送风口等组成。

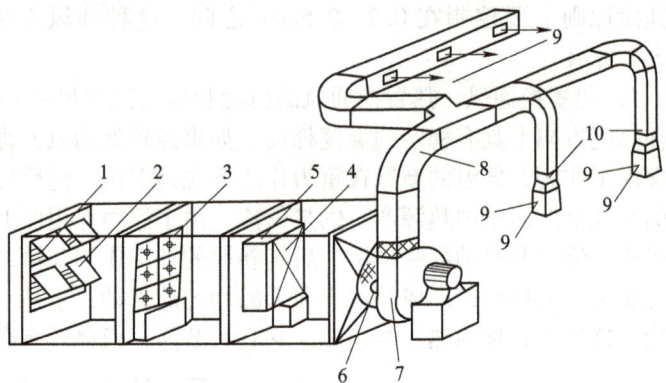

图8-4　全面机械送风系统示意图

1—百叶窗　2—保温阀　3—过滤器　4—空气加热器　5—旁通阀
6—启动阀　7—风机　8—风道　9—送风口　10—调节阀

2. 排风系统

排风系统由排风口（排风罩）、风道、空气处理设备（除尘器、空气净化器等）、风机、风帽等组成。

8.1.3　通风系统主要设备

机械送风系统一般由进风室、空气处理设备、风机、风道和送风口等组成；机械排风系统一般由排风口、排风罩、净化除尘设备、排风机、排风道和风帽等组成。此外，还应设置必要的调节通风和启闭系统运行的各种控制部件，即各式阀门等。以下介绍主要设备和构件。

1. 风机

（1）风机分类与构造　通风机根据其结构和作用原理分为离心式、轴流式和贯流式三种类型，大量使用的是离心式和轴流式通风机。在一些特殊场所使用的还有耐高温通风机、防爆通风机、防腐通风机和耐磨通风机等。随着科学技术和国民经济的发展，对节能和环保的要求日益迫切，近年来高效率、低噪声的各类风机不断问世。

（2）通风机的选择

1）根据被输送气体（空气）的成分和性质以及阻力损失大小，选择不同类型的风机。如输送含有爆炸、腐蚀性气体的空气时，需选用防爆防腐型风机；输送含有强酸、碱类气体的空气时，选用塑料通风机；一般工厂、仓库和公共建筑的通风换气，可选用离心式通风机；通风量大、压力小的通风系统以及用于车间防暑散热的通风系统，多选用轴流式通风机。

2）根据通风系统的通风量和风道系统的阻力损失，按照风机产品样本确定风机型号；以按计算值乘以安全系数作为选型值（L 风机、P 风机），产品样本值应大于等于选型值。

风量的安全系数为：1.05~1.10，即 L 风机 = （1.05~1.10）L。

风压的安全系数为：1.10~1.15，即 P 风机 = （1.10~1.15）P。

式中，L、P 为通风系统中计算所得的总风量和总阻力损失。

风机选型还应注意使所选用风机正常运行工况处于高效率范围。另外，样本中所提供的性能选择表或性能曲线是指标准状态下的空气，所以，当实际通风系统中空气条件与标准状态相差较大时应进行换算。

2. 室内送风口、排风口

室内送风口是送风系统中风道的末端装置。送风道输入的空气通过送风口以一定的速度均匀地分配到指定的送风地点。室内排风口是排风系统的始端吸入装置，车间内被污染的空气经过排风口进入排风道内。室内送风口、排风口的位置决定了通风房间的气流组织形式。

室内送风口的形式有多种，图 8-5 所示为直接在风道上开孔口送风形式，根据开孔位置有侧向送风口，图 8-5a 所示的送风口无调节装置，不能调节送风流量和方向；图 8-5b 所示的送风口设置了插板，可改变送风口截面面积的大小，调节送风量，但不能改变气流的方向。常用的室内送风口还有百叶式送风口，如图 8-6 所示，布置在墙内或暗装的风道可采用这种送风口，将其安装在风道末端或墙壁上。百叶式送风口有单层、双层、活动式、固定式和双层式，不但可以调节风向，而且可以控制送风速度。

在工业车间中往往需要大量的空气从较高的上部风道向工作区送风，而且为了避免工作地点有吹风的感觉，要求送风口附近的风速迅速降低，在这种情况下常用的室内送风口形式是空气分布器，如图 8-7 所示。

室内排风口一般没有特殊要求，其形式种类也很少，通常采用单层百叶式排风口，有时也采用水平排风道上开孔的孔口排风形式。

3. 风道及阀门

（1）风道　风道常用薄钢板、塑料、胶合板、纤维板、钢筋混凝土、砖、石棉水泥、矿渣石膏板等制成。

风道选材是根据输送的空气性质以及就地取材的原则来确定，一般输送腐蚀性气体的风道可用涂刷防腐油漆的钢板或硬塑料板、玻璃钢制作；埋地风道常用混凝土板作为底，两边

a) 风管侧送风口

b) 插板式送风、吸风口

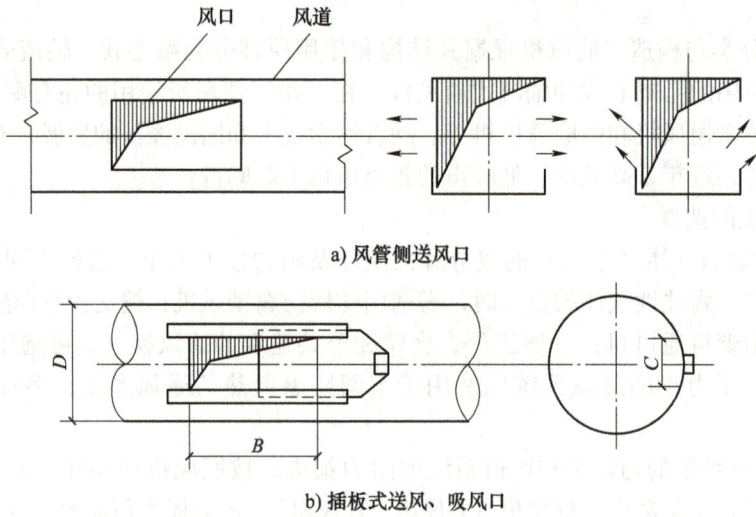

图 8-5　两种简单的送风口示意图

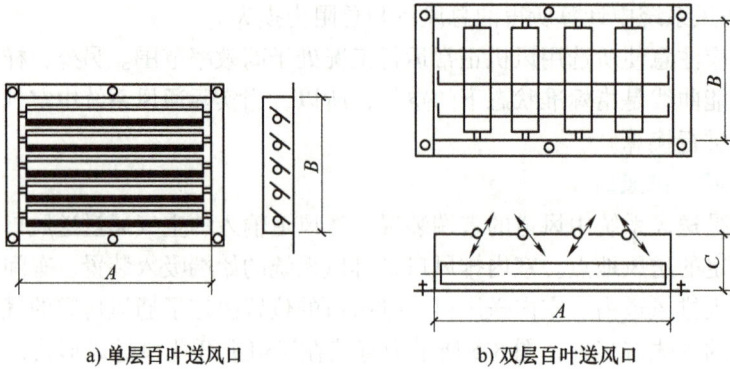

a) 单层百叶送风口　　　　b) 双层百叶送风口

图 8-6　百叶式送风口系统示意图

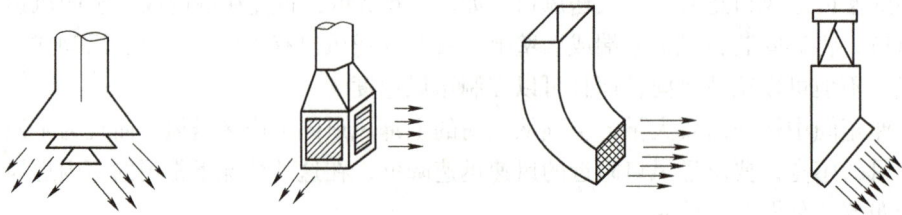

图 8-7　空气分布器示意图

砌砖，预制钢筋混凝土板作为顶；利用建筑物空间兼作风道时，多采用混凝土或砖砌通道。

风道的断面形式为矩形或圆形。圆形风道的强度大、阻力小、耗材少，但占用空间大，不易与建筑配合。对于高流速、小管径的除尘和高速空调系统或需要暗装时可选用圆形风道。矩形风道易布置，便于加工。对于低流速、大断面的风道多采用矩形，其适宜的宽高比在 3.0 以下。

风道的布置应在进风口、送风口、排风口、空气处理设备、风机的位置确定之后进行。

（2）阀门 通风系统中的阀门主要用于启动风机，关闭风道、风口，调节管道内空气量，平衡阻力等。阀门安装于风机出口的风道、主干风道、分支风道或空气分布器之前等位置。常用的阀门有插板阀、蝶阀、防火阀、止回阀等。

插板阀多用于风机出口或主干风道处用作开关，通过拉动手柄来调整插板的位置即可改变风道的空气流量。其调节效果好，但占用空间大。

蝶阀多用于风道分支处或空气分布器前端，转动阀板的角度即可改变空气流量。蝶阀使用较为方便，但严密性较差。

当火灾发生时，防火阀可切断气流，防止火势蔓延。阀板开启与否应有信号指示，阀板关闭后不仅要有信号指示，还应有打开与风机连锁的接点，使风机停转。

止回阀常装于风机出口，防止风机停止运转后气流倒流。

4. 进风、排风装置

按使用的场合和作用的不同有室外进风、排风装置和室内进风、排风装置之分。

（1）室外进风装置 室外进风口是通风和空调系统采集新鲜空气的入口，根据进风室的位置不同，室外进风口可采用竖直风道塔式进风口，也可以采用设在建筑物周围结构上的墙壁式或屋顶式进风口。室外进风口的位置应满足以下要求：

1）设置在室外空气较为洁净的地点，在水平和垂直方向上都应远离污染源。

2）室外进风口下缘距室外地坪的高度不宜小于2m，并须装设百叶窗，以免吸入地面上的粉尘和污物，同时可避免雨雪的侵入。

3）用于降温的通风系统，其室外进风口宜设在背阴的外墙侧。

4）室外进风口的标高应低于周围的排风口，且宜设在排风口的上风侧，以防吸入排风口排出的污浊空气。当进风、排风口的水平间距小于20m时进风口应比排风口至少低6m。

5）屋顶式进风口应高出屋面0.5~1.0m，以免吸进屋面上的积灰和被积雪埋没。

室外新鲜空气由进风装置采集后直接送入室内通风房间或送入进风室，根据用户对送风的要求进行预处理。机械送风系统的进风室多设在建筑物的地下层或底层，也可以设在室外进风口内侧的平台上。

（2）室外排风装置 室外排风装置的任务是将室内被污染的空气直接排到大气中去。管道式自然排风系统和机械排风系统的室外排风口通常是由屋面排出，也有由侧墙排出的，但排风口应高出屋面。一般来说，室外排风口应设在屋面以上1m的位置，出口处应设置风帽或百叶风口。

8.2 空调系统

8.2.1 空调系统的分类

空调是空气调节的简称。空调工程是空气调节、空气净化与洁净空调系统的总称。其任务是提供空气处理的方法，净化或者纯净空气，保证生产工艺和人们正常生活所要求的清洁度；通过加热或冷却、加湿或去湿来控制空气的温度和湿度，并且不断地进行调节。它的作用是为人们生产或生活创造一定的恒温恒湿、高清洁度和适宜的气流速度的室内空气环境。

应用于工业生产和科学实验过程的空调一般称为工艺性空调，应用于以人为主的环境中的空调称为舒适性空调。

1. 空气调节的内容和基本参数

（1）空气调节的内容　简言之，空调就是对空气经过处理的通风，根据其使用环境、服务对象可分为以下几种：

1）舒适空调：以室内人员为服务对象、创造舒适环境为任务而设置的空调，如商场、办公楼、宾馆、饭店、公寓等建筑物。

2）工业空调：以保护生产设备和益于产品精度或材料为主，以保证室内人员满足舒适要求为次而设置的空调，如车间、仓库等场所。

3）超净空调或洁净室空调：对空气尘埃浓度有一定要求而设置的空调，如电子工业、生物医药研究室、计算机房等场所。

（2）空调调节的基本参数　大多数空调系统主要是控制空气的温度和相对湿度，常用空调基数和空调精度来表示空调房间对设计的要求。

1）空调基数。空调基数也称空调基准温湿度，指根据生产工艺或人体舒适要求所制定的空气温度（t）和相对湿度 φ_n。

2）空调精度。空调精度是指空调区域内生产工艺和人体舒适要求所允许的温湿度偏差值；表示空调区域内基准温度为 ∇t，基准湿度为 $\nabla \varphi_n$，空调温度的允许波动范围是 ±1℃，湿度的允许波动范围为 ±5%。需要将温度和相对湿度严格控制在一定范围的空调，称为恒温恒湿空调；当空调精度 $\nabla t \geqslant 1℃$ 时称为一般性空调，当空调精度 $\nabla t \leqslant 1℃$ 时称为高精度空调。对于舒适性空调系统的室内计算参数一般可参考下列数据进行选择：

①夏季。

温度：24~28℃。

相对湿度：≤40%~65%。

风速：≤0.3m/s。

②冬季。

温度：18~22℃。

相对湿度：40%~60%。

风速：≤0.2m/s。

2. 空调系统的分类

（1）按空气处理设备的集中程度分类

1）集中式空调系统。所有的空气处理设备全部集中在空调机房内。根据送风的特点，又可分为单风道系统、双风道系统和变风量系统。

2）半集中式空调系统。除了安置在集中的空调机房内的空气处理设备外，还有分散在空调房间内的空气处理末端设备。这些末端设备可以对进入空调房间之前的送风再进行一次处理。如再热器、带换热器的诱导器、风机盘管机组等。

3）局部式空调系统。即空调机组（又称空调机）。这种机组的冷热源、空气处理设备、风机和自动控制元件，全部集中在一个箱体内。如柜式空调机、窗式空调机等，其本身就是一个紧凑的空调系统，它可以根据需要灵活安置在空调房间内或其邻室内。

通常将集中式和半集中式空调系统统称为中央空调系统。根据建筑物的特点，中央空调系统可认定单一的集中式空调系统，或是单一的风机盘管加新风系统，或既有集中式系统又有风机盘管加新风系统。

（2）按负担冷热负荷的介质分类

1）全空气系统。这种系统使空调房间的冷热负荷全部由经过处理的空气来承担，集中式空调系统就是全空气系统。

2）全水系统。这种系统使空调房间的冷热负荷全部靠水作为冷热介质来承担，它不能解决房间的通风换气问题，一般不单独采用。

3）空气-水系统。这种系统使空调房间的冷热负荷既靠空气承担又靠水承担，风机盘管加新风系统就是这种系统。

4）制冷剂式系统。这种系统使空调房间的冷热负荷直接由制冷系统的制冷剂来承担，局部式空调系统就属此类。

（3）按空气冷却盘管中不同的冷却介质分类

1）直接蒸发式系统。制冷剂直接在冷却盘管内蒸发，吸取盘管外空气热量。它适用于空调负荷不大，空调房间比较集中的场合。

2）间接冷却式系统。制冷剂在专用的蒸发器内蒸发吸热，冷却冷冻水（又称冷媒水）；冷冻水由水泵输送到专用的水冷式表面冷却空气。它适用于空调负荷较大、房间分散或者自动控制要求较高的场合。

（4）按主送风道中空气的流速分类

1）高速系统。主送风道风速在 $20\sim30m/s$。

2）低速系统。主送风道风速在 $12m/s$ 以下。

风速大，风管尺寸小，易于布置。但是阻力却按风速的平方规律增加，致使风的压头和噪声大大增加，目前介于两者之间的中速系统应用比较多。

（5）按采用新风量的多少分类

1）直流式系统。空调器所处理的空气全部是新风，送风在空调房间内进行热湿交换后全部由排风管排到室外，没有回风管道。这种系统卫生条件好，但是耗能大，经济性差，适用于散发有害气体，不宜使用回风的空调场所。

2）闭式系统。空调器处理的全部是再循环空气（回风），不补充新风。这种系统能耗小，但卫生条件差，适用于只有温湿度调节要求或者无法使用新风的空调场所。

3）混合式系统。空调器处理的空气由新风和回风混合而成。新风量约占总送风量的 $10\%\sim100\%$。这种系统兼有直流式系统和闭式系统的优点，应用得较为普遍。

8.2.2　空调系统的组成

空调系统由空气处理设备、空气输送设备、空气分配装置、冷热源及自控调节装置组成。空调系统由于种类不同，其系统组成也各不相同。以通常的集中式空调系统为例，如图 8-8 所示，一般主要由新风百叶入口、空气处理设备（过滤器、表冷器、加热器、喷水室、消声器等）、风机、风道、送（回）风口等组成。

8.2.3　空调系统的主要设备

空调系统由于方式众多，各系统所用设备也各不相同，下面逐一介绍。

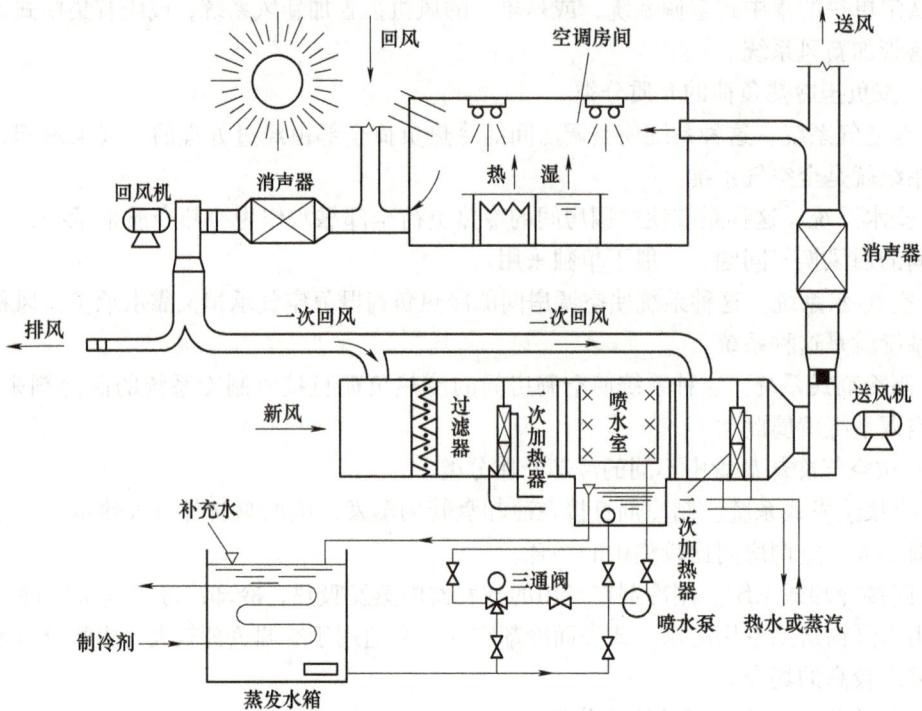

图 8-8　集中式空调系统示意图

1. 局部式空调系统的设备

（1）窗式空调机　窗式空调机是一种直接安装在窗体上的小型空调机，一般采用全封闭冷冻机，以氟利昂为制冷剂。它可冬季供热，夏季制冷。此种空调机安装简单，噪声小，不需水源，接上 220V 电源即可。

（2）分体式空调机　分体式空调机由室内机、室外机、连接管和电线组成。按室内机的不同可分为壁挂式、吊顶式、柜机等。现对使用最多的壁挂式空调机进行介绍。

壁挂式空调机的室内机一般为长方形，挂在墙上，后面有凝结水管，将冷凝水排向下水道。室外机内含有制冷设备、电动机、气液分离器、过滤器、电磁继电器、高压开关和低压开关等。连接管道有两根，一根是高压气管，另一根是低压气管，均采用纯铜管材。

2. 半集中式空调系统的设备

半集中式空调系统在空调机房内的设备与集中式空调系统的设备基本一致，因此在集中式空调系统中统一介绍，这里主要介绍放置在空调机房内的设备。

（1）风机盘管　风机盘管的形式很多，有立式明装、立式暗装、吊顶安装等。风机盘管的冷热水管有四管制、三管制和两管制三种。其功能是以室内温度通过温度传感器来控制进入盘管的水量，进行自动调节；也可通过盘管的旁通门调节。

（2）诱导器　诱导器是用于空调房间送风的一种特殊设备，主要由静压箱、喷嘴和二次盘管组成。经集中空调机处理的新风通过风管送入各空调房间的诱导器中，由诱导器的喷嘴高速喷出，在气流的引射作用下在诱导器内形成负压，从而使室内空气被吸入诱导器，一次风和室内空气混合后经二次盘管处理后送入空调房间。

3. 集中式空调系统的设备

集中式空调系统的设备主要有：

（1）空气加热设备　在空调工程中，常用的空气加热设备是空气加热器。空气加热器的种类很多，有表面式加热器和电加热器两种。

（2）空气冷却设备　在空调工程中，常见的冷却设备是表面式冷却器（即表冷器）。表冷器有水冷式和直接蒸发式两种。水冷式表冷器原理与空气加热器相同，只是将热媒换成冷媒——冷水即可。直接蒸发式表冷器就是制冷系统中的蒸发器，它是靠制冷剂在其中蒸发而使空气冷却。

（3）空气的加湿设备　空气的加湿设备主要有以下几类：

1）电热式加湿器。电热式加湿器是将放置在水槽中的管状电加热元件通电后，把水加热至沸腾而发生蒸汽的设备。电热式加湿器由管状加热器、防尘罩和浮球开关等组成。

2）电极式加湿器。电极式加湿器是在水中放入电极，当电流从水中通过时就会将水加热的设备。电极式加湿器由外壳、三极铜棒电极、进水管、出水管和接线柱等组成。

3）喷水室。喷水室又称喷淋室，是既能加湿又能减湿的设备。它是将水喷成雾状，当空气通过时，空气和水就会进行热湿交换，从而达到处理目的的设备。喷水室由喷嘴排管、挡板、底池、附属管及外壳等组成。

（4）空气的减湿设备　在空调工程中，常用冷冻除湿机或固体吸湿剂进行减湿。

冷冻除湿机是利用制冷的方法除去空气中水分的设备。它由制冷压缩机、蒸发器、冷却器、膨胀阀和通风机等组成。当要处理的潮湿空气通过蒸发器时，由于蒸发器表面的温度低于空气的露点温度，不仅使空气降温，而且会析出凝结水，这就可以达到减湿的目的。

固体吸湿剂有两种类型：一是具有吸附性能的多孔材料，如硅胶，其吸湿后材料的形态不改变；二是具有吸收能力的固体材料，如氧化钙，其吸湿后材料的形态会改变而失去吸湿能力。

（5）空气的净化设备　正常的空气中含有大量的灰尘，无法满足工艺的需要，这就必须采取措施除掉空气中的灰尘，这个过程称为净化。在空调工程中，常用的空气净化设备是空气过滤器。空气过滤器按作用原理可分为浸油金属网格过滤器、干式纤维过滤器和静电过滤器三种。

（6）空气的消声设备　消声设备用于消除空调设备（如风机、制冷压缩机等）运行时产生的噪声，常用设备是消声器。消声器的种类很多，按其工作原理可分为阻性消声器、抗性消声器、共振性消声器。

（7）减振设备　减振设备用于减低空调设备（如风机、制冷压缩机等）运行时产生的振动，常用的设备是减振器。减振器的种类很多，常用的有弹簧隔振器、橡胶隔振器和橡胶隔振垫。

（8）空调机　空调机也称中央空气处理机，它是将空气处理所需的各种设备集中安装在空调箱内，有金属和非金属两种。多数空调机是厂家已经加工好，用户采用即可，少数较大空调机需要现场制作。

标准的空调机有回风段、混合段、预热段、过滤段、表冷段、喷水段、加湿段、送风段、消声段和中间段等。装配式空调箱结构示意图如图 8-9 所示。

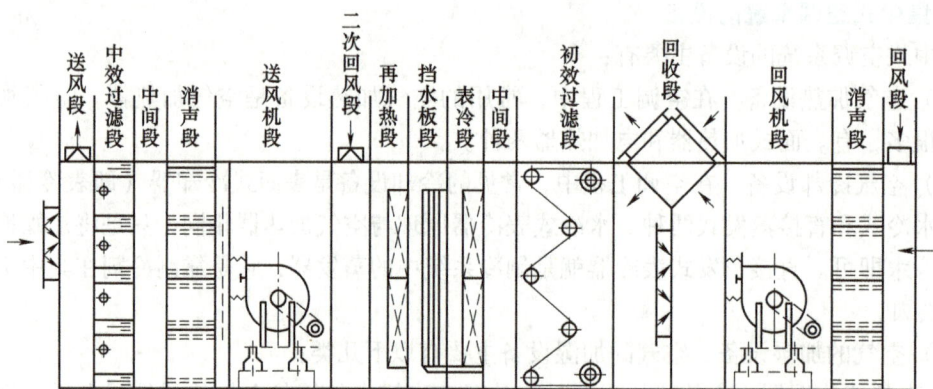

图 8-9　装配式空调箱结构示意图

（图中标注从左至右：送风段、中效过滤段、中间段、消声段、送风机段、二次回风段、再加热段、挡水板段、表冷段、中间段、初效过滤段、回收段、回风机段、消声段、回风段）

8.3 通风管道常用材料及安装

8.3.1 通风管道常用材料

通风管道是通风系统的重要组成部分，其作用是输送气体。根据制作所用的材料不同可分为金属材料和非金属材料两种。

1. 金属材料

（1）普通薄钢板　普通薄钢板又称"黑铁皮"，厚度为 0.5~1.5mm，结构强度较高，具有良好的加工性能，价格便宜，但表面易生锈，使用时应做防腐处理。普通薄钢板如图 8-10 所示。

（2）镀锌薄钢板　镀锌薄钢板又称"白铁皮"，厚度为 0.5~1.5mm，是在普通薄钢板表面镀锌而成，既具有耐腐蚀性能，又具有普通薄钢板的优点，广泛应用于一般的通风空调系统中。镀锌薄钢板如图 8-11 所示。

图 8-10　普通薄钢板

图 8-11　镀锌薄钢板

（3）不锈钢板　在普通碳素钢中加入铬、镍等惰性元素，经高温氧化形成一个致密的氧化物保护层，这种钢就叫"不锈钢"。不锈钢板具有防腐、耐酸、强度高、韧性大、表面光洁等优点，但价格高，常用在化工等防腐要求较高的通风系统中。不锈钢板如图 8-12

所示。

（4）铝板　铝板的塑性好、易加工、耐腐蚀，由于铝在受摩擦时不产生火花，故常用在有防爆要求的通风系统上。铝板如图 8-13 所示。

（5）塑料复合板　在普通薄钢板表面上喷一层 0.2~0.4mm 厚的塑料层，使之既具有塑料的耐腐蚀性能，又具有钢板强度高的性能，常用在-10~70℃温度下的耐腐蚀通风系统上。塑料复合板如图 8-14 所示。

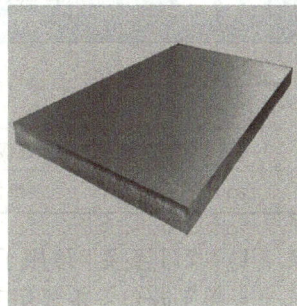

图 8-12　不锈钢板　　　　　　图 8-13　铝板　　　　　　图 8-14　塑料复合板

2. 非金属材料

（1）玻璃钢板　玻璃钢是由玻璃纤维和合成树脂组成的一种新型材料。它具有质轻、强度高、耐腐蚀、耐火等特点，广泛用在纺织、印染等含有腐蚀性气体以及含有大量水蒸气的排风系统上。玻璃钢板如图 8-15 所示。

（2）塑料风管　塑料风管以硬聚氯乙烯树脂为原料，掺入稳定剂、润滑剂等配合后用挤压机连续挤压成型。其适用范围是洁净室及含酸碱的排风系统，塑料风管耐温性较低，不宜用于输送热介质和剧毒性介质。塑料风管如图 8-16 所示。

（3）砖、混凝土风道　采用混凝土、砖等材料砌筑而成，用于空气流通的通道。常用于正压送风、消防排烟系统。混凝土风道如图 8-17 所示。

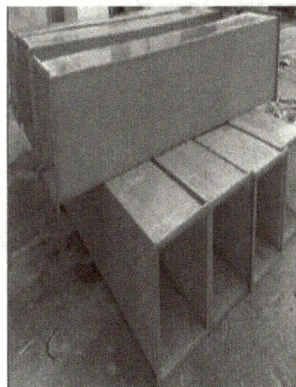

图 8-15　玻璃钢板　　　　　　图 8-16　塑料风管　　　　　　图 8-17　混凝土风道

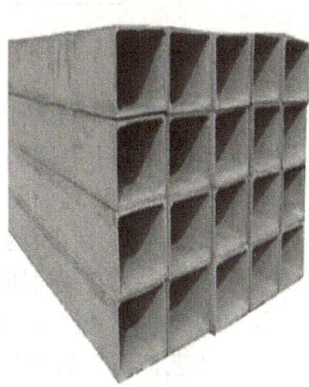

8.3.2 碳钢通风管道施工工艺

1. 碳钢通风管道的连接

碳钢通风管道的连接方式有咬口连接、焊接、铆接及无法兰连接等方式，咬接或焊接界限见表 8-1。

表 8-1 金属风管的咬接或焊接界限

板厚/mm	材质			
	镀锌钢板	普通钢板	不锈钢板	铝板
$\delta \leqslant 1.0$	咬口连接	咬口连接	咬口连接	咬口连接
$1.0 < \delta \leqslant 1.2$				
$1.2 < \delta \leqslant 1.5$	咬口连接或铆接	电焊	氩弧焊或电焊	铆接
$\delta > 1.5$	焊接			气焊或氩弧焊

（1）咬口连接　适用于厚度≤1.2mm 的薄钢板、铝板，厚度≤1.0mm 的不锈钢板。

1）单平咬口：主要用于板材的拼接和圆形风管的闭合缝。

2）单立咬口：用于圆形弯管或直管的管节咬口。

3）转角咬口：用于矩形风管、弯管、三通及四通的转角无缝连接，多用于手工咬口。

4）联合咬口：用于矩形风管、弯管、三通及四通的转角无缝连接。

5）按扣式咬口：用于矩形风管的转角闭合缝，漏风量大，铝板风管不采用。

咬口连接工艺流程如图 8-18 所示。

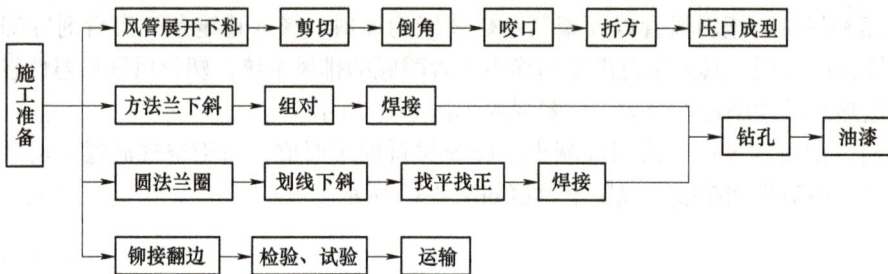

图 8-18　咬口连接工艺流程

（2）焊接连接　适用于厚度>1.2mm 的薄钢板，厚度>1.5mm 的铝板，厚度>1.0mm 的不锈钢板。电焊用于厚度>1.2mm 的薄钢板焊接，气焊用于厚度 0.8~3mm 钢板的焊接。

焊接连接工艺流程如图 8-19 所示。

（3）无法兰连接　有抱箍连接、承插连接、插条式连接等形式，如图 8-20 所示。

无法兰连接工艺流程如图 8-21 所示。

2. 碳钢通风管道的安装

（1）工艺流程　如图 8-22 所示

（2）风管安装要点

1）风管支吊架的焊接应外观整洁漂亮，要保证焊透、焊牢；吊杆圆钢应根据风管安装标高适当截取。

施工准备 → 放样下斜 → 剪切 → 坡口组对 → 焊接

法兰制作 → 法兰钻孔 → 风管与法兰组

风管加固 → 风管成型

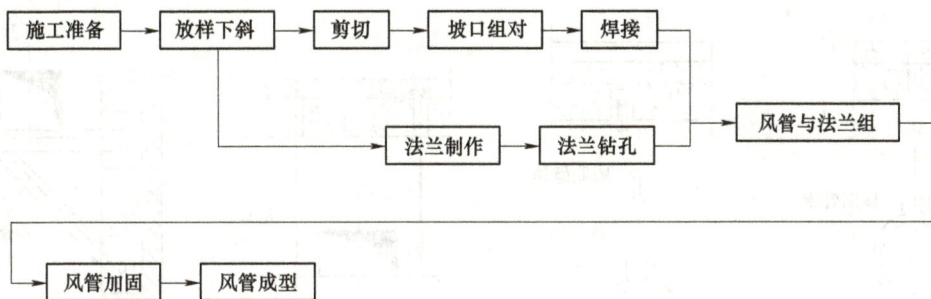

图 8-19　焊接连接工艺流程

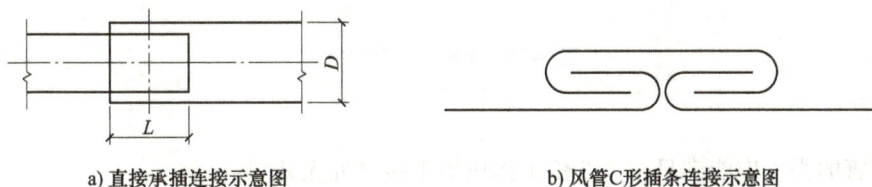

a) 直接承插连接示意图　　　　b) 风管C形插条连接示意图

图 8-20　无法兰连接形式

L—插入深度　D—风管直径

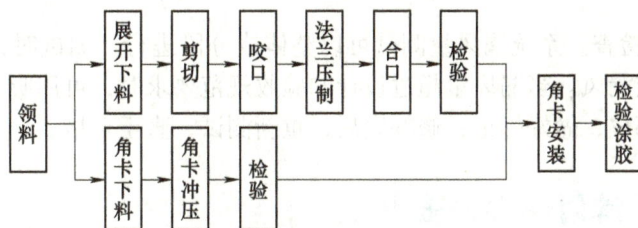

领料 → 展开下料 → 剪切 → 咬口 → 法兰压制 → 合口 → 检验 → 角卡安装 → 检验涂胶

角卡下料 → 角卡冲压 → 检验

图 8-21　无法兰连接工艺流程

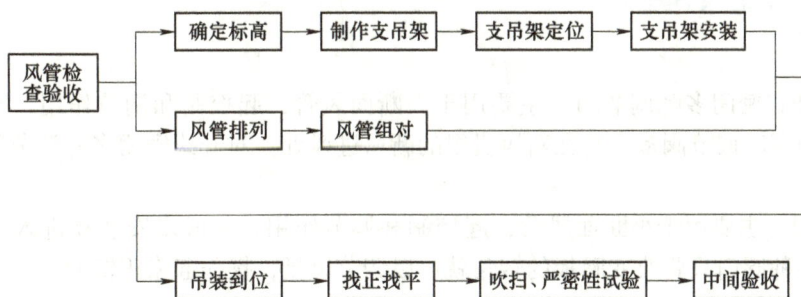

风管检查验收 → 确定标高 → 制作支吊架 → 支吊架定位 → 支吊架安装

风管排列 → 风管组对

吊装到位 → 找正找平 → 吹扫、严密性试验 → 中间验收

图 8-22　碳钢通风管道安装工艺流程

2）风管支吊架制作完成后，应进行除锈刷漆。埋入墙、混凝土的部位不得油漆。

3）用于不锈钢、铝板风管的支架、抱箍应按设计要求做好防腐绝缘处理，防止电化学腐蚀。

4）保温风管的支吊架装置宜放在保温层外部，保温风管不得与支吊托架直接接触，应垫上坚固的隔热防腐材料，其保温度与保温层相同，防止产生"冷桥"。

5）风管的支架形式如图 8-23 所示。

（3）风管的试验　风管制作完成后，进行强度和严密性试验，对其工艺性能进行监测

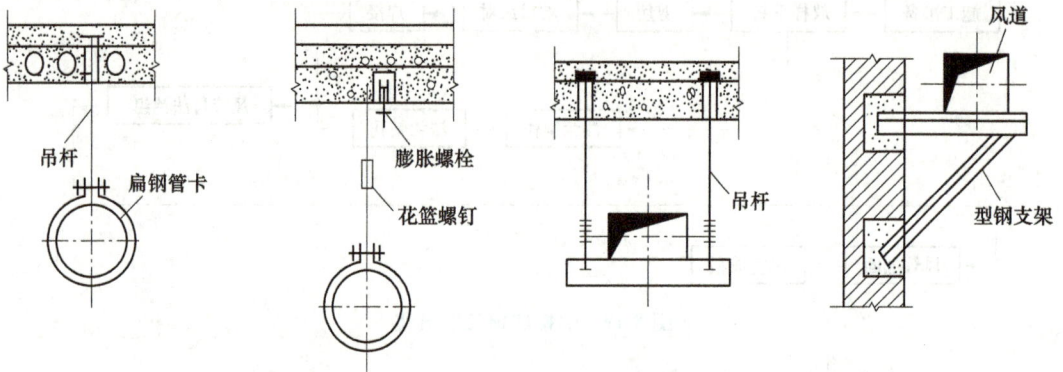

图 8-23　风管的支架形式

和验证。

1）风管的强度应能满足在 1.5 倍工作压力下接缝处无开裂。

2）风管的漏光检查。一般采用漏光法检测系统风管严密程度，采用一定强度的安全光源沿着被检测接口部位与接缝做缓慢移动，在另一侧进行观察，做好记录。对发现的条缝形漏光应做严密处理。

3）风管的漏风检查。系统漏风量测试可以整体或分段进行。测试时，被测系统的所有开口均应封闭，不应漏风。当漏风量超过设计和验收规范要求时，可用听、摸、观察、水或烟检漏，查出漏风部位，做好标记；修补完后，重新测试，直至合格。

8.4　通风管道常用部件及安装

8.4.1　通风管道常用部件

1. 风阀

（1）对开式密闭多叶调节阀　主要用于大断面风管，起控制和调节作用。有手动和电动两种，电动多叶调节阀多安装在新风机组的新风进风处。对开式密闭多叶调节阀如图 8-24 所示。

（2）蝶阀　主要用于小断面风管，起控制和调节作用，一般多安装在进入空调房间的支风道上。这种阀门只要改变阀板的转角就可以调节风量，操作起来很简便。蝶阀如图 8-25 所示。

图 8-24　对开式密闭多叶调节阀　　　　　图 8-25　蝶阀

（3）三通调节阀　矩形三通管或裤衩管处适用，用于合理配置分支管路的风量。三通调节阀如图 8-26 所示。

（4）插板阀　多用于离心式风机出口处，作为风机启动用，很少用于通风空调管道上。通过拉动手柄调整插板的位置即可改变风道的空气流量。其调节效果好，但占用空间大。插板阀如图 8-27 所示。

图 8-26　三通调节阀　　　　　图 8-27　插板阀

（5）止回阀　其作用是当风机停止运转时，可阻止气流逆向流动，有垂直式和水平式两种。止回阀必须动作灵活，阀板关闭严密。止回阀只有控制功能。止回阀如图 8-28 所示。

（6）防火阀　其作用是当发生火灾时，能自动关闭管道，切断气流，防止火灾通过风管蔓延。防火阀是高层建筑空调系统中不可缺少的部件，高级的防火阀可通过风道内的感烟探测器控制，在发生火灾时，可实现瞬时自行关闭。防火阀只有控制功能。防火阀如图 8-29 所示。

图 8-28　止回阀　　　　　　图 8-29　防火阀

（7）排烟阀　安装在机械排烟系统各支管端部，平时呈关闭状态并满足漏风量要求，火灾或需要排烟时手动和电动打开，排出室内烟气。排烟阀只有控制功能。排烟阀如图 8-30 所示。

2. 风口

风口分送风口和回风口。送风口的形式很多，典型的主要有以下几种：侧送风口、散流器、孔板送风口、喷射式送风口、旋流送风口、条缝型送风口等。回风口对室内气流组织的影响较小，因而构造简单，常用的回风口有矩形网式、百叶风口、条缝型风口等。下面介绍几种常用的

图 8-30　排烟阀

风口。

（1）百叶风口　一般用于侧向送风方式的系统中。可分为单层百叶风口、双层百叶风口、三层百叶风口。

1）单层百叶风口：用于精度要求不高的空调工程，也可后面加过滤网作为回风口用，如图 8-31 所示。

2）双层百叶风口：用于精度要求较高的空调工程，常作风机盘管的送风口，如图 8-32 所示。

3）三层百叶风口：叶片可调节风量、送风方向和射流扩散角，用于高精度空调工程。

图 8-31　单层百叶风口　　　　图 8-32　双层百叶风口

（2）散流器　散流器是空调系统中常用的送风口，具有均匀散流特性及简洁美观的外形，可根据使用要求制成方形或圆形；根据散流器叶片形式还可以分为直片式和流线型。

1）直片式散流器：适用于舒适性空调的顶送风系统，如图 8-33 所示。

2）流线型散流器：适用于恒温或洁净度要求高的房间顶送风系统，如图 8-34 所示。

图 8-33　直片式散流器　　　　图 8-34　流线型散流器

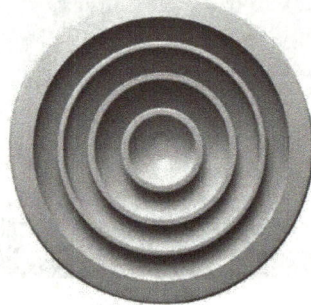

（3）条缝型风口　适用于舒适性空调，常用作风机盘管、诱导器的送风口，如图 8-35 所示。

（4）孔板送风口　适用于高精度、低流速的洁净式空调系统送风，如图 8-36 所示。

（5）蛋格式风口　多作为回风口使用，如图 8-37 所示。

（6）固定百叶风口　主要用于卫生间的回风口，如图 8-38 所示。

（7）自垂式百叶风口　自垂式百叶风口用于具有正压的空气调节房间自动排气，通常情况下靠风口的百叶因自重而自然下垂，隔绝室内外的空气交换，当室内气压大于室外气压时，气流将百叶吹开而向外排气，反之室内气压小于室外气压时，气流不能反向流入室内，该风口有单向止回作用。自垂式百叶风口多用于卫生间通风排气及楼梯间正压送风。自垂式百叶风口如图 8-39 所示。

（8）旋流风口　送风经旋流叶片形成旋转射流，送风气流与室内空气混合好，速度衰减快。这种送风口很适用于要求送风射程短的体育馆看台及计算机房的地面送风。旋流风口如图 8-40 所示。

图 8-35　条缝型风口

图 8-36　孔板送风口

图 8-37　蛋格式风口

图 8-38　固定百叶风口

图 8-39　自垂式百叶风口

图 8-40　旋流风口

3. 风帽

风帽在自然排风、机械排风系统中经常使用，安装在室外，是通风系统的末端设备，主要作用是防止雨雪直接灌入系统风道内，同时可以适应由于风向的变化而影响排风效果，并保证气体排出口处形成负压而使得气体顺利排出。风帽就是利用室外风力在风帽处形成负压而加强排风能力的一种辅助设备。

风帽按形状分为伞形风帽、圆形风帽、筒形风帽等类型，如图 8-41 所示；按材质可分为碳钢风帽、不锈钢风帽、塑料风帽、铝板风帽、玻璃钢风帽等类型。

4. 消声器

消声器的构造形式很多，按消声的原理主要有以下几类：

a) 伞形风帽   b) 圆形风帽   c) 筒形风帽

图 8-41 各种风帽

1）阻性消声器。阻性消声器是把多孔松散的吸声材料固定在气流管道内壁，当声波传播时，将激发材料孔隙中的分子振动，由于摩擦阻力的作用，使声能转化为热能而消失，起到消减噪声的作用，如图 8-42a 所示。这种消声器对于高频和中频噪声有良好的消声性能，但对低频噪声的消声性能较差，适用于消除空调通风系统及以中高频噪声为主的各种空气动力设备噪声。

2）抗性消声器。如图 8-42b 所示，气流通过截面突然改变的风道时，将使沿风道传播的声波向声源方向反射回去而起到消声作用。这种消声器对低频噪声有良好的消声作用。

3）共振消声器。如图 8-42c 所示，小孔处的空气与共振腔内的空气构成一个弹性振动系统。当外界噪声的振动频率与该弹性振动系统的固有频率相同时，引起小孔处的空气柱强烈摩擦，声能就因克服摩擦阻力而消耗。这种消声器有消除低频噪声的性能，但频率范围很窄。

4）宽频带复合式消声器。宽频带复合式消声器是上述几种消声器的综合体，以便集中它们各自的性能特点以弥补单独使用时的不足。如阻性、抗性复合式消声器和阻性、共振复合消声器等。这些消声器对于高中低频噪声均有良好的消声作用。

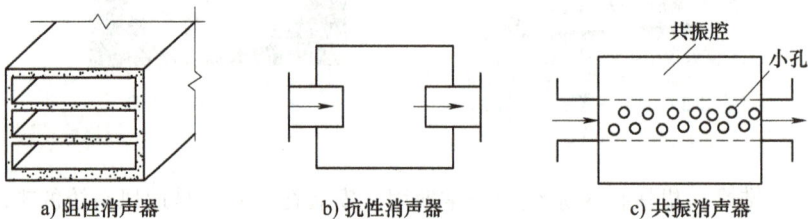

a) 阻性消声器   b) 抗性消声器   c) 共振消声器

图 8-42 消声器构造示意图

5. 软管接口

为了防止风机的振动通过风管传到室内引起噪声，常在通风机的入口和出口处装设柔性短管，长度 150~200mm。一般通风系统的柔性短管都用帆布做成，输送腐蚀性气体的通风系统用耐酸橡胶或 0.8~1.0mm 厚的聚氯乙烯塑料布制成。软管接口如图 8-43 所示。

图 8-43 软管接口

8.4.2 常用部件施工工艺

1. 风阀安装

1）工艺流程如图 8-44 所示。

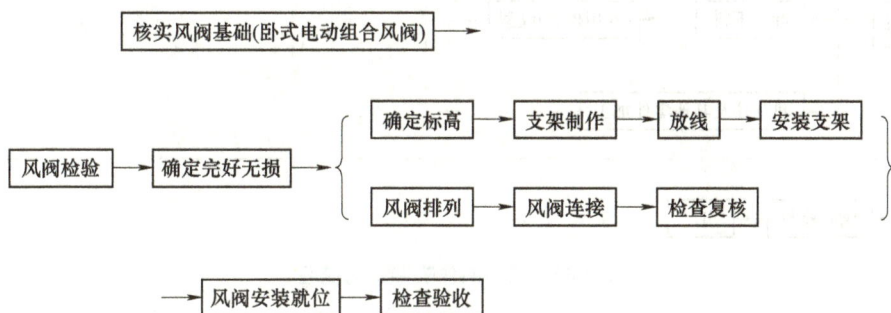

图 8-44 风阀安装工艺流程

2）风阀安装前应检查框架结构是否牢固，调节、制动、定位等装置是否准确灵活。

3）风阀的安装：将其法兰与风管或设备的法兰对正，加上密封垫片，上紧螺栓，使其与风管或设备连接牢固、严密。

4）风阀安装时，应使阀件的操纵装置便于人工操作。其安装的方向应与阀体外壳标注的方向一致。

5）安装完的风阀，应在阀体外壳上有明显和准确的开启方向、开启程度的标志。

6）防火阀直径或长边尺寸大于 630mm 时应设置单独的支架，以防风管在高温下变形影响阀门的功能。易熔片应设置在迎面的一侧。防火阀有左式和右式之分。防火阀安装示意图如图 8-45 所示。

2. 风口制作安装

1）工艺流程如图 8-46 所示。

2）风口安装应横平、竖直、严密、牢固、表面平整。

3）带风量调节阀的风口安装时，应先安装调节阀框，后安装风口的叶片框。同一方向的风口，其调节装置应设在同一侧。

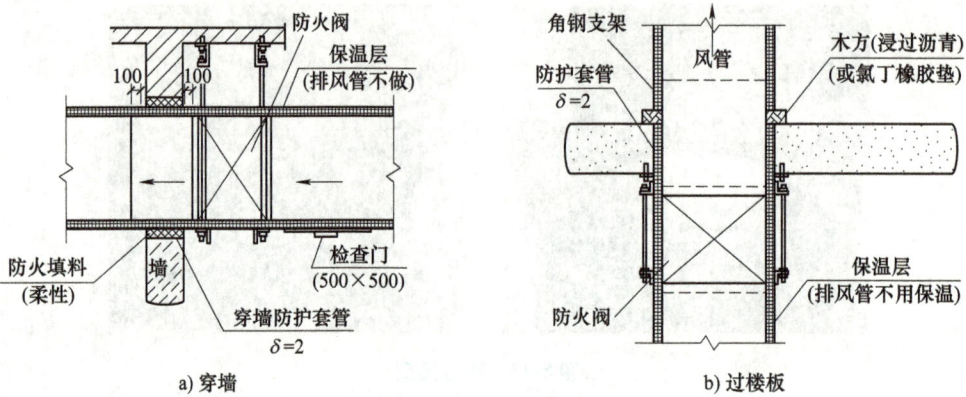

a) 穿墙　　　　　　　　　　　b) 过楼板

图 8-45　防火阀安装示意图

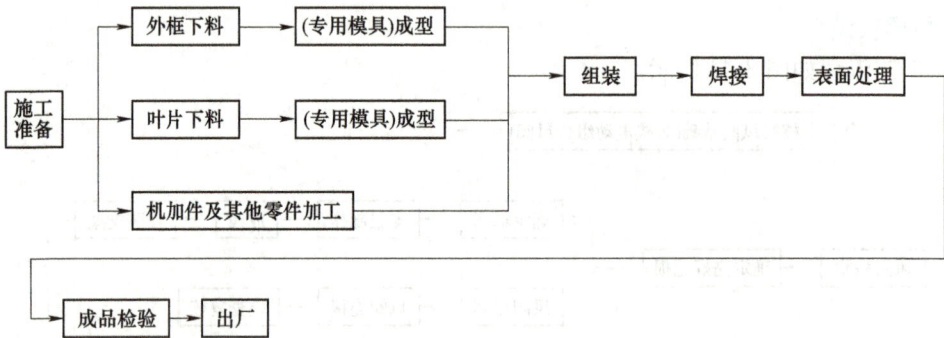

图 8-46　风口制作安装工艺流程

4）散流器风口安装时，应注意风口预留孔洞要比喉口尺寸大，留出扩散板的安装位置。散流器的扩散环和调节环应同轴，轴向环片间距应分布均匀。

5）孔板风口的孔口不应有毛刺，孔径一致，孔距均匀，并应符合设计要求。

6）球形风口内外球面间的配合应松紧适度、转动自如、定位后无松动。

7）排烟口与送风口的安装部位应符合设计要求，与风管或混凝土风道的连接应牢固、严密。

8）旋转式风口活动件应轻便灵活，与固定框接合严密，叶片角度调节范围应符合设计要求。

3. 消声器制作安装

1）工艺流程如图 8-47 所示。

2）消声弯管的平面边长大于 800mm 时，应加设导流吸声片。导流吸声片表面应平滑、圆弧均匀、与弯管连接紧密牢固，不得有松动现象。

3）消声器、消声弯头等在安装时应单独设支吊架，使风管不承受其质量。

4）消声器的安装方向必须正确，与风管或管件的法兰连接应保证严密、牢固。

5）支吊架应根据消声器的型号、规格和建筑物的结构情况，按照国标或设计图的规定选用。消声器在安装前应检查支吊架等固定件的位置是否正确，预埋件或膨胀螺栓是否安装

施工准备 → 下料 → 外壳及框架结构施工 → 充填消声材料 → 覆面

↓

成品检验 → 包装及标识

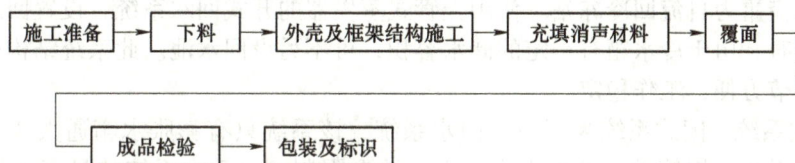

图 8-47 消声器制作安装工艺流程

牢固、可靠。支吊架必须保证所承担的荷载。

6）当空调系统为恒温，要求较高时，消声器外壳应与风管同样做保温处理。

7）消声器安装就位后，应加强管理，采取防护措施。严禁其他支吊架固定在消声器法兰及支吊架上。

8.5 空调水系统

8.5.1 制冷装置

目前常用的制冷装置为冷水机组，冷水机组主要有压缩式制冷机和吸收式制冷机两种。

（1）压缩式制冷机 压缩式制冷机主要由制冷压缩机、冷凝器、膨胀阀和蒸发器四个部件组成，并用管道连接成一个封闭的循环系统，如图 8-48 所示。

制冷剂在系统中经历蒸发、压缩、冷凝和节流四个热力过程。在蒸发器中，低压、低温的制冷剂液体吸收被冷却介质（如冷冻水）的热量，蒸发成为低压、低温的制冷剂蒸汽，每小时吸收的热量就是制冷量。低压、低温的制冷剂蒸汽，被压缩机吸

图 8-48 压缩式制冷机示意图

入压缩成高压高温的蒸汽后排入冷凝器；进入冷凝器中的高压、高温的制冷剂蒸汽被冷却水冷却，并放出热量，最后凝结成高压的液体，自冷凝器排出的高压液体经膨胀阀节流后变成低压、低温的液体，进入蒸发器吸收被冷却介质的热量继续蒸发制冷。如此周而复始地循环，完成任务。

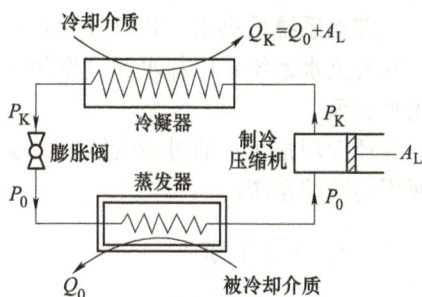

（2）吸收式制冷机 吸收式制冷机是利用二元溶液在不同压力和温度下能释放和吸收制冷剂的原理进行制冷循环的设备。通常以水作为制冷剂，以溴化锂水溶液为吸收剂。吸收式制冷机主要有单效、双效和直燃式三种。

8.5.2 冷冻水系统

冷冻水系统也称为制冷水系统，是中央空调系统的一个重要组成部分，空调系统中的冷冻水通常由冷冻站来制备。

1. 冷冻水系统按回水方式分类

冷冻站的冷冻水系统按回水方式可分为开式系统和闭式系统。

（1）开式系统 开式系统为重力式回水系统，当空调机房和冷冻站有一定高差且距离

较近时，回水借重力自流回冷冻站。使用壳管式蒸发器的开式回水系统，设置回水池；当采用立式蒸发器时，由于冷水箱有一定的储水容积，可不另设回水池。此系统结构简单，不设置回水泵，调节方便，工作稳定。

（2）闭式系统　闭式系统为压力式回水系统，该系统只有膨胀水箱通大气，所以系统的腐蚀性小，系统结构简单，冷损失小，不受地形限制。由于在系统的最高点设置膨胀水箱，整个系统充满水，冷冻水泵的扬程仅需克服系统的流动摩擦阻力，因此冷冻水泵的功率消耗较小。

2. 冷冻水系统按调节方式分类

冷冻站的冷冻水系统按调节方式可分为定水量系统和变水量系统。

（1）定水量系统　该系统的水流量始终不变，通过改变供回水水温来满足空调建筑符合要求。

（2）变水量系统　该系统的供回水水温始终不变，通过改变水流量来满足空调建筑符合要求。

8.5.3 冷却水系统

冷却水是冷冻站内制冷机的冷凝器和压缩机的冷却用水，在正常工作时，使用后仅水温升高，水质不受污染。

冷却水系统按供水方式可分为直流供水系统和循环冷却系统。

直流供水系统：冷却水经过冷却器等用水设备后直接排入河道或下水道，或排入厂区综合用水管道。

循环冷却系统：通过冷凝器后的温度较高的冷却水，经过降温处理后，再送入冷凝器循环使用的冷却系统。

8.5.4 冷凝水系统

在风机盘管及空气处理器中，夏季由于热空气经过冷盘管时，在盘管表面会有凝结水的产生，这部分水被称为冷凝水，会被收集在机组中的凝水盘中，并依靠冷凝水管路及时排出，以免造成水患。这个系统就是冷凝水系统。

冷凝水系统中水量不大，故通常不设置水泵，依靠管路自身的坡度将冷凝水排出，因此，冷凝水通常是就近排出。凝水盘的泄水支管处的坡度不宜小于 0.01，而冷凝水的水平干管不应小于 0.003。冷凝水管可采用镀锌钢管或 PVC 管，应注意，为避免管道结露影响室内装修，冷凝水管应采取防结露措施。冷凝水系统如图 8-49 所示。

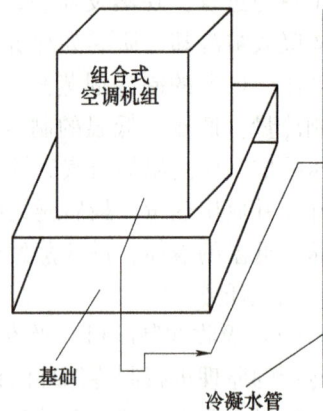

图 8-49　冷凝水系统示意图

8.6　空调系统调试

1. 空调水系统的调试运行

空调管道系统安装完毕，正式运行之前必须进行试压。试压的目的是检查管路的机械强度与严密性。为了便于查找泄漏之处，一般采用水泵试压。空调系统试压可以分段进行，也可以整个系统进行。试验压力按设计要求定。如果设计无明确要求，对空调冷热媒系统，试验压力为系统顶点工作压力加 0.1MPa，同时系统顶点试验压力不小于 0.3MPa。高层建筑如果低处水压大于风机盘管或空调箱所能承受的最大试验压力时要分层试压。试压在管道刷油、保温之前，以便进行外观检查和修补。试压用手摇泵或电泵进行。关闭所有的排水阀，打开管路上其他阀门（包括排气阀）。一般从回水干管注入自来水，反复充水、排气，检查无泄漏后，关闭排气阀和注自来水的阀门，再使压力逐渐上升。在 5min 内压力降不大于 0.02MPa 为合格。如有漏水处应标好记号，修理好后重新加压，直至合格为止。试压时应邀请建设单位参加并在试压记录上签字。管道试压时要注意安全，加压要缓慢，事后必须将系统内的水排尽。

管路使用前必须进行清洗，以去除杂物。管路清洗可在试压合格后进行。清洗前应将管路上的流量孔板、滤网、温度计、止回阀等部件拆下，清洗后再装上。空调冷热媒系统用清水冲洗，如系统较大，管路较长，可分段冲洗，清洗到排水处水色透明为止。

空调冷热媒系统的试运转在试压合格并经过清洗后进行。水源、电源要保证正常供给，修理、排水等工具要齐备。打开最高处放气门，从回水总管充水，当放气门见水后可将充水用的进水处阀门关小，注意反复排气、冲水，使系统中真正充满水后再开启冷（热）源设备。试运行后系统各部分温度不均匀时，要进行初调节。初调节时一般都是先调节大环路间的流量分配，然后调整各房间风机盘管或空调箱的流量分配，最后调整各支管的流量分配。异程式系统要关小离主立管较近的末端空调设备的阀门开启度。同程式系统应适当关小离主立管最远以及最近处末端空调设备的阀门开启度，适当开大中间部分的末端空调设备的阀门开启度，使各房间达到设计参数要求。

2. 空调风系统的调试运行

（1）调试前的外观质检　在空调风系统安装完毕后，应对整个空调工程做全面的外观质量检查，主要包括：

1）风管、管道、设备安装质量是否符合规定，连接处是否符合要求。

2）各类阀门安装是否符合要求，操作调节是否灵活方便。

3）系统的防腐及保温工作是否符合规定。

（2）单机试运转　主要包括风机、空调机、水泵、制冷机、冷却塔等的单机试运转。

运转后要检查设备的减振器是否有位移现象。设备的试运转要根据各种设备的操作规程运行，并做好记录。

（3）无生产负荷的联合试运转　在单机试运转合格的基础上，可进行设备的联合试运转。联合试运转前需进行：

1）风机的风量、风压测定：测量空气流动速度的各种仪器、仪表在使用前都需经过认真检验校核，确保其数据准确可靠，常用的仪器、仪表有叶轮风速仪、转杯风速仪和热电风速仪、皮托管、微压计等。

2）风管系统的风量平衡：系统各部位的风量均应调整到设计要求的数值，可用调节阀改变风量进行调整。

调试时可从系统的末端开始，即由距风机（或空调箱）最远的分支管开始，逐步调整到风机，使各分支管的实际风量达到或接近设计风量。最后当将风机的风量调整到设计要求值时，系统各部分的风量仍应能满足要求。系统风量调平衡后应达到：

①风口的风量、新风量、排风量、回风量的实测值与设计风量的允许值不大于10%。

②新风量与回风量之和应近似等于总送风量或各送风量之和。

③总送风量应略大于回风量与排风量之和。

（4）综合效能试验　对于空调系统应在人员进入室内及工艺设备投入运行的状态下，进行一次带生产负荷的联合试运转试验，即综合效能试验，检验各项参数是否达到设计要求。

8.7　建筑防排烟系统

8.7.1　建筑防烟

建筑物一旦发生火灾，往往造成财产损失和人员伤亡。尤其是高层建筑，一旦发生火灾，火势蔓延快，疏散困难，扑救难度大，产生的灾害更严重。火灾发生时，如何使楼内人员经过疏散通道疏散到安全地带，消防队员能通过消防通道迅速到达火灾地点，是防火排烟的主要任务，它涉及疏散通道布置、通道照明和防火排烟等设计。在此仅介绍防火排烟方面的内容。合理地进行防火排烟设计，与建筑设计、通风和空调设计有着密切关系。

（1）防烟设施的设置部位 不具备自然排烟条件的防烟楼梯间，设置自然排烟设施的防烟楼梯间，不具备自然排烟条件的前室，不具备自然排烟条件的消防电梯间前室或合用前室，封闭的避难层（间），避难走道的前室，不宜进行自然排烟的场所，高层民用建筑的防烟楼梯间，消防电梯间的前室或合用前室仅在其上部楼层具备自然排烟条件时，下部不具备自然排烟条件的部分应设置局部加压送风系统，且考虑采用机械加压送风设施。

（2）机械加压送风系统的组成 机械加压送风系统如图8-50所示。该系统由加压送风机、加

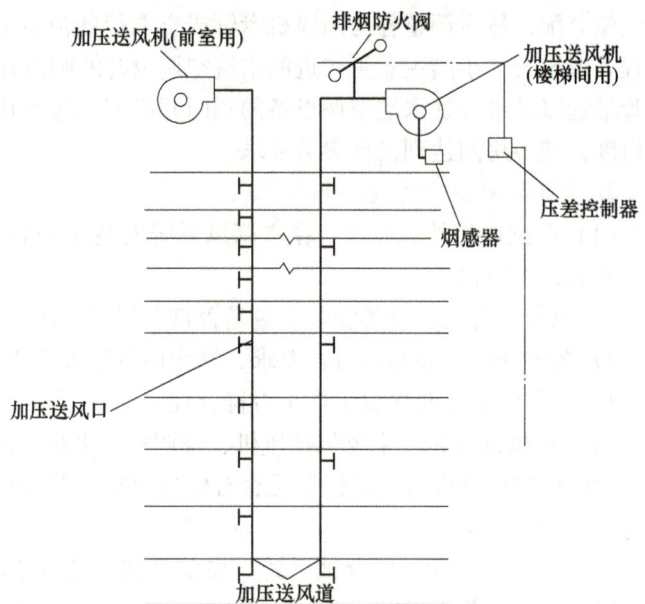

图8-50　机械加压送风系统

压送风道、加压送风口及其自控装置等部分组成。依靠加压送风机提供新鲜空气给建筑物内的被保护部位，并使其压力高于火灾压力，形成压差，阻止烟气侵入，发生火灾时为人员疏散及消防扑救工作提供安全场所。

1）加压送风机：加压送风机可采用轴流风机或中低离心风机，其位置根据电源位置、室外新风入口条件、风量分配情况等因素确定。

加压送风机的风量可查表8-2~表8-5确定。

表 8-2 防烟楼梯间（不含前室）的加压送风量

系统负担层数	加压送风量/(m³/h)
<20 层	25000~30000
20~32 层	35000~40000

表 8-3 防烟楼梯间及其合用前室的分别加压送风量

系统负担层数	送风部位	加压送风量/(m³/h)
<20 层	防烟楼梯间	16000~20000
	合用前室	12000~16000
20~32 层	防烟楼梯间	20000~25000
	合用前室	18000~22000

表 8-4 消防电梯间前加压送风量

系统负担层数	加压送风量/(m³/h)
<20 层	15000~20000
20~32 层	22000~27000

表 8-5 防烟楼梯间采用自然排烟，前室或合用前室不具备自然排烟条件时的送风量

系统负担层数	加压送风量/(m³/h)
<20 层	22000~27000
20~32 层	28000~32000

注：1. 表 8-2~表 8-5 的风量按开启 2.00m×1.60m 的双扇门确定。当采用单扇门时，其风量可乘以 0.75 系数计算；当有两个或两个以上出入口时，其风量应乘以 1.50~1.75 系数计算；开启门时，通过门的风速不宜小于 0.7m/s。

2. 风量上下限选取应按层数、风道材料、防火门漏风量等因素综合比较确定。

加压送风机的全压，按最不利管路计算其压头损失，且满足防烟楼梯间、前室、消防电梯前室、合用前室和封闭避难层的设计压力要求：防烟楼梯间的余压值为 50Pa；防烟楼梯间前室、合用前室、消防电梯间前室、封闭避难层的余压值为 25Pa。

2）加压送风口：楼梯间的加压送风口采用自垂式或常开百叶风口，一般每隔 2~3 层设置一个。设置常开百叶风口时，应在风机出口处设止回阀。前室的加压送风口为常开的双层百叶风口，应在每层均设一个。送风口的风速不宜大于 7m/s。

3）加压送风道：加压送风道应采用密实不漏风的非燃烧材料。采用金属风道时，其风速不应大于 20m/s；采用非金属风道时，其风速不应大于 15m/s。

（3）机械加压送风系统中的设计问题

1）加压送风系统的划分：机械加压送风的防烟楼梯间和合用前室，机械加压送风的消防电梯间和合用前室，均按各自所需维持的设计余压设置独立送风系统。必须共用一个送风系统时，应在通向合用前室的支风管上设置压差自动调控装置。当送风系统层数大于 20 层，送风量过大时，可考虑在垂直方向上进行分区，由两个送风系统的风机分别送风。

2）加压送风系统对新风的要求：加压送风机必须从室外吸气，采气口应远离排烟口，

确保进气的清洁；采气口的位置应低于排烟口和其他排气口；其新风无须进行任何处理。

8.7.2 建筑排烟

机械排烟又分为局部排烟和集中排烟两种方式。每个房间内设置单独排烟风机为局部排烟，这种方式只适用于某些特殊的房间；集中排烟方式是把建筑物划分为若干个防烟区，由各区内设置在建筑物上层的排烟风机进行强制排烟。

1. 机械排烟系统的组成

机械排烟系统包括防烟垂壁、排烟口、排烟道、排烟防火阀、排烟风机和排烟出口等。

图 8-51 所示为机械排烟系统图。

（1）排烟口　每个防烟分区应分别设置数个能同时启动的排烟口；排烟口应尽可能布置在防烟区中心，且至该区任一点的水平间距不应大于 30m；排烟口设在顶棚或靠近顶棚的墙面上，且与附近安全出口沿走道方向相邻边缘之间的最小水平距离不应小于 1.5m；设置在顶棚上的排烟口距

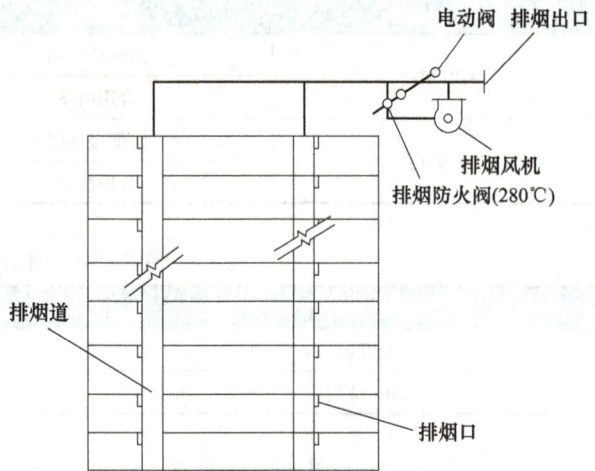

图 8-51　机械排烟系统图

可燃构件或可燃物的距离不应小于 1.0m；排烟口平时关闭，应设手动、远距离自动开启装置；排烟口的风速不宜大于 10m/s。

（2）排烟道　排烟道材料宜选用镀锌钢板或冷轧钢板，也可选用混凝土或石棉制品，风道的配件应采用钢板制作；不同材料排烟道的风速应有所区别，一般采用钢板制作时，烟道风速不应大于 20m/s；非金属制作的烟道，风速应小于 15m/s。此外，由于排烟道内静压较大，应具有一定的厚度以求牢固。

（3）排烟防火阀　排烟系统中，当烟气温度达到或超过 280℃时烟气中已带火，为避免这种带火烟气扩延到建筑内其他层，需在排烟系统中的排烟支管上和排烟风机房入口处设置具有自动关闭功能的排烟防火阀，以避免带火烟气蔓延造成危害。

（4）排烟风机　排烟风机有离心式和轴流式两种类型。一般宜采用离心式风机。要求具有一定的耐热、隔热性，确保输送的烟气温度在 280℃时能正常运行 30min 以上。排烟风机设在该风机所处防火分区的排烟系统中最高排烟口的上部，防火分区的风机房内。风机外缘与机房墙壁或其他设备的间距应保持在 0.6m 以上。排烟风机应有备用电源，并能自动切换。排烟风机的启动宜采用自动控制方式，启动装置与排烟系统中每个排风口连锁，即在该排烟系统中任何一个排烟口开启时，排烟风机都能自动启动。

（5）排烟风机的风量　承担一个防烟分区或净高大于 6.0m 未进行防烟分区房间的排烟时，排烟风机的风量应不小于 60m³/(h·m²)；两个或两个以上的防烟分区共用一组排烟风机时，风机的风量应按面积最大的防烟分区来计算，且不应小于 120m³/(h·m²)，注意该排烟系统的最大排烟量为 60000m³/h，最小排烟量为 7200m³/h；中庭体积小于 17000m³ 时，排烟风机的风量按其体积的 6 次/h 换气计算；中庭体积大于 17000m³ 时，按其体积的 4 次/h

换气计算。但最小排烟量不应小于 $102000m^3/h$。排烟风机的全压应按排烟系统中最不利管路进行计算。

2. 机械排烟的设置部位

1）民用建筑的下列场所或部位应设置排烟设施：

①设置在一、二、三层且房间建筑面积大于 $100m^2$ 的歌舞娱乐放映游艺场所，设置在四层及以上楼层、地下或半地下的歌舞娱乐放映游艺场所。

②中庭。

③公共建筑内建筑面积大于 $100m^2$ 且经常有人停留的地上房间。

④公共建筑内建筑面积大于 $300m^2$ 且可燃物较多的地上房间。

⑤建筑内长度大于 $20m$ 的疏散走道。

2）地下或半地下建筑（室）、地上建筑内的无窗房间，当总建筑面积大于 $200m^2$ 或一个房间建筑面积大于 $50m^2$，且经常有人停留或可燃物较多时，应设置排烟设施。

在采用机械排烟的同时还须采用自然进风和机械进风。进风口一般设在靠近地面的墙壁上，以避免对排烟系统中烟气气流的干扰，形成下部进风、上部排烟的理想气流组织，如图 8-52 所示。

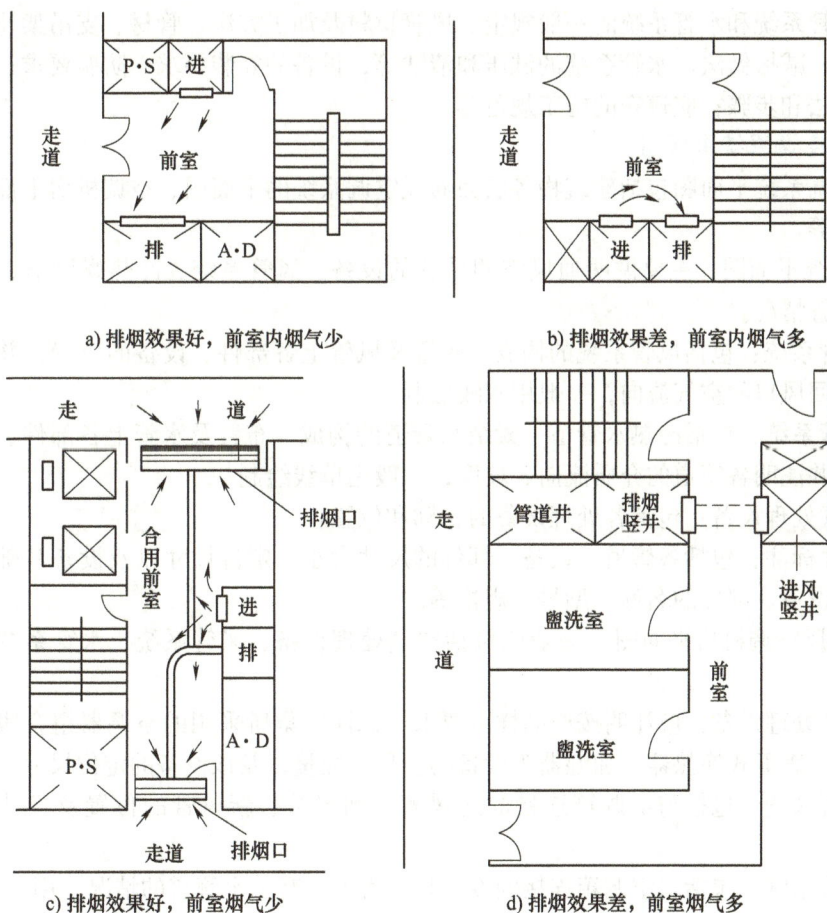

a) 排烟效果好，前室内烟气少

b) 排烟效果差，前室内烟气多

c) 排烟效果好，前室烟气少

d) 排烟效果差，前室烟气多

图 8-52 排烟口与通风口、前室入口、楼梯间入口的相对位置

8.8 通风空调工程施工图识读

8.8.1 通风空调工程施工图的组成

通风空调工程施工图与给水排水工程施工图相同，也是由图文与图纸两部分组成。

图文部分包括：图纸目录、设计施工说明、设备材料明细表。

图纸部分包括：通风空调系统平面图、剖面图、系统图、原理图、详图等。

1. 图纸目录

将全部施工图纸按其编号（空施-×）、图名、顺序填入图纸目录表格，同时在表头上标明建设单位、工程项目、分部工程名称、设计日期等，装订于封面。其作用是核对图纸数量，便于识图时查找。

2. 设计施工说明

设计施工说明主要包括通风空调系统的建筑概况；系统采用的设计气象参数；房间的设计条件（冬季、夏季空调房间的空气温度、相对湿度、平均风速、新风量、噪声等级、含尘量等）；系统的划分与组成（系统编号、服务区域、空调方式等）；要求自控时的设计运行工况；风管系统和水管系统的一般规定、风管材料及加工方法、管材、支吊架及阀门安装要求、保温、减振做法、水管系统的试压和清洗等；设备的安装要求；防腐要求；系统调试和试运行方法和步骤；应遵守的施工规范等。

3. 通风空调系统平面图

通风空调系统平面图包括建筑物各层面通风空调系统的平面图、空调机房平面图、制冷机房平面图等。

（1）系统平面图　主要说明通风空调系统的设备、风管系统、冷热媒管道、凝结水管道的平面布置情况。

1）风管系统：包括风管系统的构成、布置及风管上各部件、设备的位置，并注明系统的编号、送回风口的空气流向，一般用双线绘制。

2）水管系统：包括冷热水管道、凝结水管道的构成、布置及水管上各部件、仪表、设备位置等，并注明各管道的介质流向、坡度，一般用单线绘制。

3）空气处理设备：包括各处理设备的轮廓和位置。

4）尺寸标注：包括各管道、设备、部件的尺寸大小、定位尺寸以及设备基础的主要尺寸，还有各设备、部件的名称、型号、规格等。

（2）通风空调机房平面图　一般应包括空气处理设备、风管系统、水管系统、尺寸标注等内容。

1）空气处理设备：应注明按产品样本要求或标注图集所采用的空调器组合段代号，空调箱内风机、表面式换热器、加湿器等设备的型号、数量以及该设备的定位尺寸。

2）风管系统：包括与空调箱连接的送风管、回风管、新风管的位置及尺寸，用双线绘制。

3）水管系统：包括与空调箱连接的冷、热媒管道，凝结水管道的情况，用单线绘制。

4. 通风空调系统剖面图

剖面图与平面图对应，因此，剖面图主要有系统剖面图、机房剖面图、冷冻机房剖面图等，剖面图上的内容应与在平面图剖切位置上的内容对应一致，并标注设备、管道及配件的标高。

5. 通风空调系统图

通风空调系统图应包括系统中设备、配件的型号、尺寸、定位尺寸、数量以及连接于各设备之间的管道在空间的曲折、交叉、走向和尺寸、定位尺寸等，并应注明系统编号。系统图可用单线绘制也可以用双线绘制。

6. 空调系统的原理图

空调系统的原理图主要包括系统的原理和流程；空调房间的设计参数、冷热源、空气处理及输送方式；控制系统之间的相互连接；系统中的管道、设备、仪表、部件；整个系统控制点与检测点之间的联系；控制方案及控制点参数，用图例表示的仪表、控制元件型号等。

8.8.2　通风空调施工图的图示

1. 比例

在通风空调工程施工图中，一般常用的比例是：

总平面图：1∶500，1∶1000，1∶2000。

基本图：1∶50，1∶100，1∶150，1∶200。

详图（又称大样图）：1∶1，1∶2，1∶5，1∶10，1∶20，1∶50。

工艺流程图和系统图：无比例。

有时，在施工图上，有许多部位并没有标注出相应的尺寸，这就要求读图人员用尺度量出该部位尺寸，并按图上标明的比例尺换算出实际的尺寸大小。

2. 线型

在通风空调工程施工图中，常用的线型及其含义见下表 8-6。

表 8-6　通风空调工程施工图中常用线型及其含义

名称		线型	线宽	含　义
实线	粗	——————	b	风管轮廓线、空调冷（热）水供水管等
	中粗	——————	$0.5b$	通风空调设备轮廓线、风管法兰盘线等
	细	——————	$0.25b$	土建轮廓线、尺寸线、尺寸界线、引出线、材料图例线、标高符号等
虚线	粗	- - - - - - - -	b	空调冷（热）水回水管、冷凝水管、平（剖）面图中非金属风道（砖、混凝土风道）的内表面轮廓线等
	中粗	- - - - - - - -	$0.5b$	风管被遮挡部分的轮廓线等
	细	- - - - - - - -	$0.25b$	原有风管的轮廓线、地下管沟等
波浪线	中粗	⌇⌇⌇	$0.5b$	软管
单点划线		—·—·—·—	$0.25b$	设备中心线、轴心线、风管及部件中心线、定位轴线等
折断线		—⌐—	$0.25b$	断开界线

3. 文字说明与尺寸标注

通风空调工程施工图由于是专业性图纸，因此除了图形以外，必须有对图形进行说明的文字部分。该文字部分除了图纸上必要的文字部分外，还包括对设计背景、设计条件等进行说明的单独的文字部分，例如设计的气象条件、系统的组成与划分、设备与材料的选择等，都是属于该图纸的必要的文字说明部分。

通风空调工程施工图上的尺寸标注应遵守前述有关方面的基本规定；除此之外，通风空调工程施工图的尺寸标注也有着自己的特色，具体如下：

（1）定位尺寸标注　平、剖面图中应注出设备、管道中心线与建筑定位轴线间的间距尺寸。

（2）风管规格标注　风管规格用管径或断面尺寸表示。风管管径或断面尺寸宜标注于风管上或风管法兰处延长的细实线上方。圆形风管规格用其外径表示，如 Φ360mm。矩形风管规格用断面尺寸"（宽）×（高）"表示，前面数字为该视图投影面尺寸。如风管规格标注为 120mm×120mm，说明该风管水平方向宽为 120，高为 120（单位为 mm）；风管规格为 400mm×120mm，说明该风管水平方向宽为 400，高为 120（单位为 mm）。

（3）标高标注　圆形风管，标注管中心标高；矩形风管，标注管底标高；有时注出风管距该层地面尺寸以确定高度。

8.8.3　通风空调工程施工图常用图例

通风空调工程施工图常用图例见表 8-7。

表 8-7　通风空调工程施工图常用图例

序号	名称	图例	附注
系统编号			
1	送风系统	—S—	两个系统以上时，应进行系统编号
2	排风系统	—P—	
3	空调系统	—K—	
4	新风系统	—X—	
5	回风系统	—H—	
6	排烟系统	—PY—	
7	正压送风系统	—ZS—	
8	除尘系统	—C—	
9	通风系统	—T—	
10	净化系统	—J—	
11	人防送风系统	—RS—	
12	人防排风系统	—RP—	
各类水、气管			
1	空调供水管	—L_1—	
2	空调回水管	—L_2—	
3	冷凝水管	—n—	
4	冷却供水管	—LG_1—	
5	冷却回水管	—LG_2—	

（续）

序号	名称	图例	附注
		风管	
1	送风管、新风管		
2	回风管、排风管		
3	混凝土或砖砌风管		
4	异径风管		
5	天圆地方		左边接矩形管，右边接圆形管
6	柔性风管		
7	风管检查孔、测定孔	检　　测	
8	矩形三通		
9	弯头		
10	带导流片弯头		
11	软接头		

（续）

序号	名称	图例	附注
	风阀及附件		
1	插板阀		
2	蝶阀		
3	手动对开式多叶调节阀		
4	电动对开式多叶调节阀		
5	三通调节阀		
6	防火（调节）阀	70℃	表示 70℃ 动作的防火阀
7	排烟阀	280℃ 280℃	左为 280℃ 动作的常闭阀，右为常开阀
8	止回阀		
9	送风口		
10	回风口		
11	方形散流器		
12	圆形散流器		
13	伞形风帽		
14	锥形风帽		

（续）

序号	名称	图例	附注
		风阀及附件	
15	筒形风帽		
16	减振器		
17	喷雾排管		
18	挡水板		
		通风、空调、制冷设备	
1	离心式通风机	(1) (2) (3)	（1）平面 左：直联 右：皮带 （2）系统 （3）流程
2	轴流式通风机	(1) (2) (3)	（1）平面 （2）系统 （3）流程
3	风机盘管		
4	消声器		
5	消声弯头		
6	通风空调设备		
7	空气加热器		
8	空气冷却器		
9	空气加湿器		

（续）

序号	名称	图例	附注
通风、空调、制冷设备			
10	窗式空调器		
11	过滤器		左为初效，中为中效，右为高效
12	电加热器		
13	分体式空调器		
14	离心式水泵	(1)　(2)　(3)	（1）平面 （2）系统 （3）流程
15	制冷压缩机		用于流程、系统
16	冷水机组		用于流程、系统
17	屋顶通风机		
水系统附件			
1	自动排气阀		
2	角阀		
3	节流孔板		
4	固定支架		
5	丝堵或盲板		
6	三通阀		

（续）

序号	名称	图例	附注
		水系统附件	
7	四通阀		
8	电磁阀		
9	电动两通阀		
10	电动三通阀		
11	减压阀		
12	浮球阀		
13	散热器三通阀		
14	底阀		
15	放风门		
16	疏水器		
17	方形伸缩器		
18	套筒伸缩器		
19	波形伸缩器		
20	弧形伸缩器		

（续）

序号	名称	图例	附注
水系统附件			
21	球形伸缩器		
22	除污器		
23	Y形过滤器		
仪表、控制和调节执行机构			
1	手动元件		
2	自动元件		
3	弹簧执行机构		
4	重力执行机构		
5	浮动执行机构		
6	活塞执行机构		
7	膜片执行机构		
8	电动执行机构	M	
9	电磁执行机构	M	
10	遥控	对于……	

（续）

序号	名称	图例	附注
传感元件			
1	温度传感元件		
2	压力传感元件		
3	流量传感元件	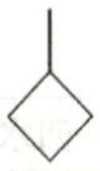	
4	湿度传感元件		
5	液位传感元件	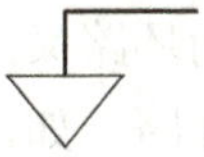	
仪表			
1	指示器（计）		
2	记录仪		
3	压力表		
4	温度计		
5	流量计	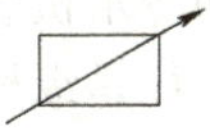	

8.8.4 通风空调工程施工图的特点

1. 通风空调工程施工图的图例有助于施工图识读

通风空调工程施工图上的图形不能反映实物的具体形象与结构，它采用了国家规定的统一的图例符号来表示，这是通风空调工程施工图的一个特点，也是对识读者的一个要求。阅读前，应首先了解并掌握与图纸有关的图例符号所代表的含义。

2. 风管、水管系统环路的独立性

在通风空调工程施工图中，风管系统与水管系统（包括冷冻水、冷却水系统）按照它们的实际情况出现在同一张平、剖面图中，但是在实际运行中，风管系统与水管系统具有相

对独立性。因此在阅读施工图时，首先将风管系统与水管系统分开阅读，然后再综合起来。

3. 风管、水管系统环路的完整性

通风空调系统中，无论是水管系统，还是风管系统，都可以称为环路，这就说明风管、水管系统总是有一定来源，并按一定方向，通过干管、支管，最后与具体设备相接，多数情况下又将回到它们的来源处，形成一个完整的系统。冷媒管道系统流程图如图8-53所示。

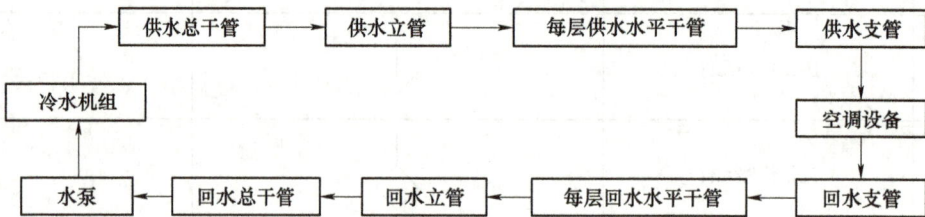

图 8-53 冷媒管道系统流程图

可见，系统形成了一个循环往复的完整的环路。可以从冷水机组开始阅读，也可以从空调设备处开始阅读，直至经过完整的环路又回到起点。

风管系统同样可以写出这样的环路，如图8-54所示。

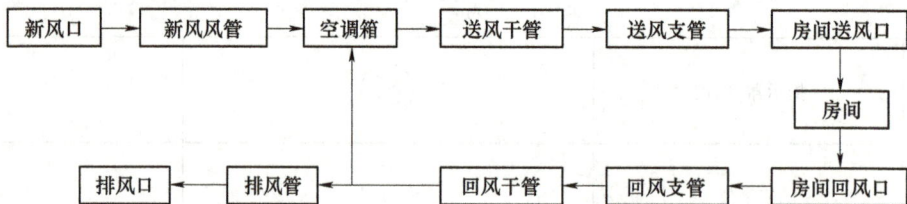

图 8-54 风管系统流程图

对于风管系统，可以从空调箱处开始阅读，逆风流动方向看到新风口，顺风流动方向看到房间，再至回风干管、空调箱，再看回风干管到排风管、排风口这一支路。也可以从房间处看起，研究风的来源与去向。

4. 通风空调系统的复杂性

通风空调系统中的主要设备，如冷水机组、空调箱等，其安装位置由土建决定，这使得风管系统与水管系统在中间的走向往往是纵横交错，在平面图上很难表示清楚。因此，通风空调系统的施工图中除了大量的平面图、立面图外，还包括许多剖面图与轴测图，它们对读懂图纸有重要帮助。

5. 与土建施工的密切性

通风空调系统中的设备、风管、水管及许多配件的安装都需要土建的建筑结构来容纳与支撑。因此，在阅读通风空调工程施工图时，要查看有关图纸，密切与土建配合，并及时对土建施工提出要求。

8.8.5 通风空调工程施工图的识读方法

通风空调工程施工图有其自身的特点，其复杂性要比给水排水工程施工图大，识读时要切实掌握各图例的含义，把握风管系统与水管系统的独立性和完整性。识读时要搞清系统，

摸清环路，分系统阅读。

1. 认真阅读图纸目录

根据图纸目录了解该工程图纸的概况，包括图纸张数、图幅大小及名称、编号等信息。

2. 阅读设计施工说明

根据设计施工说明了解该工程概况，包括空调系统的形式、划分及主要设备布置等信息，在此基础上，确定哪些图纸是代表着该工程的特点、是这些图纸中的典型或重要部分，图纸的阅读就从这些重要图纸开始。

3. 阅读有代表性的图纸

在确定了代表该工程特点的图纸后，就根据图纸目录，确定这些图纸的编号，并找出这些图纸进行阅读。

在通风空调工程施工图中，有代表性的图纸基本上都是反映空调系统布置、空调机房布置、冷冻机房布置的平面图，因此通风空调工程施工图的阅读基本上是从平面图开始的，先阅读总平面图，然后阅读其他的平面图。

4. 阅读辅助性图纸

对于平面图上没有表达清楚的地方，就要根据平面图上的提示（如剖面位置）和图纸目录找出该平面图的辅助图纸进行阅读，包括立面图、侧立面图、剖面图等。对于整个系统，可配合系统轴测图阅读。

5. 阅读其他内容

在读懂整个通风空调系统的前提下，再进一步阅读设计施工说明与设备及主要材料表，了解通风空调系统的详细安装情况，同时参考零部件加工、设备安装详图，从而完全掌握图纸的全部内容。

对于初次接触通风空调工程施工图的读者，识图的难点在于如何区分送风管与回风管、供水管与回水管。

对于风管系统，送风管与回风管的识别在于：以房间为界，送风管一般将送风口在房间内均匀布置，管路复杂；回风管一般集中布置，管路相对简单些。另外，可从送风口、回风口来区别。送风口一般为双层百叶、方形（圆形）散流器、条缝型送风口等，回风口一般为单层百叶、单层格栅，较大。有的图中还标示出送回风口气流方向，则更便于区分。还有一点，回风管一般与新风管（通过设于外墙或新风井的新风口吸入）相接，然后一起混合被空调箱吸入，经空调箱处理后送至送风管。

对于水管系统，供水管与回水管的区分在于：一般而言回水管与水泵相连，经过水泵接至冷水机组，经冷水机组冷却后送至供水管，有一点至为重要，即回水管基本上与膨胀水箱的膨胀管相连；另外，通风空调工程施工图基本上用粗实线表示供水管，用粗虚线表示回水管。这更便于读者区别。

8.9　通风空调工程施工图的识读案例

8.9.1　设计说明与施工图

多功能厅空调系统施工图如图 8-55 ~ 图 8-58 所示。

1—变风量空调箱BFP×18,风量18000m³/h,冷量150kW,余压400Pa,电动机功率4.4kW
2—微穿孔板消声器1250×500
3—铝合金方形散流器240×240,共24只
4—阻抗复合式消声器1600×800,回风口

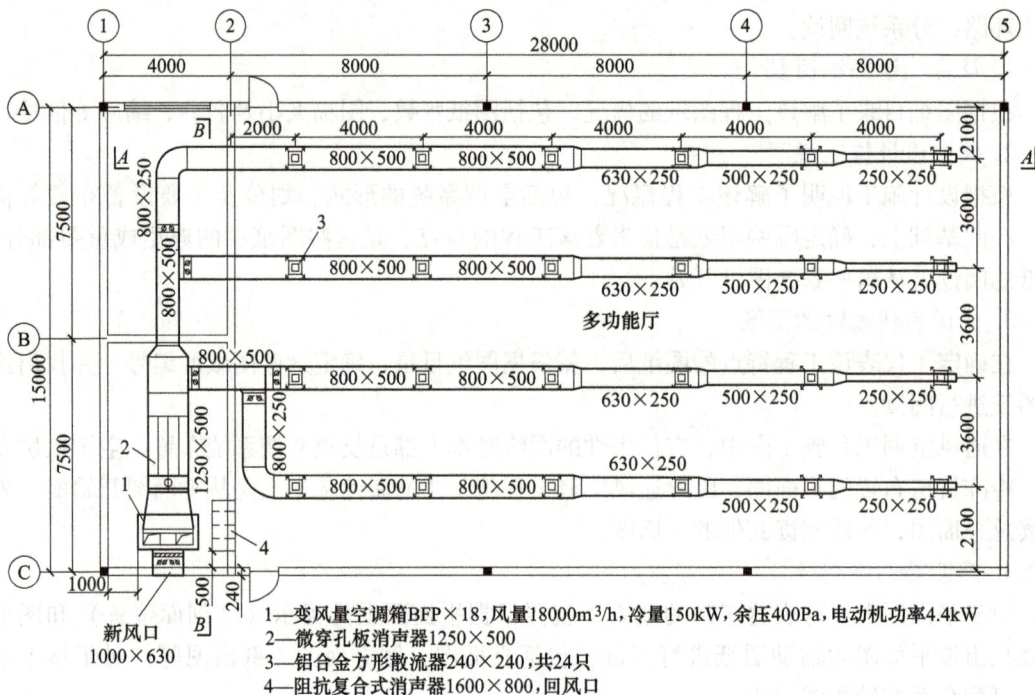

图 8-55　多功能厅空调系统平面图

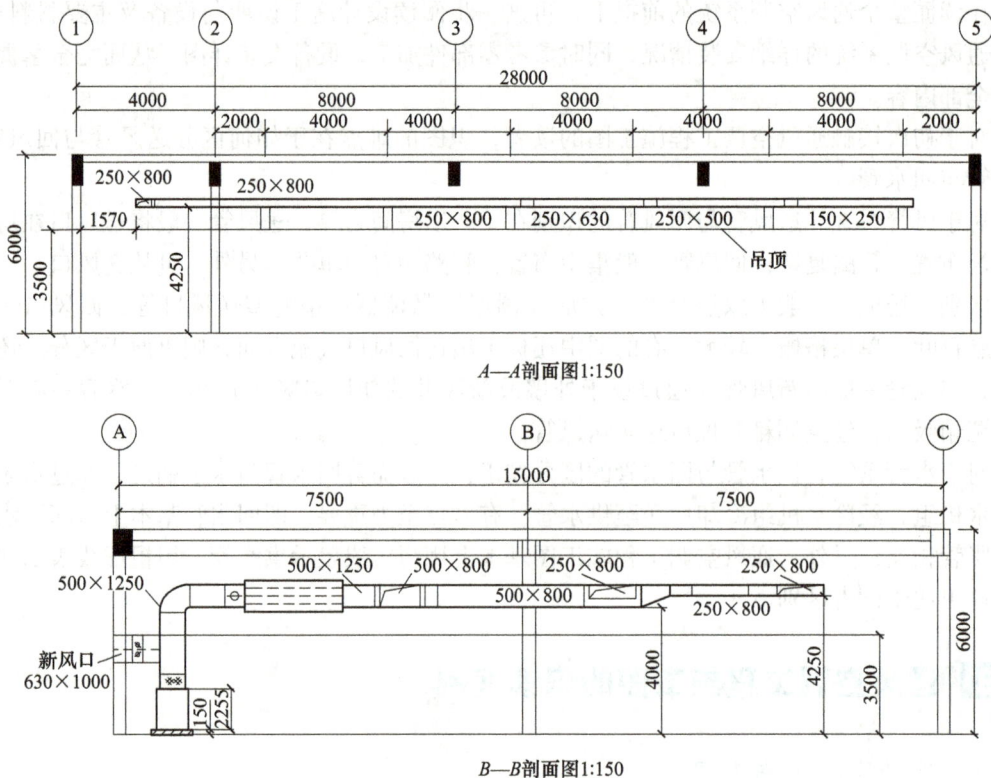

A—A剖面图1:150

B—B剖面图1:150

图 8-56　多功能厅空调系统剖面图

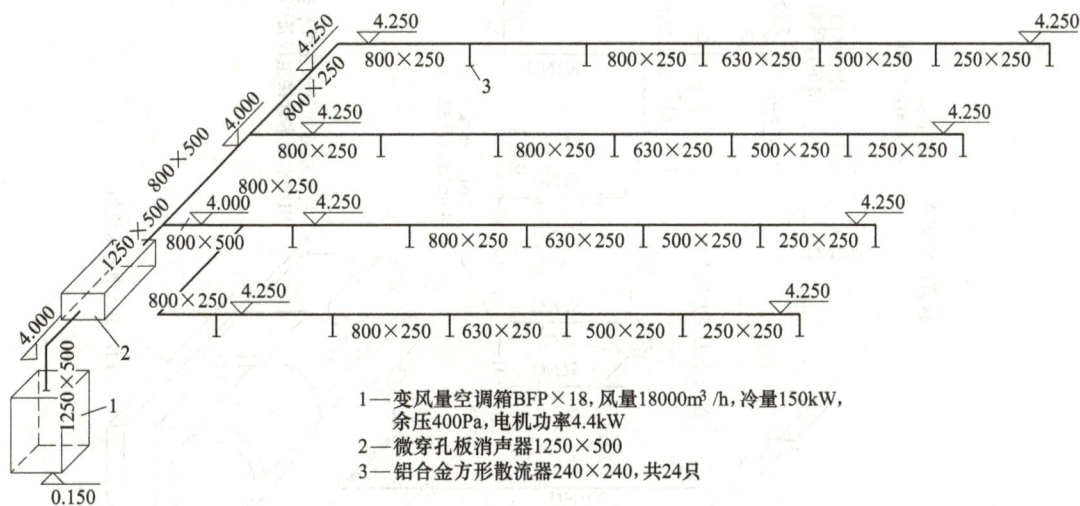

1—变风量空调箱BFP×18,风量18000m³/h,冷量150kW,
　　余压400Pa,电机功率4.4kW
2—微穿孔板消声器1250×500
3—铝合金方形散流器240×240,共24只

图 8-57　多功能厅空调系统图

1. 空调风系统的识读

首先,从图 8-55~图 8-58 可以看出,该空调系统的空调箱设在机房内。空调机房ⓒ轴外墙上有一带调节阀的风管及风口,规格为 630mm×1000mm,这是新风管及新风口,空调系统由此新风管从室外吸入新鲜空气以补充室内人员消耗的氧气。在空调机房②轴内墙上,设有阻抗复合式消声器 4 作为回风口用,规格为 1600mm×800mm,室内大部分空气由此消声器吸入送回到空调机房。空调机房内设有空调箱 1,新风与回风在空调机房内混合后经进风口吸入空调箱,在空调箱内经过冷热处理,由空调箱顶部的送风管送出,送风先经过防火阀,然后经过消声器 2,进入送风管 1250mm×500mm,在这里向右分出第一个分支管 800mm×500mm,直行的送风管通过变径截面缩小为 800mm×500mm,再次向右分出第 2 个分支管 800mm×250mm,继续前行,接变径管截面变为 800mm×250mm,也即第三个分支管,在第三个分支管上接有 240mm×240mm 方形散流器 3 共 6 只,送风便通过这些方形散流器送入多功能厅。然后,大部分回风经消声器 2 回到空调机房,与新风混合被吸入空调箱 1 的进风口,完成一次循环,另一小部分室内空气经门窗缝隙渗到室外。

从 A—A 剖面图可以看出,房间层高为 6m,吊顶离地面高度为 3.5m,风管暗装在吊顶内,送风口直接开在吊顶面上,风管底标高分别为 4.250m 和 4.000m,气流组织为上送下回。

从 B—B 剖面图可以看出,送风管通过软接头直接从空调箱上部接出,沿气流方向风管高度不断减小,从 500mm 变成了 250mm。从该剖面图上也可以看出,三个送风支管在这根总风管上的具体位置,支管大小分别为 500mm×800mm、250mm×800mm、250mm×800mm。

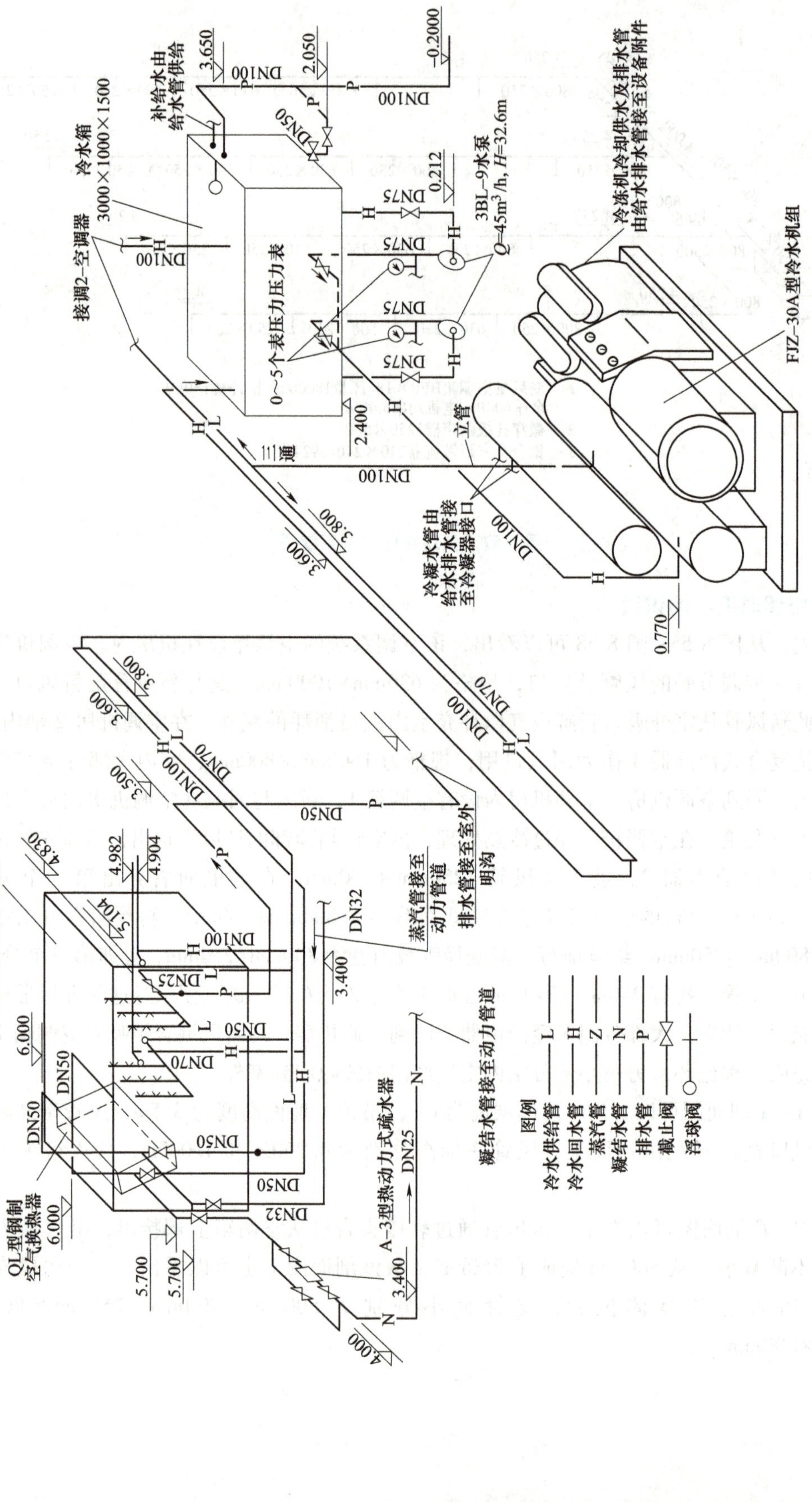

图 8-58　冷热媒管道系统图

系统的轴测图清晰地表示出该空调系统的构成、管道空间走向及设备的布置情况。

2. 空调水系统的识读

对于空调送风系统来说，处理空气的空调箱需要供给冷媒水或蒸汽、热水等热媒。要制造冷媒水就需要制冷设备，装设制冷设备的房间称为制冷机房。制冷机制造的冷媒水通过供水管送到空调机房的空气调节箱，将空气冷却后温度上升，然后通过回水管送回制冷机房经过再处理后循环使用。由此可见，制冷机房和空调机房都有许多管径不同的管子，它们分别与各种设备相连接。在识图时要把这些管子和设备相连的情况弄清楚，要综合平面图、剖面图及轴测图来识读。在多数情况下，可利用已在空调机房和制冷机房的有关剖面图，从而省略专门绘制剖面图。在平面图中水平方向的管道用单线绘制，竖向的管道画一个小圆圈表示。此外，管道上附有的阀门、压力表等，也要用图例表示。

8.9.2　施工图解读

下面以解答问题的形式，采用引导的方法识读建筑通风空调工程施工图。

1）该系统是哪种空调系统？

答：由平面图和系统图可知，该系统为集中式空调系统（房间内没有末端装置）。

2）本例中的这种空调系统适用于哪种建筑物？

答：该空调系统适用于体育馆、电影院、车站、厂房等公共建筑及工业建筑。

3）本例中的空调系统由哪种介质来承担建筑物的冷热湿负荷？

答：由平面图可知，该空调系统由空气来承担建筑物的冷热湿负荷（多功能厅内没有冷热水管）。

4）如果本例采用半集中式空调系统，则其风管的断面与现风管断面相比哪个大？

答：如果本例采用半集中式空调系统，则其风管的断面与现风管断面相比较小，因为集中式空调系统的风管输送的是整个系统的送风量，而半集中式空调系统的风管输送的只是整个系统的新风量，若新风量为送风量的 15%，则采用半集中式空调后，断面可减小 85%，对于增加建筑物的使用净空是非常有利的。

5）该系统的机房在哪里？空气处理设备是什么？

答：由平面图可知，机房在 Ⓑ 轴、Ⓒ 轴和 ① 轴、② 轴之间；空气处理设备是变风量空调箱 BFP×18，风量 18000m³/h。

6）该系统中空调箱接几种风管？分别是什么？

答：由平面图和系统图可知，该系统中的空调箱接三种风管，分别为新风管、回风管和送风管。

7）该系统中空调箱是落地安装还是距地有一定的高度？

答：由剖面图可知，该系统中的空调箱距地有 150mm，是其基础的高度。

8）该系统中空气的温度处理是通过什么介质进行的？

答：由冷热媒管道系统图可知，该系统中空气的温度处理是通过冷热水进行的。

9）空调箱和送风管之间是什么部件？有什么作用？

答：由剖面图可知，空调箱和送风管之间的部件是帆布软接头；其主要作用是用于两个刚性构件的连接，抑制噪声传递。

10）与空调箱相连的新风管为矩形风管还是圆形风管？断面多大？新风口装在哪个位置？标高为多少？

答：由平面图和剖面图可知，与空调箱相连的新风管为矩形风管；断面为 1000mm×630mm；新风口装在ⓒ轴外墙上；底标高为 3.500m-0.6300m=2.870m。

11）该系统的回风管设在哪个位置？断面为多大？

答：由平面图可知，回风管设在②轴墙上靠近ⓒ轴处，断面为 1600mm×800mm。

12）送风管上的消声器规格型号是什么？作用是什么？在其前面装了什么阀门？作用是什么？

答：由平面图可知，送风管上的消声器为微穿孔板消声器 1250mm×500mm；作用是消除噪声；在其前面装了防火阀，作用是当发生火灾时，防火阀自动关断空调送风系统，防止火灾蔓延。

13）该系统的空调主风管设在哪个位置？管径有哪些规格？有无变径？若有变径，变径点在哪里？

答：由平面图可知，该系统的空调主风管设在①轴、②轴之间；由平面图和系统图可知，管径有三种规格，分别为 1250mm×500mm，800mm×500mm，800mm×250mm；送风主管有变径，变径点在三通分支处。

14）该系统有几个支管？各支管之间有何特点？支管管径有哪些规格？有无变径？若有变径，变径点在哪里？

答：该系统有 4 个支管，各支管分布相同；支管管径有四种规格，分别为 800mm×500mm，630mm×250mm，500mm×250mm，250mm×250mm；支管有变径，变径点在变径管处。

15）统计该系统各种阀门的数量。

答：　　防火阀　　　　　　1250mm×500mm　　　　1 个
　　　　对开多叶调节阀　　1000mm×630mm　　　　1 个
　　　　对开多叶调节阀　　800mm×500mm　　　　　1 个
　　　　对开多叶调节阀　　800mm×250mm　　　　　4 个

16）该系统风管的变径采用的是平顶变径还是平底变径？

答：由剖面图可知，该系统风管的变径采用的是平顶变径。

17）该系统采用的是哪种送风口？标高为多少？是顶送风还是侧送风？共有多少个？可否采用双层百叶风口？

答：由剖面图可知，该系统采用的送风口是铝合金方形散流器；散流器的标高为 3.500m；属于顶送风系统；散流器共有 24 只；不可以采用双层百叶风口，因为散流器主要用于大空间的顶送风，双层百叶风口主要用于风机盘管的送风口，也可以用于侧送风。

18）该系统主风管的标高为多少？支管的标高为多少？此标高为中心标高还是底标高？

答：由剖面图和空调系统图可知，该系统主风管的标高为 4.000m 和 4.250m，支管的标高为 4.250m，此标高为底标高。

19）该系统需要在哪些地方预留孔洞？

答：由平面图可知，该系统风管在穿墙处需要预留孔洞：在ⓒ轴外墙上需要预留新风口孔洞；在Ⓑ轴内墙上需要预留主风管孔洞；在②轴内墙上需要预留三个支管孔洞和一个回风口孔洞。

20）该系统接散流器立支管的断面为多大？单根长度为多少？立支管的工程量为多少 m²？

答：由平面图和剖面图可知，该系统接散流器立支管的断面为 240mm×240mm；单根长度为 4.25m−3.5m=0.75m；立支管的工程量：$0.24×4×(0.75+0.25÷2)m^2=0.84m^2$

21）风管在平面图和系统图中的表示方法有何不同？

答：由平面图和系统图可知，风管在平面图上用双线表示，在系统上用单线表示。

22）该系统的冷水机组设在几层？为哪些空气处理设备提供冷水？

答：由冷热媒管道系统图可知，冷水机组回水管标高为 0.770m，可推断出该系统的冷水机组设在一层；为调-1 叠式金属空调器和调-2 空调器提供冷水。

23）该空调系统的热源是什么？如何进行冷热源的切换？

答：由冷热媒管道系统图可知，该空调系统的热源是蒸汽；通过阀门切换来进行冷热源切换。

24）为调-1 供水的冷水管和回水管管径分别为多大？热媒管径为多大？热媒管和哪种管道形成一个回路？此管道的管径为多大？

答：为调-1 供水的冷水管和回水管管径分别为 DN70 和 DN100；热媒的管径为 DN32；热媒管和凝结水管形成一个回路，凝结水管的管径为 DN25。

25）若空调机组 1 出现故障，空调机组 2 正常运行，则多余的冷水如何处理？

答：由冷热媒管道系统图可知，若空调机组 1 出现故障，空调机组 2 正常运行，则多余的冷水通过旁通管回到冷水箱。

26）系统中水泵设在冷水机组前还是后？为了保证冷水机组的安全，需设置什么阀门？

答：由冷热媒管道系统图可知，系统中水泵设在冷水机组前，即装在机组的回水管上；为了保证冷水机组安全，需要设置安全阀。

27）该系统设补给水箱的作用是什么？

答：该系统有喷水段，部分水会被空气带走，使得系统的循环水量减少，所以需要补给水箱为系统补水。

28）水箱的水位是由什么来控制的？

答：水箱的水位由浮球阀来控制。

思考题

1. 风道的材料有哪些？
2. 简述空调系统的组成。
3. 什么是表面式换热器（即表冷器或者空气加热器）？
4. 空调冷热水系统由哪三部分组成？
5. 简述空调与通风的区别。
6. 简述机械通风系统的组成。

二维码形式客观题

微信扫描二维码可在线做题，提交后可查看答案。

第8章
客观题

第 9 章
建筑供配电工程

熟悉建筑供配电工程相关内容；掌握建筑供配电系统的组成、电气常用设备及材料、电气线路工程、电气照明工程施工图识图等的相关知识。

本章学习目标

通过本章的学习，培养学生在安全生产中的生命至上的价值理念和对生命的责任感；培养学生遵纪守法和遵守规则的纪律意识；培养学生在突发性事件下的应变能力和处理问题的综合素质。

9.1 建筑供配电系统概述

9.1.1 供配电系统的组成

电能由发电厂产生，通常把发电机发出的电压经变压器变换后再送至用户。由发电、送配电和用电构成一个整体，即电力系统。建筑供配电系统是电力系统的组成部分。一个完整的供配电系统由四个部分组成，即各种不同类型的发电厂、变配电所、输电线路、电力用户。从发电厂到电力用户的送电过程如图9-1所示。

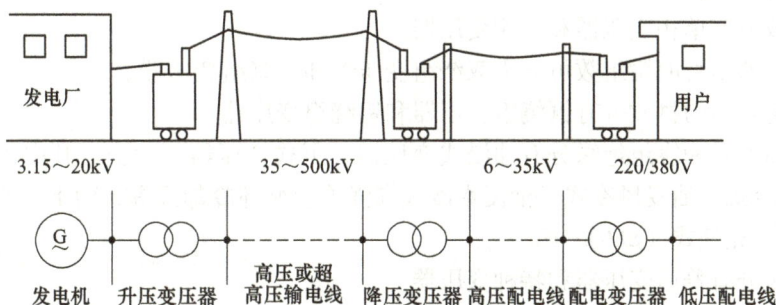

图9-1 发电、送变电过程

1. 发电厂

将自然界中的一次能源转换成电能的工厂就是发电厂。按一次能源介质划分为火力发电厂、水力发电厂、原子能发电厂等。此外还有小容量的太阳能发电厂、风力发电厂、地热发电厂和潮汐发电厂等，正在研究的还有磁流体发电和氢能发电等。

2. 变配电所

变配电所是变换电能和接受分配电能的场所。如果仅用以接受电能和分配电能则称为变电所；仅用以分配电能，则称为配电所。对于变电所来说，可以分为升压变电所和降压变电所。升压变电所是将低电压变成高电压，一般建立在发电厂厂区内；降压变电所是将高电压变成适合用户的低电压，一般建立在靠近用户的中心地点。

3. 输电线路

输电线路是输送电能的通道，将发电厂、变配电所和电力用户联系起来。输电线路的形式可以分为架空线路和电缆线路两种。目前，我国主要以架空输电为主，只有在遇到繁华地区、河流湖泊等，才采用电缆的形式。为了减少输送过程的电能损失，通常采用 35kV 以上的高压线路输电。

4. 电力用户

电力用户是供电系统的终端，也称为电力负荷。在供电系统中，一切消耗电能的用电设备均称为电力用户。按照其用途可分为：动力用电设备（如电动机等），工艺用电设备（如电解、电镀、冶炼、电焊、热处理等），电热用电设备（如电炉、干燥箱、空调器等），照明用电设备等。它们分别将电能转换成机械能、热能和光能等不同形式，以满足生产和生活的需要。

9.1.2 变压器

1. 配电变压器的作用及分类

配电变压器是指一次电压为 10(20)kV 及以下的配电网用电力变压器，是根据电磁感应定律变化交流电压和电流而传输交流电能的一种静止电器，它可以把一种电压、电流的交流电能转换成相同频率的另一种电压、电流的交流电能。一般能将电压从 6~20kV 降至 400V 左右输入用户。额定容量是其主要参数，用以表征传输电能的大小，以"kV·A"和"MV·A"表示。

配电变压器分类：

1）按相数分有单相变压器和三相变压器。

2）按变压器本身的绕组数可分为双绕组变压器和三绕组变压器。

3）按绕组导体的材质分有铜绕组变压器和铝绕组变压器。

4）按冷却方式和绕组绝缘分有油浸式变压器、干式变压器两大类。其中，油浸式变压器又有油浸自冷式、油浸风冷式、油浸水冷式和强迫油循环冷却式等，而干式变压器又有浇注式、开启式、充气式（SF6）等。

5）按用途分有普通变压器和特种变压器。

三相油浸自冷式双绕组变压器，在配电网中使用非常广泛，占据重要地位。常见配电变压器如图 9-2 所示。

a) 油浸式变压器　　　　　　b) 干式变压器

图 9-2　常见配电变压器

2. 配电变压器的铭牌数据

配电变压器的铭牌数据通常包括相数、冷却方式、绕组材质、额定容量和额定电压等内容。如图 9-3 所示。

如 SJL-1000/10 表示该配电变压器为三相油浸式变压器，其绕组材质为铝，额定容量为 1000kV·A，额定电压为 10kV。

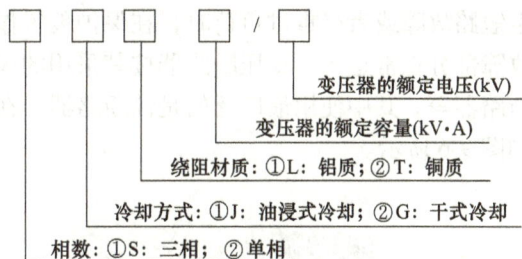

变压器的额定电压(kV)
变压器的额定容量(kV·A)
绕阻材质：①L：铝质；②T：铜质
冷却方式：①J：油浸式冷却；②G：干式冷却
相数：①S：三相；②单相

图 9-3　配电变压器铭牌数据含义

9.1.3　高压设备

1. 高压隔离开关

高压隔离开关主要用于隔离高压电源，以保证其他设备和线路的安全检修。其结构特点是断开后有明显可见的断开间隙，而且断开间隙的绝缘及相间绝缘是足够可靠的。高压隔离开关没有专门的灭弧装置，不允许带负荷操作。它可用来通断一定的小电流，如励磁电流不超过 2A 的空载变压器、电容电流不超过 5A 的空载线路以及电压互感器和避雷器等。

图 9-4　户内高压隔离开关

高压隔离开关按安装地点分为户内式和户外式两大类，按有无接地可分为不接地、单接地、双接地三类，按使用特性分为母线型和穿墙套管型。户内高压隔离开关如图 9-4 所示。

2. 高压负荷开关

高压负荷开关是一种功能介于高压断路器和高压隔离开关之间的电器，高压负荷开关常与高压熔断器串联配合使用，用于控制电力变压器。高压负荷开关具有简单的灭弧装置，因为能通断一定的负荷电流和过电流，但它不能断开短路电流，所以一般与高压熔断器串联使用，借助熔断器进行短路保护。高压负荷开关如图 9-5 所示。

图 9-5　高压负荷开关

3. 高压断路器

高压断路器是电力系统中最重要的控制保护装置。正常时用以接通和切断负荷电源。在发生短路故障或者严重过负荷时，在保护装置作用下自动跳闸，切除短路故障，保证电网的无故障部分正常运行。高压断路器按其采用的灭弧方式不同分为油断路器、空气断路器、真空断路器等。其中使用最广泛的是油断路器，在高层建筑中多采用真空断路器。常见的断路器如图9-6所示。

图 9-6　高压断路器

4. 高压熔断器

高压熔断器主要用于高压电力线路及其设备的短路保护。按其装设场所不同可分为户内式和户外式。在 6~10kV 系统中，户内广泛采用 RN1/RN2 型管式熔断器，户外则广泛采用 RW4 等跌落式熔断器。高压熔断器如图9-7所示。

图 9-7　高压熔断器

5. 高压配电柜

高压配电柜是指用于电力系统发电、输电、配电、电能转换和消耗中其通断、控制和保护等作用，电压等级在 3.6~550kV 之间的电器设备。其主要包括高压断路器、高压隔离开关与接地开关、高压负荷开关、高压自动重合与分段器、高压操作机构、高压防爆配电装置和高压开关柜等几部分。高压配电柜如图9-8所示。

图 9-8　高压配电柜

6. 高压绝缘子

高压绝缘子用于变配电装置中，在导电部分起绝缘作用。根据安装地点的不同，绝缘子可分为户内和户外。高压绝缘子如图 9-9 所示。

9.1.4　低压设备

1. 低压刀开关

低压刀开关是一种结构较为简单的手动电器，它的最大特点是有一个刀形动触头。基本

图 9-9　高压绝缘子

组成部分是闸刀（动触头）、刀座（静触头）和底板，接通或切断电路是由人工操纵闸刀完成的。刀开关的型号是以 H 字母开头，种类规格繁多，并有多种衍生产品。按其操作方式分，有单投和双投；按极数分，有单极、双极和三极；按灭弧结构分，有带灭弧罩的和不带灭弧罩的等。刀开关常用于不频繁地接通和切断交流和直流电路，装有灭弧室的可以切断负荷电流，其他的只作隔离开关使用。低压刀开关如图 9-10 所示。

图 9-10　低压刀开关

2. 低压断路器

断路器具有良好的灭弧性能。它能带负荷通断电路，可以用于电路的不频繁操作，同时

又能提供短路、过负荷和失压保护。断路器是低压供配电线路中重要的开关设备。

断路器主要由触头系统、灭弧系统、脱扣器和操作机构等部分组成。它的操作机构比较复杂，主触头的通断可以手动，也可以电动。低压断路器如图 9-11 所示。

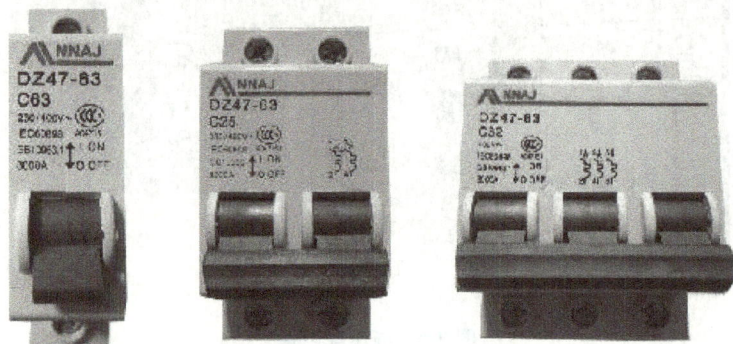

图 9-11　低压断路器

3. 低压熔断器

低压熔断器是一种常用的简单的保护电器，主要作为短路保护，在一定的条件下也可以起过负荷保护的作用。熔断器工作时是串接于电路中的，其工作的原理是，当线路中出现故障时，通过熔体的电流大于规定值，熔体产生过量的热而被熔断，电路由此而被分断。

常见低压熔断器有瓷插式熔断器、密闭管式熔断器、螺旋式熔断器、填充料式熔断器、自复式熔断器等。低压熔断器如图 9-12 所示。

4. 低压配电柜

低压成套开关设备和控制设备俗称低压开关柜，也称低压配电柜。它是指交、直流电压在 1000V 以下的成套电气装置。生产厂按照电气接线的要求，针对使用场合、控制对象及主要电气元件的特点将相应的低压电器，其中主要包括配电电器（断路器、负荷开关、隔离开关、熔断器等），控制电器（接触器、启动器、万能转换开关、按钮、信号灯、各种继电器等），测量电路（电流互感器、测量仪表等）以及母线、载流导体和绝缘子等，按一定的线路方案，装配在封闭式或敞开式的金属柜体内，作为电力系统中接受和分配电能之用。低压配电柜如图 9-13 所示。

图 9-12　低压熔断器　　　　　　　图 9-13　低压配电柜

9.1.5 低压配电系统

1. 低压配电方式

低压配电方式是指低压干线的配线方式。低压配电一般采用 380/220V 中性点直接接地的系统。低压配电的配线方式常用的有放射式、树干式和混合式三种，如图 9-14 所示。

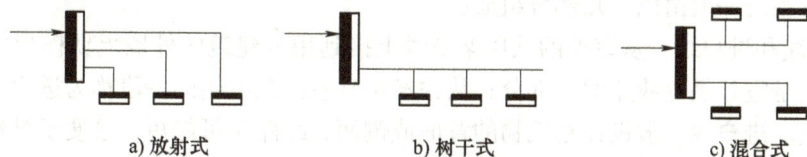

a) 放射式　　　　　b) 树干式　　　　　c) 混合式

图 9-14 常用低压配电方式

1）放射式配电是一独立负荷或一集中负荷由一单独的配电线路供电，它一般用在供电可靠性要求高或单台设备容量较大的场所以及容量比较集中的地方。放射式的优点是各个独立负荷由配电盘（屏）供电，若某一用电设备或其供电线路发生故障时，则故障范围仅限本回路，对其他设备没有影响，也不会影响其他回路的正常工作；而缺点是所需的开关和线路较多，电能的损耗大，投资费用较高。

2）树干式配电是指一独立负荷或一集中负荷按它所处的位置依次连接到某一条配电干线上的供电方式。其优点是投资费用低，施工方便，易于扩展。缺点是干线发生故障时，影响范围大，供电可靠性较差。树干式配电一般适用于用电设备比较均匀、容量不大，又无特殊要求的场合。

3）混合式配电是由放射式和树干式相结合的配线方式，一般用于楼层的配电。

在实际工程中，照明配电系统不是单独采用某一种形式的低压配电方式，多数是综合形式，如在一般民用住宅所采用的配电形式多数为放射式与树干式的结合，其中总配电箱向每个楼梯间配电为放射式配电，楼梯间向不同楼层间的配电箱为树干式配电。

2. 低压供配电线路

低压供配电线路是指由市电电力网引至受电端的电源引入线。低压供配电线路是供配电系统的重要组成部分，担负着将变电所 380/220V 的低压电能输送和分配给用电设备的任务。

由于民用建筑中电力设备通常分为动力和照明两大类，所以民用建筑的供电线路也相应地分为动力负荷线路和照明负荷线路两类。

（1）动力负荷线路　在民用建筑中，动力用电设备主要有：电梯、自动扶梯、冷库、空调机房、风机、水泵，以及医用动力用电设备和厨房动力用电设备等。动力用电设备部分属于三相负荷，少部分容量较大的电热用电设备如空调机、干燥箱、电炉等，它们虽属于单相负荷，但也归类于动力用电设备。对于上述动力负荷，一般采用三相三线制供电线路，对于容量较大的单相动力负荷，应尽可能平衡地接到三相线路上。

（2）照明负荷线路　在民用建筑中，照明用电设备主要有供给工作照明、事故照明和生活照明的各种灯具，还有家用电器中的电视机、窗式空调机、电风扇、电冰箱、洗衣机，以及日用电热电器，如电饭煲、电熨斗、电热水器等，它们一般都由插座进行供电，它们虽不是照明器具，但都是由照明线路供电，所以统归为照明负荷。在照明线路设计和负荷计算中，除了应考虑各种照明灯具外，还必须考虑到家用电器和日用电热电器的需要和发展。照明负荷一般都是单相负荷，采用 220V 两线制线路供电；当单相负荷计算电流超过 30A 时，应采用 380/220V 三相四线制线路供电。

9.1.6　建筑电气照明供电系统的组成

照明供电系统一般由以下几部分组成：

1）接户线和进户线：从室外的低压架空线上接到用电建筑的外墙上铁横担的一段引线为接户线，它是室外供电线路的一部分；从铁横担到室内配电箱的一段称为进户线，它是室内供电的起点。进户线一般设在建筑物的背面或侧面，线路尽可能短，且便于维修。进户线距离室外地坪高度不低于 3.5m，穿墙时要安装瓷管或钢管。

2）配电箱：是接受和分配电能的装置，内部装有接通和切断电路的开关和作为防止短路故障保护设备的熔断器，以及度量耗电量的电表等。配电箱的供电半径一般为 30m，配电箱的支线数量不宜过多，一般是 69 个回路，配电箱的安装常见的是明装和暗装两种。明装的箱底距地面为 2m，暗装的箱底距地面 1.5m。

3）干线：从总配电箱引至分配电箱的供电线路。

4）支线：从配电箱引至电灯的供电线路，也称为回路。每条支线连接的灯数一般不超过 20 盏（插座也按灯计算）。

5）用电设备或器具：如水泵、风机、机床、灯具、插座等。

9.2　建筑电气常用设备及材料

9.2.1　母线

1. 母线的分类

母线是指发电厂、变电站、配电房中某一电压等级连接输电线路和变电设备、用于回流的专用导线。母线一般可分为硬母线和封闭插接母线。

硬母线通常作为变配电装置的配电母线，一般多采用硬铝母线。当安装空间较小，电流较大或者有特殊要求时，可采用硬铜母线。硬母线还可作为大型车间和电镀车间的配电干线。硬母线如图 9-15a 所示。

封闭插接母线是一种以组装插接方式引接电源的新型电气配线装置，用于额定电压 380V，额定电流 2500A 及以下的三相四线配电系统中。封闭插接母线是由封闭外壳、母线本体、进线盒、出线盒、插座盒、安装附件等组成。封闭插接母线有单相二线制、单相三线制、三相三线制、三相四线制及三相五线制式。封闭插接母线如图 9-15b 所示。

2. 母线安装施工工艺

1）工艺流程：开箱检查→支吊架制作与安装→母线槽安装→接地→系统调试。

2）安装前对母线槽检查时，应注意母线槽分段标志清晰齐全，外观无损伤变形，内部无损伤，母线螺栓固定搭接截面应平整。

3）母线槽的支架一般可采用角钢、槽钢或圆钢制作，形式可以为 L 形、一字形等。母线槽在拐弯处必须设置支架。安装母线槽时应放线定位，按照规定的间距布置支架，且牢固可靠。

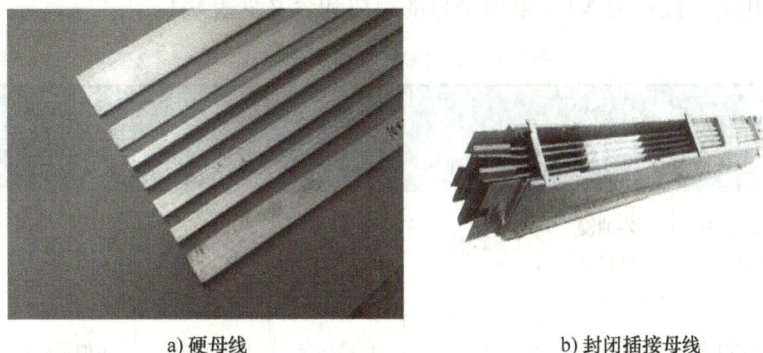

a) 硬母线　　　　　　　　　b) 封闭插接母线

图 9-15　常见母线

4) 母线安装时应做到横平竖直，母线连接时应将母线槽的小头插入另一节母线槽的大头中去，在母线间及母线外侧垫上配套的绝缘板，再配上绝缘螺栓加平垫片，然后拧上螺母，用扳手紧固，达到规定要求。

5) 母线安装好后，应进行相应的调试。母线槽送电调试前，要将母线槽全线进行认真清扫，母线槽上不得挂连杂物和积有灰尘，检查母线之间的连接螺栓以及紧固件等有无松动现象。通电测试各指标满足要求后方能投入运行。

母线槽安装如图 9-16 所示。

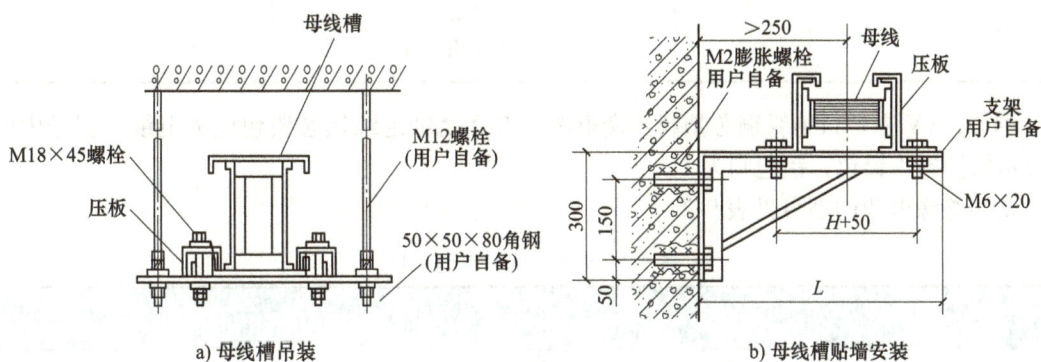

a) 母线槽吊装　　　　　　　　　b) 母线槽贴墙安装

图 9-16　母线槽安装

L—支架长　H—母线槽宽

9.2.2　电缆

电缆是一种多芯导线，即在一个绝缘软套内裹有多根相互绝缘的线芯。电缆由缆芯、绝缘层、保护层三部分组成。电缆结构如图 9-17 所示。

电力电缆用来输送和分配电能，按其绝缘材料及保护层的不同分为纸绝缘电缆（代号为 Z）、塑料绝缘电缆（代号为

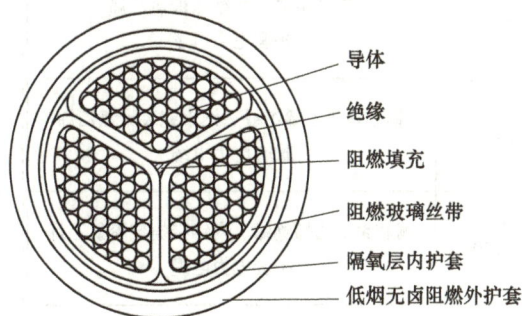

图 9-17　电缆结构

导体
绝缘
阻燃填充
阻燃玻璃丝带
隔氧层内护套
低烟无卤阻燃外护套

V)、橡胶绝缘电缆（代号为 X）。电缆型号的组成和含义见表 9-1。

表 9-1 电缆型号的组成和含义

性能	类别	电缆种类	线芯材料	内护层	其他特征	外护层	
						第一个数字	第二个数字
ZR-阻燃	电力电缆 不表示	Z-油浸 纸绝缘	T-铜	Q-铅护套	D-不滴流	2-双钢带	1-纤维护套
NH-耐火	K-控制电缆	X-橡胶	L-铝	L-铝护套	F-分相铝包	3-细圆钢丝	2-聚氯 乙烯护套
—	Y-移动式 软电缆	V-聚氯乙烯	—	H-橡套	P-屏蔽	4-粗圆钢丝	3-聚乙烯护套
—	P-信号电缆	Y-聚乙烯	—	（H）F-非燃 性橡套	C-重型	—	—
	H-市内 电话电缆	YJ-交联 聚乙烯		V-聚氯 乙烯护套			
	—			Y-聚乙 烯护套			

例如，VV 是塑料绝缘铜芯塑料护套电缆，ZLQ 是纸绝缘铝芯铅包电力电缆。型号中的 Q 表示保护层为铅包，铝包则为 L。

常用绝缘电缆的型号见表 9-2。

表 9-2 常用绝缘电缆的型号

型号	名称	型号	名称
VV	铜芯聚氯乙烯绝缘聚氯乙烯 护套电力电缆	YJV	铜芯交联聚乙烯绝缘聚氯乙烯 护套电力电缆
VLV	铝芯聚氯乙烯绝缘聚氯乙烯 护套电力电缆	YJLV	铝芯交联聚乙烯绝缘聚氯乙烯 护套电力电缆
VV22	铜芯聚氯乙烯绝缘、钢带铠装聚氯乙烯 护套电力电缆	YJV22	铜芯交联聚乙烯绝缘、钢带铠装聚氯乙烯 护套电力电缆
VV29	铜芯聚氯乙烯绝缘、内钢带铠装聚氯乙烯 护套电力电缆	YJV32	铜芯交联聚乙烯绝缘、钢丝铠装聚氯乙 烯护套电力电缆

注：第一个数字：2 表示钢带铠装，3 表示细钢丝铠装。第二个数字：2 表示聚氯乙烯，9 表示内铠装。

9.2.3　电线

1. 电线的组成

电线由线芯和保护层组成。常见电线如图 9-18 所示。

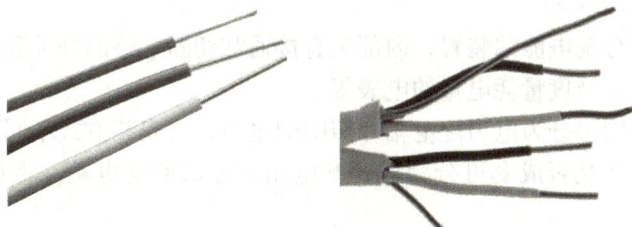

图 9-18　常见电线

2. 电线的表示方法

绝缘电线用于低压供电线路及电气设备的连线，常用绝缘电线的种类、型号及用途见表 9-3。

电线型号表示如下：

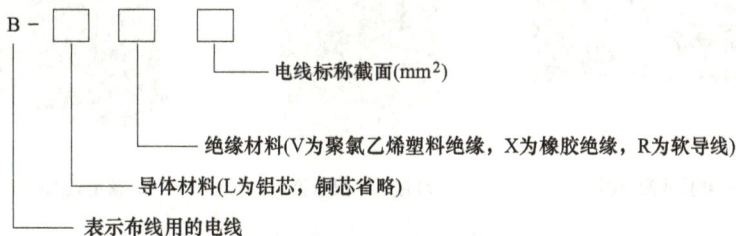

```
B - □ □ □
```

　　　　　　　└── 电线标称截面(mm^2)

　　　　└── 绝缘材料(V为聚氯乙烯塑料绝缘，X为橡胶绝缘，R为软导线)

　　└── 导体材料(L为铝芯，铜芯省略)

└── 表示布线用的电线

表 9-3　常用绝缘电线的种类、型号及用途

型号	名称	主要用途	型号	名称	主要用途
BX	铜芯橡胶线	固定敷设用	BVV	铜芯塑料护套线	固定敷设用
BLX	铝芯橡胶线		BLVV	铝芯塑料护套线	
BXR	铜芯橡胶软线		BXF	铜芯氯丁橡胶线	
BV	铜芯塑料线		RVS	铜芯塑料绞型软线	用于盘内配线及小功率用电设备中
BLV	铝芯塑料线		RVB	铜芯塑料平型软线	
BVR	铜芯塑料软线				

3. 电线安装施工工艺

1）工艺流程：选择导线→穿带线→扫管→放线→导线与带线的绑扎→带护口→导线连接、导线焊接→导线包扎→线路检查。

2）不同回路、不同电压等级和交流与直流的电线，不应穿于同一导管内；同一交流回路的电线应穿于同一金属导管内，且管内电线不得有接头，管内导线包括绝缘层在内的总截面面积不应大于管子内空截面面积的 40%。

3）当导线与设备端子连接时，接线端子可采用锡焊和压接。

4）所有导线线芯连接好后，接线前必须逐一进行绝缘检查、记录，不合格的线路必须拔出重新更换，确保线路安全无隐患。

9.2.4　配电箱

1. 配电箱的组成及分类

配电箱是接受和分配电能的装置，内部装有接通和切断电路的开关和作为防止短路故障保护设备的熔断器，以及度量耗电量的电表等。

配电箱按用途不同可分为电力配电箱和照明配电箱；按安装方式不同可分为悬挂式、嵌入式、落地式三种；按是否成套可分为成套配电箱和非成套配电箱。常见配电箱如图 9-19 所示。

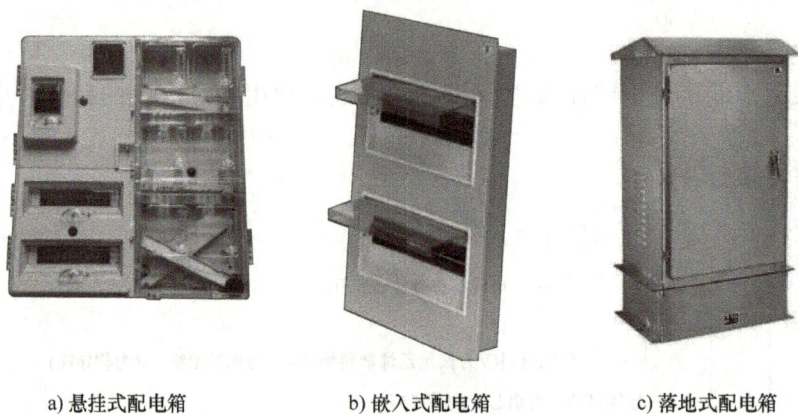

a) 悬挂式配电箱　　　　b) 嵌入式配电箱　　　　c) 落地式配电箱

图 9-19　常见配电箱

2. 配电箱安装施工工艺

1）工艺流程：成套配电箱箱体的现场预埋→管与箱体连接→安装盘面→装盖板（贴脸或者箱门）。

2）照明配电箱的安装高度应符合施工图要求。若无要求时，一般暗装配电箱底边距地面为 1.5m，明装配电箱底边距地面为 2m；箱上应注明用电回路名称；导线进入配电箱要穿管保护。

3）配电箱的金属框架及基础型钢必须可靠接地（PE）或接零（PEN）。

4）配电箱内保护导体应有裸露的连接外部保护导体的端子。

5）配电箱内配线应当整齐，无绞接现象，导线连接应紧密，不伤芯线。

9.2.5　灯具

1. 灯具的分类

灯具大致可以分为普通灯具、工厂灯、装饰灯、高度标志灯、医疗专用灯等。

普通灯具包括圆球吸顶灯、半圆球吸顶灯、方形吸顶灯、软线吊灯、吊链灯、防水吊灯、壁灯等。常见普通灯具如图 9-20 所示。

工厂灯包括工厂罩灯、防水灯、防尘灯、碘钨灯、投光灯、泛光灯、混光灯、密闭灯

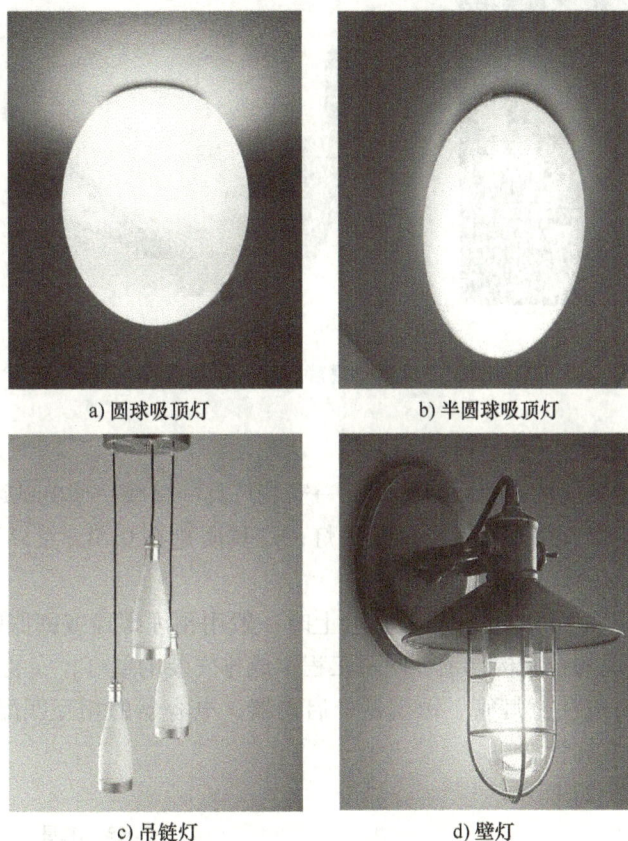

a) 圆球吸顶灯　　　　　　b) 半圆球吸顶灯

c) 吊链灯　　　　　　　　d) 壁灯

图 9-20　常见普通灯具

等。碘钨灯如图 9-21a 所示，防水防尘灯如图 9-21b 所示。

装饰灯包括吊式艺术装饰灯、吸顶式艺术装饰灯、荧光艺术装饰灯、几何型组合艺术装饰灯、标志灯、诱导装饰灯等。常见装饰灯如图 9-22a 所示。

高度标志灯主要有烟囱标志灯、高塔标志灯、高层建筑屋顶障碍指示灯等。常见高度标志灯如图 9-22b 所示。

医疗专用灯包括病房指示灯、病房暗脚灯、紫外线杀菌灯、无影灯等。常见医疗专用灯如图 9-22c 所示。

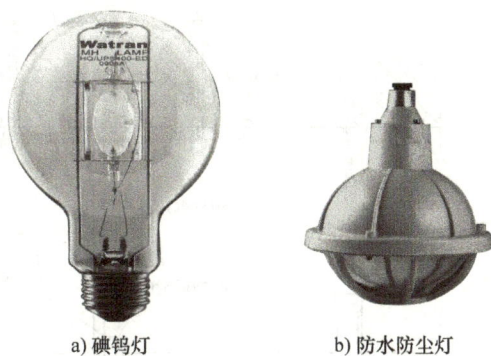

a) 碘钨灯　　　　b) 防水防尘灯

图 9-21　常见工厂灯

灯具安装包括普通灯具安装、装饰灯具安装、荧光灯具安装、工厂灯具安装、医疗专用灯具安装和路灯安装等。常见安装方式有悬吊式、壁装式、吸顶式、嵌入式等。悬吊式又可分为软线吊灯、链吊灯、管吊灯。

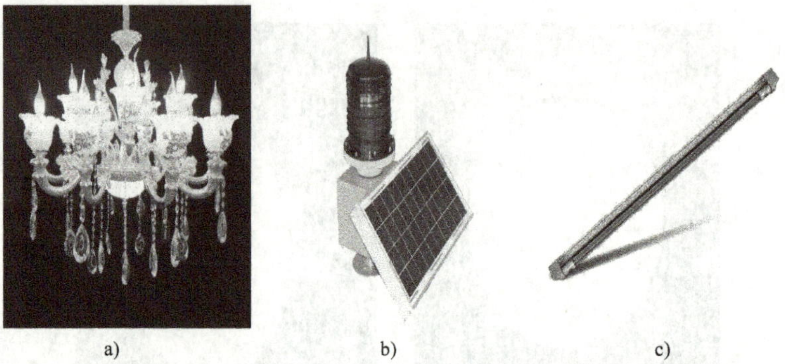

图 9-22　常见装饰灯、高度标志灯以及医疗专用灯

2. 灯具安装施工工艺

1) 工艺流程：清理→测定打眼→埋螺栓→安装灯具→接线→通电试运行。

2) 吊灯应当固定牢固可靠。对于软线吊灯，灯具质量在 0.5kg 及以下时，采用软电线自身吊装；大于 0.5kg 的灯具采用吊链吊装。

3) 壁灯可安装在墙上或柱上。安装在墙上时一般用预埋螺栓或膨胀螺栓固定；安装在柱上时一般固定在预埋的金属构件上。同一工程中成排安装的壁灯，安装高度应一致。

4) 荧光灯安装时应注意灯管、镇流器、启动器、电容器的相互匹配，不能随意代用，接线正确，否则会烧坏灯管。

吊灯的安装如图 9-23 所示。

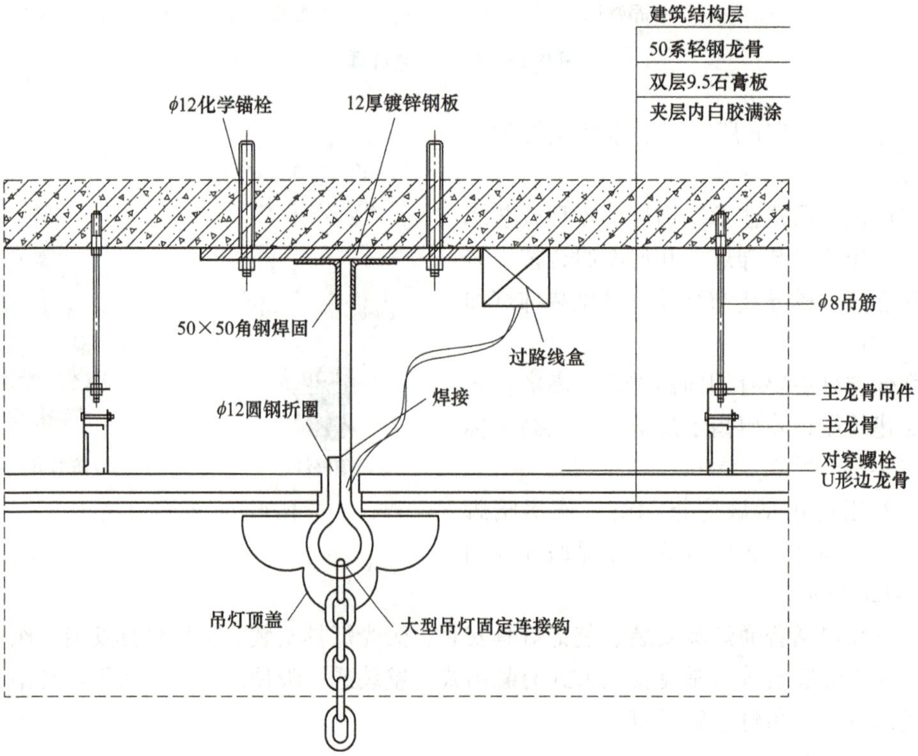

图 9-23　吊灯安装示意图

9.3　电气线路工程

9.3.1　架空线路

1. 架空线路的敷设

架空导线间距不小于300mm，靠近混凝土杆的两根导线间距不小于500mm。上下两层横担间距：直线杆时为600mm；转角杆时为300mm。广播线、通信电缆与电力线同杆架设时应在电力线下方，二者垂直距离不小于1.5m。低压电杆杆距宜在30～45m。三相四线制低压架空线路在终端杆处应将保护线做重复接地，接地电阻不大于10Ω。当与引入线处重复接地点的距离小于500mm时，可以不做重复接地。低压电源架空引入线应采用绝缘导线，其截面宜大于或等于4mm²。档距不宜大于25m，进线处对地距离不应低于2.7m。

2. 横担

横担应架设在电杆的靠负荷一侧。导线在横担上的排列应符合如下规律：当面向负荷时，从左侧起为L1、N、L2、L3；和保护零线在同一横担上架设时，导线相序排列的顺序是面向负荷，从左侧起为L1、N、L2、L3、PE；动力线、照明线在两个横担上分别架设时，上层横担面向负荷，从左侧起为L1、L2、L3；下层横担是单相三线时，面向负载，从左侧起为L1（或L2、L3）、N、PE；在两上层横担上架设时，最下层横担面向负荷，最右边的导线为保护零线PE。

3. 架空线

架空线主要用绝缘线或裸线。市区或居民区尽量用绝缘线。郊区0.4kV室外架空线路应采用多芯铝绞绝缘导线，导线截面统一选用35mm²、70mm²、95mm²、120mm²四种规格。在同一横担上导线截面等级不应超过三级。架空线截面为120mm²及以上时，终端杆、支线杆、转角杆应使用直径大于190mm²以上的混凝土电杆。

1）架空导线对地必须保证的安全距离，不得低于表9-4中的数值。

表 9-4　架空导线对地必须保证的安全距离　（单位：m）

情况	跨铁路、河流	交通要道、居民区	人行道、非居民区	乡村小道
安全距离	7.5	6	5	4

2）设计架空配电线路的一般要求：

①架空线路应沿道路平行敷设，避免穿过起重机频繁活动的地区，应尽可能减少同样其他设施的交叉和跨越建筑物。

建筑工地临时供电的杆距一般不大于35m，线间的距离不得小于0.3m，横担间的最小垂直距离不应小于表9-5中的规定值。

表 9-5　横担间的最小垂直距离　（单位：m）

排列方式	直线杆	分支或转角杆
高压与低压	1.2	1.0
低压与低压	0.6	0.3

②架空导线的最小截面为：

6~10kA 线路铝绞线：居民区为 35mm^2，非居民区为 25mm^2。

6~10kA 线路钢芯铝绞线：居民区为 25mm^2，非居民区为 16mm^2。

6~10kA 线路铜绞线：居民区为 16mm^2，非居民区为 16mm^2。

小于 1kA 线路铝绞线：16mm^2。

小于 1kA 线路钢芯铝绞线：16mm^2。

小于 1kA 线路铜绞线：10mm^2。

但是 1kV 以下线路与铁路交叉跨越档处，铝绞线的最小截面为 35mm^2。进户线与建筑物的有关部分距离不得小于表 9-6 中的数值。

表 9-6   进户线与建筑物间的距离

情况	距离/m
距离进户线下面的窗户	0.30
进户线距上方的阳台	0.80
与窗户或阳台的水平距离	0.75
和墙、构架的距离	0.05

低压进户线应采用绝缘导线，截面不小于表 9-7 中的数据。

表 9-7   低压进户线的最小截面

敷设方式	档距/m	最小截面/m^2	
		绝缘铝线	绝缘铜线
自电杆引下沿墙敷设	<10	4.0	2.5
	10~25	6.0	4.0
沿墙敷设	≤6	4.0	2.5

③电杆埋深为杆长的 1/6，临时建筑供电电杆埋深为杆长的 1/10 再加 0.6m。下有底盘和卡盘，以防杆倾斜。卡盘安装位置应沿纵向在一杆左侧，下一杆右侧，交替设置。

架空线路与甲类火灾危险的生产厂房、甲类物品库房及易燃材料堆放场地以及可燃或易燃气体储罐的防火间距不应小于电杆高度的 1.5 倍。在距离海岸 5km 以内的沿海地区或工业区，视腐蚀性气体和尘埃产生腐蚀作用的严重程度，选用不同防腐性的防腐型钢芯铝绞线。

9.3.2 电缆安装

电缆安装前要进行检查。1kV 以上的电缆要做直流耐压试验，1kV 以下的电缆用 500V 绝缘电阻表测绝缘电阻，检查合格后方可敷设。当对纸质油浸电缆的密封有怀疑时，应进行潮湿判断。直埋电缆、水底电缆应经直流耐压试验合格，充油电缆的油样试验合格。电缆敷设时，不应破坏电缆沟和隧道的防水层。

1. 电缆敷设的一般技术要求

1）在三相四线制系统中，必须采用四芯电力电缆，不应采用三芯电缆另加一根单芯电缆或以导线、电缆金属护套作中性线的方式。在三相系统中，不得将三芯电缆中的一芯接地运行。

2）并联运行的电力电缆应采用相同型号、规格及长度的电缆，以防负荷分配不按比例，从而影响运行。

3）电缆敷设时，在电缆终端头与电源接头附近均应留有备用长度，以便在故障时提供检修。直埋电缆尚应在全长上留少量裕度，并做波浪形敷设，以补偿运行时因热胀冷缩而引起的长度变化。

4）电缆各支持点的距离应按设计规定执行。

5）电缆的弯曲半径不应小于现行国家标准的规定。

2. 电缆安装方法

1）电缆在室外直接埋地敷设。埋设深度不应小于 0.7m（设计有规定者按设计规定深度埋设），经过农田的电缆埋设深度不应小于 1m，埋地敷设的电缆必须是铠装，并且有防腐保护层，裸钢带铠装电缆不允许埋地敷设。直埋电缆时，先将埋设电缆土沟（按电缆埋深加 100mm）挖好，在沟底铺不小于 100mm 厚的细沙（软土）。敷好电缆后，在电缆上再铺不小于 100mm 厚细沙（或软土），然后盖砖或盖保护板（根据设计规定，设计无规定时，按盖砖计算）。上面回填土略高于原有地面。多根电缆同沟敷设时，10kV 以下电缆平行距离为 170mm，10kV 以上电缆平行距离为 350mm。在同一沟内埋设 1 根、2 根电缆时，沟的开挖上口宽为 600mm，下口宽为 400mm，平均宽度按 500mm 计算，如电缆埋深为 800mm，则沟深为 800mm+100mm＝900mm，每米沟长挖方量为 $0.5 \times 0.9 \times 1m^3 = 0.45m^3$。每增加一根电缆，平均沟宽增加 170mm，则土方量增加 $0.153m^3$。直埋电缆在直线段每隔 50～100m 处、电缆接头处、转弯处、进入建筑物等处，应设置明显的方位标志或标桩。直埋电缆回填土前，应经隐蔽工程验收合格，并分层夯实。

2）电缆在室内外电缆沟内敷设。分无支架和有支架敷设。无支架敷设是将电缆直接敷设在电缆沟底上，沟顶盖水泥盖板。在两种不同等级电压下利用接地线屏蔽，接地线焊在预埋件上，预埋件间距为 1000mm。有支架敷设是将电缆支架安装在电缆沟内的两侧（双侧支架）或一侧（单侧支架），然后将电缆托在支架上。支架又分角钢支架、槽钢支架（装配式支架）、预制钢筋混凝土支架等三种。单侧角钢支架，电缆沟内电力电缆间水平净距为 35mm，但不得小于电缆外径尺寸。控制电缆间不做规定，当沟底敷设电缆时，1kV 的电力电缆与控制电缆间距不应小于 100mm。装配式支架为成品支架，须在现场组装，然后运到电缆沟内进行安装。

3）电缆沿支架敷设。先将支架螺栓预埋在墙上，并把在施工现场制作好的支架固定在预埋螺栓上，然后将电缆固定在电缆支架上。电缆直接固定在墙上的，也应先将螺栓预埋在墙上，然后用卡子将电缆与螺栓固定。

4）电缆沿墙吊挂敷设和卡设。电缆沿墙吊挂敷设，是先将挂钉预埋在墙内，然后将挂钩挂在挂钉上，电缆放入挂钩即可。挂钩间距：电力电缆为 1m，控制电缆为 0.8m。挂钩不超过 3 层。电缆沿墙卡设，先将预制好的电缆支架预埋在墙内，然后把电缆用卡子固定在预埋支架上。

5）电缆沿柱卡设。先将抱箍支架卡设在柱子上，再将保护钢管卡设在支架上，此法适用于电缆穿钢管沿柱垂直敷设。

6）电缆穿导管敷设。指整条电缆穿钢管敷设。先将管道敷设好（明敷或暗敷），再将电缆穿入管内，穿入管中电缆的数量应符合设计要求，要求管道的内径等于电缆外径的 1.5~2 倍，管道的两端应做喇叭口。交流单芯电缆不得单独穿入钢管内。敷设电缆管时应有 0.1% 的排水坡度。

7）电缆沿钢索卡设。先将钢索两端固定好，其中一端装有花篮螺栓，用以调节钢索松紧程度，再用卡子将电缆固定在钢丝绳上。固定电缆卡子的距离：水平敷设时电力电缆为 750mm，控制电缆为 600mm；垂直敷设时电力电缆为 1500mm，控制电缆为 750mm。此法一般用于软电缆。

8）电缆桥架敷设。电缆桥架由立柱、托臂、托盘、隔板和盖板等组成。电缆一般敷设在托盘内。安装时用膨胀螺栓将立柱固定在预埋件上，然后将托臂固定于立柱上，托盘固定在托臂上。

9）电缆顶管。当埋地电缆横过厂内或厂外道路，且不允许挖开马路或公路路面时，则采用钢管从马路的底部顶穿过去。这种将管道顶穿过马路的方法叫作顶管。

9.3.3 配管配线

把绝缘导线穿入管内敷设，称为配管配线。这种配线方式比较安全可靠，可避免腐蚀气体的侵蚀或遭受机械损伤，更换电线方便。在工业与民用建筑中使用最为广泛。

1. 常用导管及管径的选择

导管是指布线系统中用于布设绝缘导线、电缆的，横截面通常为圆形的管件。常用的管道有：

1）电线管：薄壁钢管，管径以外径计算，适用于干燥场所的明、暗配。

2）焊接钢管：分镀锌和不镀锌两种，管壁较厚，管径以公称直径计算，适用于潮湿、有机械外力、有轻微腐蚀气体场所的明、暗配。

3）硬质聚氯乙烯管：由聚氯乙烯树脂加入稳定剂、润滑剂等助剂经捏合、滚压塑化、切粒、挤出成型加工而成。主要用于电线、电缆的保护套管等。管材长度一般 4m/根，颜色一般为灰色。管材连接一般为加热承插式连接和塑料热风焊，弯曲必须加热进行。该管耐腐蚀性较好，易变形老化，机械强度比钢管差，适用于腐蚀性较大的场所的明、暗配。

4）半硬质阻燃管：也叫 PVC 阻燃塑料管，由聚氯乙烯树脂加入增塑剂、稳定剂及阻燃剂等经挤出成型而得，用于电线保护，一般颜色为黄、红、白色等。管道连接采用专用接头抹塑料胶后粘接，管道弯曲自如无须加热，成捆供应，每捆 100m。该管刚柔结合、易于施工，劳动强度较低，质轻，运输较为方便，已被广泛应用于民用建筑暗配管。

5）刚性阻燃管：刚性 PVC 管，也叫 PVC 冷弯电线管，分轻型、中型、重型。管材长度 4m/根，颜色有白、纯白，弯曲时需要专用弯曲弹簧。管道的连接方式采用专用接头插入法连接，连接处结合面涂专用胶合剂，接口密封。

6）可挠金属套管：指普利卡金属套管（PULLKA），由镀锌钢带（Fe、Zn）、钢带（Fe）及电工纸（P）构成双层金属制成的可挠性电线、电缆保护套管，主要用于砖、混凝土内暗敷和吊顶内敷设及与钢管、电线管与设备连接间的过渡，与钢管、电线管、设备入口均采用专用混合接头连接。

7）套接紧定式 JDG（扣压式 KBG）钢导管：电气线路新型保护用导管，连接套管及其金属附件采用专用接头螺栓紧定（接头扣压紧定）连接技术组成的电线管路，该管最大特点是：连接、弯曲操作简易，不用套丝，无须做跨接线，无须刷油，效率较高。KBG 管的管壁稍薄一些。

8）金属软管：又称蛇皮管，一般敷设在较小型电动机的接线盒与钢管口的连接处，用来保护电缆或导线不受机械损伤。

单芯导线穿管时，管道外径尺寸参见表 9-8。

表 9-8　单芯导线管选择表

线芯截面/mm²	焊接钢管（管内导线根数）									电线管（管内导线根数）									线芯截面/mm²
	2	3	4	5	6	7	8	9	10	10	9	8	7	6	5	4	3	2	
1.5		15		20		25					32			25			20		1.5
2.5		15		20		25					32			25			20		2.5
4	15		20		25		32					32			25			20	4
6	20		25		32						40		32		25		20		6
10	20	25	32		40		50				40			32		25			10
16		20	32		40		50						40		32				16
25		32	40		50		70									40	32		25
35	32	40		50		70	80										40		35
50	40		50		70		80												50
70	50		70		80														70
95	50	70		80															95
120	70		80																120
150	70	80																	150
185	70	80																	185

2. 导线的加工

1）金属导管的切割有钢锯切割、切管机切割、砂轮机切割等方法。砂轮机切割具有切割速度快、功效高、质量好等特点。禁止使用气割。

2）金属管道煨弯，其方法有冷煨弯和热煨弯两种。冷煨弯用弯管器（只适用于 DN25，即 25.4mm 以下的钢管）。用电动弯管机煨弯，一般可弯制 DN70 以下的管道，DN70 以上的管道采用热煨弯。热煨管煨弯角度不应小于 90°。弯曲半径应符合下列规定：明敷管不宜小于管外径的 6 倍，当两个接线盒间只有一个弯曲时，其弯曲半径不宜小于管外径的 4 倍。当暗配管埋设于混凝土内时，其弯曲半径不应小于管外径的 6 倍；当埋设于地下时，其弯曲半径不应小于管外径的 10 倍。穿电缆管的弯曲半径应满足电缆弯曲半径的要求（电缆弯曲半径为电缆外径的 10 倍、15 倍、20 倍等）。

3）导管的加工弯曲处不应有折皱、凹陷和裂缝，且弯扁程度不应大于管外径的 10%。

3. 导管的敷设要求

依据《建筑电气与智能化通用规范》（GB 55024—2022）、《民用建筑电气设计标准》（GB 51348—2019）、《建筑电气工程施工质量验收规范》（GB 50303—2015）的规定，导管的敷设要求具体如下：

（1）金属导管　火灾自动报警系统的电源和联动线路应采用金属导管或金属槽盒保护。

1）室内干燥场所采用金属导管布线时，其壁厚不应小于 1.5mm。室内潮湿场所的线缆明敷采用金属导管时，应采取防潮防腐措施，且金属导管壁厚不应小于 2.0mm。建筑物底层及地面层以下外墙内的线缆采用金属导管暗敷布线时，其壁厚不应小于 2.0mm。钢导管不得采用对口熔焊连接；镀锌钢导管或壁厚小于或等于 2mm 的钢导管，不得采用套管熔焊连接。

2）金属导管应与保护导体可靠连接，并应符合下列规定：

①镀锌钢导管、可弯曲金属导管和金属柔性导管不得熔焊连接。

②当非镀锌钢导管采用螺纹连接时，连接处的两端应熔焊焊接保护联结导体。

③镀锌钢导管、可弯曲金属导管和金属柔性导管连接处的两端宜采用专用接地卡固定保护联结导体。

④机械连接的金属导体，管与管、管与盒（箱）体的连接配件应选用配套部件，其连接应符合产品技术文件要求。

⑤金属导管与金属梯架、托盘连接时，镀锌材质的连接端宜用专用接地卡固定保护联结导体，非镀锌材质的连接处应熔焊焊接保护联结导体。

⑥以专用接地卡固定的保护联结导体应为铜芯软导线，截面面积不应小于 4mm²；以熔焊焊接的保护联结导体宜为圆钢，直径不应小于 6mm，其搭接长度应为圆钢直径的 6 倍。

（2）塑料导管

1）室内干燥场所采用塑料导管暗敷布线时，应选用不低于中型的导管。室内潮湿场所的线缆明敷时，应采取防潮防腐材料制造的导管。建筑物底层及地面层以下外墙内的线缆采用塑料导管布线时，应选用重型的导管。管口应平整光滑，管与管、管与盒（箱）等器件采用插入法连接时，连接处结合面应涂专用胶合剂，接口应牢固密封。

2）当塑料导管在砌体上剔槽埋设时，应采用强度等级不小于 M10 的水泥砂浆抹面保护，保护层厚度不应小于 15mm。

3）直埋于地下或楼板内的刚性塑料导管，在穿出地面或楼板易受机械损伤的一段应采取保护措施。

4）当设计无要求时，埋设在墙内或混凝土内的塑料导管应采用中型及以上的导管。

5）沿建筑物、构筑物表面和在支架上敷设的刚性塑料导管，应按设计要求装设温度补偿装置。

（3）可弯曲金属导管及柔性导管

1）室内潮湿场所的线缆采用可弯曲金属导管明敷时，应选用防水重型的导管。建筑物底层及地面层以下外墙内的线缆采用可弯曲金属导管暗敷布线时，应选用防水重型的导管。严禁将柔性导管直埋于墙体内或楼（地）面内。刚性导管经柔性导管与电气设备、器具连接时，柔性导管的长度在动力工程中不宜大于 0.8m，在照明工程中不宜大于 1.2m。

2）可弯曲金属导管或柔性导管与刚性导管或电气设备、器具间的连接应采用专用接头；防液型可弯曲金属导管或柔性导管的连接处应密封良好，防液覆盖层应完整无损。

3）当可弯曲金属导管有可能受重物压力或明显机械撞击时，应采取保护措施。

4）明配的金属、非金属柔性导管固定点间距应均匀，不应大于 1m，管卡与设备、器具、弯头中点、管端等边缘的距离应小于 0.3m。

5）可弯曲金属导管和金属柔性导管不应做保护导体的接续导体。

（4）导管的曲半径规定

1）明配导管的弯曲半径不宜小于管外径的 6 倍，当两个接线盒间只有一个弯曲时，其弯曲半径不宜小于管外径的 4 倍。

2）埋设于混凝土内的导管的弯曲半径不宜小于管外径的 6 倍，当直埋于地下时，其弯曲半径不宜小于管外径的 10 倍。

3）电缆导管的弯曲半径不应小于电缆最小允许弯曲半径。

（5）导管支架安装规定

1）除设计要求外，承力建筑钢结构构件上不得熔焊导管支架，且不得热加工开孔。

2）当导管采用金属吊架固定时，圆钢直径不得小于 8mm，并应设置防晃支架，在距离盒（箱）、分支处或端部 0.3~0.5m 处应设置固定支架。

3）金属支架应进行防腐，位于室外及潮湿场所的应按设计要求做处理。

4）导管支架应安装牢固、无明显扭曲。

（6）室外导管敷设

1）对于埋地敷设的钢导管，埋设深度应符合设计要求，钢导管的壁厚应大于 2mm。

2）导管的管口不应敞口垂直向上，导管管口应在盒、箱内或导管端部设置防水弯。

3）由箱式变电站或落地式配电箱引向建筑物的导管，建筑物一侧的导管管口应设在建筑物内。

4）导管的管口在穿入绝缘导线、电缆后应做密封处理。

（7）明配的电气导管

1）导管应排列整齐、固定点间距均匀、安装牢固。

2）在距终端、弯头中点或柜、台、箱、盘等边缘 150~500mm 范围内应设有固定管卡，中间直线段固定管卡间的最大距离应符合表 9-9 的规定。

表 9-9　管卡间的最大距离

敷设方式	导管种类	导管直径/mm			
		15~20	25~32	40~50	65 以上
		管卡间最大距离/m			
支架或沿墙明敷	壁厚>2mm 刚性钢导管	1.5	2.0	2.5	3.5
	壁厚≤2mm 刚性钢导管	1.0	1.5	2.0	—
	刚性塑料导管	1.0	1.5	2.0	2.0

3）明配的塑料导管、槽盒、接线盒、分线盒应采用阻燃性能级别为 B1 级的难燃制品。

（8）导管敷设的其他规定

1）暗敷于建筑物、构筑物内的导管，不应在截面长边小于 500mm 的承重墙体内剔槽埋设。敷设在钢筋混凝土现浇楼板内的电线导管的最大外径不宜大于板厚的 1/3。当电线导管暗敷在楼板、墙体内时，其与楼板、墙体表面的外保护层厚度不应小于 15mm。

2）进入配电（控制）柜、台、箱内的导管管口，当箱底无封板时，管口应高出柜台、箱、盘的基础面 50~80mm。

3）导管穿越外墙时应设置防水套管，且应做好防水处理。

4）钢导管或刚性塑料导管跨越建筑物变形缝处应设置补偿装置。

5）除埋设于混凝土内的钢导管内壁应防腐处理，外壁可不防腐处理外，其余场所敷设的钢导管内、外壁均应做防腐处理。

6）导管与热水管、蒸汽管平行敷设时，宜敷设在热水管、蒸汽管的下面，当有困难时，可敷设在其上面；相互间的最小距离宜符合表 9-10 的规定。

表 9-10 导管或配线槽盒与热水管、蒸汽管间的最小距离　　　（单位：mm）

导管或配线槽盒的敷设位置	管道种类	
	热水	蒸汽
在热水、蒸汽管道上面平行敷设	300	1000
在热水、蒸汽管道下面或水平平行敷设	200	500
与热水、蒸汽管道交叉敷设	不小于其平行的净距	

注：1. 对有保温措施的热水管、蒸汽管，其最小距离不宜小于 200mm。
　　2. 导管或配线槽盒与含可燃及易燃易爆气体的其他管道的距离，平行或交叉敷设不应小于 100mm。
　　3. 导管或配线槽盒与可燃及易燃易爆气体不宜平行敷设，交叉敷设处不应小于 100mm。
　　4. 达不到规定距离时应采取可靠有效的隔离保护措施。

7）导管穿越密闭或防护密闭隔墙时，应设置预埋套管，预埋套管的制作和安装应符合设计要求，套管两端伸出墙面的长度宜为 30~50mm，导管穿越密闭穿墙套管的两侧应设置过线盒，并应做好封堵。

8）当导管敷设遇下列情况时，中间宜增设接线盒或拉线盒，且盒子的位置应便于穿线：

①导管长度每大于 40m，无弯曲。

②导管长度每大于 30m，有 1 个弯曲。

③导管长度每大于 20m，有 2 个弯曲。

④导管长度每大于 10m，有 3 个弯曲。

在垂直敷设管路时，装设接线盒或拉线盒的距离尚应符合下列要求：

①导线截面面积为 $50mm^2$ 及以下时，为 30m。

②导线截面面积为 $70~95mm^2$ 时，为 20m。

③导线截面面积为 $120~240mm^2$ 时，为 18m。

9）电气线路敷设应避开炉灶、烟囱等高温部位及其他可能受高温作业影响的部位，不应直接敷设在可燃物上；室内明敷的电气线路和在有可燃物的吊顶或难燃性、可燃性墙体内敷设的电气线路应具有相应的防火性能或防火保护措施。

10）电气线路和各类管道穿越防火墙、防火隔墙、竖井井壁、建筑变形缝处和楼板处的孔隙应采取防火封堵措施。防火封堵组件的耐火性能不应低于防火分隔部位的耐火性能要求。

11）消防配电线路的设计和敷设应满足在建筑的设计火灾延续时间内为消防用电设备连续供电的需要。

4. 导管内穿线和槽盒内敷线

1）不同电压等级的电力线缆不应共用同一导管或电缆桥架布线；电力线缆和智能化线缆不应共用同一导管或电缆桥架布线；在有可燃物闷顶和吊顶内敷设电力线缆时，应采用不燃材料的导管或电缆槽盒保护。同一交流回路的电线应敷设于同一金属电缆槽盒或金属导管内。电线在电缆槽盒内应按回路分段绑扎，电线出入电缆槽盒及配电箱（柜）应采取防止电线损伤的措施。

2）导管和电缆槽盒内配电电线的总截面面积不应超过导管或电缆槽盒内截面面积的40%，电缆槽盒内控制线缆的总截面面积不应超过电缆槽盒内截面面积的50%。线缆采用导管暗敷布线时，不应穿过设备基础；当穿过建筑物外墙时，应采取止水措施。除设计要求以外，不同回路、不同电压等级和交流与直流线路的绝缘导线不应穿于同一导管内。

3）绝缘导线接头应设置在专用接线盒（箱）或器具内，不得设置在导管和槽盒内，盒（箱）的设置位置应便于检修。

4）除塑料护套线外，绝缘导线应采取导管或槽盒保护，不可外露明敷。

5）绝缘导线穿管前，应清除管内杂物和积水，绝缘导线穿入导管的管口在穿线前应装设护线口。

6）当采用多相供电时，同一建筑物、构筑物的绝缘导线绝缘层颜色应一致。保护地线（PE）为绿、黄相间色，中性线（N）为淡蓝色，这两种线的颜色是国际统一认同的，其他绝缘导线的颜色国际上并未强制要求统一，且我国电力供电线路和大量国内电气产品的绝缘导线外护层颜色尚未采用国际上建议采用的颜色（即相线 L1、L2、L3 用黑色、棕色、灰色），一直沿用相线 L1 采用黄色、L2 采用绿色、L3 采用红色。

7）槽盒内敷线应符合下列规定：

①同一槽盒内不宜同时敷设绝缘导线和电缆。

②同一路径无防干扰要求的线路，可敷设于同一槽盒内；槽盒内的绝缘导线总截面面积（包括外护套）不应超过槽盒内截面面积的40%，且载流导体不宜超过 30 根。

③当控制和信号等非电力线路敷设于同一槽盒内时，绝缘导线的总截面面积不应超过槽盒内截面面积的50%。

④分支接头处绝缘导线的总截面面积（包括外护层）不应大于该点盒（箱）内截面面积的75%。

⑤绝缘导线在槽盒内应留有一定余量，并应按回路分段绑扎，绑扎点间距不应大于1.5m；当垂直或大于45°倾斜敷设时，应将绝缘导线分段固定在槽盒内的专用部件上，每段至少应有一个固定点；当直线段长度大于 3.2m 时，其固定点间距不应大于 1.6m；槽盒内导线排列应整齐、有序。

⑥敷线完成后，槽盒盖板应复位，盖板应齐全、平整、牢固。

8）与槽盒连接的接线盒（箱）应选用明装盒（箱）；配线工程完成后，盒（箱）盖板应齐全、完好。

5. 塑料护套线配线

塑料护套线是一种具有塑料保护层的双芯或多芯的绝缘导线，具有防潮、耐酸和耐腐蚀等性能。可以直接敷设在楼板、墙壁及建筑物上，用钢筋轧头作为导线的支持物。

塑料护套线配线要求如下：

1）塑料护套线严禁直接敷设在建筑物顶棚内、墙体内、抹灰层内、保温层内或装饰面内或可燃物表面。

2）塑料护套线与保护导体或不发热管道等紧贴和交叉处及穿梁、墙、楼板处等易受机械损伤的部位，应采取保护措施。

3）塑料护套线在室内沿建筑物表面水平敷设高度距地面不应小于 2.5m，垂直敷设时距地面高度 1.8m 以下的部分应采取保护措施。

4）当塑料护套线侧弯或平弯时，其弯曲处护套和导线绝缘层均应完整无损伤，侧弯和平弯弯曲半径应分别不小于护套线宽度和厚度的 3 倍。

5）塑料护套线进入盒（箱）或与设备、器具连接，其护套层应进入盒（箱）或设备、器具内，护套层与盒（箱）入口处应密封。

6）塑料护套线的固定应符合下列规定：

①固定应顺直、不松弛、不扭绞。

②护套线应采用线卡固定，固定点间距应均应、不松动，固定点间距宜为 150~200mm。

③在终端、转弯和进入盒（箱）、设备或器具等处，均应装设线卡固定，线卡距终端、转弯中点、盒（箱）、设备或器具边缘的距离宜为 50~100mm。

④塑料护套线的接头应设在明装盒（箱）或器具内，多尘场所应采用 IP5X 等级的密闭式盒（箱），潮湿场所应采用 IPX5 等级的密闭式盒（箱），盒（箱）的配件应齐全，固定应可靠。

7）多根塑料护套线平行敷设的间距应一致，分支和弯头处应整齐，弯头应一致。

6. 导线的连接

导线连接有绞接、焊接、压接和螺栓连接等，各种连接方法适用于不同的导线及不同的工作地点。导线的接头不应裸露，不同电压等级的导线接头应分别经绝缘处理后设置在各自的专用接线盒（箱）或器具内。导线与设备或器具的连接应符合下列规定：

1）截面面积在 10mm² 及以下的单股铜芯线和单股铝/铝合金芯线可直接与设备或器具的端子连接。

2）截面面积在 2.5mm² 及以下的多芯铜芯线应接续端子或拧紧搪锡后再与设备或器具的端子连接。

3）截面面积大于 2.5mm² 的多芯铜芯线，除设备自带插接式端子外，应接续端子后与设备或器具的端子连接；多芯铜芯线与插接式端子连接前，端部应拧紧搪锡。

4）多芯铝芯线应接续端子后与设备、器具的端子连接，多芯铝芯线接续端子前应去除氧化层并涂抗氧化剂，连接完成后应清洁干净。

5）每个设备或器具的端子接线不多于 2 根导线或 2 个导线端子。

6）截面面积 6mm² 及以下导线间的连接应采用导线连接器或缠绕搪锡连接，并应符合下列规定：

①导线连接器应符合现行国家标准相关规定，并应符合下列规定：导线连接器应与导线截面相匹配。单芯导线与多芯软导线连接时，多芯软导线宜搪锡处理。与导线连接后不应明露线芯。采用机械压紧方式制作导线接头时，应使用确保压接力的专用工具。多尘场所的导线连接应选用 IP5X 及以上的防护等级连接器，潮湿场所的导线连接应选用 IPX5 及以上的防护等级连接器。

②导线采用缠绕搪锡连接时，连接头缠绕搪锡后应采取可靠绝缘措施。

7）绝缘导线电缆的线芯连接金具（连接管和端子），其规格应与线芯的规格适配且不得采用开口端子，其性能应符合国家现行有关产品标准的规定。

8）当导线接线端子规格与电气器具规格不配套时，不应采取降容的转接措施。

9.4 建筑电气照明工程施工图识读

9.4.1 建筑电气照明工程施工图的组成

室内电气照明施工图一般由图纸目录、设计说明、电气照明平面图、供电系统图和电气详图及设备材料表。

1. 图纸目录

主要内容包括：图纸、所选用的标准图集的编号和名称。

2. 设计说明

图纸中未尽事宜，要在"说明"中提出。"说明"一般是说明设计的依据，设计的规模与范围、工程概况，电气材料的选择和施工要求说明，主要设备的型号与规格，对施工、材料或制品提出要求，如干线与支线的敷设方式和部位、导线种类及截面面积，说明图中未尽事宜等。

3. 电气照明平面图

电气照明平面图是电力工程图中最重要的图纸，它集中表示建筑物内动力、照明设备和线路平面布置的图纸。这些图纸是按照建筑物不同标高的楼层分别画出的，并且动力与照明分开。它反映建筑物平面形状、大小、墙柱的位置、厚度、门窗的类型以及建筑物内配电设备、动力、照明设备等平面布置、线路走向等情况。

电气照明平面图主要表示动力及照明线路的敷设位置、方式、导线型号规格、根数、穿管管径等，同时还标出了各种用电设备（如各种灯具、电动机、电风扇、插座等）及配电设备（如配电箱、开关等）的数量、型号和相对位置。

电气照明平面图上的土建平面是完全按比例绘制的，电气部分的导线和设备通常采用图形符号表示，导线与设备间的垂直距离和空间位置一般也不另用立面图表示，而是采用文字标注安装标高或附加必要的施工说明的方法加以示出。绘图时常用细实线绘出建筑物平面的墙体、门窗、工艺设备等外形轮廓，用中粗线绘出电气部分。

4. 供电系统图

供电系统图是根据用电量和配电方式画出来的，它是表明建筑物内配电系统的组成与连接的示意图。从图中可看到电源进户线的型号、敷设方式，全楼用电的总容量，进户线、干线、支线的连接与分支情况，配电箱、开关、熔断器的型号与规格，以及配电导线的型号、截面、采用管径及敷设方式等。

5. 电气详图

凡在照明平面图、供电系统图中表示不清而又无通用图可选的图样，才绘制施工详图。一般均有通用图可选，图中只标注所引用的通用图册代号及页数等即可。作为施工人员应对常用的通用图册十分熟悉，并能记住它们的构造尺寸、所用材料及施工操作方法。

6. 设备材料表

为了便于施工单位计算材料、采购电气设备、编制工程概预算和施工组织设计，电气照明工程图上要列出主要设备材料表。其包括的主要内容有：主要电气设备材料的规格、型号、数量以及有关的重要数据，要求与施工图一致，并按序号编号。

9.4.2 建筑电气工程施工图常用图例

建筑电气工程施工图常用图例见表 9-11。

表 9-11 建筑电气工程施工图常用图例

图例	名称	备注	图例	名称	备注
	双绕组 变压器	形式1 形式2		电源自动切 换箱（屏）	—
				隔离开关	—
	三绕组 变压器	形式1 形式2		接触器 （在非动作位置 触点断开）	—
	电流互感器 脉冲变压器 电压互感器	形式1 形式2 形式1 形式2		断路器	—
				熔断器一般符号	—
	屏、台、箱柜 一般符号	—		熔断器式开关	—
	动力或动力- 照明配电箱	—		熔断器式 隔离开关	—
	照明配电箱（屏）	—		避雷器	—
	事故照明配 电箱（屏）	—	MDF	总配线架	—
	灯具一般符号	—	IDF	中间配线架	—
	球形灯	—		壁龛交接箱	—
	顶棚灯	—		分线盒 一般符号	—
	花灯	—		明装单联 单控开关	—

（续）

图例	名称	备注	图例	名称	备注
	单管荧光灯	—		暗装单联 单控开关	—
	三管荧光灯	—		明装双联 单控开关	—
5	五管荧光灯	—		暗装双联 单控开关	—
	壁灯	—		明装三联 单控开关	—
	防水防尘灯	—		暗装三联 单控开关	—
	明装单相插座	—	f	延时开关	—
	暗装单相插座	—		电铃	—
	明装防水插座	—		扬声器一般符号	—
	防爆插座	—		三根导线	形式 1 形式 2
	明装带保护 接点插座	—	n	n 根导线	—
	暗装带保护 接点插座	—	P	电话线路	—
	插座箱	—	V	视频线路	—
EEL	应急疏散 指示标志灯	—	B	广播线路	—
EL	应急疏散照明灯	—	—	—	—

9.4.3　建筑电气工程施工图的特点

1. 动力和照明线路在图上的表示

（1）线路敷设方式的文字符号表示　线路敷设方式的文字符号表示见表 9-12。

表 9-12　线路敷设方式的文字符号表示

敷设方式	符号	敷设方式	符号
明敷	E	穿阻燃半硬塑料管敷设	FPC
暗敷	C	电线管敷设	MT
瓷瓶敷设	K	焊接钢管敷设	SC
铝卡线敷设	AL	硬塑料管敷设	PC
瓷夹敷设	PL	金属线槽敷设	MR
塑料夹敷设	PCL	塑料线槽敷设	PR
钢索敷设	M	电缆桥架敷设	CT
金属软管敷设	FMC	直埋敷设	DB
电缆沟敷设	TC	混凝土排管敷设	CE

（2）线路敷设部位的文字符号表示　线路敷设部位的文字符号表示见表 9-13。

表 9-13　线路敷设部位的文字符号表示

敷设部位	符号	敷设部位	符号
沿或跨梁（屋架）敷设	AB	暗敷设在墙内	WC
暗敷设在梁内	BC	沿顶棚或顶板面敷设	CE
沿或跨柱敷设	AC	暗敷设在屋面或顶板内	CC
暗敷设在柱内	CLC	吊顶内敷设	SCE
沿墙面敷设	WS	暗敷设在地板或地面下	FC

（3）线路功能的文字符号表示　线路功能的文字符号表示见表 9-14。

表 9-14　线路功能的文字符号表示

名称	符号			名称	符号		
	单字母	双字母	三字母		单字母	双字母	三字母
控制线路		WC	—	电力线路		WP	—
直流线路		WD	—	广播线路		WS	—
应急照明线路	W	WE	—	电视线路	W	WV	—
电话线路		WF	—	插座线路		WX	—
照明线路		WL	—				

（4）线路的表示方法

1）导线根数在图上的表示。动力及照明线路在平面图上均用图线加文字符号来表示。图线通常用单线表示一组导线，同时在图线上打上短线表示根数，例如，⎯⟋⟋⟋⎯表示 3 根导线；也可画一条短斜线，在短斜线旁标注数字来表示导线的根数，例如，⎯⟋^{n}⎯表示 n 根导线（$n \geqslant 3$）。对于两根导线，可用一条图线表示，不必标注根数，这在动力及照明平面图中已成惯例。导线根数的表示方法如图 9-24 所示。

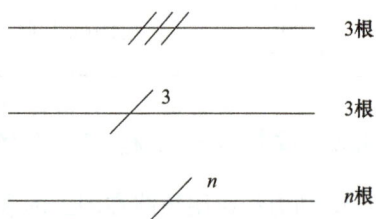

图 9-24　导线根数的表示方法

2）线路标注的一般格式。在平面图上用图线表示动力及照明线路时在图线旁还应标注一定的文字符号，以说明线路的编号、导线型号、规格、根数、线路敷设方式及部位等，其标注的一般格式为

$$a - d - (e \times f) - g - h$$

其中：a——线路编号或线路功能的符号；

    d——导线型号；

    e——导线根数；

    f——导线截面面积（mm^2），不同的截面面积应分别表示；

    g——导线敷设方式或穿管管径；

    h——导线敷设部位。

图 9-25 为动力线路和照明线路在平面图上表示方法的示例。

图 9-25a 中的"2LFG-BLX-3×6-SC20-FC"表示 2 号动力分干线，导线型号为铝芯橡胶绝缘线，由 3 根截面面积各为 $6mm^2$ 的导线，穿管径为 20mm 的钢管沿地板暗敷。

图 9-25b 中 "N1-BV-2×2.5-MT20-CC"，表示为 N1 回路，导线型号为铜芯塑料绝缘线，2 根截面面积均为 $2.5mm^2$ 的导线，穿管径为 20mm 的电线管，沿顶板暗敷。图中

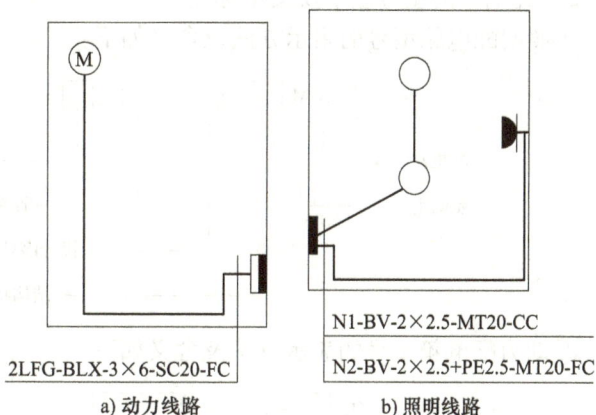

N1-BV-2×2.5-MT20-CC

N2-BV-2×2.5+PE2.5-MT20-FC

2LFG-BLX-3×6-SC20-FC

a) 动力线路   b) 照明线路

图 9-25 动力及照明线路的表示方法示意图

到插座的导线 "N2-BV-2×2.5+PE2.5-MT20-FC" 比 N1 回路多一根截面面积为 $2.5mm^2$ 的保护线，敷设方法改为沿地板暗敷。

在一些平面图上，为了减少图面的标注量，将配电箱通往各用电设备的线路上反映导线型号、规格及敷设方式的文字符号不直接在平面图上进行标注，而是采用管线表的标注方法，即在平面图上只标注线路的编号，如 N12、N512 等，另外再提供一个线路管线表，表中列出编号管线的导线型号、规格、长度、起点、终点、敷设方式、管径大小等。在读图时，看到图上线路的编号，只要通过管线表，即可查出所需要的数据。

2. 常用动力及照明设备在图上的表示方法

（1）配电箱的型号表示及文字标注　　配电箱是动力和照明工程中的主要设备之一，是由各种开关电器、仪表、保护电器、引入线、引出线等按照一定方式组合而成的成套电气装置，用于电能的分配和控制。主要用于动力配电的称为动力配电箱；主要用于照明配电的称为照明配电箱；两者兼用的称为综合式配电箱。配电箱的安装方式有明装、暗装（嵌入墙体内）及立式安装等几种形式。配电箱在平面图上用图形和文字标注两种方法表示。

1）配电箱的图形符号见表 9-15。

表 9-15　配电箱的图形符号

序号	图形符号	说明
1	▭	柜、屏、箱、盘一般符号
2	▰	动力或动力-照明配电箱
3	▰	照明配电箱（屏）
4	⊠	事故照明配电箱（屏）
5	⊗	信号板、信号箱（屏）

2）配电箱的型号表示及文字标注。

①照明配电箱型号的表示方法及含义如下：

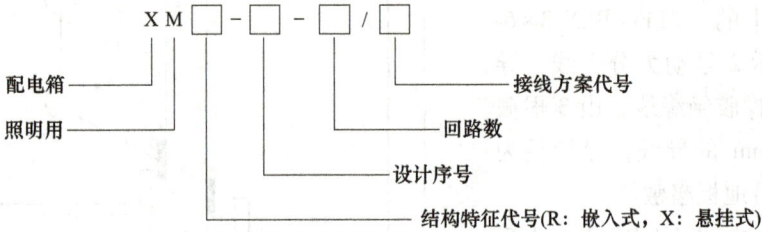

$$XM\Box-\Box-\Box/\Box$$

配电箱——
照明用——
　　　结构特征代号(R：嵌入式，X：悬挂式)
　　　设计序号
　　　回路数
　　　接线方案代号

②动力配电箱型号的表示方法及含义如下：

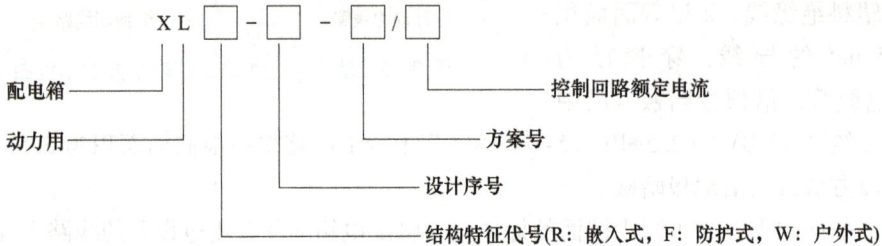

$$XL\Box-\Box-\Box/\Box$$

配电箱——
动力用——
　　　结构特征代号(R：嵌入式，F：防护式，W：户外式)
　　　设计序号
　　　方案号
　　　控制回路额定电流

配电箱的文字标注格式一般为 $a\dfrac{b}{c}$ 或 $a-b-c$。当需要标注引入线的规格时，则应标注为

$$a\frac{b-c}{d(e\times f)-g}$$

其中：a——设备编号；

b——设备型号；

c——设备容量（kW）；

d——导线型号；

e——导线根数；

f——导线截面（mm^2）；

g——导线敷设方式及部位。

如在配电箱旁标注 $2\dfrac{XMR201-08-1}{12}$，表示 2 号照明配电箱，型号为 XMR201-08-1，嵌

入式安装，容量为 12kW。若标注为 $2\dfrac{XMR201-08-1-12}{BV-5\times16-SC40-WC}$ 则表示 2 号照明配电箱，型号为 XMR201-08-1，容量为 12kW，配电箱进线采用 4 根截面为 $16mm^2$ 的塑料铜芯线，穿管径为 40mm 的钢管，另有一根截面为 $16mm^2$ 的保护接地线，沿墙暗敷。

（2）常用照明灯具的文字标注 照明灯具在平面图上也是采用图形符号和文字标注两种方法表示。

1）常用照明灯具的图形符号见表 9-16。

表 9-16 常用照明灯具的图形符号

序号	图形符号	说明	序号	图形符号	说明
1		灯或信号灯的一般符号	9		壁灯
2		投光灯的一般符号	10		花灯
3	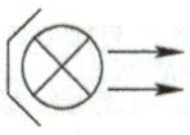	聚光灯	11	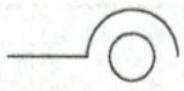	弯灯
4		防水防尘灯	12		安全灯
5		球形灯	13		隔爆灯
6		吸顶灯	14		自带电源的事故照明灯
7		泛光灯	15		气体放电灯的辅助设备
8	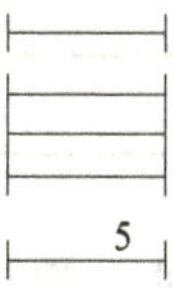	荧光灯一般符号 三管荧光灯 五管荧光灯	16		矿山灯
			17		普通型吊灯

2）常用照明灯具的文字标注。照明灯具的文字标注格式一般为

$$a - b\dfrac{c \times d \times l}{e}f$$

灯具吸顶安装时为

$$a - b\dfrac{c \times d \times l}{-}$$

其中：a——同类照明灯具的个数；

b——灯具的型号或编号；

c——照明灯具的灯泡数；

d——灯泡或灯管的功率（W）；

e——灯具的安装高度（m）；

f——灯具的安装方式；

l——电光源的种类（一般不标注）。

常用电光源的种类及其代号见表 9-17。

表 9-17　常用电光源的种类及其代号

电光源类型	代号	电光源类型	代号
白炽灯	IN	汞灯	Hg
荧光灯	FL	钠灯	Na
碘钨灯	I	—	—

常用灯具类型及其代号见表 9-18。

表 9-18　常用灯具类型及其代号

灯具类型	代号	灯具类型	代号	灯具类型	代号
花灯	H	荧光灯	Y	柱灯	Z
吸顶灯	D	防水防尘灯	F	投光灯	T
壁灯	B	搪瓷伞罩灯	S	—	—
普通吊灯	P	隔爆灯	G	—	—

照明灯具安装方式及其代号见表 9-19。

表 9-19　照明灯具安装方式及其代号

灯具安装方式	代号	灯具安装方式	代号
线吊式	SW	吸顶式	C
链吊式	CS	吸顶嵌入式	CR
管吊式	DS	墙装嵌入式	WR
壁装式	W	—	—

如：$6\text{-}S\dfrac{1\times60\times CS}{2.5}$ 表示 6 盏搪瓷伞罩灯，每个灯内装有 1 个 60W 的白炽灯，链吊式安装，高度为 2.5m。

又如：$5\text{-}Y\dfrac{2\times40}{-}$ 表示有 5 盏荧光灯，每盏荧光灯有 2 个 40W 的灯管，吸顶安装。

（3）开关的文字标注　照明开关主要是指对照明电器进行控制的各类开关，常用的有翘板式和拉线式两种。在电气照明平面图上，照明开关通常只用图形符号表示，常用照明开关的图形符号见表 9-20。

表 9-20　常用照明开关的图形符号

序号	名称	图形符号	说明	序号	名称	图形符号	说明
1	开关		开关一般符号	5	单极拉线开关		—
2	单极开关	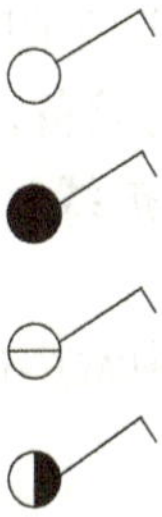	分别表示明装、暗装、密闭（防水）、防爆单极开关	6	三极开关		分别表示明装、暗装、密闭（防水）、防爆三极开关
3	双极开关		分别表示明装、暗装、密闭（防水）、防爆双极开关	7	单极双控拉线开关		—
				8	双控开关	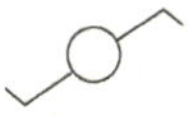	—
				9	带指示灯开关	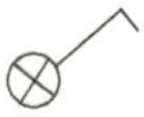	—
4	多拉开关		用于不同照度控制	10	定时开关	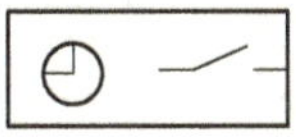	用于延寿节能开关

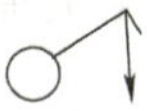

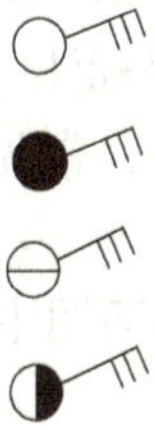

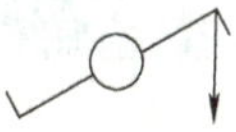

开关及熔断器的文字标注格式一般为

$$a\frac{b}{c/i} \text{或} a-b-c/i$$

当需要同时标注引入线的规格时其标注格式为

$$a\frac{b-c/i}{d(e \times f)-g}$$

其中：a——设备编号；

　　　b——设备型号；

　　　c——额定电流（A）；

　　　d——导线型号；

　　　e——导线根数；

　　　f——导线截面（mm^2）；

g——导线敷设方式及部位；

i——整定电流（A）。

例如：某开关标注为 2-DZ10-100/3-100/60 表示 2 号设备是型号为 DZ10-100/3 的自动空气开关，其额定电流值为 100A，脱扣器的整定电流值为 60A。

又如：某开关标注为 $4\dfrac{HH_3-100/3-100/80}{BLX-3\times25-SC40-FC}$ 表示 4 号设备是型号为 HH3-100/3 的铁壳开关，其额定电流为 100A，开关内装设的熔断器熔体的额定电流为 80A，开关进线是 3 根截面面积均为 $25mm^2$ 的铝芯橡胶导线，穿管径为 40mm 的钢管埋地暗敷。

（4）插座的文字标注 插座主要用来插接照明设备和其他用电设备，也常用来插接小容量的三相用电设备，常见的有单相两孔插座、单相三孔（带保护线）插座和三相四孔插座。

在动力和照明平面图中，插座往往采用图形符号来表示，工程中常用插座的图形符号见表 9-21。

表 9-21 常用插座的图形符号

序号	名称	图形符号	说明	序号	名称	图形符号	说明
1	插座		插座或插孔的一般符号，表示单极	4	多个插座		示出三个
2	单相插座		分别表示明装、暗装、密闭（防水）、防爆单相插座	5	三相四孔插座		分别表示明装、暗装、密闭（防水）、防爆三相四孔插座
3	单相三孔插座		分别表示明装、暗装、密闭（防水）、防爆单相三孔插座	6	带开关插座	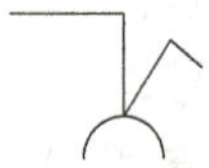	带一个单极开关

（5）用电设备的文字标注

1）图形符号表示法。在电气照明平面图上，一些固定安装用电设备，如电风扇、空调器、电铃等也需要在图上表示出来，其图形符号见表 9-22。

表 9-22　其他常用电气设备的图形符号

序号	名称	图形符号	说明	序号	名称	图形符号
1	电风扇		若不致引起混淆，方框可不画	4	电钟	
2	空调器		—	5	电阻加热装置	
3	电铃		—	6	电热水器	

2）文字标注表示法。用电设备的文字标注表示的一般格式为

$$\frac{a}{b} \text{或} \left.\frac{a}{b}\right| \frac{c}{d}$$

其中：a——设备编号（或型号）；

　　　b——设备额定功率（kW）；

　　　c——电源线路首端熔断器片或自动开关释放器的电流（A）；

　　　d——安装标高（m）。

如：电动机出线口标注 $\dfrac{4}{7.5}$ 表示电动机编号为 4 号，额定功率为 7.5kW。

9.4.4　建筑电气照明工程施工图的识读方法

方法：先看图纸目录，再看设计施工说明，了解图例符号，系统结合平面。

1. 先看图纸目录

根据图纸目录了解该工程图纸的概况，包括图纸张数、图幅大小及名称、编号等信息。

2. 再看设计施工说明

在照明平面图和供电系统图上表示不出来的内容，可通过阅读设计及施工说明获得信息。如各种照明配电箱、开关、插座的安装高度以及细部做法要求等。

3. 看供电系统图

供电系统图表示接线方式、总配电箱、分支回路的配电箱情况。供电系统图仅起到示意

图作用，不表示具体位置，也不能由系统图确定电线电缆的长度。系统图作为电气施工图的总领，反映的是建筑整体的配电方式，表示整个照明供电线路的全貌和连接关系，首先必须看懂系统图，才能根据其回路在平面图上找到相应的内容，顺藤摸瓜，读懂平面图。

4. 看电气照明平面图

在识读电气照明平面图时，可依照电流入户方向，即按进户点—配电箱—支路—支路上的用电设备的顺序来阅读。在阅读时应掌握以下几个要点：

（1）电气照明平面图表示的主要内容　电气照明平面图描述的主要对象是照明电气线路和照明设备，通常包括以下内容：

1）电源进线和电源配电箱及各分配电箱的型式、安装位置以及电源配电箱内的电气系统。

2）照明线路中导线的根数、型号、规格、线路走向、敷设方式及位置等。

3）照明灯具的类型、灯泡灯管功率、灯具的安装方式、安装位置等。

4）照明开关的类型、安装位置及接线等。

5）插座及其他日用电器的类型、容量、安装位置及接线等。

6）进户线处设置的一组重复接地装置，及接地装置的位置和施工方法。

（2）照明设备及线路在图上的表示　照明设备及线路在平面图上不能用实物来描述，只能采用图形符号和文字符号来表示，因此，要熟悉图形符号和各种文字符号的应用。

（3）照明设备和线路位置的确定　在电气照明平面图上照明设备和线路必须标注其安装和敷设的位置，可分为平面位置和垂直位置。

1）平面位置：可以根据建筑平面图的定位轴线以及图上的某些构筑物（如门窗等）来确定照明设备和线路布置的平面位置。

2）垂直位置：照明设备和线路的安装和敷设的高度在平面图上可采用以下几种方式表示：

①标高：一般标注安装高度。

②文字符号标注：如灯具安装高度在符号旁按一定方式标注出具体尺寸。

③图注：用文字方式标注出某些共同设备的安装高度，在注释中加以说明，如："所有照明开关离地面1.3m"。

9.5　建筑电气照明工程施工图的识读案例

9.5.1　设计说明与施工图

某教学楼电气照明工程施工图如图9-26~图9-28所示。设计说明如下：

1）本工程为教学楼局部照明，层高为3m。

2）配电箱ALZ1为落地式安装，并加装10号槽钢基础；配电箱AL1-1为嵌入式安装，底边距地为1.5m，所有配电箱、等电位端子箱均成套供应。

3）卫生间及走道均要吊顶，吊顶高度为2.5m。

4）如线管为钢管，其接线盒采用钢质接线盒；如线管为塑料管，其接线盒采用塑料接线盒。

序号	图例	设备名称	型号规格	单位	备注
1	▬	配电箱（电磁总控制开关）	XL-21　1600×600×400（高×宽×厚）	台	ALZ1 配电箱落地安装
2	▬	配电箱（普通控制开关）	PX(R)　400×600（高×宽）	台	AL1-1 配电箱装距地 1.5m
3	▼	五极暗插座	380V　20A	套	暗装。距地 1.8m
4	▲	二加三极暗插座	E426/10V　250V　10A	套	暗装。距地 0.3m
5	✎	三联翘板式暗开关	E33/1/2A　250V　10A	套	暗装。距地 1.3m
6	✎	双联翘板式暗开关	E32/1/2A　250V　10A	套	暗装。距地 1.3m
7	✎	单联翘板式暗开关	E31/1/2A　250V　10A	套	暗装。距地 1.3m
8	◡	吸顶灯	XD-1　220V　60W　ϕ250mm	套	吸顶安装
9	◡d1	吸顶灯	XD-1　220V　60W　ϕ250mm	套	带蓄电池
10	⊗	紧急呼叫灯		套	壁装。距地 2.4m
11	d1	成套型管吊式荧光灯	YG2-1　220V　2×40W	套	距地 2.7m　带蓄电池
12	├─┤	成套型管吊式荧光灯	YG2-1　220V　2×40W	套	距地 2.7m
13	├─	成套型管吊式荧光灯	YG1-1　220V　40W	套	距地 2.8m
14	∞	吊扇	FC4-1　900mm	台	距地 2.6m
15	MEB	总等电位箱	300×200（高×宽）	台	暗装。距地 0.3m
16	▣	紧急按钮	E31BPA　2/3　250V　3A	个	暗装。距地 1.3m
17	✎	吊扇调速器		个	暗装。距地 1.3m

图 9-26　主要设备材料表

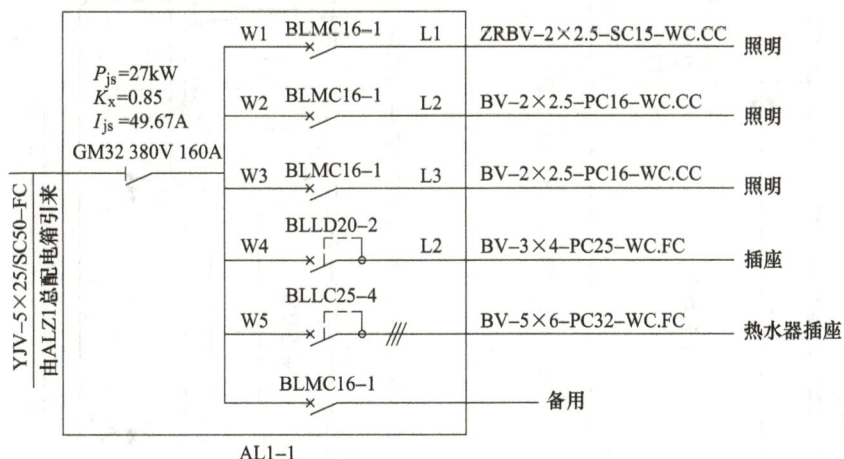

图 9-27　AL1-1 系统图

序号	导线型号及规格	导线根数	管径
1		2	PC16
2		3~4	PC20
3	BV-0.45/0.75 2.5mm²	5~6	PC25
4		2~3	SC15
5		4~6	SC20

导线穿阻燃塑料管背及钢管管径表

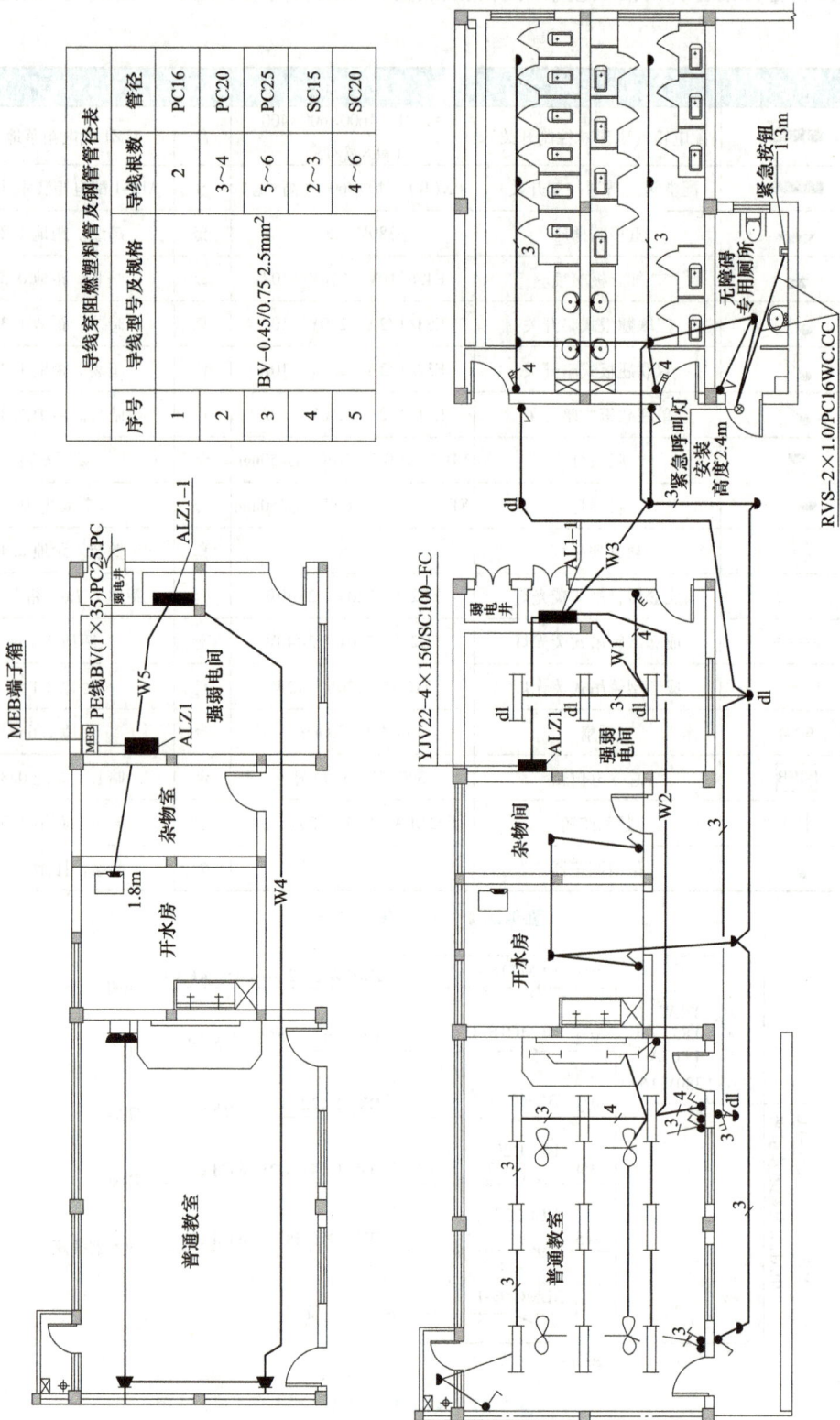

图 9-28　局部照明平面图 1∶100

9.5.2　施工图解读

下面以解答问题的形式，详细说明如何识读建筑电气照明工程施工图。

1）ALZ1 的位置在哪里？型号规格是什么？安装方式是什么？是照明配电箱还是动力配电箱？

答：由平面图可知，ALZ1 在强弱电间；由主要设备材料表知，ALZ1 型号规格为 XL-21，1600mm（高）×600mm（宽）×400mm（厚）；由设计说明知，安装方式为落地式安装，并加装 10 号槽钢基础；由图例知，ALZ1 是照明配电箱。

2）引入 ALZ1 的线路是什么？含义是什么？

答：由平面图可知，引入 ALZ1 的线路为 YJV22-4×150/SC100-FC，含义为：4 根截面为 150mm² 的铜芯交联聚乙烯绝缘聚氯乙烯护套钢带铠装电力电缆，穿 DN100 的焊接钢管，埋地敷设。

3）AL1-1 的位置在哪里？型号规格是什么？安装方式是什么？是照明配电箱还是动力配电箱？

答：由平面图可知，AL1-1 位于弱电井隔壁房间内；由主要设备材料表知，AL1-1 型号规格为 PX（R），600mm（高）×400mm（宽）；由设计说明知，安装方式为嵌入式安装，距地高度度为 1.5m；由图例知，AL1-1 是照明配电箱。

4）AL1-1 的进线是什么？含义是什么？由哪里引来？

答：由系统图可知，AL1-1 的进线是 YJV-5×25/SC50-FC，含义为：5 根截面为 25mm² 的铜芯交联聚乙烯绝缘聚氯乙烯护套电力电缆，穿 DN50 的焊接钢管，埋地敷设；由 ALZ1 总配电箱引来。

5）AL1-1 共有几个回路？分别是什么作用？

答：由系统图可知，AL1-1 共有 6 个回路，W1～W3 回路是照明回路，W4 回路是插座回路，W5 回路是热水器插座回路，最后一个是备用回路。

6）第一个回路的编号是什么？线路敷设代号是什么？含义是什么？是单相还是三相？是动力线路还是照明线路？

答：由系统图可知，第一个回路的编号是 W1，线路敷设代号是 ZRBV-2×2.5-SC15-WC.CC，含义是：2 根截面为 2.5mm² 的铜芯阻燃塑料绝缘导线穿 DN15 的焊接钢管沿墙、沿顶板暗敷；是单相电，照明回路。

7）第二个回路的编号是什么？线路敷设代号是什么？含义是什么？是单相还是三相？是动力线路还是照明线路？

答：由系统图可知，第二个回路的编号是 W2，线路敷设代号是 BV-2×2.5-PC16-WC.CC，含义是：2 根截面为 2.5mm² 的铜芯塑料绝缘导线穿 φ16mm 的 PVC 管沿墙、沿顶板暗敷；是单相电，照明回路。

8）第三个回路的编号是什么？线路敷设代号是什么？含义是什么？是单相还是三相？是动力线路还是照明线路？

答：由系统图可知，第三个回路的编号是 W3，线路敷设代号是 BV-2×2.5-PC16-WC.CC，含义是：2 根截面为 2.5mm² 的铜芯塑料绝缘导线穿 φ16mm 的 PVC 管沿墙、沿顶板暗敷；是单相电，照明回路。

9）第四个回路的编号是什么？线路敷设代号是什么？含义是什么？是单相还是三相？是动力线路还是照明线路？

答：由系统图可知，第四个回路的编号是 W4，线路敷设代号是 BV-3×4-PC25-WC.FC，含义是：3 根截面为 $4mm^2$ 的铜芯塑料绝缘导线穿 $\phi25mm$ 的 PVC 管沿墙、沿地板暗敷；是单相电，照明回路。

10）第五个回路的编号是什么？线路敷设代号是什么？含义是什么？是单相还是三相？是动力线路还是照明线路？

答：由系统图可知，第五个回路的编号是 W5，线路敷设代号是 BV-5×6-PC32-WC.FC，含义是：5 根截面为 $6mm^2$ 的铜芯塑料绝缘导线穿 $\phi32mm$ 的 PVC 管沿墙、沿地板暗敷；是三相电，动力回路。

11）对照平面图，找到 W1 回路，回路为哪些部位供电？回路上共有哪些用电器具？

答：回路为强弱电间和走道供电。回路上用电器具为成套型吊管式双管荧光灯、吸顶灯。

12）W1 回路上接有哪些灯具？分别有几套？各种灯具的安装高度为多少？

答：W1 回路上灯具有成套型吊管式双管荧光灯、吸顶灯，均有 3 套，安装高度吊管式双管荧光灯距地 2.7m，吸顶灯吸顶安装吊顶高度为 2.5m。

13）W1 回路上的双管荧光灯由几个开关控制？此开关是几极开关？开关的安装高度为多少？各灯具间的导线为几根？灯具到开关的线是几根？为什么？

答：由 1 个开关控制，为三极开关，安装高度距地 1.3m，各灯具间导线分别为 3 根、2 根，因为开关到每个灯具都需要一根控制线。

14）W1 回路上的吸顶灯由几个开关控制？此开关是几极开关？开关的安装高度为多少？各灯具间的导线为几根？灯具到开关的线是几根？为什么？

答：吸顶灯由两个开关控制，一个是单极开关，一个是双极开关。开关安装高度距地 1.3m，吸顶灯之间左边为 3 根导线，右边为 2 根导线。到双控开关为 3 根导线，到单控开关为 2 根。因为开关到每个灯具都需要一根控制线。

15）W1 回路为什么要采用 SC15 作为配管？可否采用 PC15 管？

答：因为 W1 回路导线为阻燃导线，所以采用 SC15 作为配管，不可采用 PC15 管。

16）综上问题，照明线路上的导线根数是一直不变还是可以变化的？系统图上的导线根数代表哪处的根数？

答：可以变化。代表从配电箱出来的导线根数及图示未特殊注明的导线根数。

17）对照平面图，找到 W2 回路，回路为哪些部位供电？回路上共有哪些用电器具？

答：为普通教室供电，回路用电器具有成套型吊管式单管荧光灯、双管荧光灯、吊扇、吸顶灯。

18）W2 回路上接有哪些灯具？分别有几套？各种灯具的安装高度为多少？

答：成套型吊管式单管荧光灯，2 套，安装高度距地 2.8m；成套型吊管式双管荧光灯，9 套，安装高度距地 2.7m；吊扇，4 套，安装高度距地 2.6m；吸顶灯，1 套，安装高度距地 3m。

19）W2 回路上的双管荧光灯由几个开关控制？此开关是几极开关？各灯具间的导线为几根？灯具到开关的线是几根？分别是什么线？图上有无错误？

答：双管荧光灯由1个开关控制，由三极开关控制。各灯具间导线根数：三极开关到灯具，4根，1火3控；横向第一排，2根，1零1控；竖向第一段，4根，1火1零2控；横向第二排2根，1零1控；竖向第二段，3根，1火1零1控；第三排，3根，1火1零1控。图上无错误。

20）W2回路上的单管荧光灯由几个开关控制？此开关是几极开关？各灯具间的导线为几根？灯具到开关的线是几根？分别是什么线？

答：单管荧光灯由1个开关控制，单极开关。各灯具间的导线为2根，1零1控；灯具到开关的线是2根，1火1控。

21）W2回路上的吸顶灯由几个开关控制？此开关是几极开关？灯具到开关的线是几根？分别是什么线？此灯具的电源从哪里引来？

答：W2回路上的吸顶灯由1个开关控制，为单极开关。灯具到开关的线是2根，1火1控。电源从配电箱AL1-1引来。

22）对照平面图，找到W3回路，回路为哪些部位供电？回路上共有哪些用电器具？

答：W3回路为卫生间、杂物间、开水房、走廊供电，用电器具有吸顶灯、紧急呼叫灯。

23）W3回路上接有哪些灯具？分别有几套？各种灯具的安装高度为多少？

答：灯具有吸顶灯，13套，卫生间、走廊安装高度距地2.5m，开水房、杂物间安装高度距地3m；紧急呼叫灯，1套，安装高度距地2.4m。

24）W3回路上走廊的吸顶灯由几个开关控制？此开关是几极开关？各灯具间的导线为几根？灯具到开关的线是几根？分别是什么线？

答：W3回路上走廊的吸顶灯由2个开关控制，为单极开关。各灯具之间的导线从左至右第一段3根，1火1零1控；第二段2根，1火1零；第三段3根，1火1零1控。灯具到开关为2根导线，1火1控。

25）W3回路上卫生间的吸顶灯由几个开关控制？开关是几极开关？各灯具间的导线为几根？灯具到开关的线是几根？分别是什么线？无障碍厕所的紧急呼叫灯如何控制？

答：W3回路上卫生间的吸顶灯由3个开关控制，1个单极开关，2个三极开关。各灯具之间的导线，从无障碍专业厕所吸顶灯向上，第一段2根，1火1零；横向第一排从左向右，第一段3根，1零2控，第二段2根，1零1控；竖向2根，1火1零；横向第二排从左向右，第一段3根，1零2控，第二段2根，1零1控。灯具到单极开关的线为2根，1火1控；灯具到三极开关的线均为4根，1火3控。无障碍厕所的紧急呼叫灯由紧急按钮控制。

26）W3回路上无障碍厕所的紧急呼叫灯到紧急控制开关的导线敷设含义是什么？

答：直径为1mm的RVS型双绞线穿直径为16mm的塑料管沿墙、沿顶板暗敷。

27）对照平面图，找到W4回路，回路为哪些部位供电？回路上共有哪些用电器具？该用电器具的安装高度为多少？试统计数量。

答：W4回路为普通教室供电，用电器具有插座。安装高度距地0.3m，数量为4个。

28）W4回路上的导线根数为几根？沿程有无变化？插座的线分别是什么线？

答：3根，沿程没有变化，分别是1火1零1接地。

29）对照平面图，找到W5回路，回路为哪些部位供电？回路上共有哪些用电器具？该用电器具的安装高度为多少？试统计数量。

答：W5 回路为开水房供电，有 1 个五极暗插座，安装高度距地 1.8m。

30）W5 回路上的导线根数为几根？分别是什么线？

答：5 根，分别是 3 火 1 零 1 接地。

31）总等电位箱 MEB 的位置在哪里？规格是什么？安装方式是什么？高度为多少？作用是什么？与配电箱 ALZ1 如何连接？

答：总等电位箱 MEB 的位置在强弱电间左上角，规格是 300mm×200mm。安装方式是暗装，距地 0.3m。作用是消除建筑物内不同金属部件间的电位差。与配电箱 ALZ1 用一根截面为 35mm^2 的 PE 导线穿直径为 25mm 的塑料管沿地板暗敷连接。

32）若配电箱 ALZ1 与总等电位箱 MEB 的中心距为 1.5m，试计算配管长为多少？配线长为多少？

答：配管长为：0.1m（基础高度）+0.1m（埋地）+1.5m（中心距）+0.3m（MEB 距地高度）+0.1m（埋地）= 2.1m。配线长为：2.1m+（1.6+0.6）m＝4.3m。

思考题

1. 简述供配电系统的组成。
2. 变压器有哪些分类？
3. 照明供电系统由哪些部分组成？
4. 简述母线安装的工艺流程。
5. 架空线路敷设应注意哪些要点？
6. 架空导线对地必须保证的安全距离是多少？
7. 沿或跨梁敷设、沿或跨柱敷设、沿墙面敷设文字符号表示分别是什么？
8. 简述照明平面图包含的主要内容。

二维码形式客观题

微信扫描二维码可在线做题，提交后可查看答案。

第 9 章
客观题

10

第10章
建筑防雷接地系统

本章重点内容

　　熟悉建筑防雷接地系统相关内容；掌握雷电的分类及危害、建筑防雷措施、建筑防雷装置的组成、接地工程防雷接地系统安装、防雷接地工程施工图识图等的相关知识。

本章学习目标

　　通过本章的学习，全面提升学生对防雷接地系统的认知能力，培养工程安全意识，理解工程职业道德和规范，具备科学的世界观、人生观和价值观，具有理解、归纳、总结和提出工程技术问题的能力，能够适应新时代工程管理的需求。

10.1　雷电的分类及危害

10.1.1　雷电的分类

1. 直击雷

　　当天空中的雷云飘近地面时，就在附近地面特别是凸出的树木或建筑物上感应出异性电荷。电场强度达到一定值时，雷云就会通过这些物体与大地之间放电，发生雷击。这种直接击在建筑物或其他物体上的雷电叫直击雷。直击雷使被击物体产生很高的电位，引起过电压和过电流，不仅会击毙人畜、烧毁或劈倒树木、破坏建筑物，而且还会引起火灾和爆炸。直击雷如图 10-1 所示。

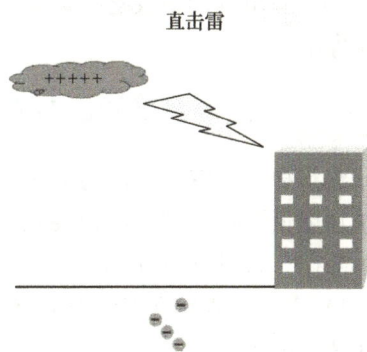

2. 感应雷

　　当建筑上空有雷云时，在建筑物上便会感应出相反

图 10-1　直击雷

电荷。在雷云放电后，云与大地电场消失了，但聚集在屋顶上的电荷不能立即释放，此时屋顶对地面便有相当高的感应电压，造成屋内电线、金属管道和大型金属设备放电，引起建筑物内的易爆危险品爆炸或易燃物品燃烧，损坏电气设备。这里的感应电荷主要是由于雷电流的强大电场和磁场变化产生的静电感应和电磁感应造成的，所以称为感应雷或感应过电压。

感应雷如图 10-2 所示。

3. 雷电波侵入

由于直击雷或感应雷而产生的高电压雷电波,沿架空线路或管道侵入变电所或用户,称为雷电波侵入。可毁坏电气设备的绝缘,使高压窜入低压,造成触电事故。雷电波侵入如图 10-3 所示。

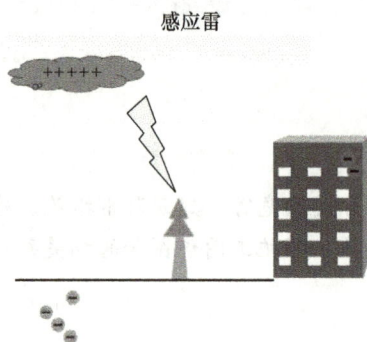

图 10-2　感应雷

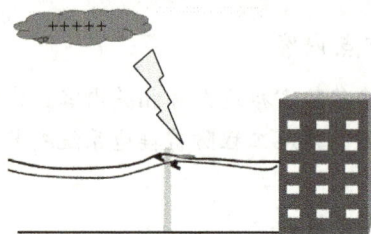

图 10-3　雷电波侵入

10.1.2　雷电的危害

雷电的形成伴随着巨大的电流和极高的电压,在放电过程中会产生极大的破坏力。雷电的危害主要有以下几方面:

(1) 雷电的热效应　雷电产生强大的热能使金属熔化,烧断输电导线,摧毁用电设备,甚至引起火灾和爆炸。

(2) 雷电的机械效应　雷电产生强大的电动力,可以击毁电杆,破坏建筑物,人畜也不能幸免。

(3) 雷电的闪络放电　雷电产生的高电压会引起绝缘子烧坏,断路器跳闸,导致供电线路停电。

10.1.3　建筑物易受雷击部位

建筑物易受雷击部位与多种因素有关,特别是建筑物屋顶坡度与雷击部位关系较大。建筑物易受雷击部位,如图 10-4 所示。

1) 平屋顶或坡度不大于 1/10 的屋顶,如檐角、女儿墙、屋檐。

2) 坡度大于 1/10 且小于 1/2 的屋顶,如屋角、屋脊、檐角、屋檐。

3) 坡度不小于 1/2 的屋顶,如屋角、屋脊、檐角。

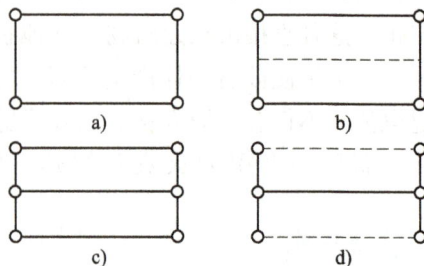

图 10-4　建筑物易受雷击部位

——易受雷击部位;○雷击率最高部位;
- - - - 不易受雷击的屋脊或屋檐

知道了建筑物易受雷击的部位,设计时就可对这些部位重点保护。

10.2　建筑防雷措施

由于雷电有不同的危害形式，所以采取不同的相应防雷措施来保护建筑物。

10.2.1　防直击雷的措施

防直击雷采取的措施是引导雷云对防雷装置放电，使雷电流迅速流入大地，从而保护建（构）筑物免受雷击。防直击雷的装置有避雷针、避雷带、避雷网、避雷线等。在建筑物屋顶易受雷击部位，应装设避雷针、避雷带、避雷网进行直击雷防护。一般优先考虑采用避雷针。当建筑上不允许装设高出屋顶的避雷针，同时屋顶面积不大时，可采用避雷带。若屋顶面积较大时，采用避雷网。

1）第一类防雷建筑物防直击雷的措施主要有：装设独立避雷针或架空避雷网（线），网格尺寸不应大于 5m×5m 或 6m×4m。引下线不应少于 2 根，并应沿建筑物四周均匀或对称布置，其间距不应大于 12m，每根引下线的冲击电阻不应大于 10Ω。当建筑物高于 30m 时，应采取防侧击雷的措施，即从 30m 起每隔不大于 6m 沿建筑物四周设水平避雷带并与引下线相连，同时 30m 及以上外墙上的栏杆、门窗等较大的金属物应与防雷装置连接。

2）第二类防雷建筑物防直击雷的措施主要有：宜采用装设在建筑物上的避雷网（带）或避雷针或由其混合组成的接闪器，并应在整个屋面组成不大于 10m×10m 或 12m×8m 的网格，所有的避雷针应与避雷带相互连接。引下线不应少于 2 根，并应沿建筑物四周均匀或对称布置，其间距不应大于 18m。当仅利用建筑物四周的钢柱或柱子钢筋作为引下线时，可按跨度设引下线，但引下线的平均间距不应大于 18m。钢筋或圆钢仅为 1 根时，其直径不应小于 10mm，每根引下线的冲击电阻不应大于 10Ω。当建筑物高于 45m 时，应采取防侧击雷和等电位保护措施。

3）第三类防雷建筑物防直击雷的措施主要有：宜采用装在建筑物上的避雷网（带）或避雷针或由其混合组成的接闪器，并应在整个屋面组成不大于 20m×20m 或 24m×16m 的网格。平屋面的建筑物，当其宽度不大于 20m 时，可仅沿周边敷设一圈避雷带。引下线不应少于 2 根，但周长不超过 25m 且高度不超过 40m 的建筑物可只设一根引下线。引下线应沿建筑物四周均匀或对称布置，其间距不应大于 25m。当仅利用建筑物四周的钢柱或柱子钢筋作为引下线时，可按跨度设引下线，但引下线的平均间距不应大于 25m。

10.2.2　防雷电感应的措施

防止由于雷电感应在建筑物上聚集电荷的方法是在建筑物上设置收集并泄放电荷的装置（如避雷带、避雷网）。防止建筑物内金属物上雷电感应的方法是将金属设备、管道等金属物，通过接地装置与大地做可靠的连接，以便将雷电感应电荷迅即引入大地，避免雷害。

10.2.3　防雷电波侵入的措施

防止雷电波沿供电线路侵入建筑物，行之有效的方法是安装避雷器将雷电波引入大地，以免危及电气设备。但对于有易燃易爆危险的建筑物，当避雷器放电时线路上仍有较高的残压要进入建筑物，还是不安全。对这种建筑物可采用地下电缆供电方式，这从根本上避免了过电压雷电波侵入的可能性，但这种供电方式费用较大。对于部分建筑物可以采用一段金属铠装电缆进线的保护方式，这种方式不能完全避免雷电波的侵入，但通过一段电缆后可以将雷电波的过电压限制到安全范围之内。

10.2.4 防止雷电反击的措施

当防雷装置接受雷击时，在接闪器、引下线和接地体上都产生很高的电位，如果防雷装置与建筑物内外的电气设备、电线或其他金属管线之间的绝缘距离不够，它们之间就会发生放电，这种现象称为反击。反击也会造成电气设备绝缘破坏，金属管道烧穿，甚至引起火灾和爆炸。

防止反击的措施有两种。一种是将建筑物的金属物体（含钢筋）与防雷装置的接闪器、引下线分隔开，并且保持一定的距离。另一种是，当防雷装置不易与建筑物内的钢筋、金属管道分隔开时，则将建筑物内的金属管道系统，在其主干管道处与靠近的防雷装置相连接，有条件时，宜将建筑物每层的钢筋与所有的防雷引下线连接。

10.3 建筑防雷装置的组成

建筑物的防雷装置一般由接闪器、引下线和接地装置三部分组成。其作用原理是：将雷电引向自身并安全导入大地，从而使被保护的建筑物免遭雷击。示意图如图10-5所示。

10.3.1 接闪器

接闪器是专门用来接受雷击的金属导体。通常有避雷针、避雷带、避雷网以及兼作接闪的金属屋面和金属构件（如金属烟囱、风管等）等。所有接闪器都必须经过接地引下线与接地装置相连接。

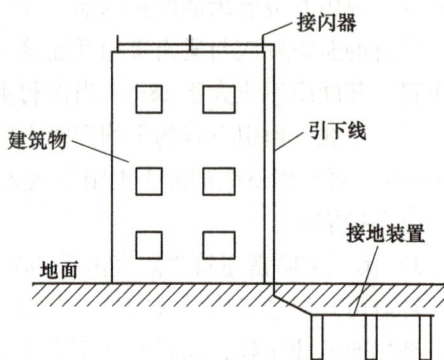

图 10-5 建筑物防雷装置示意图

1. 避雷针

避雷针是安装在建筑物凸出部位或独立装设的针形导体。它能对雷电场产生一个附加电场（这是由于雷云对避雷针产生静电感应引起的），使雷电场畸变，因而将雷云的放电通路吸引到避雷针本身，由它及与它相连的引下线和接地体将雷电流安全导入大地，从而保护附近的建筑物和设备免受雷击。避雷针的形状如图10-6所示。避雷针通常采用镀锌圆钢或镀锌钢管制成。当针长1m以下时，圆钢直径≥12mm，钢管直径≥20mm；当针长为1~2m时，圆钢直径≥16mm，钢管直径≥25mm；烟囱顶上的避雷针，圆钢直径≥20mm。当避雷针较长时，针体则由针尖和不同直径的管段组成。针体的顶端均应加工成尖形，并用镀锌或搪锡等方法防止其锈蚀。它可以安装在电杆（支柱）、构架或建筑物上，下端经引下线与接地装置焊接。各种形状的避雷针及保护范围如图 10-6 所示。

图 10-6　各种形状的避雷针

h—避雷针高度　R_P—保护范围

2. 避雷带和避雷网

避雷带就是用小截面圆钢或扁钢装于建筑物易遭雷击的部位，如屋脊、屋檐、屋角、女儿墙和山墙等，如图 10-7a 所示。避雷网相当于纵横交错的避雷带叠加在一起，形成多个网孔，它既是接闪器，又是防感应雷的装置，如图 10-7b 所示。避雷网也可以做成笼式避雷网，就是把整个建筑物的梁、柱、板、基础等主要结构钢筋连成一体。对于一级防雷建筑，避雷网格不大于 5m×5m，对于二级防雷建筑，避雷网格不大于 10m×10m，对于三级防雷建筑，避雷网格不大于 20m×20m。

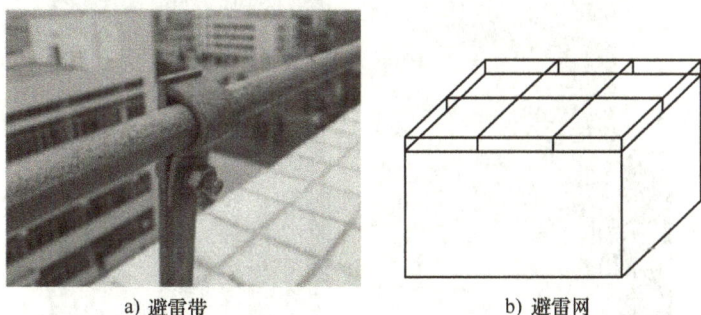

a) 避雷带　　　　　　　　　　　b) 避雷网

图 10-7　避雷带和避雷网

3. 避雷线

避雷线一般采用截面不小于 $35mm^2$ 的镀锌钢绞线，架设在架空线路之上，以保护架空线路免受直接雷击。

4. 金属屋面

除一类防雷建筑物外，金属屋面的建筑物宜利用其屋面作为接闪器，但应符合有关规范的要求。

10.3.2　引下线

引下线是连接接闪器和接地装置的金属导体，将接闪器承受的雷电流顺利地引到接地装置。一般采用圆钢或扁钢，优先采用圆钢。

1. 引下线的选择

采用圆钢时，直径不应小于 8mm，采用扁钢时，其截面不应小于 48mm²，厚度不应小于 4mm。烟囱上安装的引下线，圆钢直径不应小于 12mm，扁钢截面不应小于 100mm²，厚度不应小于 4mm。

建筑物的金属构件、金属烟囱、烟囱的金属爬梯、混凝土柱内的钢筋、钢柱等都可以作为引下线，但其所有部件之间均应连成电气通路。在易受机械损坏和人身接触的地方，地面上 1.7m 至地面下 0.3m 的一段引下线应采取暗敷或用镀锌角钢、改性塑料管等保护措施。

暗敷引下线利用钢筋混凝土中的钢筋作引下线时，最少应利用四根柱子，每柱中至少用到两根主筋。

2. 断接卡子

为便于运行、维护和检测接地电阻需设置断接卡子。采用多根专设引下线时，宜在各引下线上于距地面 0.3~1.8m 之间设置断接卡子，断接卡子应有保护措施。

当利用混凝土内钢筋、钢柱等自然引下线并同时采用基础接地体时，可不设置断接卡子，但利用钢筋作引下线时应在室内外的适当地点设若干连接板，该连接板可供测量、接人工接地体和做等电位联结用。当仅利用钢筋作引下线并采用埋于土壤中的人工接地体时，应在每根引下线上距地面不低于 0.3m 处设接地体连接板，采用埋于土壤中的人工接地体时应设断接卡子，其上端应与连接板焊接，连接板处应有明显标志。引下线设置如图 10-8 ~ 图 10-11 所示。

图 10-8　明敷引下线与断接卡子

10.3.3　接地装置

接地装置是接地体（又称接地极）和接地线的总称，它把引下线引下的雷电流迅速流散到大地土壤中。

1. 接地体

埋入土壤中或混凝土基础中作散流用的金属导体叫接地体，按其敷设方式可分为垂直接地体和水平接地体。

图 10-9　暗敷引下线与断接卡子

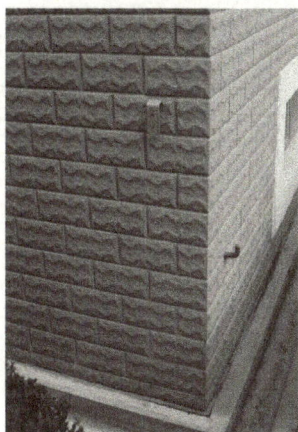

图 10-10　暗敷引下线，明测试卡

图 10-11　暗敷引下线，暗装测试盒

2. 接地线

接地线是从引下线断接卡子或换线处至接地体的连接导体，也是接地体与接地体之间的连接导体。接地线一般为镀锌扁钢或镀锌圆钢，其截面应与水平接地体相同。

接地干线：室内接地母线，12mm×4mm 镀锌扁钢或直径 6mm 镀锌圆钢。接地线跨越变形缝时应设补偿装置（裸铜软绞线 50mm^2 做成 U 形或做扁钢 U 形套焊接）。多个电气设备均与接地干线相连时，不允许串接。

接地支线：室内各电气设备接地线多采用多股绝缘铜导线，与接地干线连接时用并沟线夹。

与变压器中性点连接的接地线，户外一般采用多股铜绞线，户内多采用多股绝缘铜导线。

3. 基础接地体

在高层建筑中，常利用柱子和基础内的钢筋作为引下线和接地体。将设在建筑物钢筋混凝土桩基和基础内的钢筋作为接地体，常称为基础接地体。基础接地体可分为以下两类：

（1）自然基础接地体　利用钢筋混凝土基础中的钢筋或混凝土基础中的金属结构作为接地体。

（2）人工基础接地体　把人工接地体敷设在没有钢筋的混凝土基础内。有时候，在混凝土基础内虽有钢筋，但由于不能满足利用钢筋作为自然基础接地体的要求（如由于钢筋直径太小或钢筋总截面面积太小），也需在这种钢筋混凝土基础内加设人工接地体，这时所加入的人工接地体也称为人工基础接地体。人工基础接地体设置如图 10-12 所示。

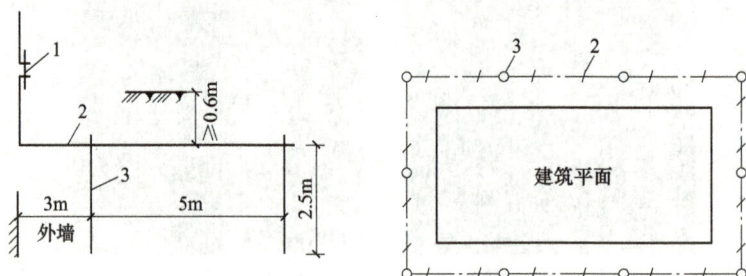

图 10-12　人工基础接地体设置
1—断接卡子　2—接地母线　3—接地极

利用基础接地时，要把各段地梁的钢筋连成一个环路，并将地梁内的主筋与基础主筋连接起来，综合组成一个完整的接地系统，其接地装置应满足冲击接地电阻要求。

在高层建筑中，推荐利用柱子、基础内的钢筋作为引下线和接地装置。其主要优点是：接地电阻低；电位分布均匀，均压效果好；施工方便，可省去大量土方挖掘工程量；节约钢材；维护工程量少，其连接示意图如图 10-13 所示。

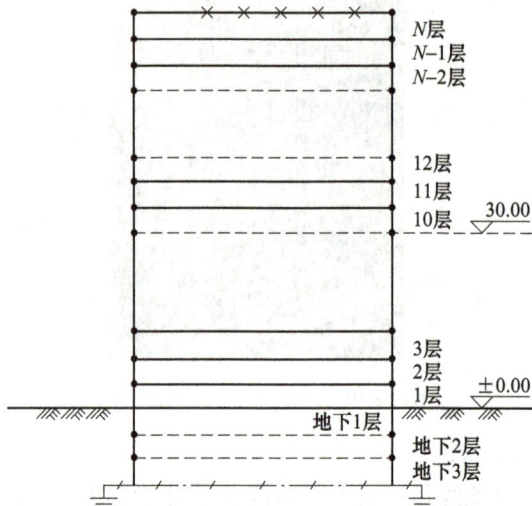

图 10-13　高层建筑物避雷带、均压环、自然接地体与避雷引下线连接示意图

4. 接地装置检验与涂色

接地装置安装完毕后，必须按施工规范检验合格后方能正式运行，检验除了要求整个接地网的连接完整牢固外，还应按照规定进行涂色，标志记号应鲜明齐全。明敷接地线表面应涂以 15～100mm 宽度相等的黄绿相间条纹，在接地线引向建筑物入口处和在检修用临时接地点处，均应刷白色底漆后标以黑色接地符号。

5. 接地电阻测量

接地装置除进行必要的外观检验外，还应测量其接地电阻，目前使用最多的是接地电阻测量仪，如图 10-14 所示。接地电阻的数值应符合规范要求，一般为 30Ω、20Ω、10Ω，特殊情况要求在 4Ω 以下，具体数据按设计确定，如不符合要求则应采取措施直至满足要求为止。

图 10-14　接地电阻测量仪外形

10.4 接地工程

10.4.1 接地与接雷

1. 工作接地

在正常情况下，为保证电气设备的可靠运行并提供部分电气设备和装置所需要的相电压，将电力系统中的变压器低压侧中性点通过接地装置与大地直接相连，该方式称为工作接地。工作接地如图 10-15 所示。

2. 保护接地

为了防止电气设备由于绝缘损坏而造成的触电事故，将电气设备的金属外壳通过接地线与接地装置连接起来，这种为保护人身安全的接地方式称为保护接地，如图 10-16 所示。其连接线称为保护线（PE）。

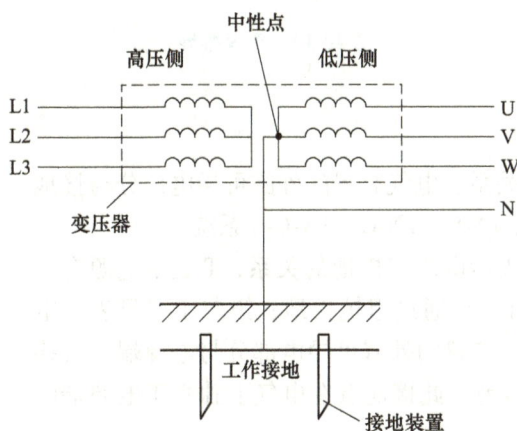

图 10-15　工作接地

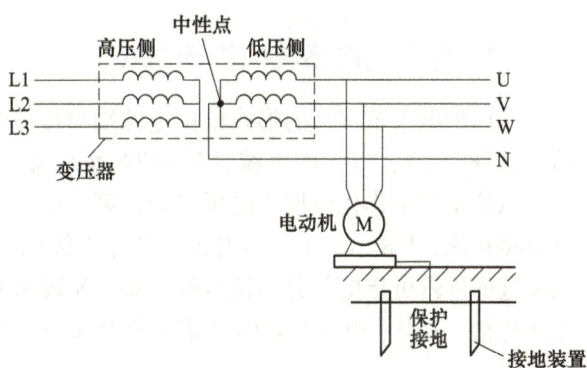

图 10-16　保护接地

3. 工作接零

当单相用电设备为获取单相电压而接的零线，称为工作接零。其连接线称中性线（N），与保护线共用的称为 PEN 线。工作接零如图 10-17 所示。

4. 保护接零

为防止电气设备因绝缘损坏而使人身遭受触电危险，将电气设备的金属外壳与电源的中性线用导线连接起来，称为保护接零。其连接线称为保护线（PEN）或保护零线。保护接零如图 10-18 所示。

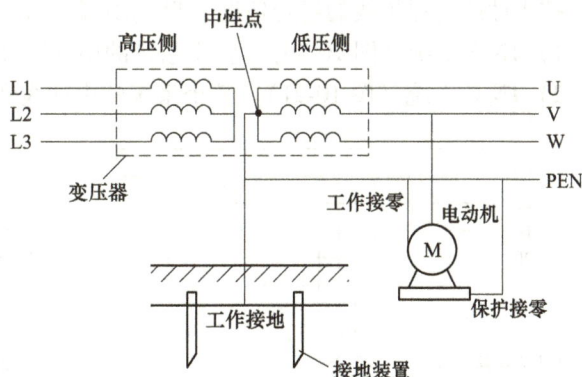

图 10-17　工作接零

5. 重复接地

当线路较长或接地电阻要求较高时，为尽可能降低零线的接地电阻，除变压器低压侧中性点直接接地外，将零线上一处或多处再进行接地，则称为重复接地，如图 10-19 所示。

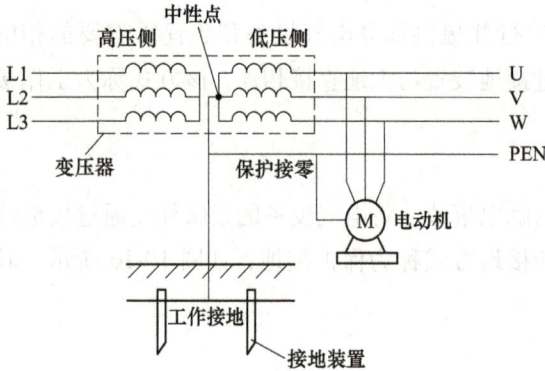

图 10-18　保护接零

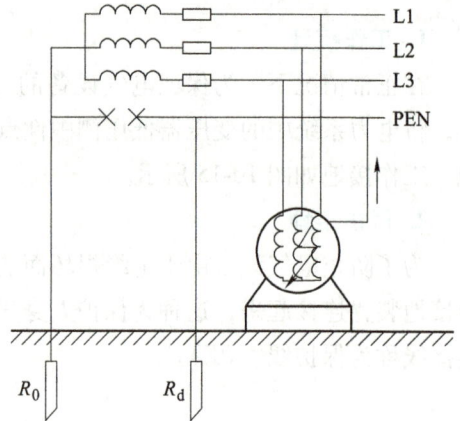

图 10-19　重复接地

10.4.2　低压配电系统的接地形式

低压配电系统接地的形式根据电源端与接地的关系、电气装置的外露可导电部分与接地的关系分为 TN、TT、IT 系统，其中 TN 系统又分为 TN-S、TN-C、TN-C-S 系统。

以拉丁文字作代号形式的意义为：第一个字母表示电源与接地的关系，T 表示电源有一点直接接地，I 表示电源端所有带电部分不接地或有一点通过阻抗接地；第二个字母表示电气装置的外露可导电部分与接地的关系，N 表示电气装置的外露可导电部分与电源端有直接电线连接，T 表示电气装置的外露可导电部分直接接地，此接地点在电气上独立于电源端的接地点。

1. TN 系统

TN 系统电源侧有一点直接接地，负荷侧电气设施的外露可导电部分用保护线与该点连接。按中性线与保护线的组合情况，TN 系统有以下三种形式：

1）TN-S 系统（图 10-20）。整个系统的中性线和保护线是分开的。

2）TN-C 系统（图 10-21）。整个系统的中性线和保护线是合一的。

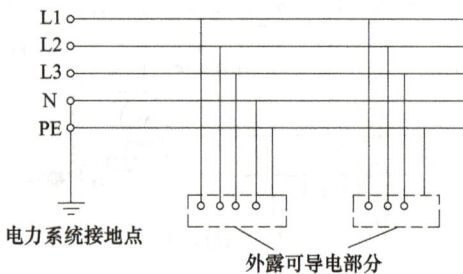

图 10-20　TN-S 系统

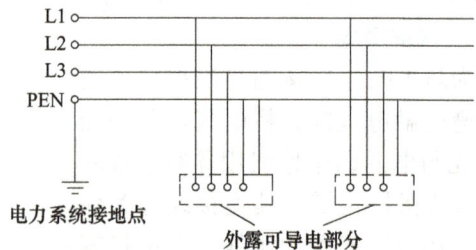

图 10-21　TN-C 系统

3）TN-C-S 系统（图 10-22）。系统中有一部分中性线和保护线是合一的。一般做法是在低压配电房的变压器中性线接地，但用三相四线的方式送电到用电的地方，然后再将中性线分为两条，一条还用作中性线，另外一条用作保护地线。

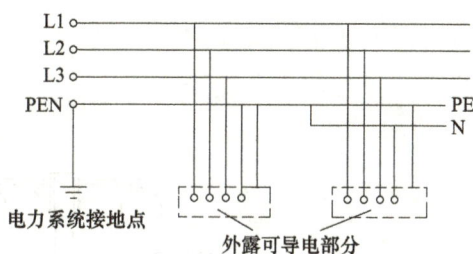

图 10-22　TN-C-S 系统

2. TT 系统

TT 系统电源侧有一个直接接地点，负荷侧电气设施的外露可导电部分接至电气上与电力系统的接地点无关的接地极，如图 10-23 所示。

3. IT 系统

IT 系统的电源侧与大地间不直接连接，而负荷侧电气设施的外露可导电部分则是接地的，如图 10-24 所示。

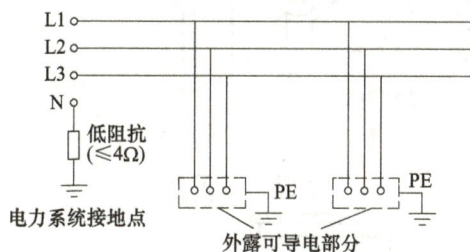

图 10-23　TT 系统

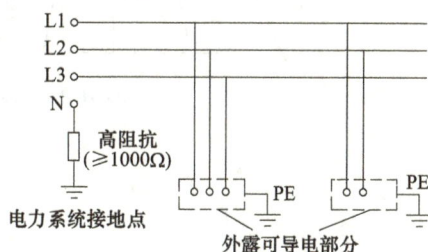

图 10-24　IT 系统

10.4.3　等电位联结

等电位联结技术是我国 20 世纪 90 年代出现的新技术。等电位联结，顾名思义是使各外露可导电部分和装置外可导电部分电位基本相等的电气连接。在具体的实践中，等电位联结就是将建筑物内附近的所有金属物，如建筑物的基础钢筋、自来水管、煤气管及其金属屏蔽层，电力系统的零线、建筑物的接地系统，用电气连接的方法连接起来，使整座建筑物成为一个良好的等电位体，如图 10-25 所示。

配置有信息系统的机房内的电气和电子设备的金属外壳、机柜、机架、计算机直流接地、防静电接地、屏蔽线外层、安全保护接地及各种浪涌保护器等接地端均应以最短的距离就近与等电位网络可靠连接。屋顶设备等电位联结如图 10-26 所示。等电位联结的目的就是使整个建筑物的正常非带电导体处于电气连通状态，防止设备与设备之间、系统与系统之间危险的电位差，确保设备和人员的安全。等电位联结技术对用电安全、防雷以及电子信息设备的正常工作和安全使用都是十分必要的。国际电工委员会把等电位联结作为电气装置最基本的保护。我国有关电气装置设计规范已将建筑物内做等电位联结规定为强制性的电气安全措施。

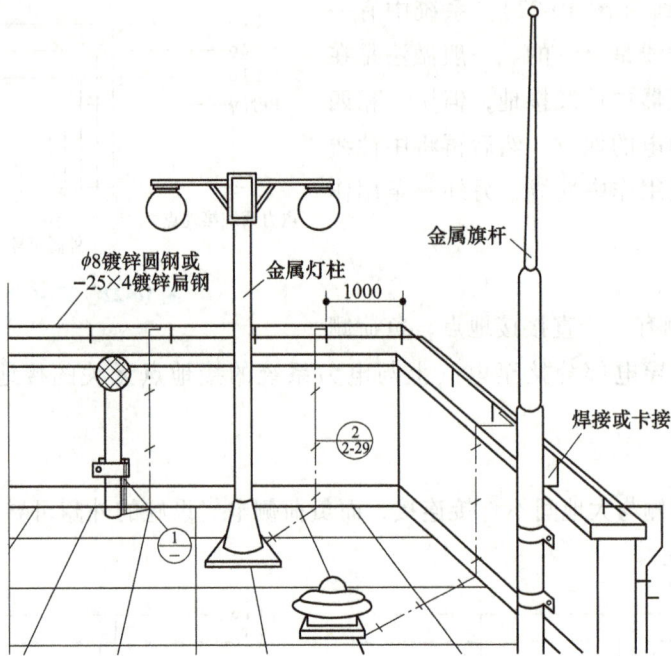

图 10-25　建筑屋顶等电位联结

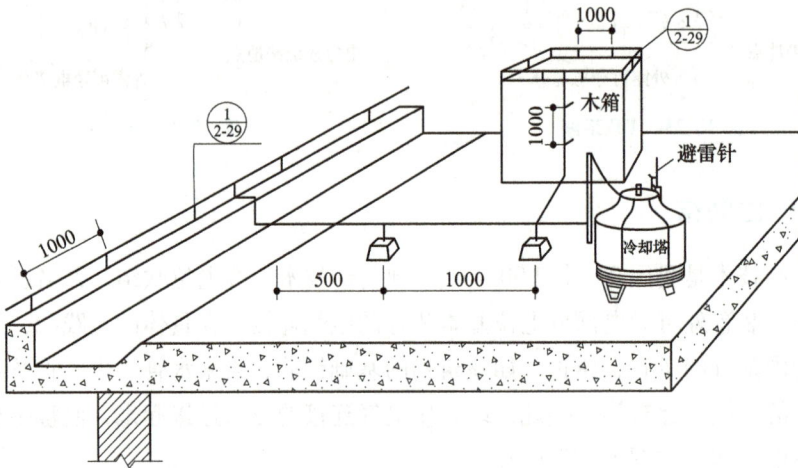

图 10-26　建筑屋顶设备等电位联结

1. 总等电位联结（MEB）

总等电位联结作用于全建筑物，它在一定程度可以降低建筑物内间接接接触电压和不同金属部件间的电位差，并消除自建筑物外经电气线路和各种金属管道引入的危险故障电压的危害。应通过进线配电箱近旁的总等电位联结端子板（接地母排）将下列导电部分互相连通：进线配电箱的 PE（PEN）母排；公用设施的金属管道，如上、下水管及热力管、煤气管道；建筑物金属结构；如果做 T 接地，也包括其接地极引线。建筑物每一电源进线都应做总等电位联结，各个总等电位联结端子板应互相连通。图 10-27 所示为在建筑物中将各个要保护的设备连接到接地母排上形成总等电位联结。

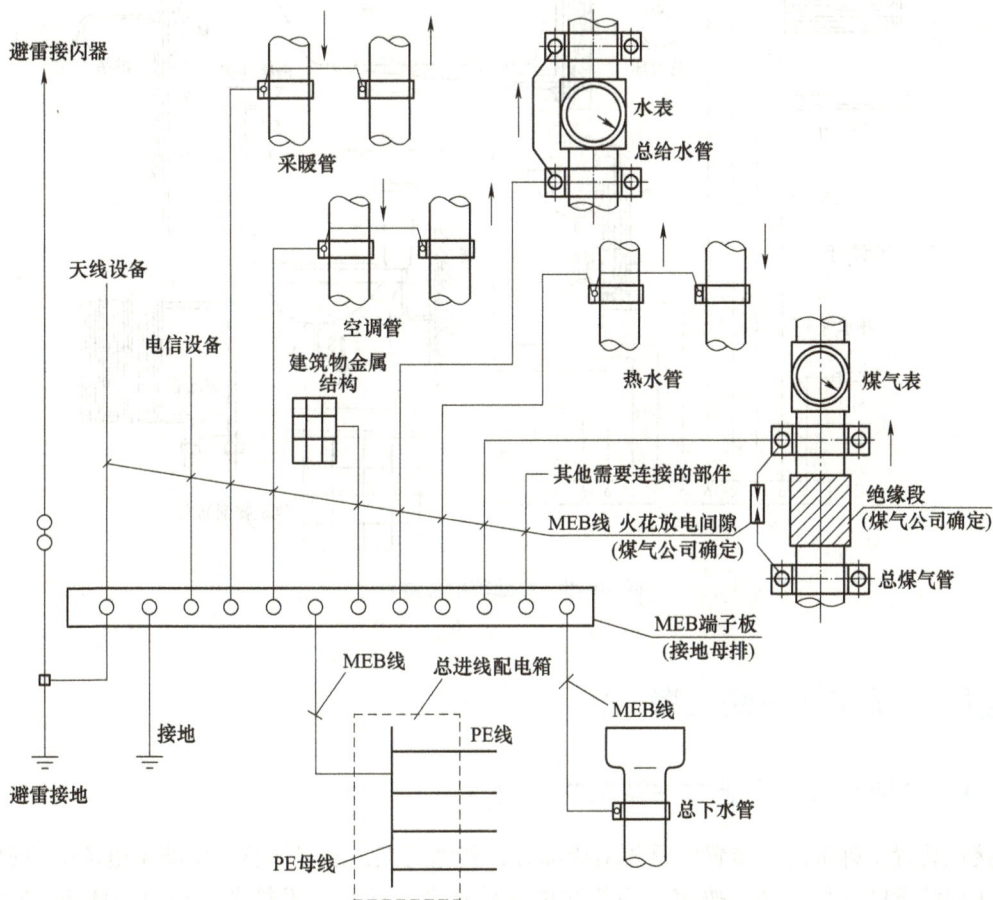

图 10-27　总等电位联结

2. 辅助等电位联结（SEB）

将两导电部分用导线直接做等电位联结，使故障接触电压降至接触电压限值以下，称为辅助等电位联结。

3. 局部等电位联结（LEB）

在一局部场所范围内将各导电部分连通，称为局部等电位联结，如图 10-28 所示。可通过局部等电位联结端子板将下列部分互相连通，以简便地实现该局部范围内的多个辅助等电位联结：PE 母线或 PE 干线；公用设施的金属管道；建筑物金属结构。下列情况下需做局部等电位联结：

1）电源网络阻抗过大，使自动切断电源时间过长，不能满足防电击要求时。

2）自 TN 系统同一配电箱供给固定式和移动式两种电气设备，而固定式设备保护电器切断电源时间不能满足移动式设备防电击要求时。

3）为满足浴室、游泳池、医院手术室等场所对防电击的特殊要求时。

4）为满足防雷和信息系统抗干扰的要求时。

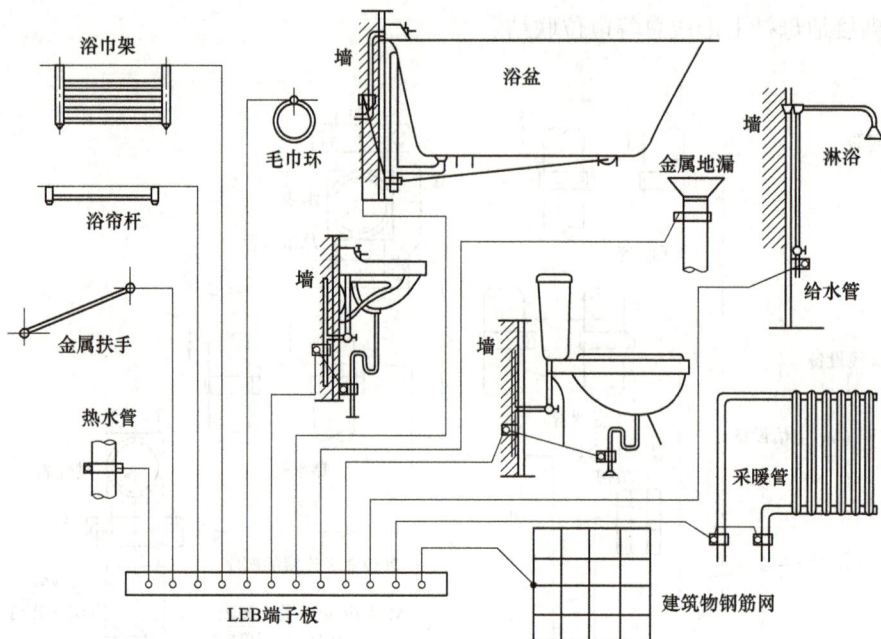

图 10-28　局部等电位联结

10.5　防雷接地系统安装

10.5.1　接地装置的安装方法及工艺要求

接地装置是外部防雷装置的重要组成部分，其施工工艺的好坏直接影响雷电流的泄放效果和接地装置的使用寿命。按照《建筑物电子信息系统防雷技术规范》（GB 50343—2012）的要求，接地装置的施工方法如下：

1. 人工接地体材质要求

人工接地体材料主要分为钢质、热镀锌钢、铜包钢、纯铜、石墨及其他非金属材料等类别，不同的材质施工工艺有所不同。按照人工接地体的敷设方式，又分为垂直接地体和水平接地体。

2. 安装位置及规格要求

人工接地体宜在建筑物四周散水坡外大于1m处埋设，在土壤中的埋设深度不应小于0.5m。冻土地带人工接地体应埋设在冻土层以下。水平接地体应挖沟埋设，钢质垂直接地体应直接打入沟内，其间距不宜小于其长度的2倍并均匀布置。铜质材料、石墨或其他非金属导电材料接地体应挖坑埋设。

3. 回填土要求

垂直接地体坑内、水平接地体沟内应用低电阻率土壤回填并分层夯实。在高土壤电阻率地区，应采用换土法、长效降阻剂法或其他新技术、新材料降低接地装置的接地电阻。

4. 不同接地体之间的连接要求

钢质接地体应采用焊接连接。其搭接长度应符合下列规定：

1）扁钢与扁钢（角钢）搭接长度为扁钢宽度的 2 倍，不少于三面施焊。

2）圆钢与圆钢搭接长度为圆钢直径的 6 倍，双面施焊。

3）圆钢与扁钢搭接长度为圆钢直径的 6 倍，双面施焊。

4）扁钢和圆钢与钢管、角钢互相焊接时，除应在接触部位双面施焊外，还应增加圆钢搭接件；圆钢搭接件在水平、垂直方向的焊接长度各为圆钢直径的 6 倍，双面施焊。

5）焊接部位应除去焊渣后做防腐处理。

6）钢质接地装置应采用焊接或热熔焊，钢质和铜质接地装置之间连接应采用热熔焊，连接部位应做防腐处理。

7）接地装置连接应可靠，连接处不应松动、脱焊、接触不良。

8）接地装置施工结束后，接地电阻值必须符合设计要求。

5. 施工记录

接地装置的施工属于隐蔽工程，为了便于后期的维护、检修及管理，隐蔽工程部门应有施工检查验收合格的文字记录，并交由专人存档备查。

10.5.2　接地线的安装方法及工艺要求

在接地装置施工过程中，接地线的选材及安装一定要符合技术规范、设计方案及现场实际情况的要求，才能保证布线的合理性，有效降低雷击安全隐患。根据防雷技术规范及多年防雷综合解决方案经验，接地线的安装方法如下：

1. 接地装置与总等电位端子板之间的连接导线

（1）连接导线数量　接地装置与室内总等电位接地端子板之间至少有两根连接导线，且位置不同。

（2）连接导体材料及规格要求

1）连接导线为铜质时，接地线不应小于 $50mm^2$。

2）连接导线为扁铜时，厚度不应小于 2mm。

3）连接导线为钢质接地线时，截面面积不应小于 $100mm^2$。

4）连接导线为扁钢时，厚度不小于 4mm。

（3）连接导线的连接工艺要求　接地引出线与接地装置连接处应焊接或热熔焊。连接点有防腐措施。

2. 等电位接地端子板之间的连接导体

1）等电位接地端子板之间要相互连接，连接导体应采用多股铜芯导线，其截面面积要求见表 10-1。

表 10-1　导线截面面积要求

名称	材料	最小截面面积/mm^2
垂直接地干线	多股铜芯导线或铜带	50
楼层端子板与机房局部端子板之间的连接导体	多股铜芯导线或铜带	25
机房局部端子板之间的连接导体	多股铜芯导线	16
设备与机房等电位联结网络之间的连接导体	多股铜芯导线	6
机房网络	铜箔或多股铜芯导体	25

2）连接工艺要求。等电位接地端子板与连接导线之间宜采用螺栓连接或压接。当有抗电磁干扰要求时，连接导线宜穿钢管敷设。

接地线采用螺栓连接时，应连接可靠，连接处应有防松动和防腐蚀措施。接地线穿过有机械力的地方时，应采取防机械损伤措施。

接地线与金属管道等自然接地体的连接应根据其工艺特点采用可靠的电气连接方法。

10.5.3 等电位的安装方法及工艺要求

等电位联结是为了减少雷电流在各类金属部件、外来导电物、电力线路、通信线路及其他电缆之间的电位差，确保线路及设备安全。等电位接地端子板就是等电位联结的重要部件，其安装方法要符合防雷技术规范的要求，如下：

1. 安装位置要求

1）在雷电防护区的界面处应安装等电位接地端子板，材料规格符合设计要求，并应与接地装置连接。

2）不同结构的建筑物要设置不同的等电位接地端子板。

①钢筋混凝土建筑物。钢筋混凝土建筑物应在电子信息系统机房内预埋与房屋内墙结构柱主钢筋相连的等电位接地端子板。

机房采用 S 型等电位联结时，宜使用不小于 25mm×3mm 的铜排作为单点连接的等电位接地基准点。

机房采用 M 型等电位联结时，宜使用截面面积不小于 $25mm^2$ 的铜箔或多股铜芯导体在防静电活动地板下做成等电位接地网格。

②砖木结构建筑物。砖木结构建筑物宜在其四周埋设环形接地装置。电子信息设备机房宜采用截面面积不小于 $50mm^2$ 铜带安装局部等电位联结带，并采用截面面积不小于 $25mm^2$ 的绝缘铜芯导线穿管与环形接地装置相连。

2. 连接工艺要求

等电位联结网络的连接宜采用焊接、熔接或压接。连接导体与等电位接地端子板之间应采用螺栓连接，连接处应进行热搪锡处理。

等电位联结导线应使用具有黄绿相间色标的铜质绝缘导线。

对于暗敷的等电位联结线及其连接处，应做隐蔽工程记录，并在竣工图上注明其实际部位、走向。

等电位联结带表面应无毛刺、明显伤痕、残余焊渣，安装平整、连接牢固，绝缘导线的绝缘层无老化龟裂现象。

10.5.4 浪涌保护器的安装方法及工艺要求

浪涌保护器（SPD）是内部防雷装置的重要组成部分，可以限制瞬态过电压，保护电气线路及设备的安全。浪涌保护器的安装方法如下：

1. 电源线路浪涌保护器的安装方法

1）电源线路的各级浪涌保护器应分别安装在线路进入建筑物的入口、防雷区的界面和靠近被保护设备处。各级浪涌保护器连接导线应短直，其长度不宜超过 0.5m，并固定牢靠。

浪涌保护器各接线端应在本级开关、熔断器的下桩头分别与配电箱内线路的同名端相线连接，浪涌保护器的接地端应以最短距离与所处防雷区的等电位接地端子板连接。配电箱的保护接地线（PE）应与等电位接地端子板直接连接。

2）带有接线端子的电源线路浪涌保护器应采用压接；带有接线柱的浪涌保护器采用接线端子与接线柱连接。

3）浪涌保护器的连接导线最小截面面积见表 10-2。

表 10-2　连接导线最小截面面积

SPD 级数	SPD 类型	导线最小截面面积/mm²	
		SPD 连接相线铜导线	SPD 接地端连接铜导线
第一级	开关型或限压型	6	10
第二级	限压型	4	6
第三级	限压型	2.5	4
第四级	限压型	2.5	4

2. 天馈线路浪涌保护器的安装方法

1）天馈线路浪涌保护器应安装在天馈线与被保护设备之间，宜安装在机房内设备附近或机架上，也可以直接安装在设备射频端口上。

2）天馈线路浪涌保护器的接地端应采用截面面积不小于 6mm² 的铜芯导线就近连接到 LPZ0A 或 LPZ0B 与 LPZ1 交界处的等电位接地端子板上，接地线应短直。

3. 信号线路浪涌保护器的安装方法

1）信号线路浪涌保护器应连接在被保护设备的信号端口上。浪涌保护器可以安装在机柜内，也可以固定在设备机架或附近的支撑物上。

2）信号线路浪涌保护器接地端宜采用截面面积不小于 1.5mm² 的铜芯导线与设备机房等电位联结网络连接，接地线应短直。

10.6　防雷接地工程施工图识读

10.6.1　防雷接地工程施工图的组成

建筑物防雷接地工程图包括防雷工程图和接地工程图两部分。它主要由建筑防雷平面图、立面图和接地平面图表示。

防雷设计是根据雷击类型、建筑物的防雷等级等确定，防雷保护包括建筑物、电气设备及线路的保护，接地系统包括防雷接地、设备保护接地和工作接地等。

10.6.2　防雷接地工程施工图的识读方法

建筑防雷接地工程施工图的识读方法可以分为以下几个步骤：

1）通过工程概况及设计施工说明，明确建筑物的雷击类型、防雷等级以及防雷措施。

2）在防雷采用方式确定之后，从防雷平面图和立面图中分析接闪器、均压环等的安装方式，明确引下线的路径及末端连接方式等。

3）通过接地平面图，明确接地装置的设置和安装方式。

4）明确防雷接地装置采用的材料、尺寸及型号，各组成部分之间的连接方法，施工时的注意要点等。

10.7 防雷接地工程施工图的识读案例

10.7.1 设计说明与施工图

图 10-29 所示为某住宅建筑防雷平面图和立面图，图 10-30 所示为该住宅建筑的接地平面图和断面图，图纸附设计施工说明如下：

1）避雷带、引下线均采用━25×4 扁钢，镀锌或做防腐处理。

2）引下线在地面上 1.7m 至地面下 0.3m 一段，用 φ50mm 硬塑料管保护。

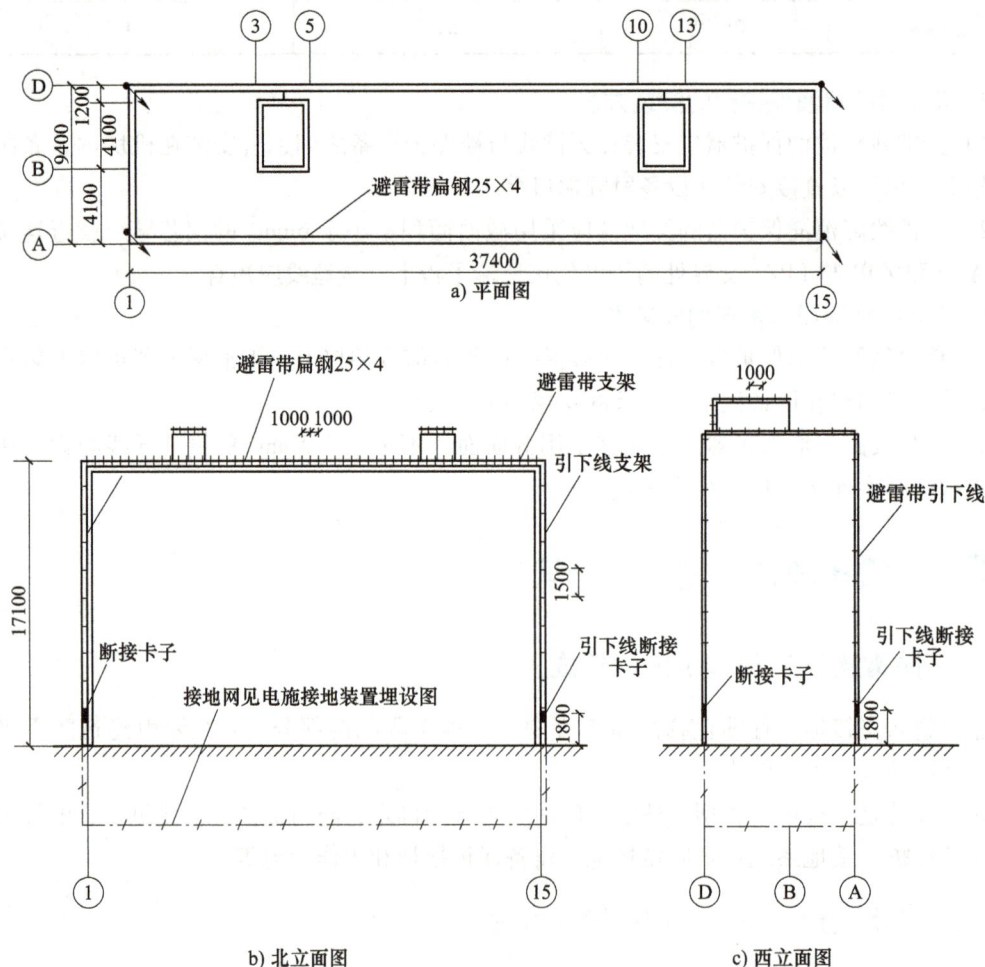

图 10-29 某住宅建筑防雷平面图、立面图

3）本工程采用━25×4 扁钢作水平接地体、围建筑物一周埋设，其接地电阻不大于 10Ω。施工后达不到要求时，可增设接地极。

4）施工采用国家标准图集 15D503、14D504，并应与土建密切配合。

5）屋顶楼梯间尺寸为 4100mm（长）×3600mm（宽）×2800mm（高）。

6）通风井凸出外墙 1m。

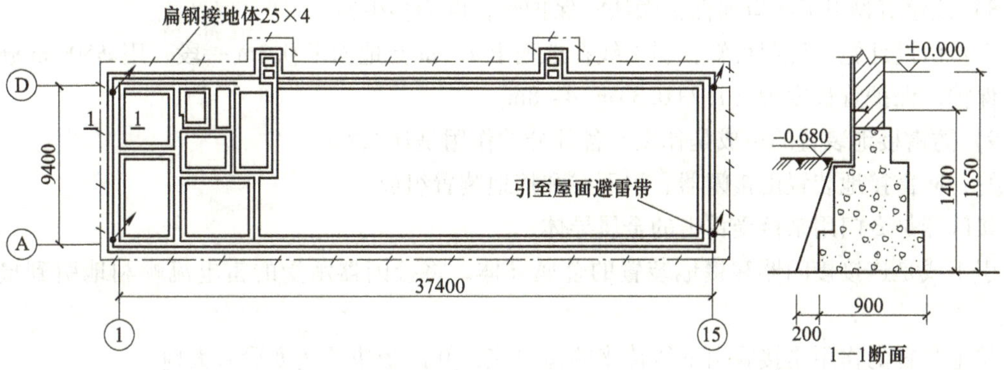

图 10-30　某住宅建筑接地平面图、断面图

10.7.2　施工图解读

下面以解答问题的形式，详细说明如何识读建筑防雷接地工程施工图。

1）该住宅楼建筑高度为多少米？屋顶楼梯间的高度计入建筑高度吗？

答：由北立面图可知，该住宅楼建筑高度为 17.1m，屋顶楼梯间的高度不得计入建筑高度。

2）该建筑物的接闪器是什么？材质是什么？

答：由平面图、北立面图和设计说明可知，该建筑物的接闪器为避雷带，避雷带采用━25×4 扁钢，镀锌或做防腐处理。

3）该建筑物的避雷带敷设在哪里？如何安装？

答：由平面图和北立面图可知，该建筑物的避雷带明敷在屋顶女儿墙和屋顶楼梯间顶部周边。在女儿墙上和楼梯间顶部四周埋设支架，间距 1m，转角处为 0.5m，然后将避雷带与扁钢支架焊为一体。

4）描述避雷带的安装思路。

答：首先分别在屋顶女儿墙和屋顶楼梯间顶部周边敷设避雷带，然后从屋顶楼梯间的北墙设置一条竖向避雷带，与屋顶女儿墙上的避雷带焊接为一个整体。

5）计算该建筑物避雷带的工程量。

答：避雷带的工程量为

$$[(37.4 + 9.14) \times 2 + (4.1 + 3.6) \times 2 \times 2 + 2.8 \times 2 + 1.2 \times 2] \text{m} \times (1 + 3.9\%)$$
$$= 137.02 \text{m}$$

3.9%表示避雷网转弯、搭接头等所占长度的附加值。

6）该建筑物有几处引下线？材质是什么？明敷还是暗敷？如何安装？

答：由平面图和北立面图可知，该建筑物共有 4 处引下线，分别在建筑物的四个角。引下线采用━25×4扁钢，镀锌或做防腐处理。敷设方式为沿墙明敷，固定引下线支架间距为1.5m，引下线敷设在支架上固定安装。

7）该建筑物测试电阻的装置是什么？安装在哪里？距地高度是多少？共有几个？

答：由立面图可知，该建筑物测试电阻的装置为断接卡子，安装在引下线上，距地高度为1.8m，共有4个。

8）该建筑物引下线有何保护做法？保护管长度为多少？

答：由设计施工说明可知，引下线在地面上1.7m至地面下0.3m一段，用$\phi 50$mm硬塑料管保护。保护管长度为（1.7+0.3）m×4=8m

9）防雷接地装置的组成是什么？各部分的作用是什么？

答：防雷接地装置由接闪器、引下线和接地装置组成。

接闪器是专门用来接受雷击的金属导体。

引下线是连接接闪器和接地装置的金属导体，将接闪器承受的雷电流顺利地引到接地装置。

接地装置的作用是接收引下线传来的雷电流，并以最快的速度泄入大地。

10）该建筑物的接地装置采用何种形式？材质是什么？

答：该建筑物的接地装置采用人工水平接地体，材质为━25×4扁钢。

11）水平接地体埋设位置在哪里？该建筑物室内外高差是多少？水平接地体埋设深度为多少？距基础中心距离为多少？

答：由接地平面图可知，接地体沿建筑物基础四周埋设，埋设深度为1.65m−0.68m=0.97m，（室外地坪以下）距基础中心距离为0.2m+0.45m=0.65m。

12）该工程引下线与接地装置的分界在哪里？计算该工程引下线的长度。

答：该工程引下线与接地装置的分界为断接卡子，断接卡子以上为引下线，以下计入接地装置。该工程引下线长度为

$$(17.1 - 1.8)m \times 4 \times (1 + 3.9\%) = 63.59m$$

13）计算该工程水平接地体的工程量。

答：该工程水平接地体的工程量为

$$[(37.4 + 0.65 \times 2 + 9.14 + 0.65 \times 2) \times 2 + 1 \times 4 + 0.65 \times 4 +$$
$$(0.97 + 1.8) \times 4]m \times (1 + 3.9\%) = 120.48m$$

14）该工程的接地电阻要求是多少？与土建基础工程如何配合？

答：该工程的接地电阻要求不大于10Ω。该住宅建筑接地体为水平接地体，一定要注意配合土建施工，在土建基础工程完工后，未进行回填土之前，将扁钢接地体敷设好，并在与引下线连接处，引出一根扁钢，做好与引下线连接的准备工作。扁钢连接应焊接牢固，形成一个环形闭合的电气通路，摇测接地电阻达到设计要求后，再进行回填土。

15）接地电阻如果达不到要求，可采取哪些措施？

答：在接地电阻达不到要求时，可以通过加"降阻剂"降低接地极与大地的接触电阻；也可以通过增加接地极的数量，相当于电路并联可降低其等效电阻；也可以通过更换接地极的位置满足要求。

思考题

1. 什么是直击雷、感应雷？
2. 简述易受雷击的部位。
3. 简述接地装置的组成。
4. 接地装置的安装方法是什么？
5. 简述浪涌保护器的作用。
6. 简述天馈线路浪涌保护器的安装方法。
7. 简述信号线路浪涌保护器的安装方法。
8. 简述建筑防雷接地施工图的识读方法。

二维码形式客观题

微信扫描二维码可在线做题，提交后可查看答案。

第10章
客观题

第11章
火灾报警系统

○ **本章重点内容**

　　熟悉火灾报警系统相关内容；掌握火灾自动报警及消防联动系统概述、火灾自动报警及消防联动常用设备、火灾报警及消防联动工程施工图识读等的相关知识。

○ **本章学习目标**

　　通过本章的学习，培养学生在日常生活与生产中对火灾事故的深刻理解；培养学生对消防联动常用设备的使用技能；培养学生在突发性事件下的应变能力和处理问题的综合素质。

11.1　火灾自动报警及消防联动系统概述

11.1.1　火灾自动报警系统的组成

　　火灾自动报警系统主要由火灾探测器、火灾报警控制器和报警装置组成。火灾探测器将现场火灾信息（烟、温度、光、可燃气体等）转换成电气信号传送至火灾报警控制器，火灾报警控制器将接收到的火灾信号经过处理、运算和判断后认定火灾，输出指令信号，启动火灾报警装置（如声光警报器等），也可以启动消防联动装置和连锁减灾系统（如关闭空调系统，启动防排烟系统，启动消防水泵，启动疏散指示系统和火灾事故广播等）。

1. 火灾探测器

　　火灾探测器是火灾自动报警系统最关键的部件之一，它是以探测物质燃烧过程中产生的各种物理现象为依据，是整个系统自动检测的触发器件，能不间断地监视和探测被保护区域的初期火灾信号。

2. 手动火灾报警按钮

　　手动火灾报警按钮主要安装在经常有人出入的公共场所中明显和便于操作的部位。当有人发现火灾时，手动按下按钮，向报警控制器送出报警信号。

3. 火灾报警控制器

　　火灾报警控制器是火灾自动报警系统的心脏，是分析、判断、记录和显示火灾的设备。为了防止探测器失灵或线路发生故障，现场人员发现火灾后也可以通过安装在现场的手动报警按钮和火灾报警电话直接向控制器发出报警信号。

（1）火灾报警控制器的分类

1）按用途分为区域火灾报警控制器、集中火灾报警控制器和双用火灾报警控制器。

2）按结构形式分为台式火灾报警控制器、柜式火灾报警控制器和挂式火灾报警控制器。

3）按内部电路分为传统型火灾报警控制器和微机型火灾报警控制器。

4）按信号处理方式分为开关量火灾报警控制器和模拟量火灾报警控制器。

5）按系统连线方式分为多线制火灾报警控制器和总线制火灾报警控制器。

（2）火灾报警控制器的功能

1）故障报警：检查探测器回路断路、短路、探测器接触不良或探测器自身故障等，并进行故障报警。

2）火灾报警：将火灾探测器、手动报警按钮或其他火灾报警信号单元发出的火灾信号转换为火灾声、光报警信号，指示具体的火灾部位和时间。

3）火灾报警优先：在系统存在故障的情况下出现火警，则报警控制器能由故障报警自动转变为火灾报警，当火警被清除后，又自动恢复原故障报警状态。

4）火灾报警记忆：当控制器收到火灾探测器送来的火灾报警信号时，能保持并记忆，不会随火灾报警信号源的消失而消失，同时也能继续接收、处理其他火灾报警信号。

5）声光报警消声及再响：火灾报警控制器发出声、光报警信号后，可通过控制器上的消声按钮人为消声，如果停止声响报警时又出现其他报警信号，火灾报警控制器应能进行声光报警。

6）时钟单元：当火灾报警时，能指示并记录准确的报警时间。

7）输出控制单元：用于火灾报警时的联动控制或向上一级报警控制器输送火灾报警信号。

4. 火灾报警装置

在火灾自动报警系统中，用以发出区别于环境声、光的火灾警报信号的装置称为火灾报警装置。它以光和声音的方式向报警区域发出火灾警报信号，以警示人们安全疏散、采取灭火救灾措施。火灾报警装置主要包括火灾应急照明、疏散指示标志、火灾事故广播、紧急电话系统和火灾警铃等。

火灾应急照明和疏散指示标志要保证在发生火灾时，重要的房间或部位能继续正常工作，大厅、通道应指明出入口方向，以便有秩序地进行疏散。应急照明灯和疏散指示标志，可采用蓄电池作为备用电源，且连续供电时间不少于 20min，高度超过 100m 的高层建筑连续供电时间不少于 30min。

火灾发生后为了便于组织人员安全疏散和通知有关救灾事项，应设置火灾事故广播，消防控制室应能对它进行遥控自动开启，并能在消防控制室直接用话筒播音。未设置火灾应急广播的火灾自动报警系统，应设置火灾报警装置。每个防火分区至少应设一个火灾报警装置，其位置宜设在各楼层走道靠近楼梯出口处。在环境噪声大于 60dB 的场所设置火灾报警装置时，其声报警器的声压级应高于背景噪声 15dB。

紧急电话是与普通电话分开的独立系统，用于消防控制室与火灾报警设置点及消防设备机房等处的紧急通话。

5. 系统供电电源

火灾自动报警系统的主电源按一级负荷考虑，在消防控制室能够进行自动切换，同时还有直流备用电源。直流备用电源宜采用火灾报警控制器的专用蓄电池或集中设置的蓄电池。

11.1.2 火灾自动报警系统的分类

1. 区域报警系统

区域报警系统由火灾探测器、手动火灾报警按钮、区域火灾报警控制器、火灾报警装置和电源等组成，如图 11-1 所示。

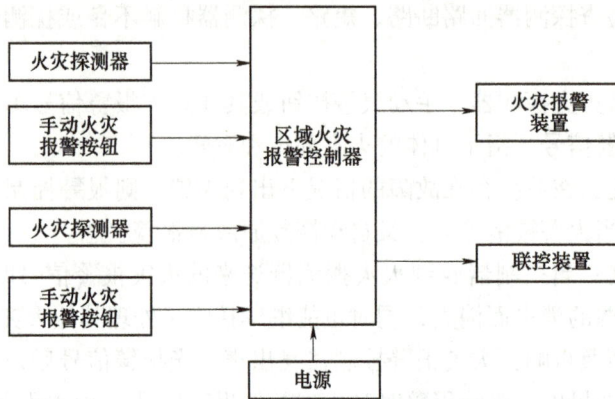

图 11-1 区域报警系统示意图

区域报警系统的保护对象为建筑物中某一局部范围。系统中区域火灾报警控制器不应超过两台；区域火灾报警控制器应设置在有人值班的房间或场所，如保卫室、值班室等。

系统中也可设置消防联动控制设备。当用一台区域火灾报警控制器或一台火灾报警控制器警戒多个楼层时，应在每个楼层的楼梯口或消防电梯前室等明显部位，设置识别着火楼层的灯光显示装置。区域火灾报警控制器或火灾报警控制器安装在墙上时，其底边距地面高度宜为 1.3~1.5m。

2. 集中报警系统

集中报警系统主要由火灾探测器、区域火灾报警控制器、集中火灾报警控制器、手动火灾报警按钮、电源等组成，如图 11-2 所示。

集中报警系统一般适用于保护对象规模较大的场合，如高层住宅、商住楼和办公楼等。集中火灾报警控制器是区域火灾报警控制器的上位控制器，它是

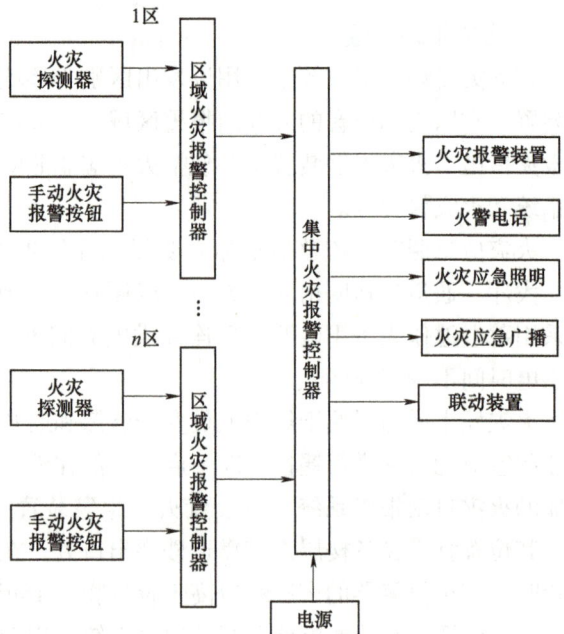

图 11-2 集中报警系统示意图

建筑消防系统的总监控设备，其功能比区域火灾报警控制器更加齐全。

系统中应设置消防联动控制设备。集中火灾报警控制器应能显示火灾报警部位信号和控制信号，也可进行联动控制。集中火灾报警控制器应设置在有专人值班的消防控制室或值班室内。集中火灾报警控制器、消防联动控制设备等在消防控制室或值班室内的布置，应符合下列要求：设备面盘前的操作距离，单列布置时不应小于 1.5m，双列布置时不应小于 2m；在值班人员经常工作的一面，设备面盘距墙的距离不应小于 3m；设备面盘后的维修距离不宜小于 1m；设备面盘的排列长度大于 4m 时，其两端应设置宽度不小于 1m 的通道。

3. 控制中心报警系统

控制中心报警系统由火灾探测器、手动火灾报警按钮、区域火灾报警控制器、集中火灾报警控制器、消防联动控制设备、电源及火灾报警装置、火警电话、火灾应急照明、火灾应急广播和联动装置等组成，如图 11-3 所示。

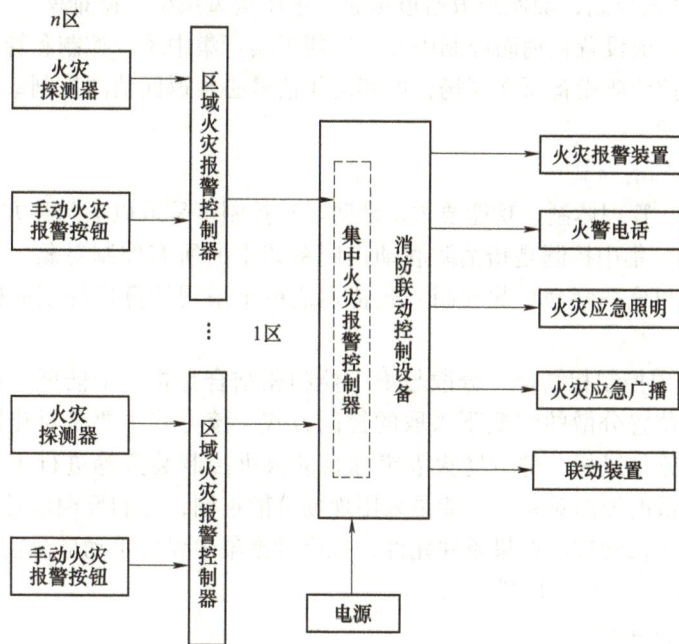

图 11-3　控制中心报警系统示意图

这类系统进一步加强了对消防设备的监测和控制，系统能集中显示火灾报警部位信号和联动控制状态信号；系统中集中火灾报警控制器和消防联动控制设备设置在消防控制室内。

控制中心报警系统适用于大型建筑群、高层及超高层建筑以及大型商场和宾馆等，因该类型建筑规模大，防火等级高，消防联动控制功能较多。它可以对建筑物中的各种消防设备（如消防水泵、消防电梯、防排烟风机等）实现联动控制和自动转换。控制中心报警系统在值班室内的布置与集中报警系统要求基本相同。

11.1.3　消防联动控制

当接收到来自触发器件的火灾报警信号时，能自动或手动启动相关消防设备以及显示其状态的设备，称为消防联动控制。

1. 消防联动控制的设备

消防联动控制设备是火灾自动报警系统的执行部件，消防控制室接到火警信息后应能够自动或手动启动相应的消防联动设备，并对如下各设备运行状态进行监控：

1）火灾警铃与应急广播：火灾发生时警示或通知人员安全疏散。

2）消防专用电话系统：火灾报警，查询情况，应急指挥，能与119直通。

3）非消防电源控制，备用电源控制，火灾应急照明和安全疏散指示标志控制。

4）室内消火栓系统、自动喷水灭火系统和水喷雾灭火系统控制。

5）消防电梯运行控制，燃气泄漏报警监控。

6）管网气体灭火系统、泡沫灭火系统和干粉灭火系统控制。

7）防火门、防火卷帘、防火阀的控制：火灾时实施防火分隔，防止火灾蔓延。

8）防排烟设施、空调通风设备、排烟防火阀：防止烟气蔓延，提供安全救生保障。

9）消防疏散通道控制，确保疏散通道畅通：正压送风系统、避难梯。

消防控制设备一般设置在消防控制中心，以便于实行集中统一控制和管理。也有的消防控制设备设置在被控消防设备所在现场，但其动作信号必须返回消防控制室，实行集中与分散相结合的控制方式。

2. 消防联动控制的方式

根据工程规模、管理体制、功能要求，消防联动控制可采取以下两种方式：

（1）集中控制 集中控制是指消防联动控制系统中的所有控制对象，都是通过消防控制室进行集中控制和统一管理。此控制方式特别适用于采用计算机控制的楼宇自动化管理系统。

（2）分散与集中控制相结合 分散与集中控制相结合是指在消防联动控制系统中，对控制对象多且控制位置分散的情况下采取的控制方式。该方式主要是对建筑物中的消防水泵、送排风机、防排烟风机、部分防火卷帘和自动灭火控制装置等进行集中控制、统一管理。对大量而又分散的控制对象，一般是采用现场分散控制，控制反馈信号传送到消防控制室集中显示并统一进行管理。如果条件允许，也可考虑集中设置手动应急控制装置。

3. 消防联动对灭火设施的控制功能

（1）室内消火栓系统

1）控制系统的启、停。

2）显示消火栓按钮启动的位置。

3）显示消防水泵的工作状态和故障状态。

（2）自动喷水灭火系统

1）控制系统的启、停。

2）显示报警阀、闸阀及水流指示器的工作状态。

3）显示消防水泵的工作状态和故障状态。

（3）泡沫、干粉灭火系统

1）控制系统的启、停。

2）显示系统的工作状态。

（4）有管网的卤代烷、二氧化碳等灭火系统

1）控制系统的紧急启动和切断装置。

2）由火灾探测器联动的控制设备具有延迟时间为可调的延时机构。

3）显示手动、自动工作状态。

4）在报警、喷淋各阶段，控制室应有相应的声、光报警信号，并能手动切除声响信号。

5）在延时阶段，应能自动关闭防火门、窗，停止通风，关闭空气调节系统。

11.1.4　信号传输网络

火灾自动探测自动报警自动消防联动控制系统组成如图 11-4 所示。

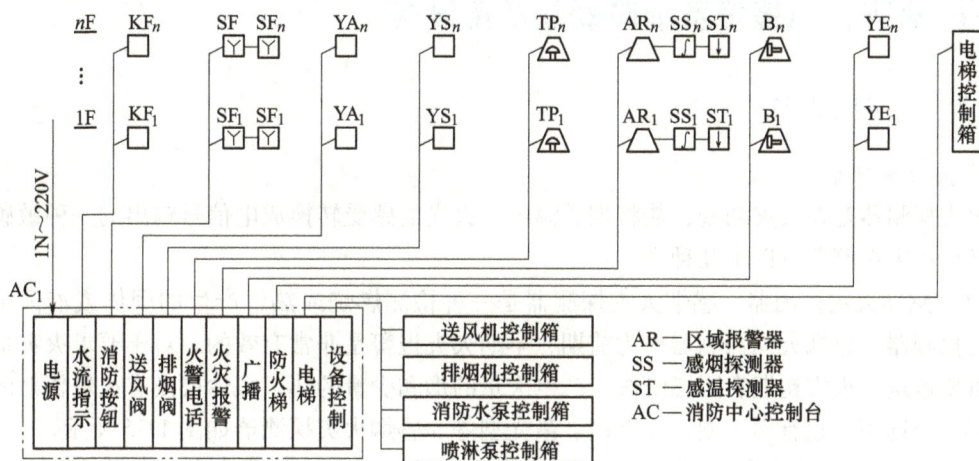

图 11-4　火灾自动探测自动报警自动消防联动控制系统组成

火灾自动报警和消防联动系统信号传输网络有多线制和总线制两类。

1. 多线制

四线制：4 指公用线的根数，分别为电源线 V（24V）、地线 G、信号线 S、自诊断线 T，另外每个探测器设 1 根选通线 ST，共 5 根线，由于线多管径大已不再使用。

二线制：1 根为公用地线 G，1 根承担其余功能。

如果各个探测器各占一个点，则探测器数为报警控制器的点数。

如果探测器并联，则并联在一起的探测器只占一个点数。

2. 总线制

四总线制：4 根总线为 P（探测器电源编码选址信号线）、T、S、G，另外加 1 根电源线，探测器到区域报警器的布线为 5 根。

二总线制：2 根总线 G、P，应用最广泛，有树枝形和环形。

多线制处于淘汰状态，而总线制采用地址编码技术，整个系统只用 2~4 根导线构成总线回路，所有探测器互相并联于总线回路上，系统构成极其简单，成本较低，施工量也大为减少，无论用传统布线方式的传输网络系统还是用综合布线方式的传输网络系统都广泛采用这种线制。

11.1.5　检测调试

火灾自动报警和消防联动系统是个总系统，安装完毕后各个分（子）系统检测合格后相互连通，再进行全系统的检测、调整及试验，以达到设计和验收规范要求。进行检测和调试的单位有施工单位、业主或监理单位、专业检测单位、公安消防部门等，前后要进行 4 次检测调试。

火灾自动报警和消防联动系统检测调试主要包括两大部分：火灾自动报警装置调试、自动灭火控制装置调试。当工程仅设置自动报警系统时，只进行自动报警装置调试；既有自动报警系统，又有自动灭火控制系统时，应进行自动报警装置和自动灭火控制装置的调试。

11.2 火灾自动报警及消防联动常用设备

11.2.1 火灾探测器

1. 火灾探测器简介

火灾探测器是在火灾初期，能将烟、温度、火光的感受转换成电信号输出的一种敏感元件。常用火灾探测器有以下几种类型：

（1）感烟火灾探测器　感烟火灾探测器是一种检测燃烧或热解产生的固体或液体微粒的火灾探测器。感烟火灾探测器作为前期、早期火灾报警是非常有效的。对于要求火灾损失小的重要地点，火灾初期有阴燃阶段，产生大量的烟和少量的热，很少或没有火焰辐射的火灾，都适合选用。它有离子型、光电型、激光型等。感烟火灾探测器如图 11-5 所示。

（2）感温火灾探测器　感温火灾探测器是响应异常温度、温升速率和温差等火灾信号的火灾探测器。常用的有定温式、差温式和差定温式三种。感温火灾探测器如图 11-6 所示。

图 11-5　感烟火灾探测器　　　　　图 11-6　感温火灾探测器

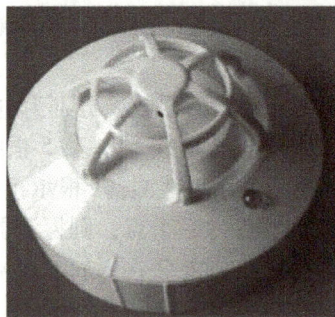

1）定温式探测器：环境温度达到或超过预定值时响应。

2）差温式探测器：环境温升速率超过预定值时响应。

3）差定温式探测器：兼有定温和差温两种功能。

（3）感光火灾探测器　感光火灾探测器又称火焰探测器或光辐射探测器，它对光能够产生敏感反应。按照火灾的规律，发光是在烟雾生成及高温之后，因而感光火灾探测器是属于火灾中、晚期报警的探测器，适用于火灾发展迅速，有强烈的火焰和少量的烟、热，基本上无阴燃阶段的火灾。感光火灾探测器如图 11-7 所示。

（4）可燃气体火灾探测器　可燃气体火灾探测器是一种能对空气中可燃气体浓度进

行检测并发出报警信号的火灾探测器。它通过测量空气中可燃气体爆炸下限以内的含量，以便当空气中可燃气体浓度达到或超过报警设定值时自动发出报警信号，提醒人们及早采取安全措施，避免事故发生。可燃气体火灾探测器除具有预报火灾、防火、防爆功能外，还可以起到监测环境污染的作用，目前主要用于宾馆厨房或燃料气储备间、汽车库、过滤车间、溶剂库、炼油厂、燃油电厂等存在可燃气体的场所。可燃气体火灾探测器如图 11-8 所示。

图 11-7　感光火灾探测器

图 11-8　可燃气体火灾探测器

（5）复合式火灾探测器　复合式火灾探测器是可以响应两种或两种以上火灾参数的火灾探测器，主要有感温感烟型、感光感烟型和感光感温型等。复合式火灾探测器如图 11-9 所示。

2. 火灾探测器施工工艺

1）安装的设备及器材运至施工现场后，应严格进行开箱检查，并按清单造册登记，设备及器材的规格型号应符合设计要求，设备安装前应进行模拟试验，不合格者不得使用。

2）探测器安装时，要按照施工图选定的位置，现场定位画线，在吊顶上安装时，要注意纵横能成排对称，内部接线要紧密，固定要牢固美观，同时应考虑各种管线、风口、灯具等综合因素来确定探测器的安装位置，需要保证不超出探测器的保护范围且与照明灯具水平净距不应小于 0.2m。至墙壁、梁边的水平距离不应小于 0.5m；其周围 0.5m 内，不应有遮挡物；至空调送风口边的水平距离不应小于 1.5m；探测器安装应尽量水平，如必须倾斜安装时，倾斜角不应大于 45°。火灾探测器在混凝土板的安装方法如图 11-10 所示，在吊顶的安装方法如图 11-11 所示。

图 11-9　复合式火灾探测器

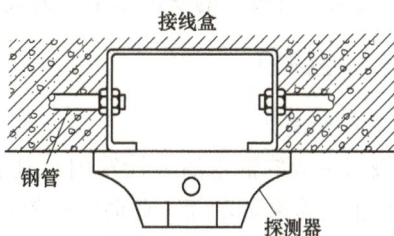

图 11-10　火灾探测器在混凝土板的安装

3）探测器的固定主要是底座的固定：探测器属于精密电子仪器部件，在安装施工的交叉作业中，一定要保护好探测器不被损坏。在安装探测器时先安装探测器的底座，待整个火灾报警系统全部安装完毕时才安装探头并进行必要调试工作。

4）探测器的外接导线应留有不小于 15cm 的余量，入端处应有明显标志。接线安装时，先将预留在盒内的导线剥去绝缘层，露出线芯 10~15mm，剥线时注意不要碰掉编号套管，将剥好的线芯顺时针连接在与探测器底座的各级相对应的接线端子上，接线完毕用万用表检查两条总线之间有无短路现象。导线连接必须可靠压接或焊接。当采用焊接时，不得使用带腐蚀性的助焊剂。探测器的"+"线应为红色，"−"线应为蓝色，其余线应根据不同用途采用其他颜色区分。同一工程中相同用途的导线颜色应一致。

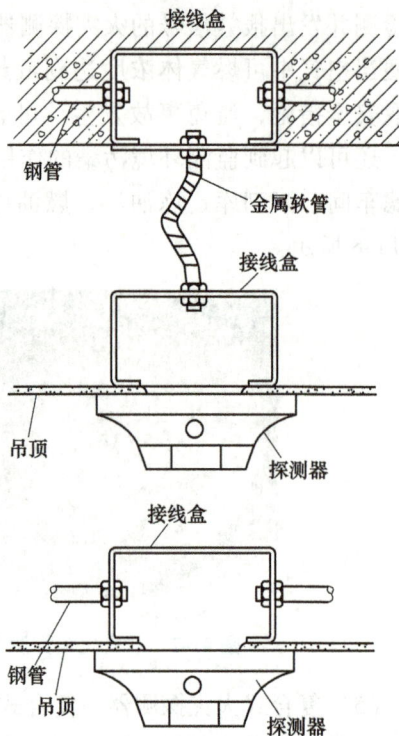

图 11-11　火灾探测器在吊顶的安装

11.2.2　手动火灾报警按钮

1. 手动火灾报警按钮简介

手动火灾报警按钮安装可以起到确认火情或人工发出火警信号的特殊作用。手动火灾报警按钮旁应设计消防电话插孔，考虑到现场实际安装调试的方便性，可将手动火灾报警按钮与消防电话插座设计成一体化手动火灾报警按钮，如图 11-12 所示。

2. 手动火灾报警按钮施工工艺

1）为防止误报警，一般为打破玻璃按钮，从一个防火分区内的任何位置到最邻近的一个手动火灾报警按钮的步行距离不应大于 30m。

2）手动火灾报警按钮应设置在明显和便于操作部位，应安装在墙上距地面高度 1.5m 处。

3）手动火灾报警按钮，应安装牢固，并不得倾斜。

4）手动火灾报警按钮的外接导线应留有不小于 10cm 的余量，且在其端部有明显标志。

图 11-12　一体化手动
火灾报警按钮

5）手动火灾报警按钮的安装基本与火灾探测器相同，需采用相配套的灯位盒安装。

11.2.3　消火栓按钮

1. 消火栓按钮简介

消火栓按钮一般放置于消火栓箱内，其表面装有一按片，当发生火灾时可直接按下按片，实现启动消防水泵的功能。此时消火栓按钮的红色启动指示灯亮，黄色警示物弹出，表明已向消防控制室发出报警信息，火灾报警控制器在确认消防水泵已启动运行后，就向消火栓按钮发出命令信号点亮绿色回答指示灯。消火栓按钮如图 11-13 所示。一般的消火栓按钮有两种启动方式，即有源启动和无源启动。

2. 消火栓按钮施工工艺

1）消火栓按钮一般采用明装方式，分为进线管明装和进线管暗装。

2）进线管暗装时只需拔下按钮，从底壳的进线孔中穿入电缆并接在相应端子上，再插好按钮即可安装好。

3）进线管明装时只需拔下按钮，将底壳下端的敲落孔敲开，从敲落孔中穿入电缆并接在相应端子上，再插好按钮即可安装好。

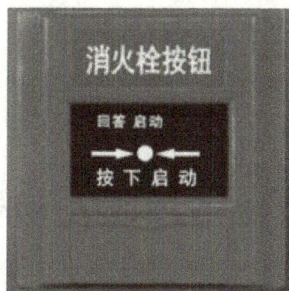

图 11-13　消火栓按钮

11.2.4　火灾报警控制器

1. 火灾报警控制器简介

火灾报警控制器是火灾自动报警系统的心脏，接收火灾探测器和火灾报警按钮的火灾信号及其他报警信号，发出声、光报警，指示火灾发生的部位，按照预先编制的逻辑，发出控制信号，联动各种灭火控制设备，迅速有效地扑灭火灾。火灾报警控制器具有下述功能：

1）用来接收火灾信号并启动火灾报警装置。该设备也可用来指示着火部位和记录有关信息。

2）能通过火警发送装置启动火灾报警信号或通过自动消防灭火控制装置启动自动灭火设备和消防联动控制设备。

3）自动地监视系统的正确运行和对特定故障给出声、光报警。

火灾报警控制器如图 11-14 所示。

2. 火灾报警控制器施工工艺

1）火灾报警控制器一般应设置在消防中心、消防值班室、警卫室及其他规定有人值班的房间或场所。控制器的显示操作面板应避开阳光直射，房间内无高温、高湿、尘土、腐蚀性气体；不受振动、冲击等影响。

2）区域报警控制器在墙上安装时，其底边距地面高度不应小于 1.5m，可用金属膨胀螺栓或预埋螺栓进行安装，固定要牢固、端正，安装在轻质墙上时应采取加固措施。靠近门轴的侧面距离不应小于 0.5m，正面操作距离不应小于 1.2m。

3）集中报警控制室或消防控制中心设备安装应符合下列要求：

图 11-14　火灾报警控制器

①落地安装时，其底宜高出地面 0.05～0.2m，一般用槽钢作为基础，如有活动地板时使用的槽钢基础应在水泥地面生根固定牢固。槽钢要先调直除锈，并刷防锈漆，安装时用水平尺确定平直度，然后用螺栓固定牢固。

②控制柜按设计要求进行排列，根据柜的固定孔距在基础槽钢上钻孔，安装时从一端开始逐台就位，用螺栓固定，用水平尺找平找直后再将各螺栓紧固。

③控制设备前操作距离，单列布置时不应小于 1.5m，双列布置时不应小于 2m，在有人值班经常工作的一面，控制盘到墙的距离不应小于 3m，盘后维修距离不应小于 1m，控制盘排列长度大于 4m 时，控制盘两端应设置宽度不小于 1m 的通道。

11.2.5 模块

1. 模块简介

消防模块是消防联动控制系统的重要组成部分，是火灾报警系统的桥梁，起着至关重要的作用。消防模块可分为输入模块、输出模块、输入/输出模块、中继模块、隔离模块和切换模块等。

（1）输入模块（监视模块） 输入模块用于接收消防联动设备输入的常开或常闭开关量信号，并将联动信息传回火灾报警控制器（联动型）。输入模块主要是监视被动设备状态，如水流指示器、压力开关、位置开关、信号阀、防火阀及能够送回开关信号的外部联动设备等。输入模块如图 11-15 所示。

（2）输出模块（控制模块） 输出模块用于火灾自动报警控制器向现场设备发出指令的信号，驱动被控设备（风机、水泵、防排烟阀、送风阀、防火卷帘门、警铃等）。当控制器接收到探测器的报警信号后，根据预先编入的程序，控制器通过总线将联动控制信号输送到输出模块，输出模块启动需要联动的消防设备；输出模块为无源输出方式，输出模块可以输出一对常开/常闭触点，接收一个信号回答。输出模块如图 11-16 所示。

（3）输入/输出模块 输入/输出模块主要用于双动作消防联动设备的控制，同时可接收联动设备动作后的回答信号。例如，可完成对二步降防火卷帘门、水泵、排烟风机等双动作设备的控制。用于防火卷帘门的位置控制时，既能控制其从上位到中位、从中位到下位，同时也能确认是处于上、中、下的哪一位。其能将报警器发出的动作指令通过继电器触电来控制现场设备以完成规定的动作，同时将动作完成信息反馈给报警器。输入/输出模块是联动控制柜与被控设备之间的桥梁，适用于排烟阀、送风阀、喷淋泵、消防广播等。输入/输出模块如图 11-17 所示。

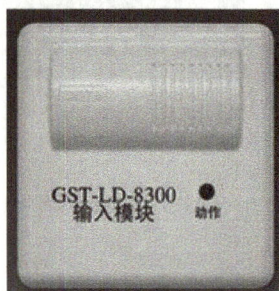

图 11-15　输入模块　　　图 11-16　输出模块　　　图 11-17　输入/输出模块

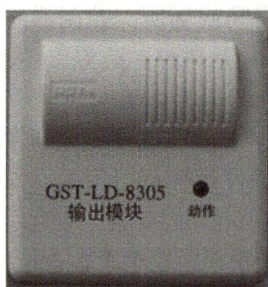

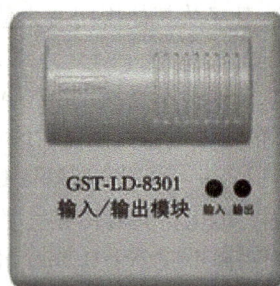

（4）中继模块 中继模块主要用于总线处在有比较强的电磁干扰的区域及总线长度超过 1000m 需要延长总线通信距离的场合。中继模块如图 11-18 所示。

（5）隔离模块（隔离器） 在总线制火灾自动报警系统中，往往会出现某一局部总线出现故障（例如短路）造成整个报警系统无法正常工作的情况。隔离器的作用是，当总线发生故障时，将发生故障的总线部分与整个系统隔离开来，以保证系统的其他部分能够正常工作，同时便于确定发生故障的总线部位。当故障部分的总线修复后，隔离器可自行恢复工作，将被隔离出去的部分重新纳入系统。隔离器如图 11-19 所示。

（6）切换模块 切换模块又称为多线模块，是用于连接输入/输出模块和大电流被控设备，起保护作用。其作用相当于继电器。

2. 模块安装施工工艺

1）输出模块一般安装在受控设备附近，也可集中安装于模块箱内或固定在墙面上。模块箱如图 11-20 所示。

图 11-18　中继模块　　　　图 11-19　隔离模块　　　　图 11-20　模块箱

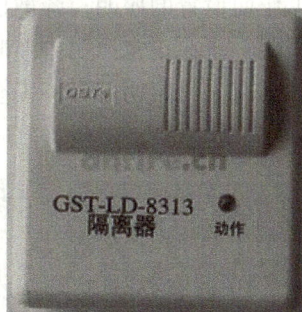

2）单独安装时先用两只 M4 螺栓将底座固定在 DH86 预埋盒上，接线完毕后，将模块扣合在底座上。

3）模块箱一般设置在专用的竖井内，应根据设计要求的高度用金属膨胀螺栓固定在墙壁上明装，且安装时应端正牢固，不得倾斜。模块箱一般明装，距地高度为 1.4m。

11.2.6　声光警报器

1. 声光警报器简介

声光警报器是一种用在危险场所，通过声音和各种光来向人们发出示警信号的一种报警信号装置。当生产现场发生事故或火灾等紧急情况时，火灾报警控制器送来的控制信号启动声光报警电路，发出声和光报警信号，完成报警目的。也可同手动报警按钮配合使用，达到简单的声、光报警目的。声光警报器如图 11-21 所示。

图 11-21　声光警报器

2. 声光警报器施工工艺

1）火灾声光警报器采用壁挂式安装，在普通高度空间下，以距顶棚 0.2m 处为宜。

2）每个防火分区的安全出口处应设置火灾声光警报器，其位置宜设在各楼层走道靠近楼梯出口处。

3）具有多个报警区域的保护对象，宜选用带有语音提示的火灾声光警报器，语音应同步。

4）同一建筑中设置多个火灾声光警报器时，应能同时启动和停止所有火灾声光警报器工作。

11.2.7　应急照明

1. 应急照明的作用

应急照明是在正常照明系统因电源发生故障，不再提供正常照明的情况下，供人员疏散、保障安全或继续工作的照明。应急照明是现代公共建筑及工业建筑的重要安全设施，它同人身安全和建筑物安全紧密相关。当建筑物发生火灾或其他灾难，正常电源中断时，应急照明对人员疏散、消防救援工作，对重要的生产、工作的继续运行或必要的操作处置，都有重要的作用。应急照明不同于普通照明，它包括备用照明、疏散照明、安全照明三种。备用照明是指在正常照明中断时为保证继续工作而设置的照明；疏散照明是指为了使人员在紧急情况下能安全撤离而设置的照明；安全照明是指在正常照明中断时为确保处于潜在危险中的人员的安全而设置的照明。常用的照明灯具有应急照明灯具、安全疏散指示灯和安全出口指示灯等，如图 11-22~图 11-24 所示。

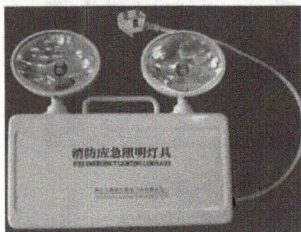

图 11-22 应急照明灯具	图 11-23 安全疏散指示灯	图 11-24 安全出口指示灯

2. 应急照明施工工艺

1）疏散指示灯必须采用消防认证产品。灯具安装部位一般在走道及楼梯转角处，疏散标志的箭头应指向通往出口的方向。标志牌的上边缘距地面不应大于 1m，标志的间距不应大于 20m，袋形走道的尽头离标志的距离不应大于 10m。

2）疏散出口标志一般安装在安全出口的顶部 0.2m 处，上边缘距顶棚应等于或大于 0.5m。

3）采用吊杆的疏散指示标志的下边缘距地面的高度应大于或等于 2m。

4）应急照明线路不能与其他普通照明线路混用。

5）安全照明的转换时间要求不超过 0.5s，只有蓄电池能满足此要求。安全照明电源的设计中多采用灯具自带电蓄电池或 EPS 应急电源（EPS 应急电源切换时间可达 0.25s）。备用照明一般利用双电源切换，备用照明和疏散照明只有部分灯具带蓄电池。

11.3 火灾报警及消防联动工程施工图识读

11.3.1 火灾报警及消防联动工程施工图的组成

一套完整的火灾报警及消防联动控制系统施工图，主要由图纸目录、设计施工说明、系统图、平面图和相关设备的控制电路图等组成，所有图都是用图形符号加文字标注及必要的说明绘制出来的，均属于简图之列。

11.3.2 火灾报警及消防联动工程施工图常用附加文字符号

火灾报警及消防联动工程施工图常用附加文字符号见表 11-1。

表 11-1　火灾报警及消防联动工程施工图常用附加文字符号

序号	文字符号	名称	序号	文字符号	名称
1	W	感温火灾探测器	8	WCD	差定温火灾探测器
2	Y	感烟火灾探测器	9	B	火灾报警控制器
3	G	感光火灾探测器	10	B-Q	区域火灾报警控制器
4	Q	可燃气体火灾探测器	11	B-J	集中火灾报警控制器
5	F	复合式火灾探测器	12	B-T	通用火灾报警控制器
6	WD	定温火灾探测器	13	DY	电源
7	WC	差温火灾探测器	—	—	—

11.3.3　火灾报警及消防联动工程施工图常用图例

火灾报警及消防联动工程施工图常用图例见表 11-2。

表 11-2　火灾报警及消防联动工程施工图常用图例

序号	图形符号	名称	序号	图形符号	名称
1		火灾报警装置	14		手动火灾报警按钮
2		区域火灾报警装置	15		带电话插孔的手动火灾报警按钮
3		感温火灾探测器	16		消火栓手动火灾报警按钮
4		感烟火灾探测器	17	SF	送风阀
5		感温感烟复合火灾探测器	18	X	排烟阀
6		感光火灾探测器	19	X	防火阀
7		可燃气体火灾探测器	20	CRT	显示盘
8		独立式感温火灾探测器	21	I	输入模块
9		线型感温火灾探测器	22	C	控制模块
10		火灾警铃	23	SQ	双切换盒
11		火灾报警扬声器	24	JL	防火卷帘控制箱
12		报警电话	25	XFB	消防水泵控制箱
13		电话插孔	26	PLB	喷淋泵控制箱

(续)

序号	图形符号	名称	序号	图形符号	名称
27	WYB	稳压泵控制箱	30	XFJ	新风机控制箱
28	KTJ	空调机控制箱	31	E	安全出口指示灯
29	ZYF	正压风机控制箱	32	P	防烟口

11.3.4　火灾报警及消防联动工程施工图的识读方法

火灾报警及消防联动工程施工图的识读从安装施工角度来说，并不是太困难，也并不复杂，识读方法一般为：

1. 认真阅读图纸目录

根据图纸目录了解该工程图的概况，包括图纸张数、图幅大小及名称、编号等信息。

2. 阅读设计施工说明

设计施工说明表达图中不易表示但又与施工有关的问题，了解这些内容对进一步读图是十分必要的。

3. 阅读系统图

火灾报警及消防联动工程系统图主要反映系统的组成和功能以及组成系统的各设备之间的连接关系等。系统的组成随被保护对象的分级不同，所选用的报警设备不同，基本形式也不同。通过阅读系统图，大致掌握整个系统的联系和运行机理，在头脑中构建报警系统及联动控制系统的基本构架。

4. 阅读平面图

通过平面图可了解建筑物的基本情况，房间分布与功能等。熟悉火灾探测器、手动火灾报警按钮、消防电话、消防广播、报警控制器及消防联动设备等在建筑物内的分布及安装位置，同时要通过材料表了解它们的型号、规格、性能、特点和对安装的技术要求。

了解线路的走线及连接情况。在了解设备的分布后，要进一步明确线路走线，从而弄清楚它们之间的连接关系，这是非常重要的，一般从进线开始，一条一条地阅读。

5. 阅读详图

平面图是施工单位用来指导施工的依据，而设备的具体安装图却很少给出，因此，要重视详图的阅读，把平面图和详图结合起来阅读，就会对设备的安装信息有准确的把握。

此外，平面图只表示设备和线路的平面位置而很少反映空间的高度，在读图时，还应该结合详图和材料表等，建立空间的概念。

为了避免火灾报警与消防联动系统设备及其线路与其他建筑设备及管路在安装时发生位置冲突，在阅读火灾报警与消防联动系统平面图时还应对照阅读其他建筑设备安装工程相关专业的施工图，同时还要了解规范的相关要求。

11.4　火灾报警及消防联动工程施工图的识读案例

11.4.1　设计说明与施工图

某火灾报警及消防联动工程施工图如图 11-25～图 11-29 所示。

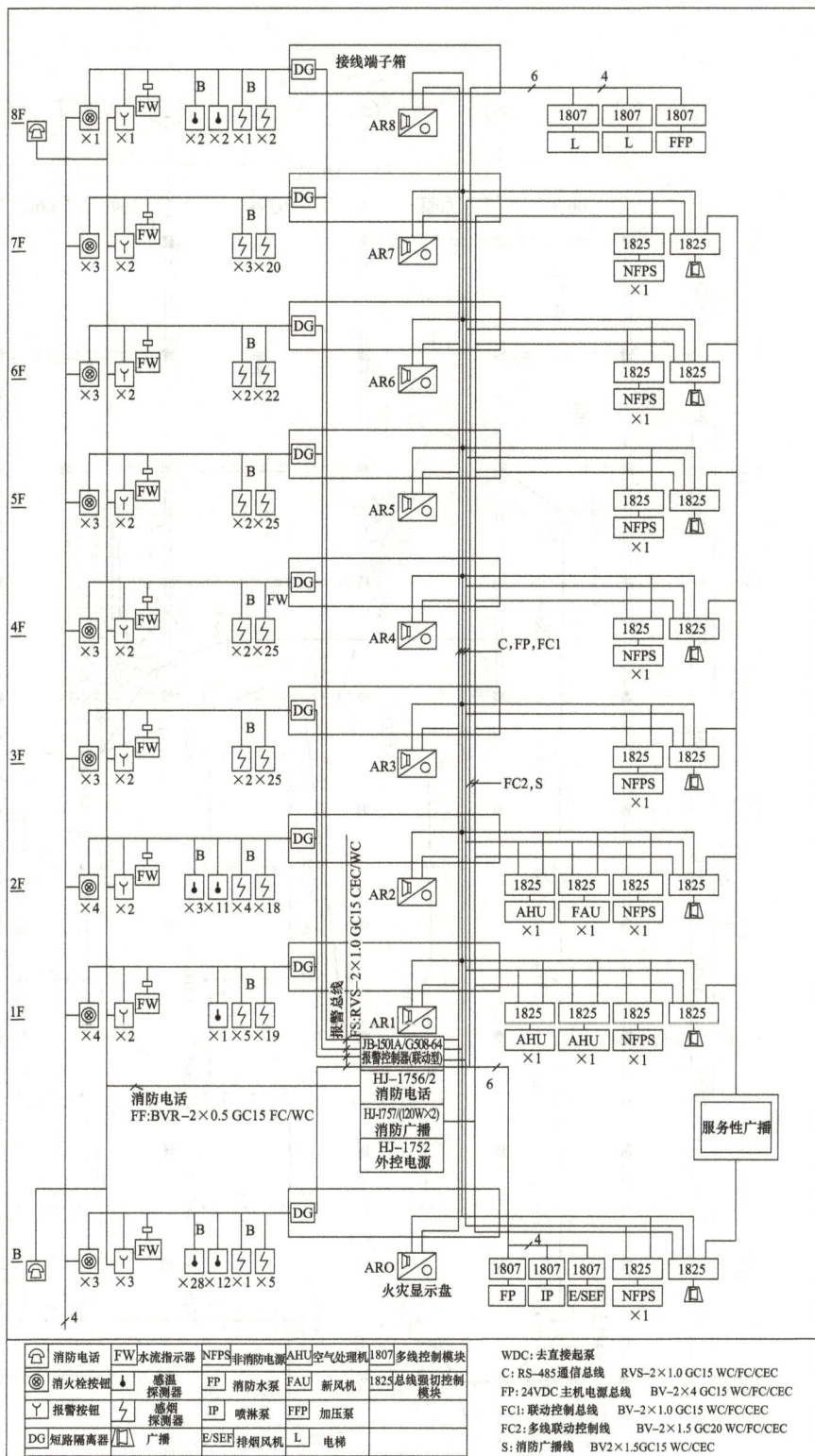

图 11-25 火灾报警与消防联动控制系统图

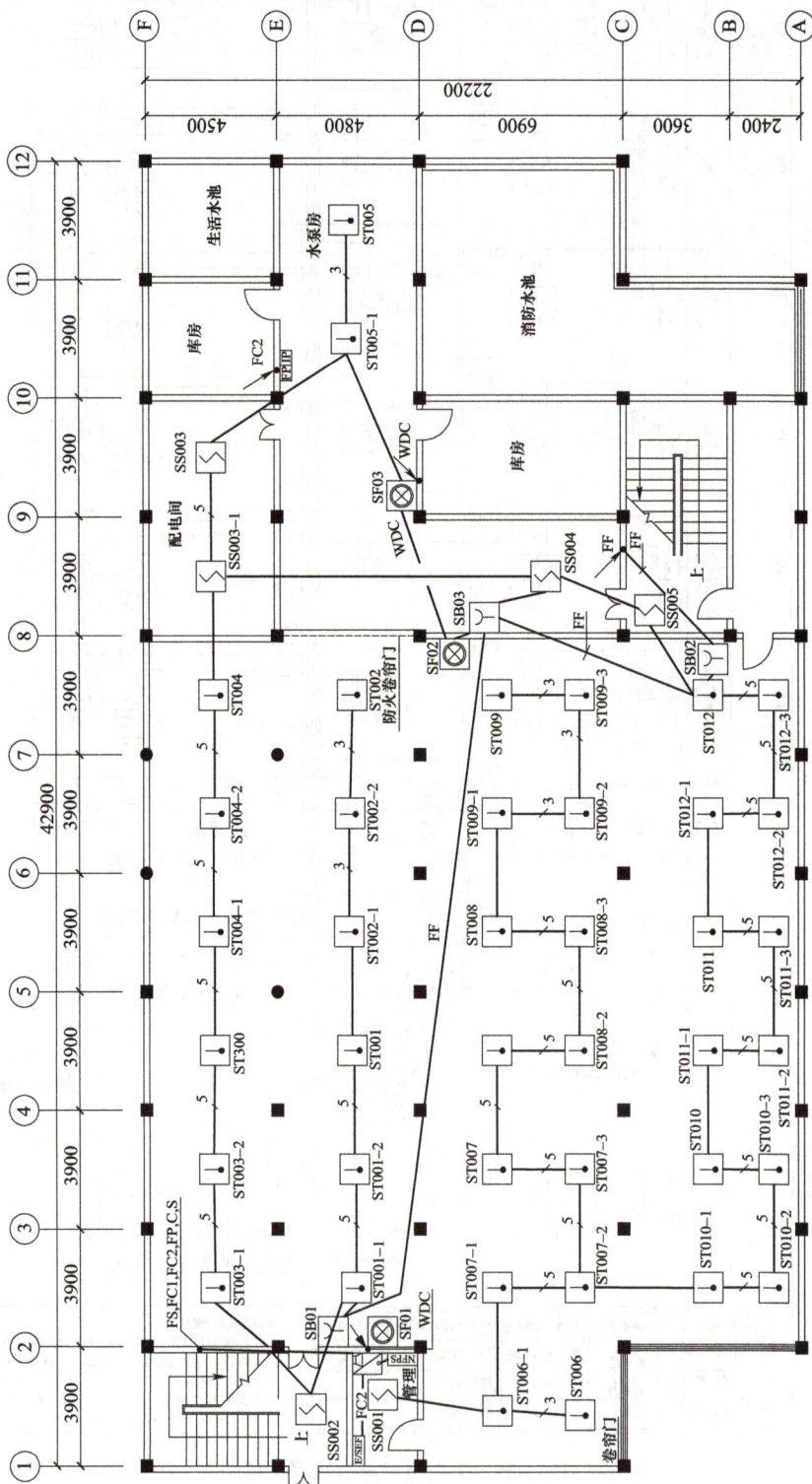

图 11-26 地下室火灾报警与消防联动控制平面图

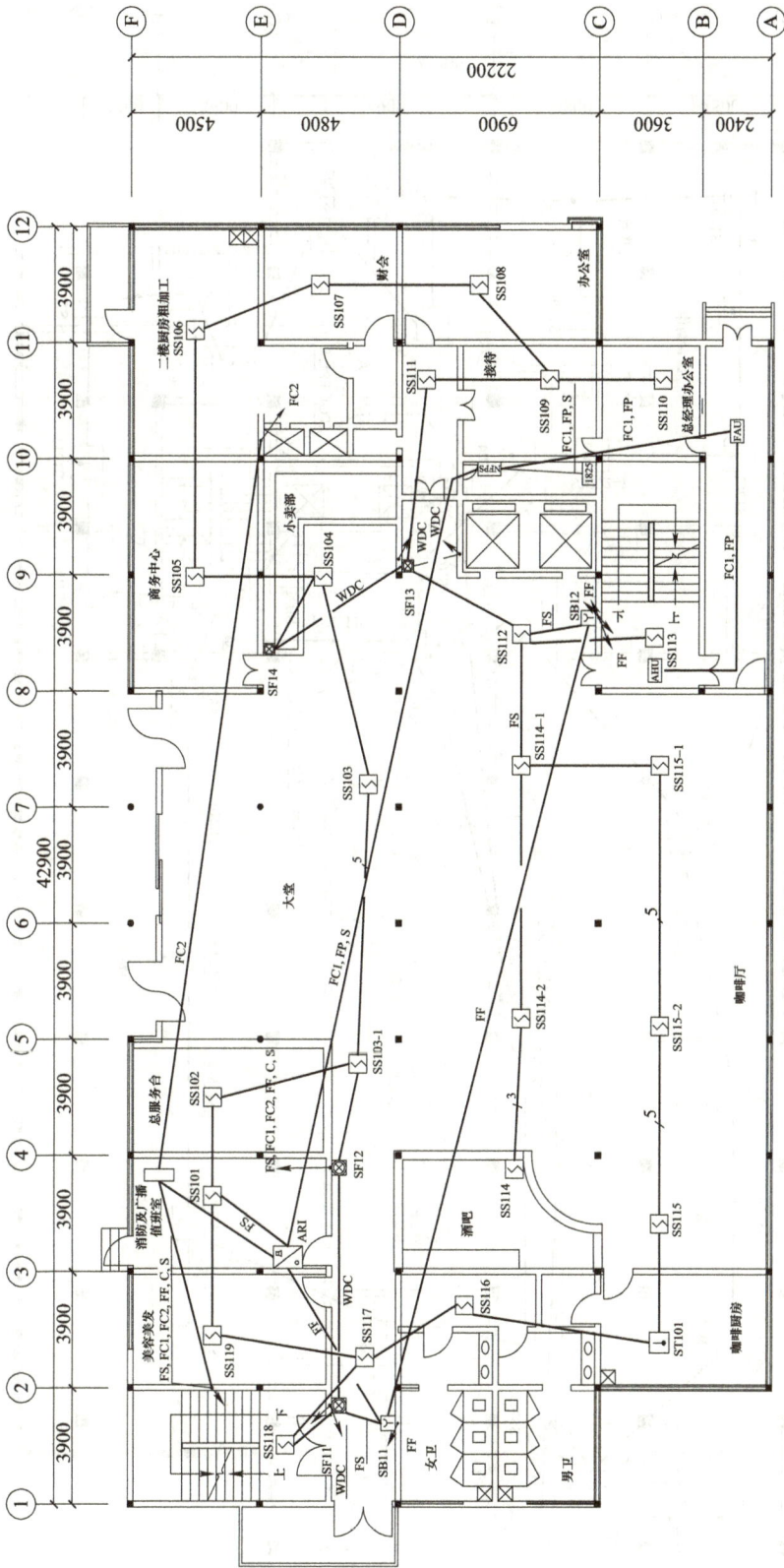

图 11-27 首层火灾报警与消防联动控制平面图

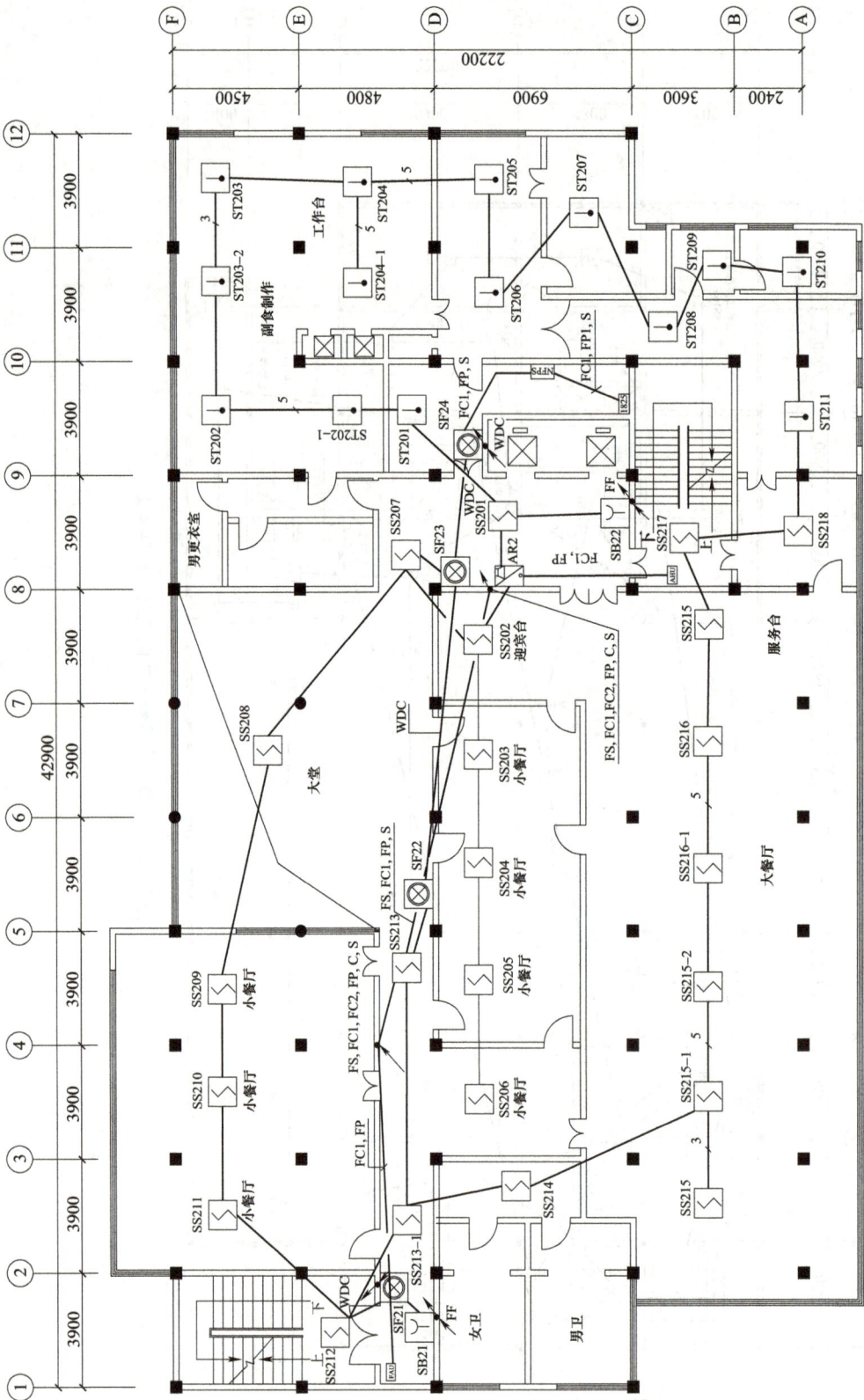

图 11-28 二层火灾报警与消防联动控制平面图

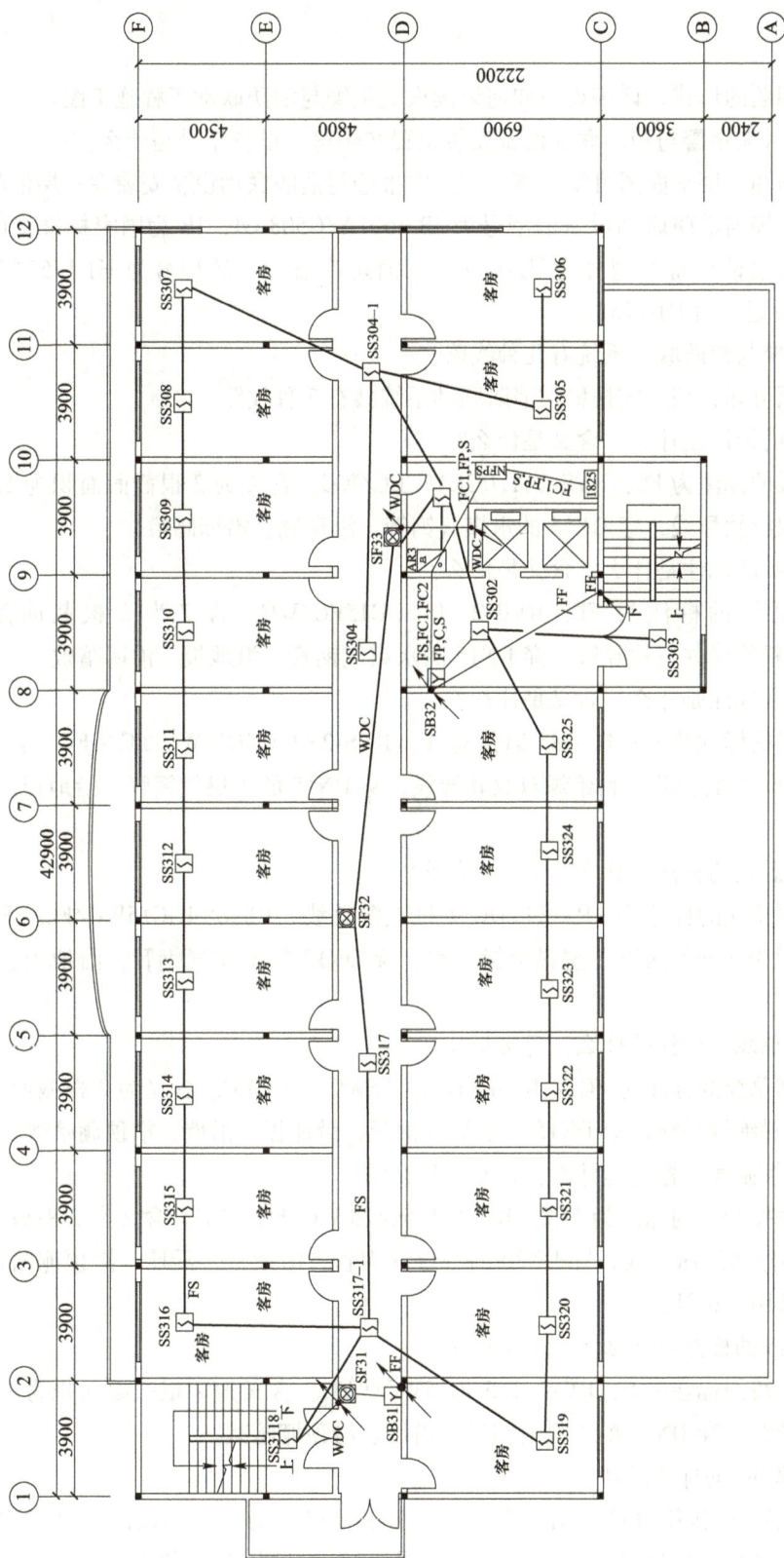

图 11-29　三至七层火灾报警与消防联动控制平面图

11.4.2 施工图解读

下面以解答问题的形式，详细说明如何识读火灾报警与消防联动工程施工图。

1）该工程的火灾报警与消防联动设备安装位置在哪里？设备型号是什么？

答：由系统图和一层平面图可知，该工程火灾报警与消防联动设备安装在一层消防及广播值班室。火灾报警与消防联动设备的型号为 JB-1501A/G508-64，JB 为国家标准中的火灾报警控制器；消防电话设备的型号为 HJ-1756/2；消防广播设备的型号为 HJ-1757（120W×2）；外控电源设备型号为 HJ-1752。

2）该火灾报警与消防联动系统有几种线路？

答：由系统图可知，该火灾报警与消防联动系统共有 7 种线路。

3）报警总线的标注是什么？含义是什么？

答：报警总线的标注为 FS：RVS-2×1.0GC15CEC/WC。含义为 2 根截面面积为 $1.0mm^2$ 的铜芯塑料绝缘双绞软导线，穿 DN15 的水煤气钢管，沿顶棚、沿墙暗敷。

4）消防电话线的标注是什么？含义是什么？

答：消防电话线的标注为 FF：BVR-2×0.5GC15FC/WC。含义为 2 根截面面积为 $0.5mm^2$ 的铜芯塑料绝缘并行软导线，穿 DN15 的水煤气钢管，沿地板、沿墙暗敷。

5）通信总线的标注是什么？含义是什么？

答：通信总线的标注为 C：RS-485 通信总线，RVS-2×1.0GC15WC/FC/CEC。含义为 2 根截面面积为 $1.0mm^2$ 的铜芯塑料绝缘双绞软导线，穿 DN15 的水煤气钢管，沿地板、沿墙、沿顶板暗敷。

6）主机电源总线的标注是什么？含义是什么？

答：主机电源总线的标注为 FP：24VDC 主机电源总线，BV-2×4GC15WC/FC/CEC。含义为 2 根截面面积为 $4mm^2$ 的铜芯塑料绝缘导线，穿 DN15 的水煤气钢管，沿地板、沿墙、沿顶棚暗敷。

7）联动控制总线的标注是什么？含义是什么？

答：联动控制总线的标注为 FC1：BV-2×1.0GC15WC/FC/CEC。含义为 2 根截面面积为 $1.0mm^2$ 的铜芯塑料绝缘导线，穿 DN15 的水煤气钢管，沿地板、沿墙、沿顶棚暗敷。

8）多线联动控制线的标注是什么？含义是什么？

答：多线联动控制线的标注为 FC2：BV-2×1.5GC20WC/FC/CEC。含义为 2 根截面面积为 $1.5mm^2$ 的铜芯塑料绝缘导线，穿 DN20 的水煤气钢管，沿地板、沿墙、沿顶棚暗敷，至于采用几根线要看图中标注。

9）消防广播线的标注是什么？含义是什么？

答：消防广播线的标注为 S：BV-2×1.5GC15WC/CEC。含义为 2 根截面面积为 $1.5mm^2$ 的铜芯塑料绝缘导线，穿 DN15 的水煤气钢管，沿墙、沿顶棚暗敷。

10）试分析 WDC 的标注是什么？

答：WDC 为消火栓按钮直接启动水泵线，应与水泵房中的 FP（消防水泵）控制柜相连，但是图中没有画出，应该是漏画了。由平面图可知，一层 SF11 的连接线 WDC（2 线）

来自地下室 SF01 处，SF11 与 SF12 之间有 WDC 连接线，SF11 的连接线 WDC 又配到 2 层的 SF21 处。一层 SF13 连接线 WDC（2 线）来自地下室 SF03 处，又配到 2 层的 SF24 处。因此，在系统图中标注的 WDC 为 4 线就是这两个回路导线数的相加。因为是控制线，可采用 BV-2×1.5GC15WC/FC/CEC 方式配线。

11）报警总线共有几个回路？分别接几层？

答：报警总线共有 4 个回路，设为 BJN1~BJN4，BJN1 用于地下室，BJN2 用于 1、2、3 层，BJN3 用于 4、5、6 层，BJN4 用于 7、8 层。

12）与报警总线 FS 相连的设备有哪些？

答：由系统图可知，与报警总线 FS 相连的设备有感烟火灾探测器、感温火灾探测器、水流指示器、火灾报警按钮和消火栓报警按钮。

13）与联动控制总线 FC1 相连的设备有哪些？

答：与联动控制总线 FC1 相连的设备为被控制模块 1825 所控制的设备。

14）与多线联动控制线 FC2 相连的设备有哪些？

答：与多线联动控制线 FC2 相连的设备为被控制模块 1807 所控制的设备。

15）与通信总线 C 相连的设备有哪些？

答：与通信总线 C 相连的设备为火灾显示盘 AR。

16）与主机电源总线 FP 相连的设备有哪些？

答：与主机电源总线 FP 相连的设备有火灾显示盘 AR 和控制模块 1825 所控制的设备。

17）与消防广播线 S 相连的设备有哪些？

答：与消防广播线 S 相连的设备只有控制模块 1825 中的扬声器。

18）该工程有几个接线端子箱？端子箱内有什么器件？有什么作用？

答：由系统图可知，每层楼安装一个接线端子箱，共有 9 个。端子箱中安装的电气元件为短路隔离器 DG。其作用是当某一层的报警总线发生短路故障时，将发生短路故障的楼层报警总线断开，这样不会影响其他楼层报警设备的正常工作。

19）该工程有几个火灾显示盘 AR？其作用是什么？

答：由系统图可知，每层楼安装一个火灾显示盘 AR，共有 9 个。火灾显示盘可以显示各个楼层，显示盘用 RS-485 总线连接，火灾报警与消防联动设备可以将火灾信息传送到火灾显示盘上进行显示。因为显示盘有灯光显示，所以需接主机电源总线 FP。

20）感温火灾探测器主要应用在哪种场所？图中有的感温火灾探测器标有字母 B，有的未标，区别是什么？

答：感温火灾探测器主要应用在火灾发生时，很少产生烟或平时可能有烟的场所，如车库、餐厅等地方。图中标有字母 B 的感温火灾探测器为子座，没有标注的为母座。

21）一层消防总控台共引出几条线？各有哪些功能线？

答：由一层平面图可知，一层消防总控台共引出 4 条线，为了分析方便，将这 4 条线分别编成 N1、N2、N3、N4。其中 N1 配向②轴线，有 FS、FC1、FC2、FP、C、S 功能导线，向地下室配线；N2 配向③轴线，接本层接线端子箱，再向外配线，有 FS、FF、FC1、FP、S 和 C 功能导线；N3 配向④轴线，再向 2 层配线，有 FS、FC1、FC2、FP、C 和 S 功能导线；N4 配向⑩轴线，再向下层配线，只有 FC2 一种功能导线（4 根线）。

22）地下室火灾显示盘的位置在哪里？进线从哪里来？

答：地下室火灾显示盘的位置在②轴线左侧的管理室，进线来自一层的消防总控台 N1 线路。

23）描述从地下室火灾显示盘引出的报警总线 FS 接有哪些设备？

答：地下室接线端子箱引出的报警总线 FS 是一个环路，接有母座感烟火灾探测器 5 个，SS001~SS005，子座感烟火灾探测器 1 个 SS003-1，接有母座感温火灾探测器 12 个，ST001~ST012，子座感温火灾探测器 28 个，接有水流指示器 1 个，接有火灾报警按钮 3 个，SB01~SB03，接有消火栓报警按钮 3 个，SF01~SF03。

24）地下室报警总线 FS 环路上有的线段标有数字 3，有的线段标有数字 5，有的线段未标注，分别是什么意思？

答：线段标有数字 3 的表示母座与子座之间的连接线为 3 根，标有数字 5 的表示除了有 FS 的 2 根线之外该路段还多了母座与子座之间的 3 根连接线，未标注的为系统图中表示的 FS 回路的 2 根线。

25）地下室手动火灾报警按钮 SB 除了要接报警总线 FS，还要接什么功能线？此线从哪里引来？

答：地下室手动火灾报警按钮 SB 除了要接报警总线 FS 还需要接消防电话线 FF，此线从一层 SB12 引来，接到 SB02，然后顺序接到 SB03、SB01。

26）地下室消火栓箱报警按钮 SF 除了要接报警总线 FS，还要接什么功能线？此线与哪些设备相连？

答：地下室消火栓箱报警按钮 SF01、SF02、SF03 除了要接报警总线 FS，它们之间还需要连接 WDC 线，此线应与地下室水泵房中的消防水泵相连。

27）地下室 1807 模块控制设备的多线联动控制线 FC2 是从哪里引来的？

答：地下室 1807 模块控制设备的多线联动控制线 FC2 由火灾显示盘 AR0 引来，配到 E/SEF 排烟风机控制柜。

28）地下室 FP 消防水泵同时接有多线联动控制线 FC2 和 WDC 功能线，有何区别？

答：FC2 是来自火灾报警与消防联动的控制线，而 WDC 是来自消火栓按钮的控制线，按钮是人工操作，FC2 是自动控制，两者的作用是相同的，都是发出启动消防水泵的控制信号。

29）地下室 1825 模块控制设备接哪些功能线？从何引来？

答：地下室 1825 模块控制设备分别为 NFPS 非消防电源切换装置和扬声器。NFPS 非消防电源切换装置，FC1 是其信号控制线，还需要连接 FP 主机电源总线；扬声器切换控制接口连接 FC1 信号控制线、FP 主机电源总线、S 消防广播线和服务性广播功能线。

30）一层火灾显示盘的位置在哪里？有几条进线？几条出线？出线各有哪些功能线？

答：一层火灾显示盘的位置在消防及广播值班室③轴墙上。有 1 条进线，4 条出线，第一条配向②轴线 SB11 处的 FF 线；第二条配向⑩轴线电源配电间的 NFPS 处，有 FC1、FP、S 功能线，第三条配向 SS101 的 FS 线，第四条配向 SS119 的 FS 线。

31）描述从一层火灾显示盘引出的报警总线 FS 的敷设线路。

答：配向 SS101 的 FS 线，用钢管沿墙暗配到顶棚，进入 SS101 的接线底座进线接线，再配到 SS102，以此类推，直到 SS119 回到火灾显示盘，形成一个环路。在这个环路中也有分支，例如 SS110、SB12、SF14 等，其目的是减少配线路径。

32）描述从一层火灾显示盘引出的消防电话线 FF 的敷设线路。

答：从一层火灾显示盘引出的消防电话线 FF 首先接至 SB11，在此处又分别到 2 层的 SB21 和本层的⑨轴线 SB12 处，在 SB12 处又向上接到 SB22 和向下再引到⑧轴线 SB02 处。

33）描述一层消火栓箱报警按钮 SF 的连接线 WDC 的敷设线路。

答：SF11 的连接线 WDC 来自地下室 SF01 处，SF11 与 SF12 之间有 WDC 连接线，SF11 的连接线 WDC 又配到 2 层的 SF21 处。SF13 处的连接线 WDC 来自地下室 SF03 处，又配到 2 层的 SF24 处。

34）描述从一层火灾显示盘引出的 FC1、FP、S 回路的敷设线路。

答：从一层火灾显示盘引出的 FC1、FP、S 功能线，NFPS 连接 FC1、FP 功能线，电源配电间有 1825 控制模块，是扬声器的切换控制接口，连接 FC1、FP、S 功能线，NFPS 又接到 FAU（新风机控制接口）和 AHU（空气处理机控制接口），连接 FC1、FP 功能线。

35）二层火灾显示盘的位置在哪里？有几条进线？几条出线？出线各有哪些功能线？

答：二层火灾显示盘的位置在⑧轴的墙上。有 1 条进线，来自于一层消防及广播值班室④轴线处。火灾显示盘 AR2 有 5 条出线。有 2 条是报警总线的环形配线；1 条有 FC1、FP 功能线，配到 AHU（空气处理机控制接口）；1 条有 FC1、FP、S 功能线，配到电源配电箱间的 NFPS 处，FC1、FP 与 NFPS 连接，而 FC1、FP、S 功能线再配到 1825 控制模块，是扬声器的切换控制接口；还有 1 条是向 3 层的火灾显示盘，有 FS、FC1、FC2、FP、C、S 共 6 种功能线。

36）二层火灾显示盘的报警总线 FS 包括几个回路？

答：二层火灾显示盘的报警总线 FS 有 3 条回路，1、2、3 层有一条报警总线，4、5、6 层有 1 条报警总线，7、8 层有 1 条报警总线，都要经过这里。

37）接至二层火灾显示盘的多线联动控制线 FC2 与二层的设备相连吗？有几根线？

答：接至二层火灾显示盘的多线联动控制线 FC2 与二层的设备不相连，是从这里向上配线，接至 8 层的设备，共有 6 根线。

38）三层火灾显示盘的位置在哪里？有几条进线？几条出线？出线各有哪些功能线？

答：三层接线端子箱位于⑨轴线。有 1 条进线，来自于二层，有 FS、FC1、FC2、FP、C、S 共 6 种功能线。有 4 条出线，有 2 条是报警总线的环形配线；1 条有 FC1、FP、S 功能线，配到电源配电箱间的 NFPS 处，FC1、FP 与 NFPS 连接，而 FC1、FP、S 功能线再配到 1825 控制模块，是扬声器的切换控制接口；还有 1 条是配向 4 层的接线端子箱，有 FS、FC1、FC2、FP、C、S 共 6 种功能线。

39）三层火灾显示盘向四层配线中的报警总线 FS 有几个回路？

答：三层火灾显示盘向四层配线中的报警总线 FS 有 2 个回路，4、5、6 层有一条报警总线，7、8 层有一条报警总线，都要经过这里。

思考题

1. 手动火灾报警按钮的安装应符合什么要求？
2. 火灾探测器的安装应符合什么要求？
3. 简述火灾探测器的工作原理。
4. 火灾自动报警系统的作用有哪些？
5. 简述声光警报器的组成和工作原理。
6. 简述火灾报警及消防联动工程施工图的识读顺序。

二维码形式客观题

微信扫描二维码可在线做题，提交后可查看答案。

第11章
客观题

12

建筑设备自动化系统

本章重点内容

熟悉建筑设备自动化系统相关内容；掌握给水排水设备监控、通风空调系统监控、电气设备监控、电梯系统监控相关知识。

本章学习目标

通过本章的学习，学生对建筑自动化系统有一个全面的了解，为进一步进行实际系统的设计和实施奠定一定的基础，同时，培养学生在遇到突发事件下的应变能力和处理问题的综合素质。培养学生正确运用现代工程工具和信息技术工具获取专业信息知识解决复杂工程问题的能力，在工程实践中能自觉考虑环境因素和社会可持续发展因素，主动应用能够改善环境、促进社会可持续发展的先进技术。

12.1 给水排水设备监控

12.1.1 给水系统的监控

1. 建筑给水系统的形式

根据建筑物给水要求、高度和分区压力等情况，进行合理分区，然后布置给水系统。高层建筑给水系统的形式主要有两种，即高位水箱给水系统和恒压给水系统。

（1）高位水箱给水系统 这种系统的特点是供水系统从原水池取水，通过水泵将水提升到高位水箱，再从高位水箱靠重力向给水管网配水。控制系统对高位水箱水位进行监测，当水箱中水位达到高水位时，水泵停止向水箱供水；当水箱中的水被用到低水位时，水泵再次启动向高位水箱供水。同时，系统监测给水泵的工作状态和故障，当工作泵出现故障时，备用泵自动投入运行。

高位水箱给水系统用水是由水箱直接供应，供水压力比较稳定，且有水箱储水，供水较为安全。

（2）恒压给水系统 高位水箱给水系统的优点是预储一定水量，供水直接可靠，尤其对消防系统是必要的。但水箱很重，增加建筑物的负荷，占用建筑物面积且存在水源受二次污染的危险。因此有必要研究无水箱的水泵直接供水系统。早期的水泵直接供水系统，由于水泵的转速不能调节，水压随用水量的变化而急剧变化。当用水量很小时，水压很高，供水效率很低，既不节能，又使系统的水压不稳定。后来这种系统被采用自动控制的多台并联运行水泵所替代，这种系统能根据用水量的变化，开停不同水泵来满足用水的要求，以利节能。

随着计算机控制技术的迅速发展，变频调速装置得到了越来越广泛的应用。实现水泵恒压供水理想的方式是采用计算机控制的水泵变频调速供水。变频调速供水方式由于减少了水箱储水环节，避免了水质的二次污染。泵组及控制设备集中设在泵房，占地面积小、安装快、投资省。采用闭环式供水控制方式，根据管网压力信号调节水泵转速，实现变量供水。该方式水压稳定、全自动运行、可无人值守、可靠性高。变频调速供水方式中，水泵的转速随着管网压力的变化而变化。由于轴功率与转速的三次方成正比，因此与恒速泵运行方式相比，明显节省电能。另外，变频调速为无级调速，水泵的启动为软启动，减小了启动时对水泵及电网的冲击，且多台泵组采用"先投入，先退出"的运行方式，确保每台泵的运行时间相同，能够有效延长泵组的使用寿命。变频调速闭环供水方式可以确保管网压力恒定，避免了水箱供水方式中可能产生的溢流或超压供水，减小了水能的损耗。变频调速恒压供水既节能，又节约建筑面积，且供水水质好，具有明显的优点。但变频调速装置价格昂贵，而且必须有可靠的电源，否则停电即停水，给人们生活带来不便。

2. 给水监控系统

目前高层建筑中的生活给水大多是采用高位（屋顶）水箱、生活给水泵和低位（或地下）蓄水池等构成的供水系统。

（1）给水监控系统的监控功能

1）水泵运行状态显示。

2）水流状态显示。

3）水泵启/停控制。

4）水泵过载报警。

5）水箱高低液位显示及报警。

给水系统监控原理如图 12-1 所示。

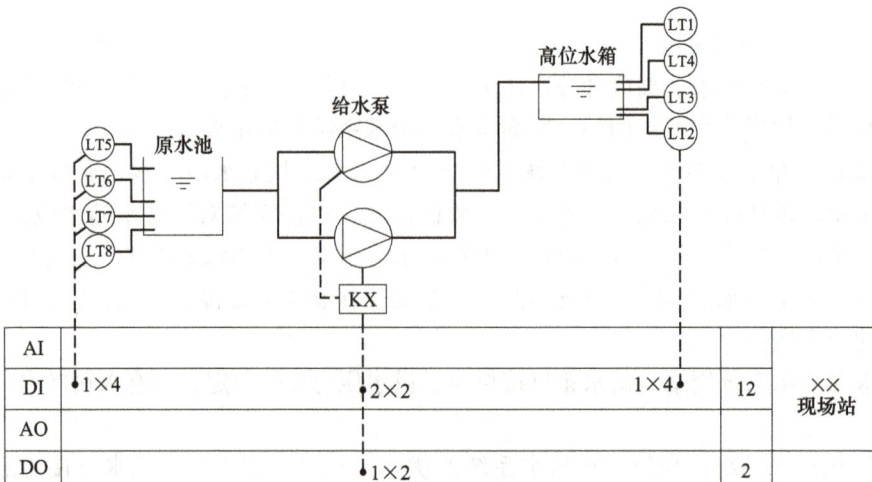

图 12-1　给水系统监控原理

（2）给水系统监控功能描述

1）给水泵启/停控制。给水泵启/停由水箱和低位蓄水池水位自动控制。高位水箱设有 4 个水位信号（LT1～LT4），即溢流水位、最低报警水位、下限水位和上限水位；低位蓄水池也设有 4 个水位信号（LT5～LT8），即溢流水位、下限水位、最低报警水位和消防水泵停泵水位，如图 12-1 所示。屋顶高位水箱液位计的 4 路水位信号通过 DI 通道送入现场 DDC，DDC 通过 1 路 DO 通道控制水泵的启/停；当高位水箱液位降低到下限水位时，DDC 发出启泵信号使给水泵运行，将水由低位水池提升到高位水箱；当高位水箱液位升高至上限水位或蓄水池液位低到下限水位时，DDC 发出信号停止给水泵运行。将给水泵主电路上交流接触器的辅助触点作为开关量输入信号，接到 DDC 的 DI 输入通道上监测水泵运行状态；水泵主电路上热继电器的辅助触点信号（1 路 DI 信号），提供水泵过载停机报警信号。当工作泵发生故障时，备用泵自动投入运行。

2）检测及报警。当高位水箱液位达到溢流水位，以及低位蓄水池液位低至最低报警水位时，系统发出报警信号。蓄水池的最低报警水位并不意味着蓄水池无水。为了保障消防用水，蓄水池必须留有一定的消防用水量。发生火灾时，消防水泵启动，如果蓄水池液面达到消防水泵停泵水位，系统将报警。出水干管上设水流开关 FS，水流信号通过 DI 通道送入现场 DDC，以监视供水系统的运行状况。

3）设备运行时间累计。累计运行时间为定时维修提供依据，并根据每台泵的运行时间，自动确定作为运行泵或是备用泵。如采用变频调速恒压供水系统，则水泵由变频恒压控制装置控制其运转。其控制过程是在水泵出水口干管上设压力传感器，实时采集管网压力信号，通过 1 路 AI 通道送入现场 DDC，通过与设定水压值比较，按 PID 算法得出偏差量，控制电源频率变化，调节水泵的转速，从而达到恒压变量供水的目的。当系统用水量增加时，水压下降，DDC 使变频器的输出频率提高，水泵的转速提高，供水量增大，维持系统水压基本不变；当系统用水量减少时，过程相反，控制系统使水泵减速，仍维持系统水压。系统中设低水位控制器，其作用是当水池水位降至最低水位时（或消防水位时），系统自动停机。如有多台水泵，均采用同一台变频调速器由可编程控制器实现多台泵的循环软启动。

12.1.2　排水系统的监控

高层建筑物一般都建有地下室，有的深入地面下 2～3 层或更深些，地下室的污水通常不能以重力排除，在此情况下，污水集中收集于集水坑（池），然后用排水泵将污水提升至室外排水管中。

1. 排水监控系统的监控功能

1）水泵运行及状态显示。

2）水泵启/停控制。

3）集水坑高低液位显示及报警。

4）水泵过载报警。

排水监控系统原理如图 12-2 所示，排水泵为一用一备。

2. 排水监控系统的监控功能描述

（1）启/停控制　集水坑设液位计监测液面位置，水位信号通过 DI 通道送入现场 DDC，当水位达到高水位时，DDC 启动排水泵运行，直到水位降至低水位时停止排水泵运行。

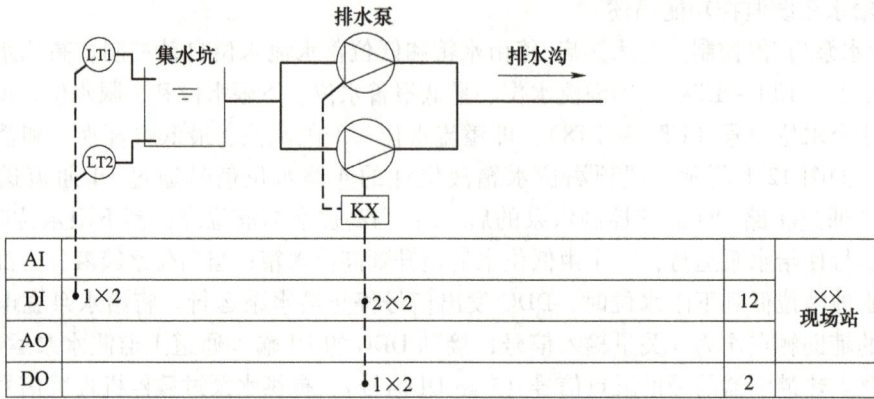

图 12-2 排水监控系统原理

将水泵主电路上交流接触器的辅助触点作为开关量输入信号，接到 DDC 的 DI 输入通道上监测的水泵运行状态；水泵主电路上热继电器的辅助触点信号通过 1 路 DI 通道，提供电机水泵过载停机报警信号。

（2）设备运行时间累计　累计运行时间为定时维修提供依据，并根据每台泵的运行时间自动确定作为工作泵或是备用泵。消火栓泵、喷洒泵等消防水泵的控制属消防联动控制系统的监控对象，不纳入建筑设备自动化系统（BAS）的监控范围。

12.2 通风空调系统监控

12.2.1 冷热源系统的监控

1. 冷水机组的监控

中央空调的核心任务就是把空调房间的热量释放到室外大气中。热量传递过程是：室内冷负荷—空调末端装置—冷冻水系统—制冷系统—冷却水系统—室外大气。由于中央空调的冷冻水系统、制冷系统和冷却水系统的设备相对集中，这部分设备也称为冷冻站系统。

冷冻站系统的主要设备包括冷水机组、冷冻水泵、冷却水泵、冷却塔及其他附属设备。冷冻站设备耗能是建筑能耗的主要组成部分。对于冷源系统的运行控制，首先是保证冷源系统安全正常运行，对冷源系统基本参数进行测量，实现对设备的启/停控制和保护，这也是控制系统最重要的层次，必须可靠。在保证正常运行的基础上，应充分发挥建筑设备自动化系统的优势，通过合理的控制调节，实现冷冻站系统节能运行、冷冻效率提高。冷冻站系统的运行控制最高目标是实现冷水机组的优化运行。

2. 压缩式制冷系统的监控

目前，无论是压缩式制冷系统还是吸收式制冷系统或蓄冰制冷系统，大多数制冷机组设备厂家的产品均带有成套的自动控制装置，系统本身能独立完成机组监控与能量调节的功能。当与 BAS 相连时，需考虑的问题有两个：一个是机组成套控制系统包含哪些监控功能；另一个是如何与 BAS 进行数据通信。下面主要介绍压缩式制冷系统的监控。

（1）制冷系统实行监控的目的　制冷系统实行监控的目的如下：

1）保证冷冻机蒸发器通过稳定的水量以使其正常工作。

2）向空调冷冻水用户提供足够的水量以满足使用要求。

3）在满足使用要求的前提下，尽可能提高供水温度，从而提高机组的 COP 值，同时减少系统的冷量损失，实现系统的经济运行。

（2）制冷系统的监控功能　图 12-3 给出了压缩式制冷系统控制原理，主要功能如下：

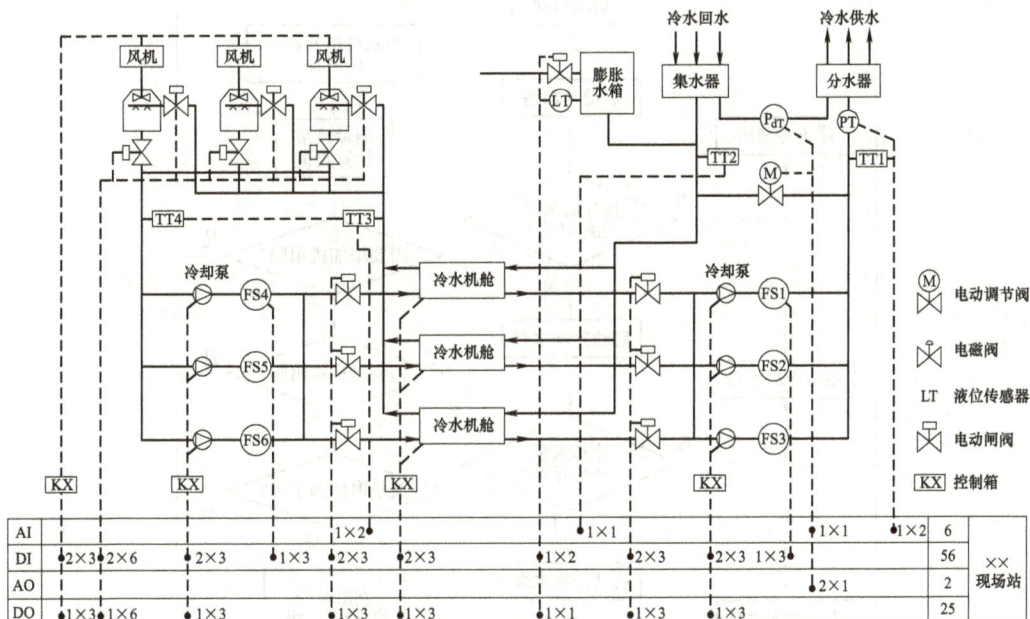

图 12-3　压缩式制冷系统控制原理

1）启/停控制和运行状态显示。

2）冷冻水进出口温度、压力测量。

3）冷却水进出口温度、压力测量。

4）过载报警。

5）水流量测量及冷量记录。

6）运行时间和启动次数记录。

7）制冷系统启/停控制程序的设定。

8）冷冻水旁通阀压差控制。

9）冷冻水温度再设定。

10）台数控制。

11）制冷系统的控制系统应留有通信接口。

3. 制冷系统的监控功能

（1）制冷系统的启/停顺序控制　冷冻站设备控制流程如图 12-4 所示。为了保证冷冻站设备安全运行，每次系统启/停时都需要按照一定的逻辑顺序依次开启或关闭相应的设备。冷水机组运行时，通过蒸发器中的制冷剂吸收冷冻水的热量，使冷冻水保持低温。在冷凝器中制冷剂需通过冷却水向大气中排出热气。因此，在冷水机组开启时，必须首先开启冷却水和冷冻水系统的阀门和水泵、风机。保证冷凝器和蒸发器中有一定的水量流过，冷水机组才能启动，否则，会造成制冷机高压超高、低压过低，直接引起电动机过电流，易造成对机组的损害。冷水机组都随机携带有水流开关，该开关需安装在冷却水和冷冻水管上。水流开关的电气接线要串联在制冷机启动回路上。当水流达到一定流速值，水流开关吸合时，制冷机才能启动。

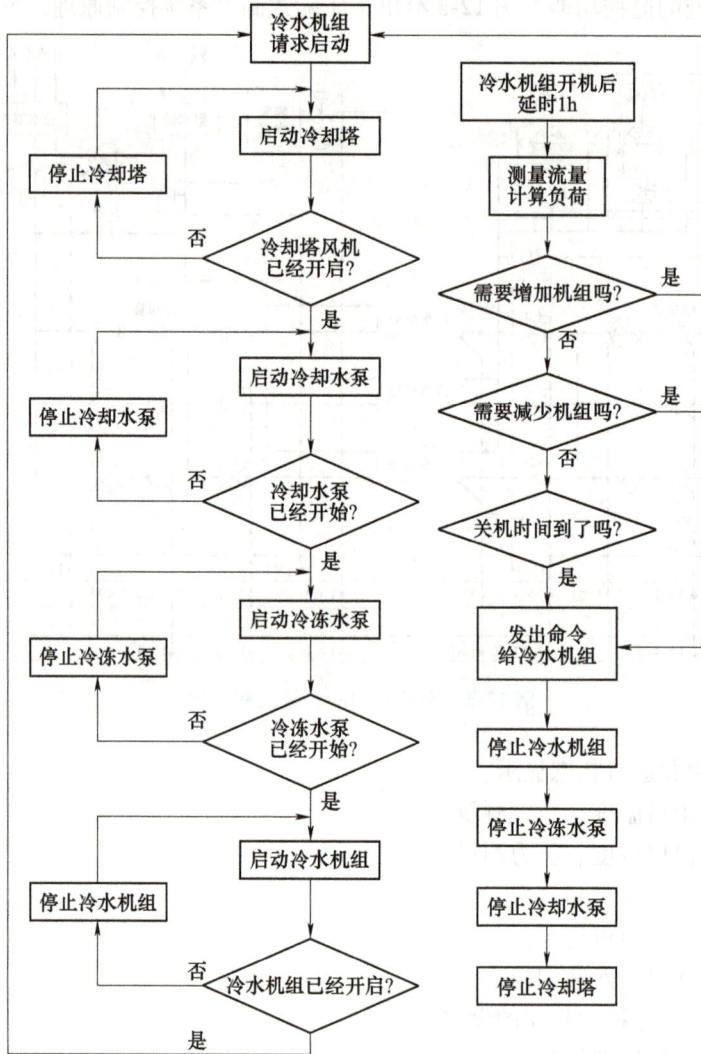

图 12-4　冷冻站设备启/停顺序控制流程简图

需要启动冷水机组时，设备启动顺序是：启动冷却塔风机—启动冷却水泵—启动冷冻水泵—启动冷水机组。需要停止冷水机组，设备关闭顺序是：关闭冷水机组—关闭冷冻水泵—关闭冷却水泵—关闭冷却塔风机。

在依次开启或关闭设备时，还需要使冷水机组的冷冻水和冷却水出水干管上的电动蝶阀逐渐打开（时间 2~3min，以免对正在运行机组造成冲击），检查冷却塔风机、冷水泵、冷却水泵是否正常启动，水流开关动作是否正常，如果出现异常，相关设备会发出报警信号，如果正常则进入下一步；停止主机时冷却塔水泵、风机，冷冻水泵延时 3~5min 后停止；对应的管路阀门延时 4~6min 后关闭。各个设备在顺序启动和停止时都会有一定的延时。

（2）水流监测　冷冻水泵、冷却水泵启动后，通过水流开关 FS（1 路 DI 信号）监测水流状态，流量太小甚至断流，则自动报警并停止相应制冷机运行。

（3）压差旁通控制　由压差传感器 P_{dT}（图 12-3）检测冷冻水供水管网中分水器与回水管网中集水器之间的压差，由 1 路 AI 信号送入 DDC 与设定值比较后，DDC 送出 1 路 AO 控制信号，调节位于供水管网中分水器与回水管网中集水器之间的旁通管上电动调节阀的开度，实现供水与回水之间的旁通，以保持供、回水压差恒定，并且基本保持冷冻水泵及冷水机组的水量不变，从而保证冷水机组的正常工作。注意设置压差传感器时，其两端接管应尽可能靠近旁通阀两端，并设于水系统中压力较稳定的地点，以减少水流量的波动，提高控制的精确度。

（4）冷水机组的安全运行控制　常用的压缩式制冷冷水机组有活塞式冷水机组、螺杆式冷水机组、离心式冷水机组和吸收式冷水机组。有的冷水机组具有同时制冷和制热的功能，被称为冷热水机组。冷水机组控制系统的任务有 4 部分：①压缩机的启动控制；②冷水机组各组成部分的温度、压力等控制；③压缩机的停机控制；④冷水机组的安全控制。下面以离心式冷水机组为例介绍机组的运行控制。

离心式冷水机组是以离心式压缩机为主要部件的冷冻水制备机组。它一般由制冷系统、润滑系统、抽气回收装置及冷冻、冷却水系统组成。典型离心式冷水机组的水系统接线图如图 12-5 所示。它是为了空气调节的目的而制造的冷水机组，具有制冷量大的特点，目前已广泛应用于各种大型空调系统中。

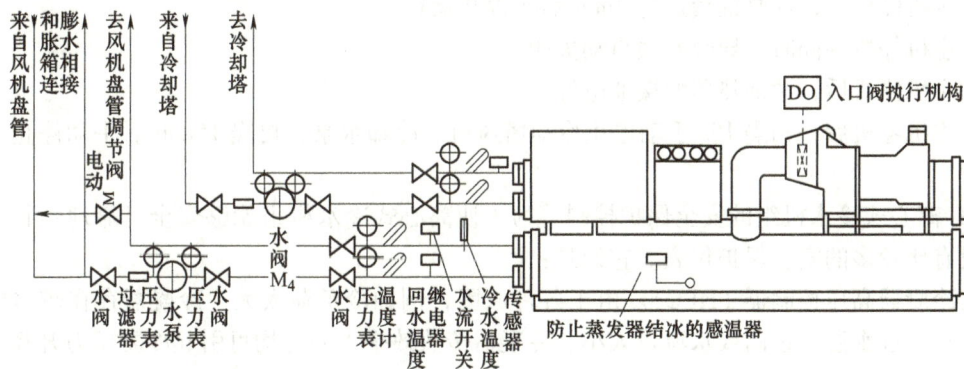

图 12-5　典型离心式冷水机组的水系统接线图

1）启动。系统启动前要检查电动机绝缘电阻、电源电压、电动机转向，确认润滑油油位、油温、油压差、油泵电动机旋转方向的检查无误后，进行下面的操作：

①手动启动冷冻水泵，冷冻水流量开关闭合，由于冷冻水温度高，在冷冻水回水管上的温度控制器闭合，控制箱中冷冻水泵的辅助触头闭合。

②相隔 15s 后，手动启动冷却水泵，冷却水流量开关闭合，在控制箱中冷却水泵的辅助触头闭合。

③再隔 15s 后，手动启动冷却塔风机。只要手动启动过冷却塔风机，不管此风机是否在运行，控制箱中的辅助触头都闭合。如果冷却塔风机故障，冷却水回水温度升高，会用报警方法提醒操作人员注意。

④当冷冻水泵、冷却水泵和冷却塔风机的辅助触头都闭合时，主机才能启动。

具体过程如下：将控制箱的按钮从停止转换到运行时，如果满足三个条件，即油温达到要求、与上次停机的时间间隔大于设定值、导叶的开度处于全关位置，油泵则立即投入运行。如果上述三个条件中任一条不满足时，油泵不能运行。当油泵运行 2min 以后，立即启动主机。约 30s 后，主机就从 Y 形启动转换到 △ 运行。导叶开度将按照冷冻水出水温度和主机电流值的大小进行调节。

主机启动之后，要调节冷凝器和蒸发器的水管路压力降。对离心式冷水机组，冷冻水通过蒸发器的压降一般为 0.05~0.06MPa，冷却水通过冷凝器时的压降为 0.06~0.07MPa。通过调节水泵出口阀门以及冷凝器、蒸发器的供水阀开度，可以将压力降控制在要求的范围内。一般机组在现场调试时，以冷冻水供水温度为 7℃、冷却水进水温度 32℃ 来设定导叶的开度。

2）启动后的检查内容。机组启动后，按下列顺序检查各项内容：

①检查压力：检查油压、吸入压力和排出压力。

②检查温度：检查油箱中温度、冷凝器下部液体制冷剂温度（应比冷凝压力对应的饱和温度低 2℃ 左右）；确认冷凝温度应比冷却水出水温度高 2~4℃；确认蒸发温度应比冷冻水出水温度低 2~4℃。

③检查电流：确认电流表上的读数应小于或等于电动机铭牌上的额定电流。

④检查振动和噪声：确认没有喘振和不正常响声。

3）停机。在控制箱上将转换开关由"运行"拨到"停止"位置，主机立即停机。

①主机停机后，油泵继续运行 3min 后再停止运行。

②主机停机的同时，导叶开关自动关闭。

③主机停机后，油加热器便接通电源。

④主机停机后，相隔 15s 手动停止冷却塔风机、冷却水泵，再隔 15min 后手动停止冷冻水泵。

4）离心式冷水机组的安全保护控制。为了使离心式冷水机组能够安全可靠地运行，机组上设有比较多的安全保护仪表。它们是：

①冷凝器高压控制器（HPC）。由于各种原因，例如冷负荷太大、冷凝器存在较多的空气、冷却水进水温度过高或水流量太小、冷凝器传热效果太差等均可引起冷凝压力升高。冷凝压力升高后，机组的功耗增加，制冷量下降。当冷凝压力超过一定值时，还会引起喘振，甚至损坏设备，发生安全事故。当冷凝压力超过设定值时，HPC 就将主机的电源切断，机组立即停止运行。此时操作人员必须分析停机原因，待排除故障后，才能按复位按钮，这时 HPC 就将主机回路接通，使其重新启动。

②蒸发器低压控制器（LPC）。当空调房间负荷减小时，蒸发器内压力下降，蒸发器冷冻水出水温度也下降，制冷机制冷效率也降低。此外，蒸发压力降低也会引起离心式压缩机喘振，以致破坏设备。所以当蒸发压力降到某一设定值时，LPC 就将主机电源切断，机组停止运行。操作人员必须检查原因或调节开机容量，待故障排除后，再按复位按钮，LPC 又接通主机回路，再重新启动机组。

③油压差控制器（OPC）。机组中只有保持一定的油压，离心式压缩机才能安全可靠地运行。当油压差低于设定值时，OPC 接通延时机构，在设定时间内，油压差仍恢复不了正

常值，OPC 将切断主机电源，使机组停机。操作人员必须排除故障之后，再按复位按钮，OPC 又接通主机回路，重新启动机组。但必须注意延时机构工作过一次后，要等 5min，待延时双金属片全部冷却后才能恢复正常工作。

④油温控制器（OTC）。制冷剂 R12 和 R11 可以与润滑油完全互溶，它们的溶解度随着油温的升高而降低。因此，停机时为了不使制冷剂溶解在润滑油中，就要维持一定的润滑油温度。当油温低于某一设定值时，OTC 将油加热器的电源接通，使油温升高；当油温高于某一设定值时，OTC 就将油加热器的电源切断，停止加热。在机组运行时，若油箱中的油温较低，油箱中溶解氟利昂的可能性不大，油加热器则停止工作。

⑤防冻结温度保护器（LTC）。当蒸发温度过低时，会使传热管中的冷冻水结冰，以致损坏蒸发器。因此，当蒸发温度低于设定值时，LTC 将切断主机电源。操作人员必须查明原因，排除故障之后，再按复位按钮，LTC 将再度接通主机回路，重新启动机组。

⑥主机温度控制器（MT）。主机温度升高，电动机效率降低，更严重的是使绝缘体破坏而烧毁电动机。因此，当主机温度上升到设定值时，MT 将停机。操作人员必须查明原因，排除故障之后，再按复位按钮，重新启动机组。

⑦导叶关闭继电器（VLS）。为了减小启动电流，导叶应处于零位状态空负荷启动，如果导叶不处于零位，机组就不能启动。

⑧冷冻水温度控制器（CWT）。从冷水机组的特性来分析，为了节能，只要能满足使用要求，冷冻水的供、回水温度应提高，水温太低，即蒸发温度低，制冷效率下降。所以除了防冻结温度保护器外，一般机组另外再设冷冻水温度控制器。当冷冻水回水温度下降到某一设定值时，CWT 将切断主机电源，机组停机。当冷冻水回水温度上升到另一设定值时，CWT 将接通主机电源，机组又重新启动运行。CWT 的特点是不用复位，只要满足温度条件和 30min 时间间隔条件（有的机组设定值为 20min）机组就能再次启动。

⑨安全阀或安全膜片。安全阀（装于 R12 机组）或安全膜片（装于 R11 机组）都接在冷水机组的蒸发器上。遇到火警或其他意外事故，由于温度升高，系统内压力就会上升，如不及时将系统中的制冷剂引出，机组就有可能发生爆炸的危险。

设置了安全阀或者安全膜片之后，当系统压力升高时，安全阀阀板就会起跳或者安全膜片破裂，这样就将系统中的制冷剂泄放到下水管道，避免事故发生。

当机组进行气密性试验时，试验压力必须小于安全阀或安全膜片的允许压力，否则就有可能破坏安全阀正常工作和使安全膜片破裂。

5）制冷系统的能量调节与控制。冷源及水系统的能耗由制冷机组的电耗及冷却水泵、冷却塔风机、冷冻水泵的电耗构成。冷源系统的节能就要通过恰当地调节主机运行状态，提高其制冷效率（COP）值，降低冷冻水泵、冷却水泵电耗来获得。在这些耗电设备中，主机电耗占有最主要的位置，冷冻水泵与冷却水泵的电功率之和也只有主机电功率的 20%~25%，因此，提高主机的效率是节能的关键。

如果冷冻水末端用户能进行冷量自动调节，那么冷冻机的产冷量必须与用户的需求相匹配。当用户末端采用变水量时，冷冻水系统还必须根据新的运行工况提供新的水量和扬程，以减少流量和扬程的过盈，减少调节阀的节流损失，并尽可能使水泵在效率最高点运行。下面以离心式冷水机组为例介绍机组输出能量的调节详细情况。

离心式冷水机组的工作状况不仅取决于离心式压缩机的特性，而且与冷凝器、蒸发器的工作状况有关，只有保持冷凝器、蒸发器和离心式压缩机良好地匹配，才能使冷水机组正常运转。

当通过压缩机的流量与通过冷凝器、蒸发器的流量相等，压缩机产生的压头（排气口压力与吸气口压力的差值）等于制冷设备的阻力时，整个制冷系统才能保持在平衡状态下工作。这样，冷水机组的平衡工况应该是压缩机特性曲线与冷凝器特性曲线的交点。图 12-6 给出冷凝器冷却水进水量变化时离心式制冷机组的特性曲线。图 12-6 中纵坐标 t_0 表示温度，横坐标 Q_n 为制冷量。从图 12-6 中反映出，当冷却水进水温度不变时，冷凝器、蒸发器、压缩机的特性曲线以及效率曲线。图 12-6 中压缩机特性曲线与冷凝器特性曲线 I 的交点 A 为压缩机的稳定工作点。当冷凝器冷却水进水量变化时，冷凝器的特性曲线将改变，这时交点 A 也随之改变，从而改变了压缩机的制冷量。

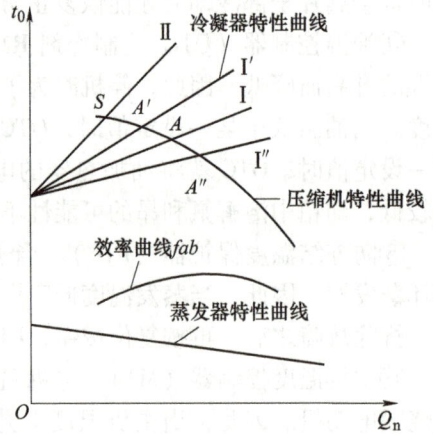

图 12-6 冷凝器冷却水进水量变化时离心式冷水机组的特性曲线

当冷凝器进水量减少时，冷凝器特性曲线斜率增大，曲线 I 移至 I' 的位置，压缩机工作点移到 A' 点，制冷量减少。反之，如果冷凝器冷却水进水量增大，则压缩机工作点移到 A″ 点，制冷量增大。当冷凝器冷却水量减少到一定程度时，冷凝器的特性曲线移至位置 II，压缩机的工作点移到 S 点。这时冷水机组就出现喘振现象，这是必须防止的。

一般情况下，当制冷量改变时，要求蒸发器冷冻水出口温度为常数，而此时冷凝温度往往是变化的。目前空调用离心式冷水机组大都采用进口可转导叶调节法进行输出能量的调节，即在叶轮进口前装有可转进口导叶，通过自动调节机构改变进口导叶开度，使制冷量相应改变。

当外界冷负荷减少时，蒸发器的冷冻水回水温度下降，导致蒸发器的冷冻水出水温度降低。冷冻水出水温度的降低，由铂电阻温度计获取，容量调节模块发出电信号，通过脉冲开关及交流接触器，并使执行机构电动机旋转，关小进口导叶开度（减载），冷水机组的制冷量随之减少，直至蒸发器冷冻水出水温度回升至设定值，制冷量与外界冷负荷达到新的平衡为止。相反，当外界冷负荷增加时，蒸发器冷冻水出水温度相应增高，容量调节模块发出的电信号使执行机构电动机向相反方向旋转，开大进口导叶的开度（加载），机组的制冷量随之增加，直至蒸发器出水温度下降到设定值为止。

6）冷水机组的节能运行与控制。对于吸收式冷水机组，图 12-7 表示冷冻水出口温度与冷冻负荷的关系。在冷水入口温度为 12℃，出口温度为 7℃ 的工况下，若 100% 负荷对应的冷水出口温度为 7℃，则通过燃料控制阀的控制能使冷水系统输出负荷占总负荷的 50% 时的冷水出口温度为 6℃。当吸收式冷热水机组在热源温度、冷却水进口温度、溶液的循环量、冷却水量和冷冻水量等运行参数不变时，其制冷量将随冷冻水出口温度的升高而增大，随冷冻水出口温度的降低而减小。当其他参数不变时，蒸发器出口冷冻水温度与制冷量的关系如图 12-8 所示。

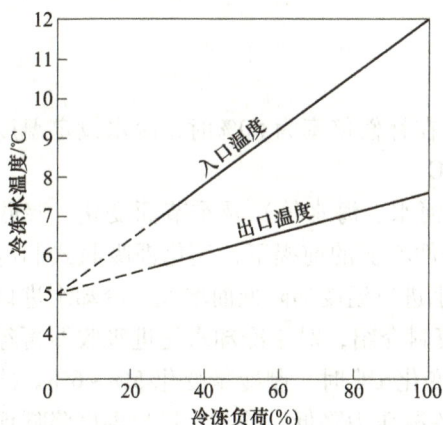

图 12-7　冷冻水出口温度与负荷关系

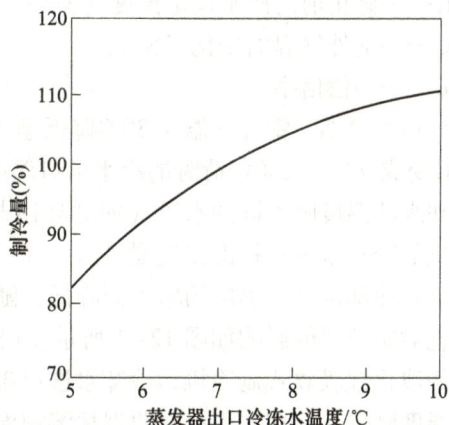

图 12-8　蒸发器出口冷冻水温度与制冷量的关系

　　根据有关资料介绍，对于单效溴化锂吸收式制冷机在其冷冻水出口温度每变化 1℃ 时，其制冷量变化 6% ~7%。这是由于在冷冻水出口温度变化时，蒸发压力、冷凝压力将随之发生变化，制冷循环中溶液的放气范围也随之发生变化。

　　图 12-9 表示冷水出口温度和吸收式制冷机燃料消耗率的关系。冷水出口温度越高，燃料消耗率越小，即节能效果越好。因此，从部分负荷的能效上看，不希望降低冷水出口温度。不降低冷水出口温度的控制方法有冷水入口控制方式和室外气温补偿控制方式。当使用冷水入口控制时，在部分负荷状态下，冷水出口温度上升，但若不进行温度管理，在冷水流量变化时，可能出现冻结的问题，实用效果不好。解决的措施之一是采用室外气温补偿控制方式，即在不改变冷水出口温度控制方式的前提下，用室外气温补偿出口温度，图 12-10 所示为室外气温补偿控制方式。

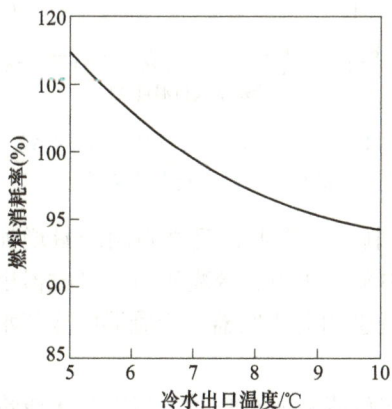

图 12-9　冷水出口温度和吸收式制冷机
燃料消耗率的关系

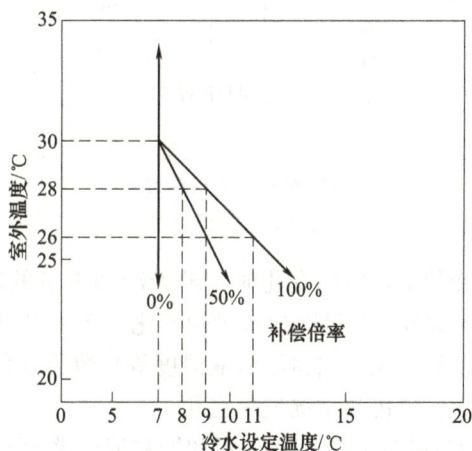

图 12-10　室外气温补偿控制方式

　　用下式可修正设定的冷水出口温度：

$$t_2 = t_1 + \Delta t_0 \alpha \tag{12-1}$$

式中　t_2——修正后的冷水设定温度（℃）；

t_1——修正前的冷水设定温度（℃）；

Δt_0——室外气温的变化（℃）；

α——补偿倍率。

例如在过渡期，室外气温从30℃降低至26℃，在补偿倍率为50%时，冷水设定温度自动从7℃变成9℃，50%负荷时的冷水出口温度为8℃。

冷却水的温度随不同的水源（如循环冷却水、河水、海水等）及季节而变化。吸收式冷热水机的冷却水入口标准温度是32℃。在其他条件不变的前提下，溴化锂吸收式制冷机的制冷量随冷却水进口温度的增大而降低，随冷却水进口温度的降低而增大。冷却水进口温度的变化对制冷量的影响如图12-11所示。据有关资料介绍，对于冷却水先进吸收器再经过冷凝器的溴化锂吸收式制冷机，冷却水进口温度每变化1℃时，制冷量变化5%~6%。冷却水进口温度降低，将首先引起吸收器稀溶液温度与冷凝压力降低，冷却水进口温度降低促使吸收效果增强，因此稀溶液浓度降低，而吸收器稀溶液温度降低却将引起浓溶液浓度的升高，两者均使浓度加大，制冷量增加。图12-12表示冷却水入口的温度和吸收式制冷机燃料消耗率的关系。冷却水入口温度越低，燃料消耗量越小，原因是溶液浓度降低，浓度差增大。当冷却水入口温度太低时，可能出现制冷剂充灌量不够的问题。故希望冷却水温度控制在22~32℃范围内。

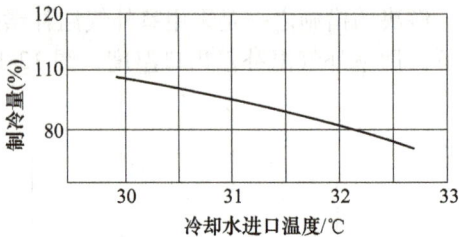

图 12-11 冷却水进口温度和制冷量的关系

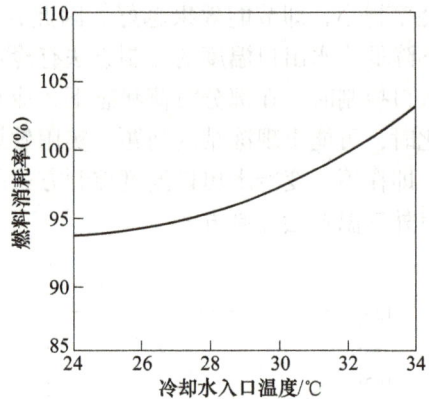

图 12-12 冷却水的入口温度和吸收式制冷机燃料消耗率的关系

在冷却水量发生变化时，随着冷却水量的减少，制冷量降低，反之则制冷量增加，如图12-13所示。不过冷却水量的变化，除了引起循环中蒸发压力、冷凝压力、吸收器出口稀溶液温度和发生器出口浓溶液温度等参数的变化外，还会引起吸收器、冷凝器中冷却水的流速的变化，使传热情况发生变化。

图12-14表示冷却水流量和燃料消耗率的关系。在负荷率为60%时，当冷却水流量比率从80%减少到50%时，燃料消耗率从96%增加到115%，即冷却水流量减少时，吸收式冷热水机的燃料消耗率增加。故必须与输送动力的减少部分比较后，确定是否采取改变冷却水流量的方式。图12-14中的临界水量表示高压发生器压力规定的状态下是冷却水流量的范围。例如75%的冷却水流量只能在负荷率小于88%时才能实施。当冷却水流量不够时安全装置停止吸收式冷热水机的运行。

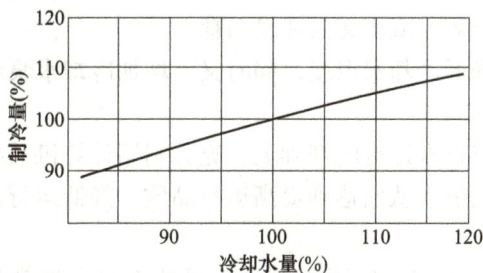

图 12-13　冷却水量与制冷量的关系

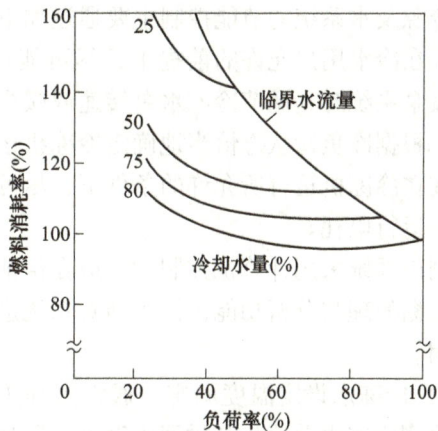

图 12-14　冷却水流量和燃料消耗率的关系

7）冷水机组的群控。空调系统绝大部分情况下处于非满负荷状态，主机因而不能总是满负荷运行。主机在部分负荷状态下的制冷效率总要低于其相同工况下的满负荷工作，这是因为主机虽然卸载了，消耗的指示功与卸载率同步减少，但摩擦功却并未减少。以螺杆式机组为例，尽管卸载率可以在 15%～100% 的范围内变化，但卸载率低于 50% 时，制冷效率就明显下降，运行的经济性受到很大影响；对于离心式机组，制冷量低于 50% 时易引起机组的喘振。因此，在多台并联的冷水机组运行时，尽量使机组处于满负荷状态运行是节能的重要措施之一。这就是对机组的台数控制，又称为群控。

台数控制的基本思想是使制冷机组提供的制冷能力与用户所需的制冷量相适应，因此在空调系统运行过程中，实时地检测当前系统的制冷量，判断用户的制冷量需求是确定投入运行主机台数的前提。

图 12-15 给出冷冻水流量和制冷量、燃料消耗率的关系。在冷冻水出口温度、冷却水入口温度一定时，减少冷冻水流量能增加温度差，燃料消耗率有改善的倾向。此时，在蒸发器内，变流量将降低总传热系数，但冷冻水入口温度上升增加的对数平均温差比较大，溶液浓度降低，浓度差增大等使燃料消耗率略有降低。冷冻水变流量控制对吸收式冷热水机组没有很大的影响，但它是一种有效降低输送动力的手段。

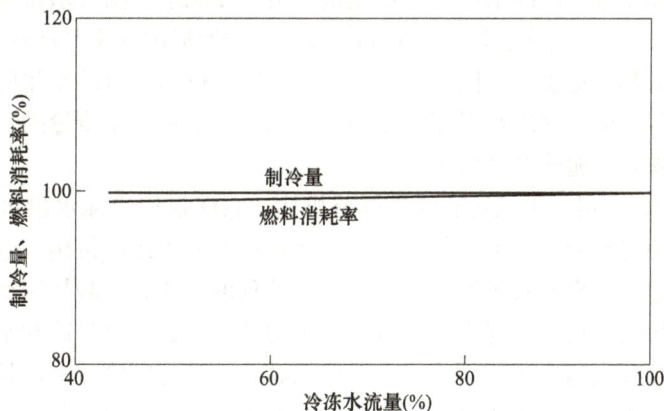

图 12-15　冷冻水流量和制冷量、燃料消耗率的关系

冷源及水系统的节能控制主要通过如下三个途径完成：

①在冷水用户允许的前提下，尽可能提高冷冻机出口水温以提高冷冻机的 COP；当采用二级泵系统时，调节冷冻水泵转速或减少冷冻水加压泵的运行台数，以减少水泵的电耗。

②根据冷负荷状态恰当地确定冷冻机运行台数，减少无效能量消耗。

③在冷冻机运行所允许的条件下，尽可能降低冷却水温度，同时又不增加冷却水泵和冷却塔的运行电耗。

制冷系统采用计算机控制时，应在保证系统正常运行的基础上，充分利用计算机系统强大的数据处理与分析功能，恰当地对系统进行调节，从而达到提高运行品质，降低运行能耗的作用。

8）冷冻水设定温度固定。通常工程中都在冷冻水供回水总管上设置流量和温度传感器，检测冷冻水总流量和供回水温度。通过 $Q = c_p G(t_2 - t_1)$ 可计算出单位时刻的总制冷量。这个制冷量是主机实际提供的，但是它与用户所需的制冷量是什么关系？

若单台主机的最大制冷量为 q_{max}，运行台数为 N，则当 $Q < q_{max} N$ 时，表明主机尚有部分余力没有发挥出来，通过能量调节机构卸载了部分制冷量，使其与用户所需制冷量相匹配。主机提供的制冷量与用户实际需求的制冷量是相等的。

若 $Q = q_{max} N$，则表明在运行的主机已全部满负荷工作。它可能对应着供需双方达到了平衡状态，更可能对应着供不应求的局面。具体是哪种状态需通过系统的其他参数做出判断。实际运行过程中，常通过冷冻水出水温度测量值与设定值的差值来判别。若在一段时间 Δt 内，出水温度总是高于温度设定值，则表明总制冷量不能满足用户要求。这是由于供冷量不足导致回水温度过高造成的。Δt 可取 15~25min。而为了可靠起见，可将不确定关系的转变点的判别式由 $Q = q_{max} N$ 改为 $Q \geq 0.95 q_{max} N$。

根据上述分析，可以得出台数控制的规则为：

若 $Q \leq q_{max}(N-1)$，刚关闭一台冷冻机及相应循环水泵。

若 $Q \geq 0.95 q_{max} N$，且冷冻机出水温度在 Δt 时间内高于设定值，则开启一台主机及相应循环水泵。

若 $q_{max}(N-1) < Q < 0.95 q_{max} N$，则保持现有状态。

单台主机的最大制冷量 q_{max} 并非固定值，它随运行工况参数有较大的改变。主要影响参数有冷却水的水温和流量、冷冻水的水温及流量。由于冷冻水水温及水量变化不大，因此对 q_{max} 影响较小，冷却水流量变化也较小，故制冷量 q_{max} 主要影响因素是冷却水温度。

各制冷机供销商都能提供在不同冷却水温度下，制冷机制冷量的变化曲线。热泵机组则能提供不同的室外气温、冷冻水温度、冷却水进水温度下机组制冷量的变化曲线，这样可在程序设计时，反映 q_{max} 随外界参数的变化。

9）冷冻水温度再设定。主机具有能量调节机构，它能根据冷冻水出水设定温度自动调节机组的制冷量，使之与用户的负荷相适应。活塞式机组采用卸载机构调节冷量，螺杆式机组采用滑阀调节冷量，而离心式机组则采用入口导叶角度变化和变频控制调节冷量。

主机效率还与机组的运行工况有关。运行工况的外在参数主要是冷却水温度和冷冻水温度。在一定范围内冷却水温度越低，冷冻水温度越高，主机的制冷效率就越高，反之，则下降。因此，在机组运行时，希望降低冷却水温度而提高冷冻水温度。这就是水温的再设控制。

　　有三种方式实现冷冻水温度的再设控制。一种是工程上常用的简化方式，即根据室外气温分阶段设定出水温度，如图 12-16 所示。可以根据日平均气温 t_{wp} 按日设定出水温度 t_{set}，水温可在 7~10℃ 变化，但每天的出水温度恒定。由于夏季出现高温变化毕竟有限，大多数情况下，水温都高于 7℃，一般在 10℃ 左右，因而可提高主机工作效率。

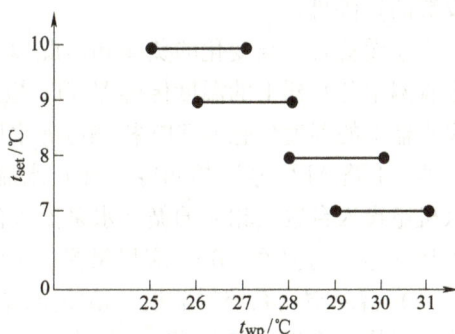

图 12-16　日平均温度与冷冻水温

　　更精细的运行方式是不断根据用户负荷的变化与运行台数的关系，来确定出水温度的设定值。当需要增加制冷机台数时，在一定程度上可以通过降低冷冻水出水温度来满足用户负荷的增长，即较低温度的冷冻水温度可以扩大末端设备的传热温差，从而增加传热量，进而推迟开启冷冻的时间。降低出水温度所增加的制冷主机的电耗总是小于增开一台制冷主机和对应水泵产生的电耗。

　　设冷冻水的允许温度范围为 t_{min} 和 t_{max}，台数控制的规则可以进一步完善为：

　　①若 $Q \leqslant q_{max}(N-1)$，则关一台制冷机及相应的循环水泵。

　　②若 $q_{max}(N-1) < Q < 0.95q_{max}N$，且 $t_{set} < t_{max}$，则每 Δt（$\Delta t = 20min$）时间内 $t_{set} = t_{set} + 0.5℃$。

　　③若 $Q \geqslant 0.95q_{max}N$，且 $t_{set} > t_{min}$，则每 Δt（$\Delta t = 5min$）时间内 $t_{set} = t_{set} - 0.5℃$。

　　④若 $Q \geqslant 0.95q_{max}N$，且 $t_{set} = t_{min}$，出水温度在 Δt 时间内总大于 t_{set}，则开启一台制冷主机及相应的循环水泵。

　　当制冷主机提供的负荷与用户负荷达到平衡时，可以试图提高出水温度，以减少电耗，提高效率。使水温和用户负荷在新的温度上建立热平衡。

　　冷冻水温度设定值随室外环境温度变化可通过软件自动进行修正，这样既可避免由于室内外温差悬殊而导致的冷热冲击，又可达到显著的节能效果。

　　10）群控序列策略。冷水机组的群控的序列策略，就是解决在启动下一台制冷机组时，决定哪一台先启动；在停止一台运行的制冷机组时，决定哪一台先停止。这种序列策略目的是与设备管理、维修计划更好地配合，充分利用设备的无故障周期来提高设备的使用寿命。

　　在需要启动一台制冷机时，可按以下策略进行：

　　①当前停运时间最长的优先。

　　②累计运行时间最少的优先。

　　③轮流排队等。

　　在需要停止一台制冷机组时，可按以下策略进行：

　　①当前运行时间最长的优先。

　　②累计运行时间最长的优先。

　　③轮流排队等。

　　为了延长机组设备的使用寿命，需记录各机组设备的运行累计小时数及启动次数。通常要求各机组设备的运行累计小时数及启动次数尽可能相同。因此，每次启动系统时，都应优先启动累计运行小时数最少的设备，特殊设计要求（如某台冷水机组是专为低负荷节能运行而设置的）除外。

为使设备容量与变化的负荷相匹配以节约能源，需要测量相关参数，在图 12-3 中通过供水管网中分水器上的温度传感器 TT1 检测冷冻水供水温度（1 路 AI 信号），通过回水管网中集水器上的温度传感器 TT2 检测冷冻水回水温度（1 路 AI 信号）以及供水总管上的流量传感器（1 路 AI 信号）检测冷（冻）水流量，送入 DDC，计算出实际的空调冷负荷，控制冷水机组投入台数及相应的循环水泵投入台数。选择哪一种序列策略与物业管理方式、设备维护计划等密切相关。BAS 应尽量提供灵活的序列模式，便于物业管理部门按需选择。

（5）蓄冷空调系统的监控　蓄冷空调系统是在不需冷量或需冷量少的时段（如夜间），制冷机组将制冷量储存在蓄冷介质中，在空调用冷高峰期将此冷量从蓄冷设备中取出投入使用，而制冷机可以不启用或少启用。这样减少了白天的峰值电负荷，达到了对电网负荷移峰填谷的目的。蓄冷介质可以是水、冰或共晶盐。蓄冷空调系统的特点是转移制冷设备的运行时间。与之配套的是实行的分时电价政策，在夜间，最低的电价只有最高电价的 1/4 ~1/3。对用户而言可以利用夜间的廉价电力进行制冷，蓄存好足够的冷量供其他时段使用，进而降低运行费用取得良好的经济效益。

1）冰蓄冷系统的构成与运行模式。现在工程上广泛使用的蓄冷介质为冰。冰蓄冷系统的制冷主机和蓄冷装置所组成的管道系统有多种形式，基本可分为并联系统和串联系统。串联系统的构成如图 12-17 所示。与普通制冷系统的运行不同，蓄冷系统既要完成在夜间储存冷量，还要保证空调系统的全天的冷量供应。因此，其工作模式就更多样化，见表 12-1。

表 12-1　运行模式汇总表

模式	V1	V2	V3	V4	制冷机水温/℃		蓄冰槽水温/℃	
					供水	回水	出水	进水
蓄冰	关	关	开	开	-5.0	-1.7	—	—
制冷机供冷	开	开	关	关	6.0	11.0	—	—
蓄冰机供冷	开	调节	调节	关	11.0	11.0	6.0	11.0
制冷机与蓄冰机同时供冷	开	调节	调节	关	6.8	11.5	4.0	6.8

①蓄冰模式。如图 12-17 所示，蓄冰时，阀门 V1、V2 关闭，V3、V4 开启，制冷机与蓄冰机组成闭合回路，制冷机向蓄冰机供应低温乙烯乙二醇水溶液，使蓄冰机中蓄冷介质不断冻结，发生液固相变从而实现冷量的储存。制冷机出口水温设定值设置到制冷温度。根据设计要求确定应开启的冷冻机台数进行蓄冰。当 t_4 下降到其低限 t_{min} 时，说明冰已蓄满，可停止制冷机运行。

②制冷机供冷。如图 12-17 所示，阀门 V1、V2 打开，V3、V4 关闭。制冷机与板式换热器组成闭合回路。乙烯乙二醇水溶液通过板式换热器与空调系统的冷冻水进行热量交换，吸收空调系统的热量，实现主机供冷。

制冷机的出水温度设定值为冷冻水供水温度减去换热器传热温差。制冷主机的运行台数可按 12.2.1 节台数控制的原理执行。

③蓄冰机供冷。如图 12-17 所示，V1 打开，V4 关闭。V2 和 V3 要根据用户需冷量和现有蓄冷量调节取冷量和旁通的溶液量，以满足冷冻水出口的温度设定值。

④制冷机与蓄冰机同时供冷。当蓄冰机蓄冷量不足时，可由制冷机予以补充，由二者同

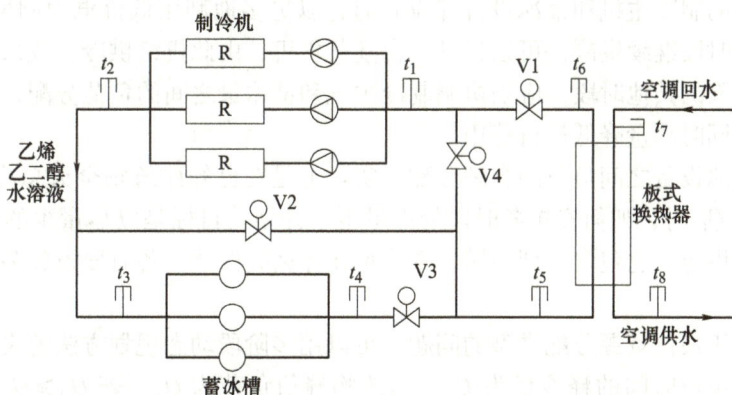

图 12-17　冰蓄冷系统

时向空调系统供冷。阀门的开关位置与蓄冰机供冷时相同。

制冷机出口水温设定值为冷冻水供水温度 t_8 减去换热器传热温差。制冷机开启台数及 V2 和 V3 的开度应根据空调负荷、蓄冰容量、运行电价等多种因素比较后确定。

图 12-18 给出了典型的主机上游串联式双循环回路冰蓄冷控制系统，图中给出了各种转换控制策略。

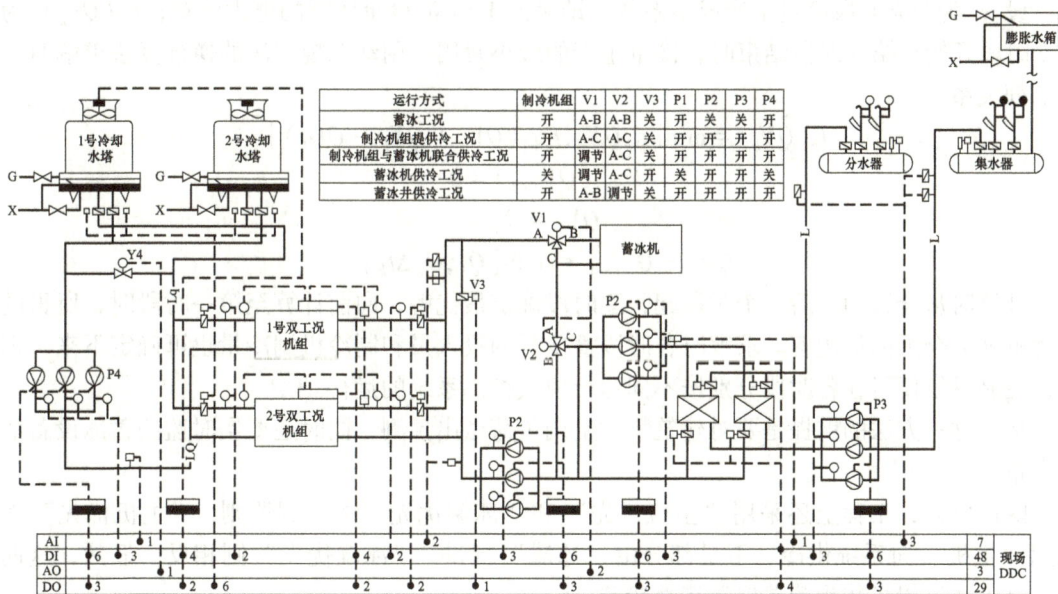

图 12-18　蓄冰系统控制原理图

2）蓄冰系统的控制。对冰蓄冷冷冻站的控制除了应完成对制冷机、乙烯乙二醇水溶液泵、空调冷冻水泵、冰蓄冷系统各点温度（图 12-18）、板式换热器及各工作阀门的监控外，还要通过控制系统决定每时刻的运行模式，正确地按照确定的运行模式进行工况转换，并在各种模式下调节运行参数以满足要求的供冷和蓄冷量。

一般电网的电价在凌晨 0 时至 7 时最低，故制冷机应利用这段时间进行蓄冰，毫无疑问，此时段所有的制冷主机和蓄冰设备都应开启，以更多地利用低价电力制取更多的冷量。若大楼需在这一时段继续供冷，可以另设一台基载主机，由此机组供冷，或采用边制冷边蓄冰的模式。在全天的其他时段，应当协调制冷主机和蓄冰量之间的负荷分配，以保证空调系统的冷量供应，同时尽量降低运行费用。

制冷机与蓄冰设备之间负荷的合理分配，实际上是在已知建筑物全天总冷负荷 Q_1 和蓄冰设备总蓄冰量 Q_0 时，如何安排各时段的冷量生产计划。目标是以尽量少的运行成本完成对建筑物冷量的供应。它包含下列问题：蓄冷量在什么时段放；各时段投放多少；制冷机提供多少制冷量。

上述问题属于最优资源分配类型的问题，可以用多阶段动态规划方法解决。

设蓄冰设备单位时间的释冷量为 Q_e，建筑物峰值负荷为 Q_n，若 $Q_0 \geqslant Q_t$，且峰值负荷 $Q_n \leqslant Q_e$，则在全天各时段均由蓄冰设备提供冷量，制冷机不必再投入生产。这样运行费最低，仅有水泵的运行费，制冷机运行费为零。由于建筑物空调负荷绝大多数时间处于部分负荷，这种运行模式可在相当长时间内使用。因而冰蓄冷的运行成本是较低的。

对于 $Q_0 < Q_t$ 的情况，运行情况就要复杂些，这正是需要用动态规划法解决的问题。

设 QD_k 为第 k 时段对冷量的需求量，QX_k 为第 k 时段制冷机生产的冷量，QV_k 为第 k 时段开始时蓄冷量的库存量，上述三者存在以下关系：

$$QV_{k+1} = QV_k + QX_k - QD_k \tag{12-2}$$

设 α_k 为第 k 时段冷量生产成本系数，即生产 1.0kW 冷量所需的电力消费；$F_k(QV_k)$ 为第 k 时段开始至第 n 时段结束时，冷量生产的最小费用。用动态规划法的逆推算法求解时存在下列关系：

$$f_k(QV_k) = \min\left[\alpha_k QX_k, f_{k+1}(QV_k + QX_k - QD_k)\right]$$
$$F_{n+1}(QV_{n+1}) = 0$$
$$QV_1 = Q_0$$
$$QV_k - QV_{k+1} \leqslant \min\left[Q_k, Q_e \Delta t_k\right]$$

计算时从全天的最后一个时段起，逐时段确定最优解，向前计算至第一时段时，所得的最优解即为全天的最优解。求解时各时段蓄冷量的投入量和制冷机制冷量也可确定下来。据此，控制系统便可在各时段分别按不同运行模式控制系统的运行。

运用这一方法的前提是要对建筑物的空调负荷做出预测，同时还要实时监测蓄冰设备的库存量。

除此之外，工程上还采用"主机优先"和"冰罐优先"的控制原则，"主机优先"考虑用"主机"向系统供冷，不足部分由"冰罐"提供。"冰罐优先"则相反。显然，这两种控制方式逻辑虽较为简单但经济性较差。

4. 供热系统的监控

供热系统是通过热媒（如热水或蒸汽）向具有多种热负荷形式需求的用户提供热能的系统，它的设计是基于稳定传热和重要参数室外计算温度进行计算、设计的。由于供热系统在实际运行期间，其热负荷的大小受到气候条件的影响，并非一成不变。其中生产工艺用热和生活用热与气候条件的关系不大，其变化较小，属于常年热负荷。供热通风空调系统的热负荷与气候条件（如室外温度、湿度、风速、风向及太阳辐射强度等）密切相关，尤其是室外温度，它起着决定性作用，变化较大，属于季节性热负荷。

　　所以，对于供热系统不但要求设计正确，而且需要设置相应的控制系统，使得供热系统在整个实际运行期间，能够按照室外气象条件的变化，实时调节供热系统的热负荷（尤其是季节性热负荷）大小。既确保供热系统输出的热负荷与用户需求的热负荷匹配，室温达标，提高供热质量，又实现供热系统的经济运行，节能降耗。供热监控系统的任务是对整个供热系统的运行热工参数、设备的工作状态等进行监控，监控重点在于向供热通风空调系统供应热能的供热系统，监控对象主要包括热源、热力站、热力管网等部分。

　　空调热源的形式主要有热泵机组、锅炉和换热站三种。由热泵机组构成的热源系统控制可以参考冷水机组构成的冷源系统控制。热力系统包括热源、热量输运装置以及末端用户。

　　热力系统的监控功能包括：

1）蒸汽、热水出口压力、温度、流量显示。

2）锅筒水位显示及报警。

3）运行状态显示。

4）顺序启/停控制。

5）安全保护信号显示。

6）设备故障信号显示。

7）锅炉（运行）台数控制。

8）换热器能按设定出水温度自动控制进汽或水量。

9）换热器进汽或水阀与热水循环泵连锁控制。

此外，热力系统的控制系统应留有通信接口。

5. 锅炉的监控

　　锅炉是实现将"一次能源"（从自然界中开发出来未经动力转换的能源，如煤、石油、天然气等），经过燃烧转化成"二次能源"，并且把工质（水或其他流体）加热到一定参数的工业设备。为了确保锅炉能够安全、经济地运行，合理调节其运行工况，节能降耗，减轻操作人员的劳动强度，提高管理水平，必须对锅炉及其辅助设备进行监控。

　　（1）燃气锅炉的监控　为了保证锅炉能够满足集中供热、热电联产和其他生产工艺用热的热负荷需求，产生品质合格的热媒（热水或蒸汽），需要设置燃气锅炉及其辅机的自动化系统。其监控内容如下：

　　1）自动检测。显示、记录锅炉的水位，热媒的温度、压力、流量，给水流量，炉膛负压和排烟温度等运行参数。

　　2）启动/停止和运行台数的控制。按照预先编制的程序，对锅炉及其辅机进行启/停控制。根据锅炉产生热媒的温度、压力、流量，计算出实际热负荷的大小，相应地调整锅炉的运行台数，达到既满足用户对用热量的需求，又实现经济、节能运行的目的。

　　3）自动控制。当锅炉在运行过程中受到干扰的影响，其参数偏离工艺要求的设定值时，自动化系统及时产生调节作用克服干扰的影响，使其参数重新回到工艺要求的设定值，实现安全、经济运行的目的。其内容主要包括给水自动控制、燃烧自动控制等。

　　4）自动保护能主要包括：①蒸汽压力超压自动保护；②蒸汽超温自动保护；③低油压自动保护；④高、低油温自动保护；⑤燃气气压自动保护；⑥风压高、低自动保护；⑦锅筒水位高、低自动保护；⑧为了保证燃油与燃气锅炉的安全运行，必须设置燃油/燃气压力上下限控制及其越限声光报警装置、熄火自动保护装置和灭火自动保护装置；⑨电动机过负荷自动保护；⑩灭火自动保护。

（2）电锅炉机组的监控　电锅炉由于对周围环境没有污染，并且控制水温方便快捷，所需辅助设备少以及占地面积小，在智能大楼中越来越多地被采用。图 12-19 所示为电锅炉机组的 DDC 控制原理图。

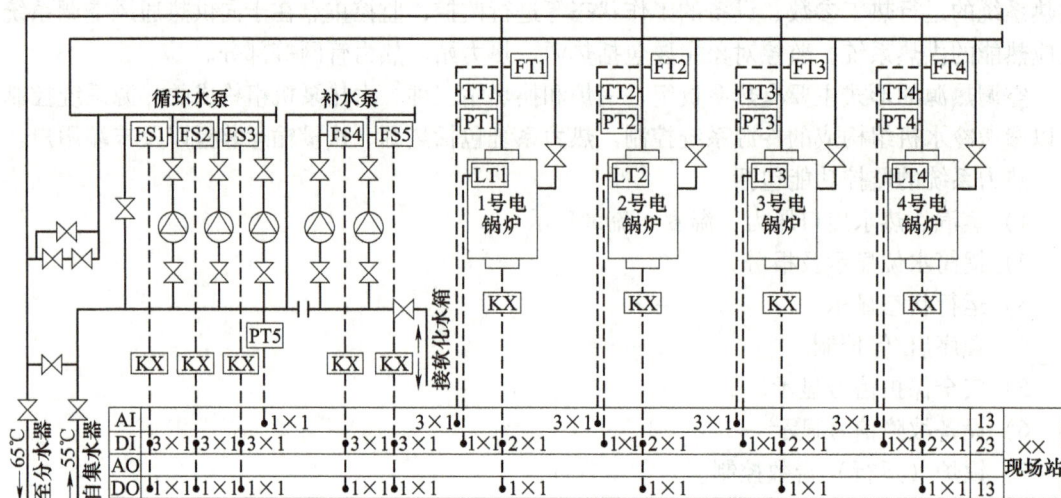

图 12-19　电锅炉机组的 DDC 控制原理图

电锅炉机组的监控功能描述：

1）锅炉运行参数的监测。

①监测锅炉出口、入口热水温度 TTI~TT4。

②监测锅炉出口热水压力 PT1 ～ PT4。

③监测锅炉出口热水流量 FTI ～ FT4。

④监测锅炉回水干管压力 PT5，PT5 为补水泵提供控制信号。

⑤监测锅炉用电量。采用电流、电压传感器计量锅炉用电量，用于锅炉房成本核算。

⑥监测单台锅炉的热量。根据 TT1 ～TT4 及 TT5 测量的温度值 FT1～ FT4、电磁流量计的测量值直接计算单台锅炉的发热量，可用以考核锅炉的热效率。

⑦监测水泵的状态显示及故障报警。采用水流开关（FS1～FS5）监测给水泵的工作状态；水泵的故障报警信号取自主电路热继电器的辅助触点。

⑧监测电锅炉的工作状态与故障报警。电锅炉的状态信号取的是主接触器的辅助触点，故障信号取的是加热器断线信号。

2）锅炉、给水泵的顺序启/停及运行状态显示。锅炉机组设备启/停通常按照事先编制的时间假日程序控制。为保证整个系统安全运行，编程时需按照一定的顺序控制设备的启/停。

启动顺序：循环水泵—电锅炉。

停止顺序：电锅炉—循环水泵。

采用水流开关 FS（DI 信号）监测循环水的运行状态，当循环水泵按控制程序启动后而水流开关没有动作，则中断启动程序。电锅炉的运行状态信号取自锅炉主电路接触器的辅助触点。锅炉、循环水泵的运行状态信号通过 DI 通道送入 DDC 显示。

3）故障报警。循环水泵、补水泵发生过负荷故障时，通过水泵主电路热继电器的辅助触点（DI 信号）获得故障报警信号；电锅炉的故障信号（DI 信号）取自加热器的断线信号。

具体方法是：采用 PT205 压力变送器测量锅炉回水压力。当回水压力低于设定值时，DDC 自动启动补水泵进行补水。当回水压力上升到限定值时，补水泵自动停泵。当工作泵出现故障时，备用泵自动投入。用液位计检测锅炉锅筒水位，并送入 DDC 显示，水位超高、低报警。

4）锅炉供水系统的节能控制。锅炉在冬季供暖时，根据分水器、集水器的供回水温度及回水干管的流量检测值，实时计算空调房间所需热负荷，按实际热负荷自动启/停电锅炉及循环水泵的台数。

5）安全保护。当由于某种原因造成循环水停止或循环量过小，以及锅炉内水温太高，出现汽化的现象时，DDC 接收到水温超高的信号后，立即进入事故处理程序：恢复水的循环，停止锅炉运行，启动排空阀，排出炉内蒸汽，降低炉内压力，防止事故发生，同时响铃报警，通知运行管理人员，必要时还可通过手动补入冷水排除热水，进行锅炉降温。

6）用电量检测。采用电能变送器计量锅炉用电量，用于锅炉房成本核算。

（3）换热器的控制　换热器的作用是将一次蒸汽或高温水的热量，交换给二次网的低温水，供供暖空调、生活用。热水通过水泵送到分水器，由分水器分配给供暖空调与生活系统，供暖空调的回水通过集水器集中后，进入换热器加热后循环使用。热交换站计算机监控系统的主要任务是保证系统的安全性，对运行参数进行计量和统计，根据要求调整运行工况。

空调热水系统与冷水系统相似，通常是以一定供水温度来设计的。因此，换热器控制的常见做法是：在二次水出水口设温度传感器，由此控制一次热媒的流量。当一次热媒的水系统为变水量系统时，其控制流量应采用电动两通调节阀；若一次热媒不允许变水量，则应采用电动三通调节阀。当一次热媒为热水时，电动阀调节性能应采用等百分比型；当一次热媒为蒸汽时，电动阀应采用直线型。如果有凝结水预热器，一般来说对于一次热媒的凝结水的水量不用再进行控制。

当系统内有多台换热器并联使用时，与冷水机组一样，应在每台换热器二次热水进口处加电动蝶阀，把不使用的换热器水路切除，以保证系统要求的供水温。

对于如图 12-20 所示的一次网为热水的水-水换热站，测量高温热水侧的流量 FT3，经计算可得到二次供水侧的循环水量，一般高温水的温差大、流量小，因此将流量计装在高温侧可降低成本。测量高温热水侧供回水压力 PT3、PT4 可了解高温热水侧水网的压力分布状况，以指导高温热水侧水网的调节。

调整电动阀门 V1 改变高温水进入换热器的流量，即可改变换热量。可以按照前述方法确定二次供水侧供水温度设定值，由 V1 按此设定值进行调节。在实际工程中，高温热水侧水网的主要问题是水力失调，由于各支路通过干管彼此相连，一个热力站的调整往往会导致邻近热力站流量的变化。另外，高温热水侧管网总的循环水量也很难与各换热站所要求的流量变化相匹配，于是往往造成外温降低时各换热站都将高温热水侧阀 V1 开大，试图增大流量，结果距热源近的换热站流量得到满足，而距热源远的换热站流量反而减少，造成系统严

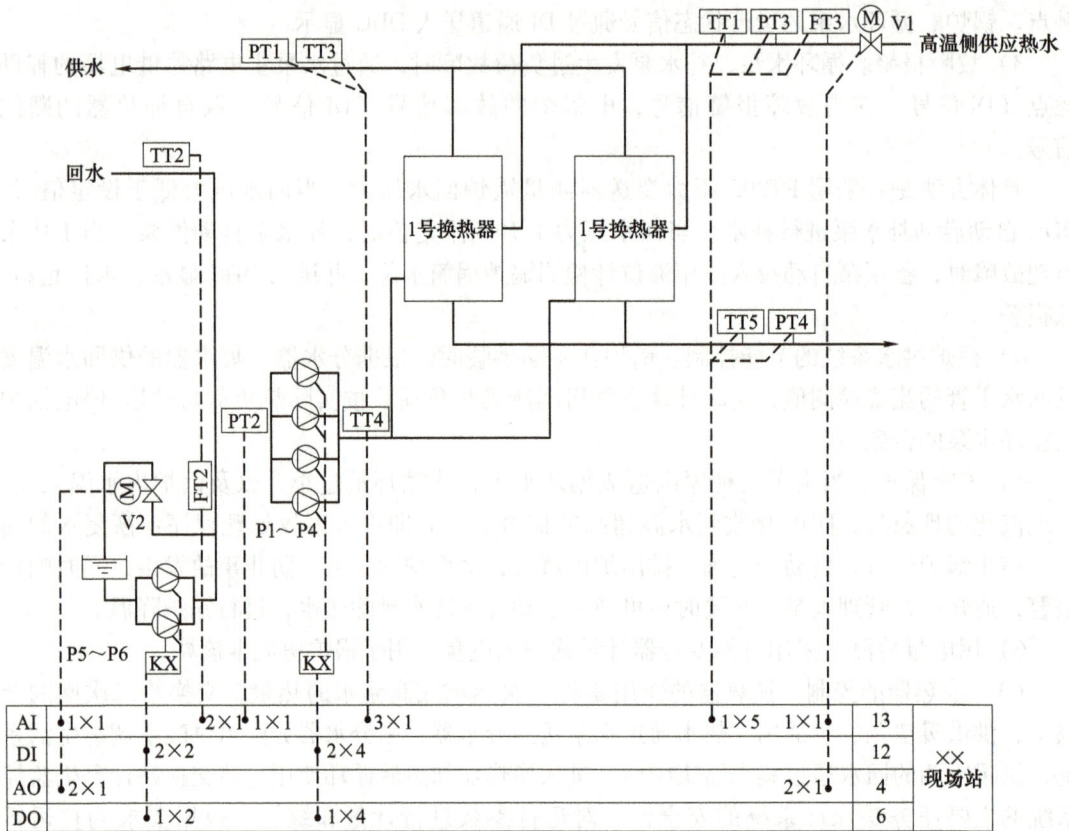

图 12-20 水-水换热站监控原理图

重的区域失调。解决这种问题的方法就是采用全网的集中控制，由管理整个高温热水侧水网的中央控制管理计算机统一指定各热力站调节阀 V1 的阀位或流量，各换热站的 DDC 则仅是接收通过通信网络送来的关于调整阀门 V1 的命令，并按此命令进行相应的调整。

（4）空调供暖水系统冬、夏工况的转换控制

空调水系统冬、夏工况的转换通常是通过在冷、热供回水总管上设置阀门来实现，自控设备的使用方式决定了冷、热水总管的接口位置及切换方式。

1）冷、热计量分开，压差控制分开。如图 12-21 所示，该情况下，冷、热水总管可接入分水箱、集水箱。从切换阀的使用要求来看，当使用标准不高时，可采用手动阀。如果使用的自

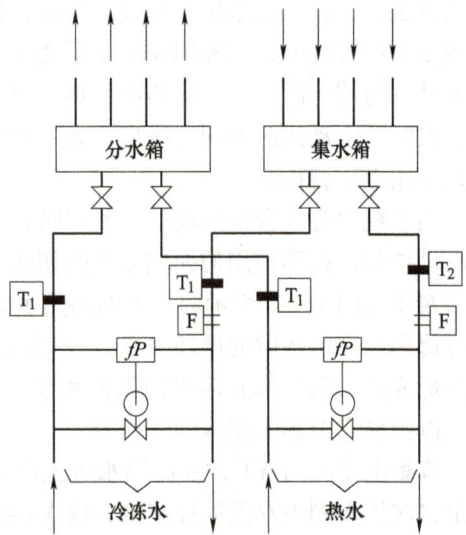

图 12-21 冷、热水分别控制和计量

动化程度要求较高，尤其是在过渡季有可能要求来回多次切换的系统，为保证切换及时并减少人员操作的工作量，这时应采用电动阀切换。

该方法的一个主要优点是冷、热水旁通阀各自独立，因此各控制设备均能根据冷、热水系统的不同特点来选择、设置和控制，因此，压差控制及测量精度都比较高。这一系统的主要缺点是由于分别计量及控制，使投资相对较大。

2）冷、热计量及压差控制冬夏合用。图 12-22 所示的冬夏合用方式的优缺点正好与上一种方式相反。此时冷、热量计量及测量元件和压差旁通阀通常按夏季来选择。当用于热水时，由于流量测量仪表及旁通阀的选择偏大，将使其对热水系统的控制和测量精度下降。在这时，冷、热水切换不应放在分水箱、集水箱上，而应设在分水箱、集水箱之前的供回水总管上，以保证前面所述的冷、热量计算的精度。从实际情况来看，总管通常位于机房上部较高的位置，手动切换是比较困难的。因此常采用电动阀切换（双位式阀门，如电动蝶阀等）。同时，压差控制器应设于管理人员方便操作处，以使其可以较容易地进行冬、夏压差控制值的设定及修改（冬季运行时的控制压差通常小于夏季）。

在按夏季工况选择旁通阀后，为了尽可能使其在冬季时控制较好，这里有必要研究冬季供暖时对热水系统的设计要求。

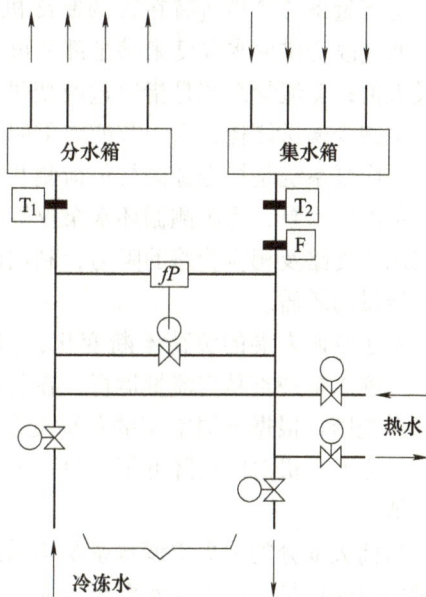

图 12-22 冷、热水合用控制和计量

假定夏季及冬季的设计控制压差分别为 Δp_s、Δp_d，单位为 Pa，最大通量分别为 W_s、W_d，单位为 m^3/h，则按夏季选择时，阀的流通能力为

$$C_s = \frac{316 W_s}{\sqrt{\Delta p_s}} \qquad (12\text{-}3)$$

按冬季理想控制来选择，则阀的流通能力为

$$C_d = \frac{316 W_d}{\sqrt{\Delta p_d}} \qquad (12\text{-}4)$$

由于采用同一旁通阀，因此，同时满足夏季与冬季控制要求的阀门应是 $C_s = C_d$，则

$$\frac{\Delta p_s}{\Delta p_d} = \left(\frac{W_s}{W_d}\right)^2 \qquad (12\text{-}5)$$

与夏季压差旁通控制相同的是：冬季最大旁通量也为一台二级热水泵的水量。因此，当 Δp_s、Δp_d 及 W_s 都已计算出的情况下，可计算出 W_d，这就是二级热水泵的水量，这一水量满足最为理想的对二级热水泵的流量要求，由 W_d 并根据总热负荷及热水供回水温差可反过来确定换热器及二级热水泵的运行台数。

12. 2. 2 冷冻水系统的监控

1. 冷冻水系统的分类及监控任务

冷冻水系统按水系统输配管路中的水流量变化可以分为定流量系统和变流量系统，按循环水泵的设置方式可以分为一级泵系统和二级泵系统。因此，冷冻水系统有定流量一级泵系统、定流量二级泵系统、变流量一级泵系统、变流量二级泵系统等多种组合方式。目前常用的是定流量一级泵系统和变流量二级泵系统。

定流量系统是指所有在线的制冷机组合后的流量不变，根据负荷调整制冷机的工作台数，通过改变供回水温度来满足部分负荷的变化，系统设计简单，但是输送能耗始终处于设计最大值；变流量系统是指通过改变供水量（或者改变水和水温两种方式）来满足负荷变化，可减少输送能耗，由于节能效果明显，目前应用广泛。

一次泵系统是指冷源侧与负荷侧共用一组冷冻水泵；二次泵系统是指冷源侧与负荷侧分别配备冷冻水泵，冷源侧循环水泵仅提供克服蒸发器及周围管件的阻力，负荷侧加压泵用于克服用户支路及相应管路的阻力，利用两组泵解决了冷水用户要求变流量与制冷机蒸发器要求定流量的矛盾。

由于空调末端的负荷不断变化，因此系统所需的制冷量（供水量）也随之不断变化，如果冷冻水泵一直是定流量运行，在负荷逐渐减少时，就会出现能耗白白浪费的问题。而变流量系统则是根据末端空调的负荷变化相应地调整供水量，从而相应地调整主机的运行数量，一方面主机总能耗降低了，另一方面水泵的能耗也减少了，因此变流量系统较定流量系统节能。

目前大部分的中央空调水系统均采用变流量二级泵系统，但需要注意，这种系统里面变流量的也仅仅是二次冷冻水泵组，而一次冷冻水泵组仍然是定流量运行。而部分制冷量不大的项目也仍采用定流量一次泵系统。这两种系统仍然是目前设计上采用最多的水系统形式。

冷冻水系统的监控任务主要有以下五个方面：

1）保证冷冻水机组的蒸发器通过足够的水量，以使蒸发器正常工作，防止出现冻结现象。

2）向用户提供充足的冷冻水量，以满足用户的要求。

3）当用户负荷减少时，自动调整冷水机组的供冷量，适当减少供给用户的冷冻水量。

4）保证用户端一定的供水压力，在任何情况下都保证用户正常工作。

5）在满足使用要求的前提下，尽可能减少循环水泵的电耗。

2. 控制方法

（1）定流量一级泵系统的控制方法

1）控制方法。定流量一级泵系统的控制方法如图 12-23 所示。这种系统的控制方法是在用户末端设备处装三通阀，根据用户房间的温度调节冷冻水进入末端设备和进入旁通管的比例。温度高时加大进入盘管的比例，温度低时加大进入旁通管的比例，使室温维持在允许范围内。系统的总水量在冷机侧不变，在用户侧（进入末端设备和旁通水量之和）也不变，当用户负荷减少到一定程度时（回水温度下降到某一数值），关闭一台冷水机组，冷冻水泵不关，总循环水量不变，实现能量的自动调节。由于总冷量的减少，进入用户末端设备的冷量减少，室温会上升，升高的室温会通过三通调节阀调节冷冻水进入末端设备和旁通管的比例（减少进入旁通管的比例），使室温回到设定值附近。

2）制冷机的台数控制。定流量一级泵系统的多台机组的台数控制方法主要有操作指导控制、压差旁通阀位置控制、恒定供回水压差的流量旁通控制法、回水温度控制与冷量控制。

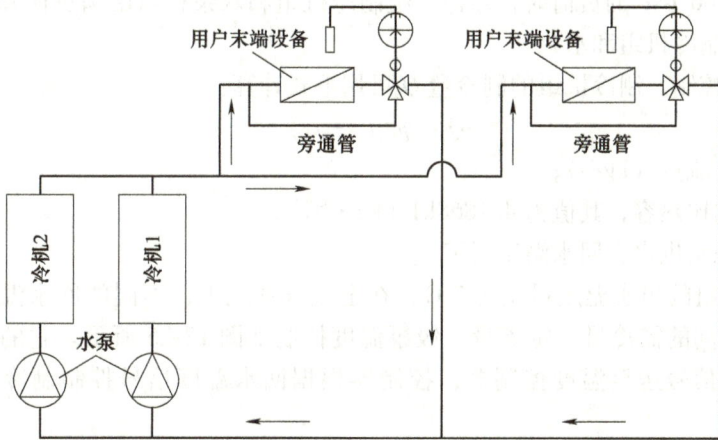

图 12-23　定流量一级泵冷冻水系统的控制方法

①操作指导控制。这种控制方式根据实测冷负荷,一方面显示、记录实际冷负荷;另一方面由操作人员对数据进行分析、判断,实施制冷机运行台数控制及相应联动设备的控制。这是一种开环控制结构,其优点是结构简单、控制灵活,特别适合对于冷负荷变化规律尚不清楚和对大型制冷机的启/停要求严格的场合。其缺点是需要人工操作,控制过程慢,实时性差,节能效果受到限制。

②压差旁通阀位置控制。定流量一级泵压差旁通流量控制如图 12-24 所示。旁通阀的流量为一台制冷机的流量,其限位开关用于指示 10%~90% 的开度。低负荷时启动一台制冷机,其相应的水泵同时运行,旁通阀在某一调节位置。负荷增加时,调节旁通阀趋向关的位置,当达到一定负荷时,限位开关闭合,自动启动第二台水泵和相应的制冷机组(或发出警报信号,提示操作人员启动制冷机和水泵);负荷继续增加,则进一步启动第三台制冷机。当负荷减小时,以相反的方向进行。

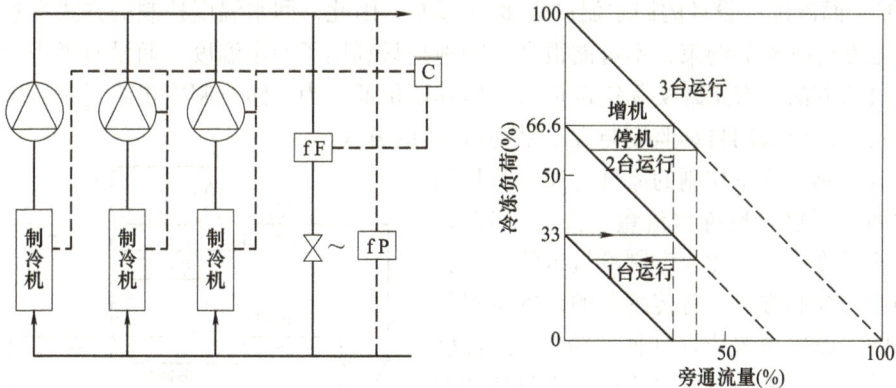

图 12-24　定流量一级泵压差旁通流量控制

fP—压差旁通阀　fF—流量传感器

③恒定供回水压差的量旁通控制法。恒定供回水压差的流量旁通控制法是在旁通管上再增设流量计,以旁通流量控制制冷机组和水泵的启/停。例如,某冷冻站安装有三台机组,

当由满负荷降至 66.6% 的负荷时，停掉一组制冷机组和水泵；当由满负荷降至 33.3% 的负荷时，停掉两组制冷机组和水泵。

④回水温度控制。制冷机组的制冷量 Q 可用下式计算：

$$Q = qc(t_2 - t_1) \tag{12-6}$$

式中　q——回水流量（kg/s）；

　　　c——水的比热容，其值为 4.1868kJ/（kg·℃）；

t_1、t_2——冷冻水供水、回水温度（℃）。

通常制冷机组的出水温度设定为 7℃，在定流量系统中，不同的回水温度实际上反映了空调系统中不同的需冷量。定流量一级泵温度控制如图 12-25 所示。它的控制原理是将回水温度传感器信号送至温度控制器，控制器根据回水温度信号控制制冷机组及冷冻水泵的启/停。

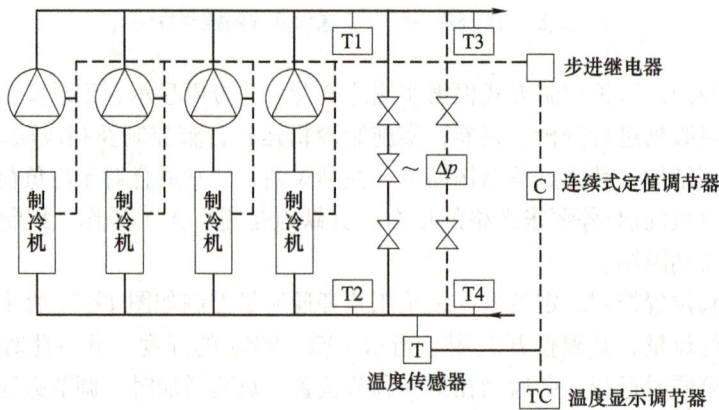

图 12-25　定流量一级泵温度控制

尽管从理论上来说回水温度可反映空调需冷量，但由于目前较好的水温传感器的精度大约在 0.4℃，而冷冻水设计的回水温度大多为 12℃，因此，回水温度控制的方式在控制精度上受到了温度传感器的约束，不可能很高。特别是只利用了回水温度，而没有考虑回水流量的情况，故该方法没有跟踪实际空调负荷，但其造价低。为了防止制冷机组过于频繁启/停，采用此方式时，应采用自动监测与人工手动启/停的方式。

⑤冷量控制。冷量控制的原理是通过测量用户侧的供回水温度及冷冻水流量，按式（12-6）计算实际所需冷量，由此决定制冷机组的运行台数。采用这种控制方式，各传感器的设置位置是非常重要的。设置位置应保证回水流量 q。传感器测量的是用户侧来的总回水流量，不包括旁通流量；回水温度传感器 t_2 应该是测量用户侧来的总回水温度，不应是回水与旁通水的混合温度。该方法是工程中常用的一种方法。

（2）定流量二级泵系统的控制方法　定流量二级泵系统的控制方法如图 12-26 所示。在这

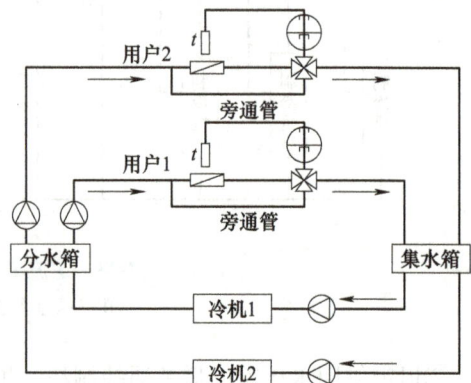

图 12-26　定流量二级泵系统的控制方法

种系统中，用户端的控制方法与定流量一级泵系统完全相同，冷水机组侧的控制也与定流量一级泵系统完全一样。当用户侧的负荷减少到一定程度时，关闭一台冷水机组，一级泵、二级泵照常运行。

　　系统的缺点之一是在定流量一级泵和二级泵系统中，负荷的减少只是关闭部分冷水机组，产冷量得到调节，但冷冻水泵（一级、二级）均不关闭，造成了水循环输送动力能量的浪费。另外，用户侧的能量调节是通过三通阀进行的，如三通阀的旁通支路上不装设平衡阀，则三通阀开到中间位置时的总阻力会变小，使得通过三通阀时总水量增加。如果用户分布不均匀，则可能造成远端用户的水量减少，破坏整个系统的水力平衡。鉴于定流量系统的以上缺点，目前定流量系统已减少使用。

　　（3）变流量一级泵系统的控制方法　变流量一级泵系统的控制方法如图 12-27 所示。在集中空调中，变流量一级泵系统是指末端盘管使用电动两通调节阀，根据室温的变化调整其开度或状态，引起冷水系统流量的变化，从而引起系统分配环路的流量变化，形成供水、回水干管之间的压差变化，利用压差控制器调节旁通阀予以补偿，以保持通过冷水机组蒸发器的冷冻水流量不变。将变流量一级泵系统中的水泵改为变频调速，旁通阀变为辅助性的，通过冷水机组蒸发器的冷

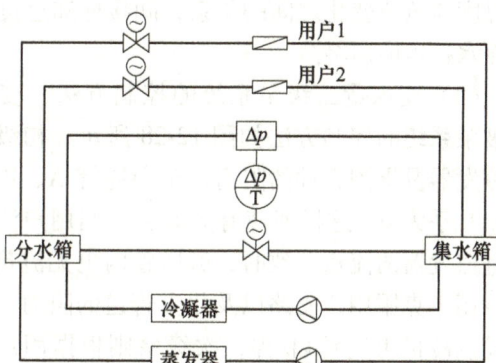

图 12-27　变流量一级泵系统的控制方法

冻水量为变流量，就是一级泵变频调速变流量系统。在这种系统中，当冷水机组处于部分负荷时，冷水机组的冷冻水流量随负荷的变化而减少，从而可以使水泵动力消耗随负荷的变化而减小。

　　这种系统控制方法的要点是：

　　①用户侧采用两通阀（双位阀或电动两通调节阀）。当空调房间的温度下降到设定值以下时，关闭或关小两通阀，当房间温度上升到设定值以上时，打开或开大两通阀，通过改变用户末端设备水量的方法，将房间温度控制在要求的范围以内。

　　②用户采用两通阀调节水量，将使系统总水量发生变化。如大多数用户将两通阀关小（负荷减少）时，系统总水量减少，通过蒸发器的水量减少，减小到一定程度会破坏蒸发器的工作条件，因此必须采取措施。

　　③用户端两通阀在调节水量的同时，必然引起压差的变化，如大多数用户将两通阀关小，必然引起分水箱与集水箱之间压差的增大。为此，这种系统的控制方法是在分水箱和集水箱之间设置一个两通调节阀，这个两通调节阀的开度受分水箱与集水箱之间压差的控制。设计工况时，两通阀全部关闭，供回水之间维持设计压差。当用户端的两通阀关小时，随着供回水之间压差的增大，通过压力调节器调节分水箱、集水箱之间两通阀的开度，使一部分冷冻水不经过用户而直接流回集水箱，这样就解决了用户需水量减少与冷水机组蒸发器水量要求不变之间的矛盾。既满足了用户的实际需求，又保证了蒸发器的工作条件。与此同时，分水箱与集水箱之间两通阀的适当开启减少了它们之间由于用户关小阀门引起的压差的增大，使供回水压差维持在一个定值。

④在工程实践中也有利用采集蒸发器两端压差来控制分水箱与集水箱之间压差的做法。当用户的用水量减少时，流过蒸发器的水量也减少，蒸发器两端的压差减少，用这个减少的压差信号去控制分水箱与集水箱之间的两通调节阀的开度，同样可以起到保护蒸发器和维持供回水压差恒定的作用。

⑤在设计上，选择两通调节阀全开时的流量为一台冷水机组冷冻水的流量。控制时，当两通调节阀全部打开压差还偏大时，表明已经有相当于一台冷水机组的流量从旁通管返回集水箱，这时就可以关闭一台冷水机组，同时关闭与之对应的冷冻水泵。

在实际工程中也有采用其他方法来控制冷水机组启/停的，如回水温度控制。这种方法的基本思想是：当用户端负荷减少时，因为供水温度不变，回水温度必然降低，可以通过回水温度与负荷变化之间的关系，间接地知道负荷变化的情况，从而根据回水温度的情况来控制冷水机组的启/停。

（4）变水量二级泵系统的控制方法　变水量二级泵系统的控制方法如图 12-28 所示。初级泵克服蒸发器及周围管件的阻力，至旁通管 A、B 间的压差几乎为 0，这样即使有旁通管，当用户流量与通过蒸发器的流量一致时，旁通管内也无流量。次级泵用于克服用户支路以及相应管道的阻力。初级泵随制冷机组连锁启/停，次级泵则根据用户侧需水量进行台数启/停控制。

当次级泵的总供水量与初级泵总供水量有差异时，相应的部分从旁通管 A、B 中流过，这样就可以解决制冷机组与用户侧水量控制不同步的问题。用户侧供水量的调节通过二级泵的运行台数以及压差旁通阀来控制（压差旁通阀控制方式与一级泵系统相同）。因此，V1 阀的最大旁通量为一台次级泵的流量。

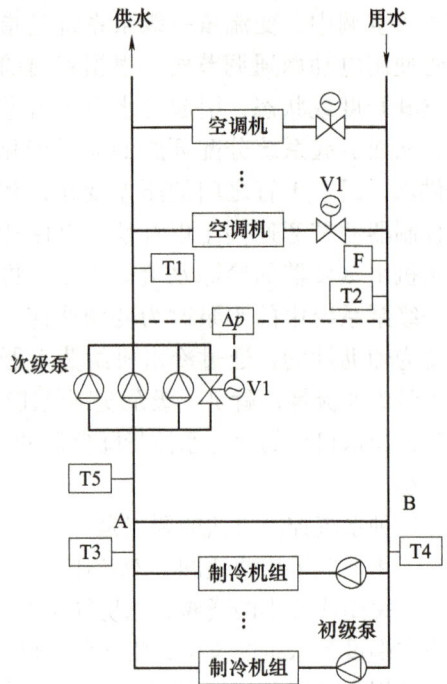

图 12-28　变水量二级泵系统的控制方法

1）控制要点。这种系统控制方法的要点包括：

①在一级分水箱与集水箱之间用连通管连接起来。当在满负荷工作时，一级泵回路和二级泵回路中的流量相等。冷水机组的产冷量全部输送给用户端。一级泵和二级泵回路的水量和冷量"供需平衡"，此时连通管中没有冷冻水流过。

②当用户端负荷减少时，与变流量一级泵系统一样，用户将关闭或关小用户端两通阀的开度，减少进入用户侧的水量，二级分水箱与集水箱之间的压差会增大。在这种系统中，这个增大的压差会用来调节二级泵的启/停或转速，通过并联二级泵运行台数的变化或水泵转速的变化，使二级分水箱与集水箱之间的压差（用户的供回水压差）维持在要求的范围内。

③二级泵回路水量的减少将造成一级泵、二级泵回路水量的不平衡，即"供大于求"。这时一级泵回路的水量将有一部分通过旁通管，这样就解决了用户端需要减少流量与蒸发器需要流量恒定之间的矛盾。

④与一级泵系统一样，可以在旁通管之间装设一流量计，当测得流过旁通管之间的流

量超过一台水泵的流量时，关闭一台冷水机组，同时关闭相应的冷冻水泵。在二级泵系统中由于旁通管的作用，用测量回水温度来控制冷水机组的启/停比较困难（因为回水中有一部分未经换热的冷冻水通过旁通管直接返回）。此时可以采用热量控制方法控制冷水机组的启/停。

2）制冷机台数控制。在二级泵系统中，一般基于冷量控制原理控制制冷机台数，传感器的设置原则同一级泵。同样，也可以根据供回水温度控制制冷机台数。用户侧流量与制冷机蒸发流量的关系可通过温度 t_1、t_2、t_3、t_4 和 t_5 确定，上述温度值分别由图 12-28 中的温度传感器 T1、T2、T3、T4、T5 测定，可以近似认为 t_1 和 t_5 相等。

①当 $t_3=t_5$，$t_2>t_4$ 时，表示有一部分冷冻水直接从 A→B，通过蒸发器的流量 q_0 大于用户侧流量 q，由于制冷机组的制冷量等于用户侧空调负荷，即

$$q_0(t_4 - t_3) = q(t_2 - t_5) = q(t_2 - t_3) \tag{12-7}$$

则可以得出用户侧的总流量 q 与通过蒸发器的流量 q_0 的比值为

$$\frac{q}{q_0} = \frac{t_4 - t_3}{t_2 - t_3} \tag{12-8}$$

②当 $t_3<t_5$，$t_2=t_4$ 时，表示有一部分冷冻水直接从 B→A，用户侧流量 q 大于通过蒸发器的流量 q_0，两者之比为

$$\frac{q}{q_0} = \frac{t_4 - t_3}{t_4 - t_5} = \frac{t_2 - t_3}{t_2 - t_5} \tag{12-9}$$

由此，可以通过这些温度的关系确定用户侧负荷情况，从而确定制冷机的运行台数。

3. 次级泵控制策略

（1）压差控制　当系统需水量小于次级泵组运行的总水量时，为了保证次级泵的工作点基本不变，稳定用户环路，应在次级泵环路中设旁通电动阀，通过压差控制旁通水量。当旁通阀全开，而供回水压差继续升高时，则应停止一台次级泵运行。当系统需水量大于运行的次级泵组总水量时，反映出的结果是旁通阀全关且压差继续下降，这时应增加一台次级泵。因此，压差控制次级泵台数时，转换边界条件如下：停泵——压差旁通阀全开，压差仍超过设定值时，则停一台泵；启泵——压差旁通阀全开，压差仍低于设定值时，则启动一台泵。

（2）流量控制　既然用户侧必须设有流量传感器，那么，比较此流量测定值与每台次级泵设计流量即可方便地得出需要运行的次级泵台数。由于流量测量的精度较高，因此，要求这一控制更为精确。此时旁通阀仍然需要，但它只是作为输水量旁通用，并不参与次级泵台数控制。

（3）变速控制　变速控制是针对次级泵为全变速泵而设置的，其被控参数既可是次级泵出口压力，又可是供回水管的压差。通过测量被控参数并与给定值相比较，改变水泵电动机频率，可控制水泵转速。

（4）联合控制　联合控制是针对定-变速泵系统而设的，空调水系统采用一台变速泵与多台定速泵组合，其被控参数既可是压差也可以是压力。这种控制方式，既要控制变速泵转速，又要控制定速泵的运行台数，因此相对来说此方式比上述两种更为复杂。同时，从控制和节能要求来看，任何时候变速泵都应保持运行状态，且其参数会随着定速泵台数的启/停而发生较大的变化。

4. 冷冻水管道系统连接以及测量

（1）温度和流量测量　实际工程中，由于温度和流量测量不准确，导致控制系统不能正常工作的案例屡见不鲜。在台数控制中怎样提高参数测量的准确性，相关人员应给予高度重视。变流量二级泵常见的冷冻站供回水干管的连接方式及测量系统如图 12-29 所示，有以下四种方案：

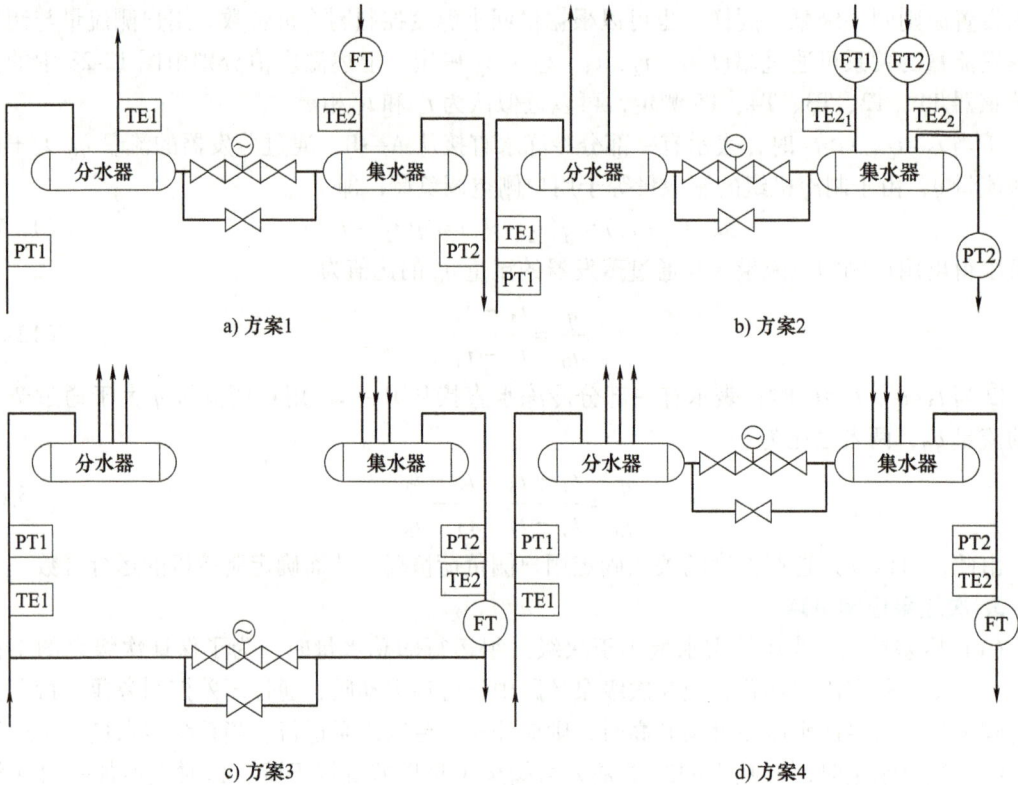

a) 方案1　　　　　　　　　　　　　　　　b) 方案2

c) 方案3　　　　　　　　　　　　　　　　d) 方案4

图 12-29　冷量测量系统的组建方案

方案 1：在分水器与集水器之间连接压差旁通管，由分水器引出一条供水管（如果冷冻站设在地下室，则到楼上再行分支）。由用户侧回来的回水管接到集水器上。这种连接方法可以用一个流量变送器测量用户回水流量，且较容易满足流量变送器直管段的要求，可从安装条件保证测量精度和稳定性，可测性好。同时由于旁通管连接到集水器与分水器之间，对稳定地调节供回水压差有利。

方案 2：方案 2 与方案 1 不同的是在集水器安装两根回水管，故需采用两个供水流量变送器和两个回水温度传感器，按式（12-6）计算冷负荷 Q。回水流量 q 具体表达式为

$$q = q_1 + q_2 \tag{12-10}$$

回水当量温度 t_2 计算公式为

$$t_2 = \frac{q_2 t_{21} + q_1 t_{22}}{q_1 + q_2} \tag{12-11}$$

式中　q_1、q_2——回水管 1、2 对应的流量，分别由流量变送器 FT1、FT2 测量；

　　　t_{21}、t_{22}——回水管 1、2 对应的回水温度，分别由温度变送器 TE1、TE2 测量。

方案 3：方案 3 的特点是压差旁通管连接在供回水干管上。按这种连接方法，无论集水器连接多少个回水管，均可采用一台流量变送器和一个回水温度传感器测量，减少了硬件投资。但其压差调节的稳定性不如方案 1 和方案 2 好。

方案 4：回水流量计和回水温度传感器安装错误，TE2、FT 测量的是混水温度和混水流量，而不是用户的回水温度和回水流量。

在方案 1、2、4 中流量变送器 FT 安装在旁通阀之前。由于水管上已有旁通水量混合，故回水管水量增加，这使得供回水温差减少。对同等精度的温度传感器而言，总温差的减少将使总体测量的相对误差加大。而流量变送器安装在旁通阀之前（见方案 3），可以增加供回水温差，这可在一定程度上减少相对误差。

在设计、施工中，一方面要求传感器的准确性与传感器的安装位置，另一方面还必须保证变送器的特殊安装条件。例如，流量变送器 FT 要求在其安装位置的前、后（按水流方向）有一定长度的直管段要求，一般要求前 10 倍 DN、后 5 倍 DN（DN 为安装管直径），这是为了消除管道中流动的涡流，改善流速场的分布，提高测量精度和测量的稳定性。为了延长流量变送器的使用寿命，要求流量变送器安装在回水管路上，而避免安装在供水管上。在各种流量变送器中，电磁流量变送器是无阻流元件，阻力损失小、流场影响小，精度高，直管段要求低，是常用的一种流量变送器。

空调冷冻水供回水的温差通常在 3~5℃ 范围内。大多数工程选用的水管温度传感器精度为 0.3℃，如 PT1000 型。有的精度仅为 0.5℃。此项测量的相对误差为 6%～15%，加上流量测量的误差会导致总体测量误差为 15%～25%，甚至更高，使计算出的冷量失去实用意义。因此，温度传感器的精度应在 0.1~0.2℃，如选用的 PT1000 型传感器较为合适。提高温差范围和增加传感器的精度是减小测量误差的主要影响因素。

温度传感器选用时要注意的参数还有热响应时间，为保证测量的真实性必须保证其实时性。温度传感器的热响应时间应不超过 30 s。

（2）压差控制　压差传感器的位置不仅对系统的运行有影响，而且对系统的能耗有很大的影响。当压差传感器安装在总供回水干管之间时，水泵任何时候都要提供固定的扬程。当负荷减少时，大部分能量都消耗在调节阀上，其定性分析如图 12-30 所示。当压差传感器装在末端设备（含调节阀）附近时，水泵的扬程随着系统用水量的减少而有可能降低较大，消耗在调节阀上的能耗也大大减少，从而可以有效地节能。

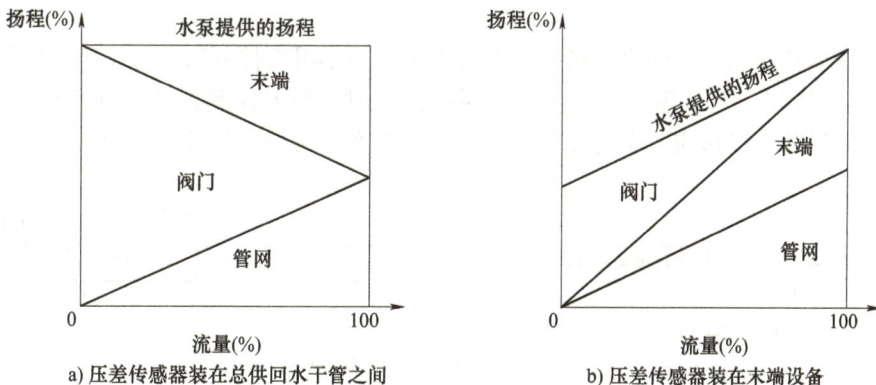

a) 压差传感器装在总供回水干管之间　　　b) 压差传感器装在末端设备

图 12-30　压差传感器的位置对能耗的影响

虽然压差传感器装在分水箱与集水箱之间可以保证整个系统的供回水压差保持在一个稳定数值，但当用户较多、距离较远、分布情况又较复杂时，传感器装在分水箱与集水箱之间就不一定合适。如图 12-31 所示的系统用户 3 为最不利环路，用户 3 的压差得到保证，用户 2、用户 1 的压差均能得到保证。但也可能在满足用户 3 的条件下，用户 1 的压差出现过高的现象，此时可以在用户 3 和用户 1 处分别装压差传感器，根据二者变化的平均值来控制二级泵的运转。

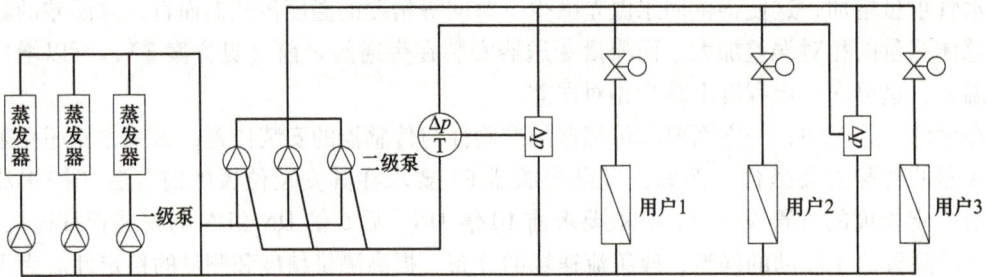

图 12-31　压差传感器安装的位置

对于分区域设置二级泵的水系统，可以在每个区域设置一套压差控制系统，如图 12-32 所示。

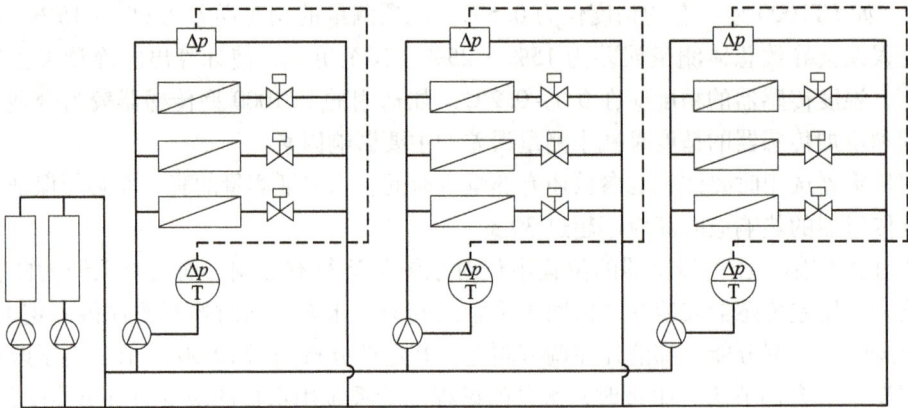

图 12-32　每个区域设置一套压差控制系统

为了减少消耗在阀门上的水泵扬程，有人提出了最小阻力控制法。最小阻力控制法的阀门开度控制环路如图 12-33 所示。当房间的温度降低时，室温控制器使冷冻水调节阀关小，进入房间的冷量减少以适应室温的变化，阀门开度的变化又被阀门控制系统的阀门检测器检

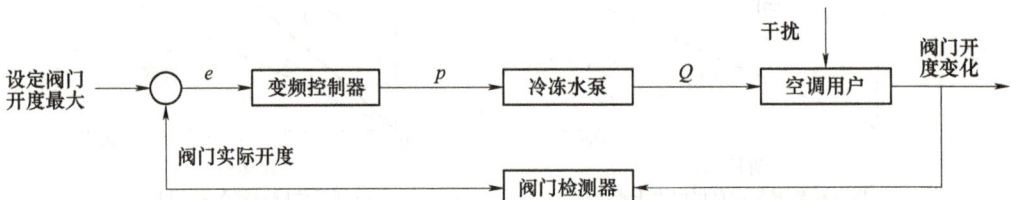

图 12-33　最小阻力控制法的阀门开度控制环路

测到，通过与阀门设定值（最大值）比较，再通过变频控制器调节水泵的转速以减少进入室内的冷量，室温上升；室温控制器检测到室温上升就会开大调节阀的开度。

最小阻力控制方法原则上是要对空调系统末端的每个调节阀的开度进行控制，为了合理利用最小阻力控制，应该针对系统的末端进行科学的分析，选择一些最不利的也最有代表性的阀门进行最小阻力控制，这样既能简化分散控制系统的规模，也降低了控制系统的初投资。

图 12-34 给出了单一调节阀空调系统的定扬程控制、定末端压差控制和最小阻力控制的流量和扬程曲线比较。三种控制方法中，水管管路系统的压差损失是相同的。当水量从 Q_0 减小到 Q_1 时，对于定扬程控制，因为要保持变频的扬程不变，必须关小调节阀开度来增加调节阀阻力，以弥补由于流量减小而使整个管路系统阻力损失的减小（点 2、4 间的扬程差）。因此，定扬程控制的工作点从点 1 到点 2。对于定末端压差控制，因为要保持最不利环路空调设备前后的压差不变，也必须关小调节阀开度来增加调节阀阻力，以弥补由于流量减小而使末端设备的管路系统阻力损失的减小（点 3、4 间的扬程差）。定末端压差控制的工作点是从点 1 沿定末端压差控制曲线移到点 3。而最小阻力控制的工作点是从点 1 沿最小阻力控制曲线移到点 4。在上述的三种控制方案中，对于流量 Q_1，最小阻力控制的变频泵转速最小，因此节能效果最显著。

最小阻力控制方法实际上是一种变流量、变压差的控制方法。值得注意的是，最小阻力控制需要使用比例（连续）调节阀，因为最小阻力控制方法是根据调节阀开启度进行控制的，如果使用电磁阀或双位调节阀则无法进行控制，从图 12-35 中可以看出，其节能的大小可用定压差控制曲线和变压差控制曲线之间的阴影部分的面积表示。在空调用户调节的过程中，如果始终保持阀门的开度最大，可能造成空调用户的供回水温差变小，这样就可能出现小温差、大流量的现象。这样可能会降低末端装置的运行效率。为了解决这样的问题，可以在空调用户的供回水管上安装一个温差传感器来检测空调用户的供回水温差，并与其阀门的开度进行比较分析，适当减小阀门的开度。这样就可以使得供回水温差不至于过小，既保证了末端空调装置的运行效率，同时又满足了最小阻力控制的要求。

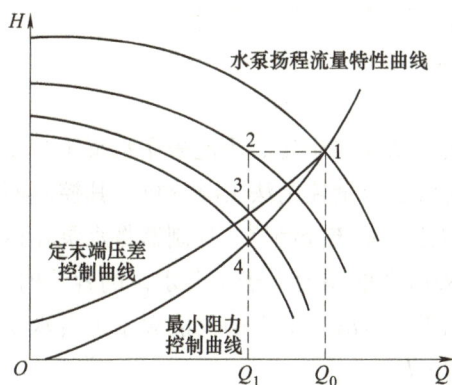

图 12-34　单一调节阀空调系统的定扬程控制、定末端压差控制和最小阻力控制的流量和扬程曲线比较

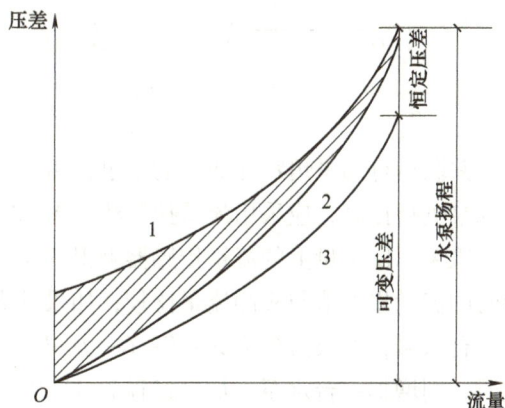

图 12-35　定压差控制和变压差控制、定扬程控制的比较
1—定压差控制曲线　2—系统曲线（变压差控制曲线）　3—管路曲线

此外，在冷冻水系统的水泵变速过程中，如果无控制手段，在用户侧，供回水压差的变化将破坏水路系统的水力平衡，甚至使得用户的电动阀不能正常工作。因此，变速泵控制时，不能采用流量为被控参数而必须用压力或压差。还可以根据用户侧最不利端供回水压差来调整加压泵启动台数或通过变频器改变其转速，实际上冷冻水管网若分成许多支路，很难判断哪个是最不利支路。尤其当部分用户停止运行，系统流量分配在很大范围内变化时，实际最不利末端也会从一个支路变为另一个支路。这时可以将几个有可能是最不利末端的支路末端均安装压差传感器，实际运行时根据其最小者确定加压泵的工作方式。

5. 多台水泵并联的监控

多台水泵并联时，可以通过改变水泵运行台数的方法改变末端的供水量。根据选用水泵的特性曲线不同，有两种常用的控制方法：压差控制法和流量控制法。前者只用于具有陡降特性的水泵，而后者则可用于任意特性的水泵。

压差控制法是利用水泵并联后总特性曲线，考虑水泵效率和调节阀的阀权度，并联的各台水泵在设定的上下限压力范围内运行。图 12-36 给出三台水泵压差控制工况。调节流量时，当工作压力 p_f 超过设定的上限压力 $p_上$ 时，减少并联水泵台数。当工作压力 p_f 低于设定的下限压力时 $p_下$，增加并联水泵运行台数。图 12-36 中加泵过程为 $F—H—I—J—K$，减泵过程为 $K—B—C—D—E—F$。

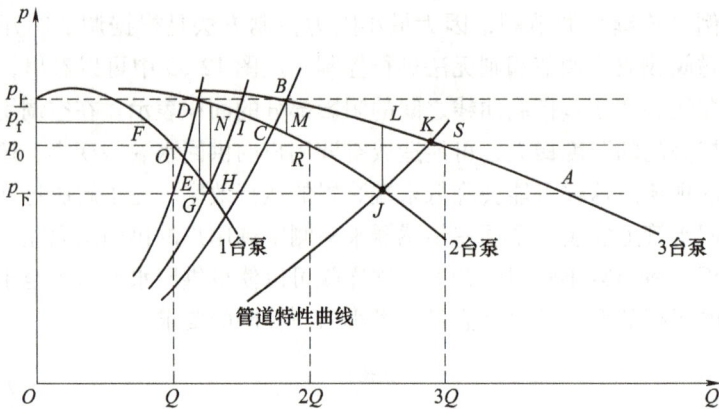

图 12-36 压差控制法工况分析

对于并联运行的平坦特性曲线的水泵，由于水泵的压头基本恒定，不能采用水泵压力变化来对水泵进行控制，应采用流量控制法。图 12-37 给出了流量控制法工况分析。其控制原理是：二级泵总供水量上的流量传感器测得的实际流量送到系统控制器，控制器将水泵在运行压力时的流量累加值与实测流量比较，如果前者减去后者的差值大于 1 台水泵的容量时，则停止一台水泵，停泵过程为 $E—F—G—J—K—A$；如果后者减去前者的差值大于 1 台水泵的容量时，则增加一台水泵，加泵过程为 $A—B—C—D—E$。

无论是水泵变速控制还是台数控制，在系统初投入时，都应先手动启动一台次级泵（若有变速泵则应先启动变速泵），同时监控系统供电并自动投入工作状态。当实测冷量大于单台制冷机组的最小冷量要求时，则连锁启动一台制冷机组及相关设备。

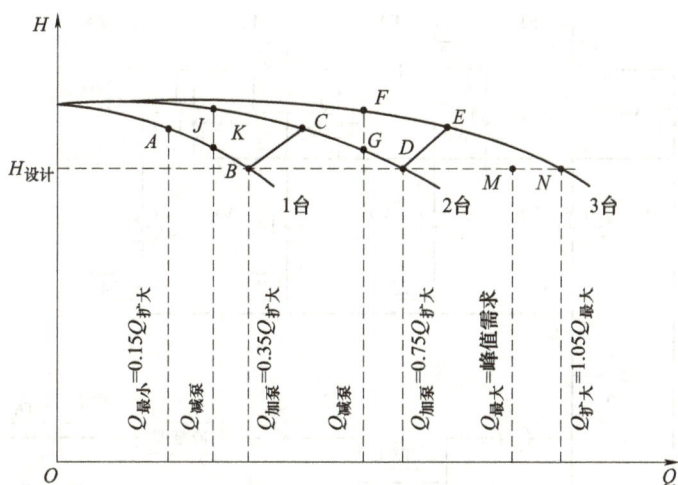

图 12-37　二级泵流量控制法工况分析

12. 2. 3　冷却水系统的监控

1. 冷却水系统的监控作用

冷却水系统是通过冷却塔和冷却水泵及管道系统向制冷机提供冷却水，它的监控系统的作用:

1) 保证冷水机组、冷却塔风机、冷却水泵安全运行。

2) 确保冷水机组冷凝器侧有足够的冷却水通过。

3) 根据室外气候及冷负荷变化情况调节冷却水运行工况，使冷却水温度在要求的范围内。

4) 根据冷水机组的运行台数，自动调整冷却水泵和冷却塔的运行台数，控制相关管路阀门的开关，达到各设备之间的匹配运行，最大限度地节省输送能耗。

图 12-38 所示为装有 4 台冷却塔 (F1 ~ F4)、2 台冷却水泵 (P1、P2) 的冷却系统及其监测控制原理图。根据制冷机启动台数决定冷却水泵的运行台数。冷凝器入口处两个电动蝶阀仅进行通断控制，在某台制冷机停止时关闭，以防止冷却水分流，减少正在运行的冷凝器中的冷却水量。为了防止冷水机组停止工作时 (相应的冷却塔也停止工作) 冷却塔底池水位下降，造成水泵吸入空气的现象发生，应在各冷却塔底池间连接一根连通管 AB，以保证各底池水位相等。冷却塔下面的出水干管实际上就有连通管的作用，如果冷却塔底与出水干管的距离比较高，而且干管的管径又比较大，也可以不设连通管。

冷却塔与制冷机组通常是电气连锁，但这一连锁并非要求冷却塔风机必须随制冷机组同时启动，而只是要求冷却塔的控制系统投入工作。冷却塔风机的启/停台数根据制冷机启动台数、室外温湿度、冷却水温度、冷却水泵启动台数来确定。一旦进入冷凝器的冷却进水温度 (T5) 不能保证时，则自动启动冷却塔风机。因此，冷却回水温度是整个冷却水系统最主要的测量参数。冷却塔的控制实际上是利用冷却回水温度来控制相应的风机 (风机按台数控制或变速控制)，不受冷水机组运行状态限制 (如室外湿球温度较低时虽然制冷机组运行，但也可能仅靠水从塔流出后的自然冷却即可满足水温要求)，因此，它是一个独立

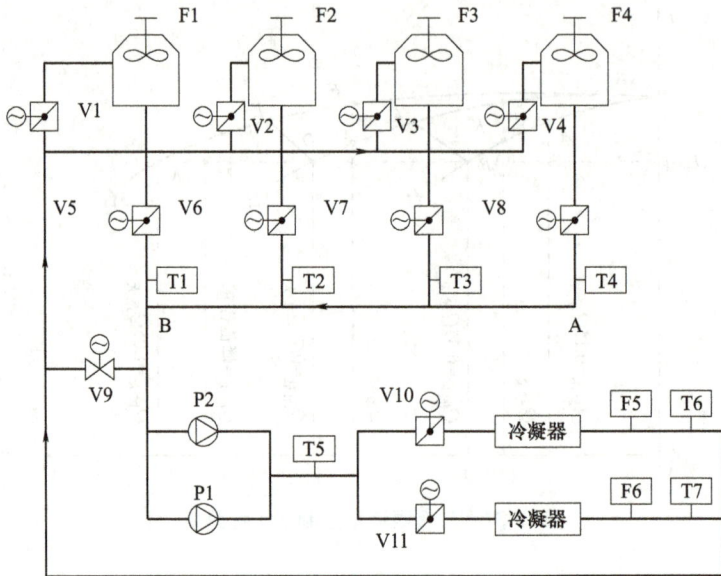

图 12-38　冷却水系统的测控点

回路。

　　由冷凝器出口水温测点 T6、T7 测得的温度可确定这两台冷凝器的工作状况。当某台冷凝器由于内部堵塞或管道系统误操作造成冷却水流量过小时，会使相应的冷凝器出口水温异常升高，从而及时发现故障。水流开关 F5、F6 也可以指示无水状态，但当水量仅是偏小，并没有完全关断时，不能给出指示。在冷却水系统中安装流量计测量冷却水的瞬时流量，用它测量冷却水循环量尽管能及时发现由于某种原因使冷却水循环突然减少的现象，便于分析系统故障，但所付出的代价可能太高。实际上如果测出冷冻水侧流量及温差，得到瞬时制冷量，再测出冷凝器侧的供回水温差，就能估算出通过冷凝器的冷却水量，其精度足以用来判断各种故障。

　　接于各冷却塔进水管上的电动蝶阀 VI~V4 用于当冷却塔停止运行时切断水路，以防分流，同时可适当调整进入各冷却塔的水量，使其分配均匀，以保证各冷却塔都能得到最大限度的使用。由于此阀门主要功能是开通和关断，对调节要求并不是很高，因此选用一般的电动蝶阀可以减小体积，降低成本。为避免部分冷却塔工作时，接水盘溢水，应在冷却塔进水管、出水管上同时安装电动蝶阀 V5~V8。

　　混水电动阀 V9 是另一种对冷却水温度进行调节的装置。当夜间或春秋季室外气温低，冷却水温度低于制冷机要求的最低温度时，为了防止冷凝压力过低，适当打开混水电动阀，使一部分从冷凝器出来的水与从冷却塔回来的水混合，调整进入冷凝器的水温。当能够通过启/停冷却塔台数、改变冷却塔风机转速等措施调整冷却水温度时，应尽量优先采用这些措施。因为用混水电动阀调整只能是最终的补救措施。

2. 冷却水系统的控制方法

　　（1）冷水机组冷凝器水量的控制　冷凝器中流过充足的冷却水是冷水机组安全工作的基本保证，为了做到这一点，在控制系统中采取的方法有：在冷凝器的出水管道上装设水流开关，水流开关的接点与冷水机组压缩机的控制回路连锁。只有管道中有足够的水流过时才能启动压缩机工作，当管道中没有水或水流不足时，压缩机不能启动。

冷却水泵与冷水机组压缩机连锁，冷却水泵启动在前，压缩机启动在后，冷却水泵没有启动，压缩机不能启动。这里要特别注意水流开关的安装位置，特别是在冷水机组并联连接的系统中，水流开关应分别装在各台冷水机组冷凝器出口的支管道上，而不能装在并联后的主管道上，因为主管道水流开关动作只能表明主管道上有水流过，而不能保证待启动的某台冷水机组的支管道中有水流过。

关闭并联环路的某台冷却水泵时应相应地关闭与此泵对应的冷水机组冷凝器进口阀门。如果只关冷却水泵而不关冷凝器进口阀门，就会由于水泵总水量减少使分配到各台冷凝器中的水量减少，进而使工作的冷水机组的冷凝器的工作条件受到破坏。

（2）冷却水温度的控制 一般情况下进入冷凝器的冷却水温度为 32℃，从冷凝器出来的冷却水温度为 37℃。在保证冷却水流量的情况下，控制系统的任务就是控制冷却塔，使已经通过冷却塔而没有进入冷凝器的冷却水温度保持在 32℃。

影响进入冷凝器的冷却水温度的因素有：

1）冷却塔的工作状况。当冷却塔工作正常时，流出冷却塔的水温可以满足要求；当冷却塔工作不正常时（如热湿交换性能变差，冷却塔风机损坏，冷却塔进出口风被遮挡等），都会使出水温度达不到要求。

2）工作时的气象条件。工作时的气象条件是室外空气的湿球温度。当室外空气的湿球温度低时，出水温度可以达到要求；当室外空气的湿球温度高时，有可能达不到要求。

3）冷水机组负荷的变化。当空调的需冷量减少时，冷水机组的能量调节系统会自动调节冷水机组的能量输出，能量输出的减少必然带来冷凝器产热量的减少，如果冷却水循环水量不变，则进入冷却塔的水温降低，冷却塔的出水温度也必然降低。

因此，冷却水水温控制系统的控制方法应该为：根据冷却塔出水温度（冷凝器进口温度）与设定值的偏差，控制冷却塔的风机或其他装置动作，使冷却水温度控制在 32℃ 左右。冷却塔风机的控制方法有两种，一是风机启/停控制，当冷却水温度偏高时开启风机，当水温下降到设定值以下时关闭风机，冷却水温度在设定值附近波动；二是风机采用变频调速控制装置，根据冷却水实际温度与设定温度之间的偏差，自动调节风机的转速，使冷却水温度在设定值附近波动，实现水温的连续调节。有的系统在冷却塔进出口之间装设一个电动两通调节阀，如图 12-38 中的 V9。当冷却水温度偏低时，相应地使旁通阀打开一定的开度，使一部分 37℃ 的水不经冷却塔冷却，直接和经过冷却塔冷却的水温较低的水混合，使混合后的水温在 32℃ 左右。但是注意采用这种调节方法有可能造成水泵的超流量，致使水泵电动机的损坏。

12.2.4 空气处理系统的监控

根据末端的各种要求，确定空气处理装置需要得到的送风状态设定值，包括送风温度和送风湿度；空气处理装置根据要求的设定值，调节各部分装置，实现要求的送风温湿度状态。

1. 空气处理装置的调节策略

给定了要求的送风温湿度，空气处理装置的调节任务就是处理出所要求的送风状态的空气。空气处理装置一般由多个空气处理段构成，每个处理段可能有几个调节手段，例如：

1）通过热水实现对空气进行加热的水-空气加热器，如图 12-39 所示。可通过装在热水回路上的电动阀门调节水量，实现对加热量的调节，当阀门开大使水量加大时，出口空气状态沿等湿线上升。图 12-39 同时给出了在 i-d 图上此过程空气的过程线。

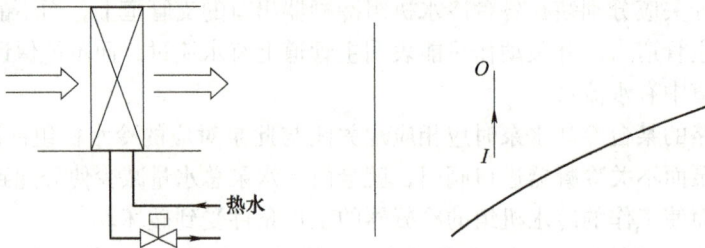

图 12-39　水-空气加热器示意图及其加热过程在 i-d 图上的过程线

2）通过冷水对空气进行冷却和降湿的水-空气冷却器，如图 12-40 所示。可通过调节冷水回路上的电动阀 1 调节水量，实现对冷量的调节，也可以在风侧安装旁通阀 2，通过调节空气旁通量，改变空气出口状态。当调节水阀逐渐加大冷水量时，表冷器侧的出口空气状态先是等湿地降温，然后近似地沿等相对湿度线减湿降温，如图 12-40 中的 I—L—O 线。当开大旁通阀时，表冷器侧出口的 O 点空气与进口的 I 点空气混合，混合后的状态处于图 12-40 的 I—O 线上。旁通阀开度越大，混合后的点越接近点 I。

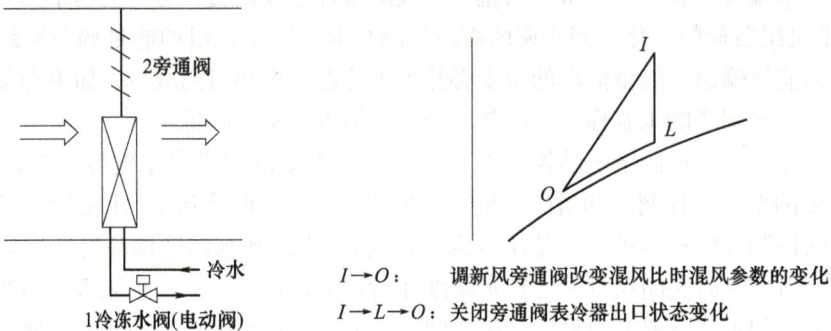

$I \rightarrow O$：　调新风旁通阀改变混风比时混风参数的变化
$I \rightarrow L \rightarrow O$：　关闭旁通阀表冷器出口状态变化

图 12-40　带旁通的水-空气冷却器示意图及其冷却除湿过程在 i-d 图上的过程线

3）通过调整蒸汽加湿器上的电动阀，改变通入的蒸汽量，实现对空气的加湿，如图 12-41 所示。此时空气处理过程接近等温加湿过程，如图 12-41 中给出的空气过程线。

图 12-41　等温加湿设备及其在 i-d 图上的过程线

4）在新风和排风间安装转轮式全热换热器，以回收排风中的能量，如图 12-42 所示。这时，可调节转轮转速，以在一定的范围内调节转轮的全热回收效率，使经过转轮后的新风更加接近或远离入口的排风状态，如图 12-43 所示。当不需要回收排风能量时，为了减少转轮造成的风阻，也可设图 12-43 所示的风阀，使风阀 A、B 全开，旁通转轮。

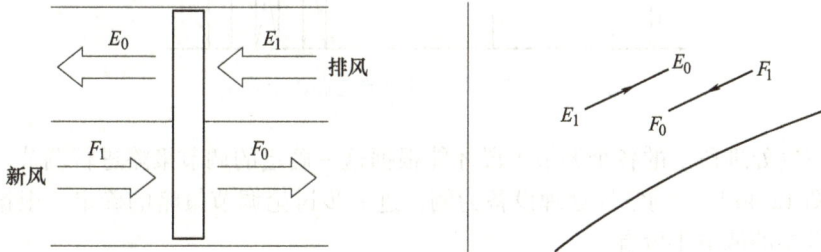

图 12-42　转轮式全热换热器及其全热交换过程在 _i-d_ 图上的过程线

5）如图 12-44 所示，在新风入口处和送回风路上都安装水-空气换热器，通过水泵带动乙二醇溶液在这两个换热器间循环，以实现新风的预冷和再热。调整水泵转速，可以在一定范围内改变送风温度或送风相对湿度。如果水泵转速高，水量大，则预冷量和再热量都大，出口温度高，相对湿度低；减小水泵转速使循环水量减少，就可以降低预冷量和再热量，使出口温度降低，相对湿度提高。

6）对新回风比可变的空调箱，还可以同时调整新风阀、回风阀与混风阀，以改变新回风比，如图 12-45 所示。

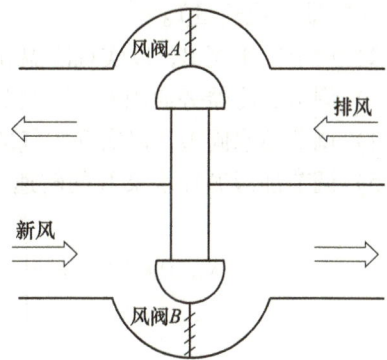

图 12-43　带旁通的转轮式全热换热装置

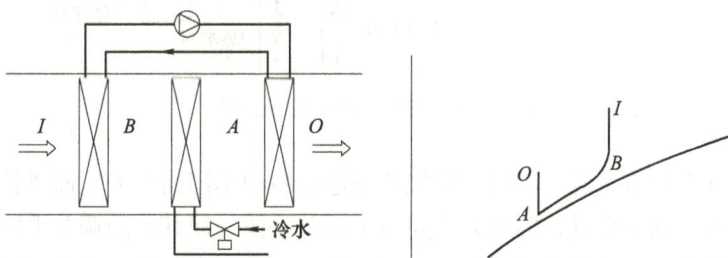

图 12-44　新风入口、送风出口增加换热器的系统及其空气处理过程在 _i-d_ 图上的过程线

这里只是简单地介绍了一些典型的空气处理手段和各自可能的调节手段，随着空气处理技术的不断发展和创新，还会不断有新的空气处理方式出现，实现不同的处理过程和调节性能。为了满足全年不同季节对空气处理的不同要求，一般的空气处理装置都由若干个空气处理段组成，在不同的工况下，仅使用其中的几个处理段，而不是使用所有的空气处理段。这时，空气处理装置的控制器就必须根据要求的送风状态点和新风、排风状态，确定使用哪几个处理段进行空气处理，并确定所使用的空气处理段中的各个调节手段（阀门、水泵转速等）应根据哪个空气状态参数进行调节。这就是空气处理过程的调节策略。确定了调节策

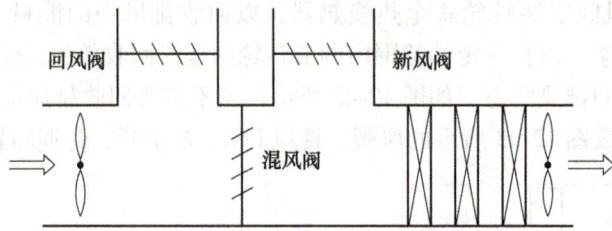

图 12-45　新回风比可变的空调箱示意图

略后，各个空气处理段上的各个调节手段才能根据这一确定的调节策略进行调节。

下面以图 12-46 所示的空气处理设备为例，进一步讨论调节策略的确定。根据图示，这一空气处理设备的调节手段有：

1）同时调节混风阀 A_1、回风阀 A_2、新风阀 A_3，以改变新回风混合比。在严寒冬季和酷热的夏季实行最小新风运行，而在过渡季则可在需要的时候加大新风量，利用室外新风中可能的冷量（或热量）。

2）调节冷水阀 B，以实现降温和除湿。

3）调节表冷器旁通阀 C，以改变经过表冷器后空气的相对湿度。

4）调节热水阀 D，以实现空气的升温。

5）调节加湿循环水泵 E 的转速，以调整加湿量。

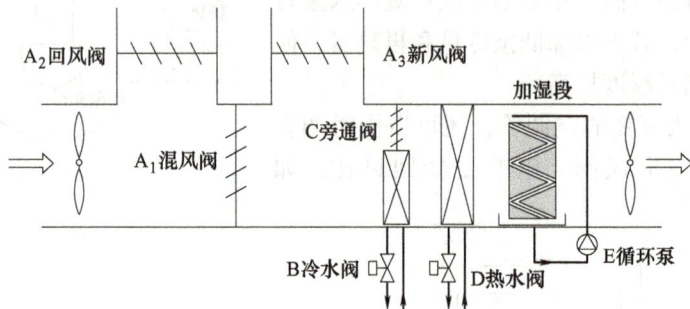

图 12-46　空气处理设备示意图

这样，共有五个调节手段，可以对空气状态进行各种不同的调节，而要控制的送风参数只有温度和湿度两个独立变量，因此只需要两个调节手段，而其他的调节手段应该全开或全闭。并且可以采取的调节手段在很多情况下并非唯一，可以有多种方式得到同样的送风温湿度。例如，可以开冷水阀 B 降温，同时通过旁通阀 C 调整相对湿度；也可以关闭旁通阀 C，调整热水阀 D 通过再热调整相对湿度。而这两种方式虽然可得到同样的送风参数，但处理能耗却有很大差别。好的控制策略不仅是要得到要求的送风状态的调节方法，还应是最节能的处理方案。

首先讨论新风利用问题。由于存在等焓加湿的调节手段，因此如果通过新回风混合能够使混合空气的焓与要求的送风焓相同，而绝对湿度低于送风湿度，就可以混风后通过调整加湿循环水泵 E 使空气处理到要求的送风状态点 S。而当新回风混合后温度低于要求的送风温度时，如果能够使混合后的 d 为要求的送风状态 d，则可以通过热水阀 D 得到要求的送风状态，此时如果混合到与要求的送风状态相同的焓，由于湿度高，还要降温除湿，因此不是省能的方式。这样，可以根据要求的送风状态点 S，得到图12-47所示的新回风混合目标线 I—S—D。如果新回风状态的连线横跨目标线 I—S—D，则应调节新回风的比例，使混风状态达到目标线 I—S—D 上；如果新回风状态都处在目标线 I—S—D 的左侧，则取最接近目标线 I—S—D 的点为混风目标，也就是说，如果室外新风状态更接近目标线 I—S—D，则采用最大新风，如果回风状态更接近目标线 I—S—D，则采用最小新风。如果新风状态都在目标线 I—S—D 的右侧，则同样根据接近目标线 I—S—D 的程度决定采用最大新风还是最小新风。

确定了新回风混合状态后，就可以根据这一状态决定进一步的处理措施。

当混合点处于目标线 I—S—D 左侧时，调整热水阀（加热器）D，使加热后的空气达到线 I—S 上，再调整循环水泵 E，使空气等焓加湿到 S，此时冷水阀（冷却器阀）B 应全关。

当混合点处于线 I—S—W 构成的三角内（图12-48），通过冷水阀（表冷器）B（图12-46）降温后，再通过调整循环水泵 E 加湿，就可实现送风状态点 S。这时，冷却器旁通阀 C、热水阀（加热器）D 应全关。

当混合点的含湿量高于要求的送风状态时，必须通过冷却器降温除湿。此时调节出口相对湿度的手段有两种：调整旁通阀 C，调整热水阀（再热器）D。调整旁通阀可以避免再热造成的冷热抵消，但这要求通过表冷器处理后的空气具有较低的露点，才能再与经过旁通阀未处理的空气混合后，达到送风状态。而对于某确定的冷水温度，通过表冷器后的空气最低也只能达到图12-48中的 D_L 点。这样延长 D_L 点和 S 点的连线到 H，当混风后的状态处于图12-48所示的 W—S—H 构成的三角区内时，通过调整冷水阀 B 和表冷器旁通阀 C，就可以使空气处理到要求的送风点 S。这时热水阀 D 和循环水泵 E 应全关。

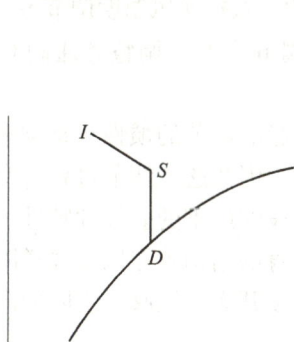

图12-47 新风利用界线图　　　图12-48 空气处理设备运行策略分区图

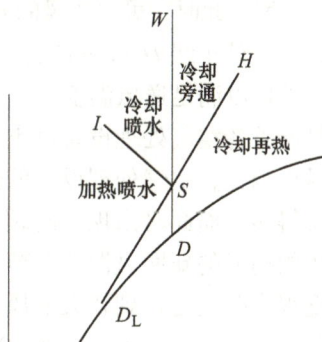

当混风后的状态点处于线 D—S—H 以下时，就只能开热水阀 D，冷却除湿后再加热。此时使通过表冷器的空气处理到 D 点，再通过旁通阀 C 混合到线 S—D 上，然后再加热才可以使再热量最小，从而也最省能。因此，这时应全开冷水阀 B，尽量使表冷器表面温度低，同时调整表冷器旁通阀 C，使旁通后的混风点落在线 S—D 上，然后调整热水阀 D，使空气达到要求的送风点 S。循环水泵 E 应全关。此时全开冷水阀，只是希望获得最低的空气露点温度。由于通过表冷器的风量减少，所以并不会增加冷量的消耗，只是会使冷水回水温度降低，供回水温差减小。

实际上当新回风连线跨越线 H—S 时，应使混风点处于线 H—S 以上，这样才可以尽可能避免采用冷却再热方式造成的冷热抵消损失。

2. 各空气处理段闭环调节的实现

以上按照新回风混合后的状态点与要求的送风状态点之间的关系，确定了各种情况下应采用的调节手段和各调节装置应处的位置。当具体进行控制调节时，需要了解各设备出口空气状态。但在实际系统中，各个空气出口的状态都很不均匀，不同位置可能会测得不相同的状态，这是因为空气处理装置断面上空气状态的不均匀所致，因此很难直接在这些设备后面安装传感器，根据这些传感器对相应的设备进行控制。工程上可行的测量位置是送风机后面风道中的空气状态。经过风机的混合，空气的热湿状态在此点变得很均匀。这时的问题就成为怎样根据这一点的空气状态控制调节前面的各个装置。

当通过调节新回风比可以使空气混合到线 $I—S$ 时，采用调节混风阀 A_1 和循环水泵 E 的方案，这时调节新回风比，会导致出口空气的焓值变化，而调节循环喷水量只会改变出口温度或相对湿度，不会改变焓。因此，这种状态下，根据送风的焓调节混风阀 A_1，根据送风温度调节循环水泵 E。

当采用最大新风或最小新风，使混风点处于线 $I—S—D$ 的左侧时，调节热水阀 D 可改变送风空气的焓，调节循环水泵转速只能改变送风的相对湿度。此时，根据焓调节热水阀 D，根据相对湿度调节循环水泵 E。

当采用最大新风或最小新风，使混风点处于 $I—S—W$ 构成的三角区中，关闭旁通阀 C，调节表冷器冷水阀 B，会改变送风状态的焓，而调节循环水泵 E，只能改变送风的相对湿度。因此此时根据送风的焓调节冷水阀 B，根据送风的相对湿度调节循环水泵 E 转速。

当混风后的状态点处于线 $W—S—H$ 构成的三角区中，冷水阀 B 将影响送风湿度 d，而旁通阀 C 将影响送风温度。此时，可由送风的 d 调节冷水阀 B，根据送风温度调节旁通阀 C。

当混风后的状态点处于线 $D—S—H$ 右下方时，冷水阀 B 全开，调整旁通阀 C 以满足送风的 d，调整热水阀 D 以满足送风温度。

此时的控制是调整各空气处理设备对空气进行加工，影响调节的惯性只是空气处理设备本身。与房间和风道相比，空气处理设备的惯性要小得多，因此这一调节过程与室内温湿度调节过程相比要快得多。而此时出现的问题是各个调节手段的严重的非线性特性。例如混风阀、回风阀、新风阀构成的新回风混合调节，由于阀门本身的结构特点以及风道阻力的不均衡，在混风阀开度很小时就已达到较大混风比，而再进一步开大混风阀，实际的混风比就增加很少，混风比与混风阀开度的关系如图 12-49 所示。

直接对具有这种特性的执行机构进行 PID 控制，一般不容易得到好的调节效果。这时可以对阀门开度进行线性化修正，例如，对阀门开度 X 取对数，有

$$X' = \ln X \qquad (12\text{-}12)$$

按照 X' 进行 PID 运算，得到的调节命令结果再通过 $\exp(X')$ 而得到阀位的调节值，当构成空气处理设备的处理段不同时，上面分区的方式和各区内控制参数与调节手段的

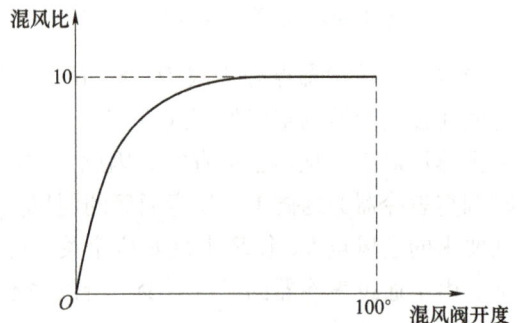

图 12-49　混风比与混风阀开度的关系

对应关系也各不相同，需要根据空气处理设备结构的不同，确定不同的控制策略。

3. 水-空气换热设备的调节特性

作为典型的被调节对象，本节专门讨论水-空气换热设备的调节特性，这包括冷冻水通过表冷器对空气的降温除湿调节，也包括用热水通过加热器对空气的升温调节，如图 12-50 所示。

图 12-50　水-空气换热器

图 12-50 所示为典型的通过两通式调节阀调节水量对换热器进行调节的系统结构。可以看出，由于换热是通过换热器表面，在空气与水之间的温差驱动下进行的，当不出现湿度的变化，仅存在显热换热时，其换热量 Q 为

$$Q = K\Delta T = K\frac{t_{a1} - t_{w2} - (t_{a2} - t_{w1})}{\ln\left(\dfrac{t_{a1} - t_{w2}}{t_{a2} - t_{w1}}\right)} \tag{12-13}$$

式中，K 为换热器换热系数，是由换热器结构决定的，一般情况下很难调节；因此要调节换热量，只有调节传热驱动力 ΔT，也就是两介质间的对数温差。式中下标 a 指空气，下标 w 指水，1 为进口，2 为出口。

由式（12-13）可得到出口空气温度：

$$t_{a2} = \frac{t_{a1}\left(\dfrac{m_a c_a}{m_w c_w} - 1\right) - t_{w1}\left(1 - e^{KF\left(\frac{1}{m_a c_a} - \frac{1}{m_w c_w}\right)}\right)}{e^{KF\left(\frac{1}{m_a c_a} - \frac{1}{m_w c_w}\right)} + \dfrac{m_a c_a}{m_w c_w}} \tag{12-14}$$

从式（12-14）可看出，出口空气温度与入口空气温度、入口水温、换热器的换热系数，以及两侧的风量、水量有关。对于实际的调节过程，来流空气温度不变，换热器换热系数随水量变化不大；如果风量、入口水温也都不能变化，可调节的参数就只是通过换热器的水量。图 12-51 给出在不同 K 下和不同风量下，出口空气温度随水量的变化。图中 m_a 表示风量，m_w 表示水量。从图 12-51 中可看出，空气出口温度随通过换热器的水量呈非线性变化。当水量很小时，出口空气温度随水量的增加变化很快，而随着水量的加大，出口空气温度变化逐渐减慢；当水量足够大以后，出口空气温度接近稳定，不再随水量增加而进一步变化。

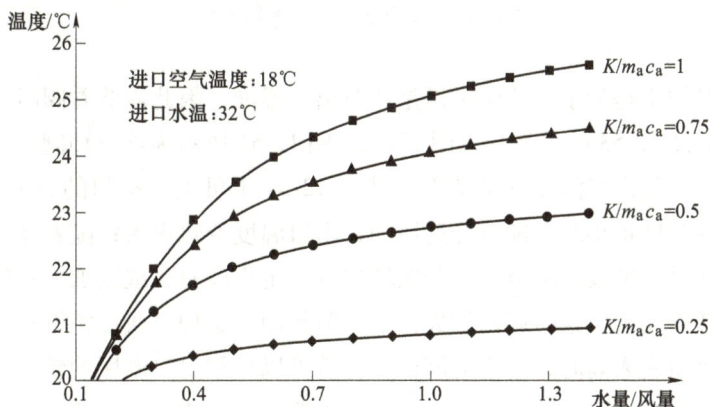
图 12-51　不同 K 下，不同风量下出口空气温度随水量的变化

如果是如图 12-50 所示通过调节阀门来改变流量，则还要考虑阀门开度对流量的影响。当供回水管道间压差不变时，图 12-52 给出采用三种不同调节特性的调节阀时流量随开度的变化。图 12-52 中的不同曲线对应于不同的换热器阻力系数。或者可以看成在管道中还接着一个阀门，图 12-52 中的不同曲线对应于这个阀门的不同开度。图 12-52 中 Δp 为阀门压降，Δp_s 为管道压降。因为实际的管网状况不同，管道和换热器水阻不同，这样才能考虑各种实际情况。由于其他管道的阻力不同，调节阀全开后的流量不同。为了便于比较，图 12-53 为取阀门全开时的相对流量为 100% 时，这三种阀门在不同开度下相对流量的变化。从图 12-52 和图 12-53 可看出，通过换热器的流量与阀门开度间的关系也是非线性的，并且这一关系不仅与阀门特性有关，还与阀门全开时的压降占管道资用压头的份额有关。阀门全开时的压降份额越大，随着开度的增加，流量随开度增加的幅度越大。

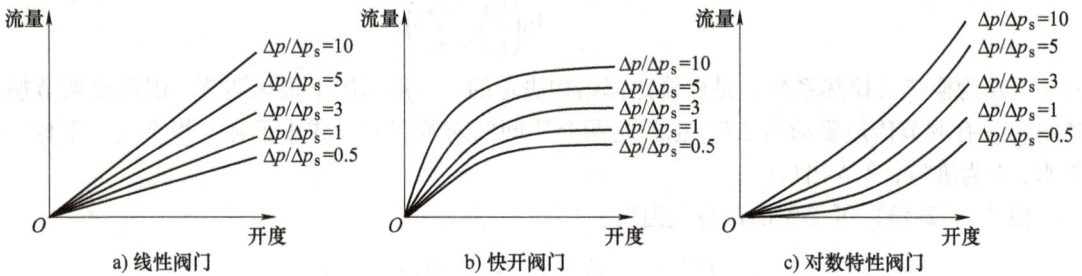

图 12-52 不同管路压力下流量与开度的关系

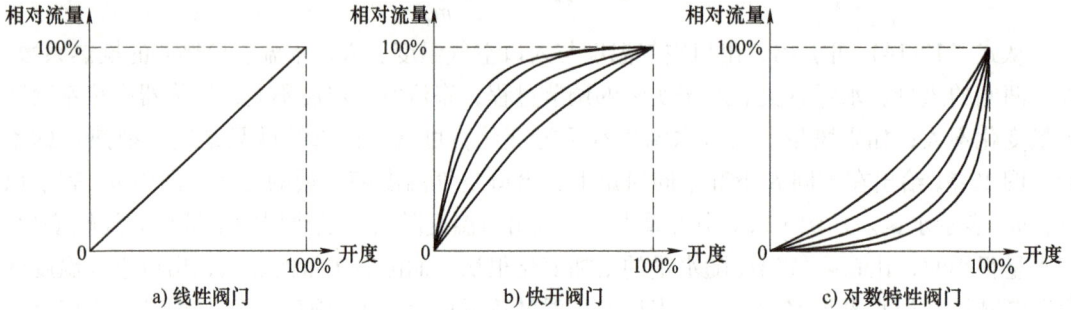

图 12-53 相对流量与开度的关系

调节阀门的目的不是为了调节流量而是调节出口温度，因此需要看阀门开度最终与出口温度间的关系。把图 12-53 的关系带入图 12-52，图 12-54 所示为这三种阀门在不同的阀门压降份额下，阀门开度与出口温度间的关系。从图 12-54 中可见，阀门的调节特性呈非线性。在多数情况下，在开度很小时，随着开度增加，出口温度变化很大；随着开度的增加，开度对调节出口温度的灵敏度逐渐降低，当开度增加到一定程度时，继续加大阀门开度几乎不会造成出口温度的任何变化，这时阀门就失去了调节作用。这种非线性特性不利于调节。当开度对出口温度的灵敏度太高时，微小的阀位变化就可以导致出口温度的较大变化。由于阀门本身的机械结构的限制，阀门开度不可能实现任意精度的调节，而是存在一个"死区"，或称不可调区。即使不操作阀门，由于各种原因，阀门实际的开度也会在"死区"范围内自行变化，这一"死区"也就是调节精度的上限。如果在这样的"死区"范围内出口温度可能变化1℃，则在此区间对出口温度的调节精度就不会优于1℃。

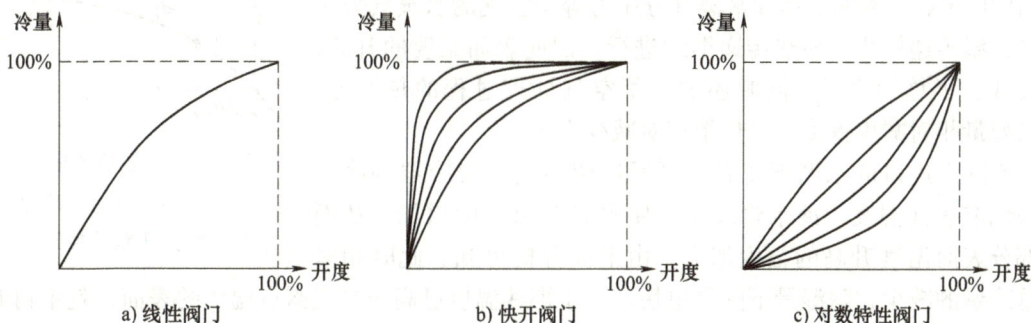

图 12-54　阀门压降在管路中占不同比例时冷量与开度关系

图 12-55 给出某一条件下，当阀门调节的死区为 1% 时，在不同开度下出口温度可能的调节精度范围。当阀门开度较大时，阀位开度的变化不再对出口温度造成影响，这样此段范围也就失去了调节作用。如果某个系统的阀门的阀位大于 50% 以后就失去调节作用，这个阀门的调节范围只能为 0~50%，这减少了阀门调节范围，降低了可能的调节精度。

由此可知，要获得好的调节效果，希望阀门开度与出口温度间越接近线性关系越好。而其接近线性的程度既与阀门本身的调节性能有

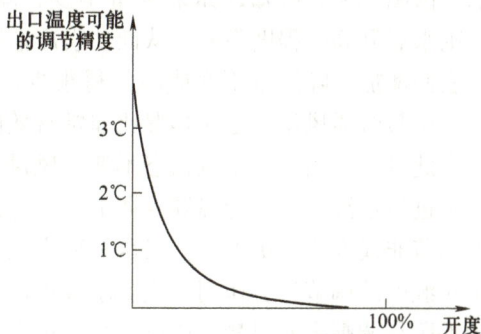

图 12-55　当阀门调节的死区为 1% 时，在不同开度下出口温度可能的调节精度范围

关，还与阀门压降在所处管道中的比例有关。同时，系统的热工况，也就是换热器的换热能力，风侧参数以及风水间的温差等都对调节的线性程度有很大影响。

当对图 12-50 所示的系统由阀门开度对出口温度进行 PID 调节时，这种非线性很难获得好的调节效果。这是由于处于不同的阀门开度，对出口温度的调节灵敏度都不相同。这就需要采用不同的 PID 参数。这对控制器来说太复杂，因此，可行的方法是根据这一非线性情况设计一个线性化变换：

$$K_1 = f(K) \tag{12-15}$$

把实际开度经线性化函数 f 变换为线性开度，使 K_1 与出口温度间呈较好的线性关系。这样就可以获得大为改进的调节效果。然而如前所述，阀位与出口温度的关系除了与阀门特性有关外，还受系统的水力工况和热力工况的影响。怎样能够识别变化了的水力和热力工况并根据其变化自动修正线性化函数，就成为获取良好的单回路换热过程调节性能的途径。

当换热过程不仅是显热，同时还存在对空气的冷凝除湿时，通过阀门调节冷水量实际就是同时调节空气出口的温度和湿度。空气中的水蒸气凝结到表冷器的表面的推动力是空气与表冷器表面的水蒸气分压差，水蒸气表面的水蒸气分压力也就是表面温度对应的常压下的饱和水蒸气分压力。图 12-56 所示为传递显热的推动力温差与传递水分的推动力水蒸气分压差

的关系。从图 12-56 中可以看出，随着表面温度的升高，除湿能力迅速降低，而降温能力下降的则相对缓慢。当表面温度上升到图中的 s 点，表面的饱和水蒸气分压力等于空气的水蒸气分压力时，湿传递停止，显热传递继续进行。因此表面温度的升高，不仅减少了总的冷量，同时还加大了空气处理过程的热湿比，即除湿量相对减少得多，显热量相对减少得少。

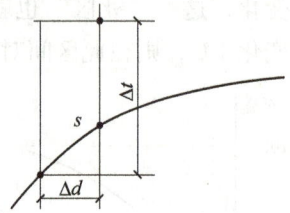

图 12-56　传递显热的推动力温差与传递水分的推动力水蒸气分压差的关系

实际上进口的水温不变时，可通过调整通过表冷器的冷水量来调节表面温度。冷水量减少，使水温升温幅度增加，从而使部分表面温度升高的幅度加大。由上面分析可知，此时相对于总冷量的减少，除湿量下降得更快。对于那些温度已高于空气露点温度的表面，就不再有除湿，而成为只有显热传递的干工况。

另外，可通过让部分空气从表冷器旁通进行调整，如图 12-57 所示。由图 12-57 可知，如果水量不变，减少通过表冷器的风量，则水温升高的程度降低，从而使表冷器表面温度降低，可除湿的表面增加，除湿量不变或降低得很少，而显热则降低得多。因此，调整旁通风量，是对热湿比非常有效的调节手段。

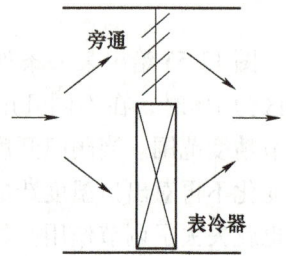

图 12-57　带旁通的表冷器

由此可知，当空气来流状态不变、风量不变时，通过调整冷水量和进口水温都能进行温湿度调节。但通过改变水量对湿度进行的调节非线性程度更严重。当水量减少到一定程度后，水量的变化对湿度的调节失去作用。改变水温可以获得对湿度更好的调节效果。而另一个调节热湿比的手段是调整旁通风量，通过减少经过表冷器的有效风量来减少显热消除量而维持除湿量不变或减少不大。

如上讨论了全空气系统的控制调节过程，它是由如下三个步骤构成的：

1）根据房间的温湿度状态与设定值之差，确定送风温湿度的设定值。此时可采用 PID 等算法完成这一任务。

2）根据实测的室外空气状态、回风空气状态以及要求的送风温湿度设定状态，确定空气处理设备的调节策略，也就是对设备中的每个调节手段，给出"全开""全关"或"根据送风状态的某种参数进行调节"的命令。

3）对空气处理设备中的每个调节装置实施上述具体调节命令，实现送风参数的调节。

在上述调节过程中，房间的热湿惯性很大，室外新风和室内回风的变化也很缓慢，而相比之下空气处理设备的惯性小，调节速度快。这样，上述第一、第二两个调节步骤的时间步长可以较大，例如 3~5min，而第三个调节步骤的时间步长应该快得多，应该在 3~5min 内已经完成设定的调节过程，使送风参数达到了设定值。只有这样，才能使这两个调节环节互不干扰，使整个过程稳定进行。

12. 2. 5　通风系统的监控

一座大型建筑内往往设置复杂的通排风系统。这包括从各个卫生间经过纵向风道的排风系统，设在一些中厅顶部的排风或通排风系统，厨房、车库和一些设备间的通排风系统，以及与空调系统相关的新风系统和排风系统。此外建筑物的大门、天窗、各房间的门窗也都成为通风通道。在这些通排风系统和通风通道的作用下，形成建筑物内的空气流动和通过某些通路的建筑物内外通风换气。科学地组织好建筑物内外的空气流动和通风换气，对改善建筑物内的空气质量，降低空调能耗，避免不同功能区间气味的串通，提高建筑物内的舒适性，都有重要作用。而不适当的建筑物内外的气流流动则会导致各功能区之间的气味串通，以及某些区域的通风不足，从而影响建筑使用者的舒适性。同时，不良通风还会在炎热和严寒季节将过量室外空气导入建筑物，而显著增大空调供暖能耗。所以合理地组织调度建筑物内外的空气流动对保证良好的室内环境，降低建筑运行能耗，有非常重要的作用。然而，上述气流流动状况往往不是由某一台或某几台通风设备的运行状态所决定的。布置在各个不同位置的通排风设备和对门窗的人为操作都会影响通排风状况，局部的操作变化有时会造成整个建筑物内外气流流动模式的变化。

建筑物内的这些相关的通排风设备都设置在建筑物内各个不同位置，并且大多与各个不同的系统相关（例如厨房排风机由厨房使用人员控制，新风与排风系统由空调系统运行管理，卫生间排风则由不同的体系管理等）。对整座建筑空气流动状况的良好控制，就需要通过建筑自动化系统全面监测各台相关设备的运行状况，监测其主要影响的空气流动通道的开闭状况，并在可能的条件下测试几个关键点的空气压力或空气流向。根据这些实测信息，可以分析判断出建筑物内空气流动的模式，当发现其流动模式存在严重问题时，可以改变几台关键的通排风设备的运行状态，来调整和改变建筑物内的空气流动模式。

在建筑物内出现火灾时，根据着火位置，确定最佳的通排风方案，既保证有效地排烟，同时又使疏散通道避开烟雾，且能向疏散通道提供足够的新鲜空气。这都需要对整个建筑的各个通排风设备进行协调调度。

12.2.6　风机盘管系统的监控

风机盘管系统的控制可以通过风侧的控制和水侧的控制两个途径实现。下面分别讨论。

1. 水侧电磁通断控制

在水路上安装通断电磁阀，根据房间温度控制电磁阀的通断，改变通过风机盘管的水的流动或停止状态，从而实现冷量或热量的控制。此时的风机一般也采用变速风机，但往往把风机转速的控制交给房间的使用者，由使用者根据个人的喜好，独立调节风速的高低。目前广泛使用的风机盘管控制器都是这类控制方式。由于它们大多采用简单的电子模拟电路，所以只能实现前面所讨论的通断控制，也就是当室温高于设定值时，打开电磁阀，使水路流通；当室温低于设定值时，关闭电磁阀，截断水路。由于房间热惯性很大，风机盘管内的水盘管也有较大的热惯性，因此这样控制就造成较大的室内温度波动。如果是基于单片机的控制器，通过一些改进的控制算法，有可能获得更好一些的温度控制效果。实际上接通和关闭水路造成的结果是实现不同的盘管表面温度，从而实现由盘管向空气的不同换热量。改变在一个固定的控制周期内电磁阀的通断比，就可以实现不同的换热量。这样就可以根据室温的变化，按照 PID 调节算法或其他调节算法，确定希望输出的热量，再根据这一热量及当时使用者设定的风机风量，确定电磁阀的通断比。这样就可以用这种通断性质的电磁阀实现准连续调节。

2. 风机的转速控制

还可以水侧不控，水量不变，通过控制风机的转速来实现房间温度的控制。此时，由于送入房间的热量与风量成正比，可以实现很好的房间温度控制。如果风机盘管风机通过直流无刷电动机驱动，就可以实现风机转速的连续调节。可根据前面讨论，利用 PID 算法或其他算法根据房间温度确定风机转速来实现房间温度的控制。如果风机分三挡变速，则可以采用模糊控制算法。当然，也可以按照 PID 连续输出考虑，然后再把要求的连续输出变换为周期性的三挡之间的不断转换。

12.3　电气设备监控

12.3.1　供配电系统的监控

智能建筑供配电系统主要由高压配电柜、低压配电柜、电力变压器、空调动力配电柜、应急柴油发电机组、直流操作柜等设备组成。通常智能建筑为一类用电负荷，采用二路高压供电，二路电源互为备用，当工作电源失电后，备用电源自动投入运行，确保整座建筑的供电。在二路电源均失电的情况下，自备发电机组自动投入运行，向建筑负荷供电。主要是监控建筑供配电设备和柴油发电机组的运行状态。

因供电管理部门对各种高低压设备的控制操作有严格限制，基于目前的技术水平，为保证供配电系统的安全、可靠，建筑设备自动化系统对供配电设备的运行状况只监测不控制。

系统具体的监测功能如下：

1）检测运行参数。对电气运行参数的检测包括高、低压进线电压、电流，有功功率，无功功率，功率因数等参数的检测；变压器温度检测；直流输出电压、电流等参数的检测；发电机各参数的检测等，并为正常运行时的计量管理、事故发生时的故障原因分析提供数据。

2）监视电气设备运行状态。包括高、低压进线断路器、母线联络断路器等各种类型开关当前分、合状态，是否正常运行；变压器断路器状态监测和故障报警；直流操作柜断路器状态监测与报警；发电机运行状态与故障报警；提供电气主接线图开关状态画面。如发现故障，自动报警，并显示故障位置、相关电压和电流数值等。

3）火灾时切断相关区域的非消防电源。

4）对建筑物内所有用电设备的用电量进行统计及电费计算与管理。包括空调、电梯、给水排水、消防喷淋等动力用电和照明用电，绘制用电负荷曲线（如日负荷、年负荷曲线），并且实现自动抄表、输出用户电费单据等。

5）对各种电气设备的检修、保养维护进行管理。如建立设备档案，包括设备配置、参数档案，设备运行、事故、检修档案，生成定期维修操作单并存档，避免维修操作时引起误报警等。对供配电系统监测的原理简图如图 12-58 所示。

为保证消防水泵、消防电梯、紧急疏散照明、防排烟设施、电动防火卷帘门等消防用电，必须设置自备应急柴油发电机组，按一级负荷对消防设施供电，其监测原理图如图 12-59 所示。柴油发电机启动迅速、自启动控制方便，市网停电后能在 10 ～ 15s 内接应急负荷，适合作应急电源。对柴油发电机组的监测包括电压、电流等参数检测，机组运行状态监视，故障报警和日用油箱液位监测等。电池组的监测主要包括监控电池组状态。

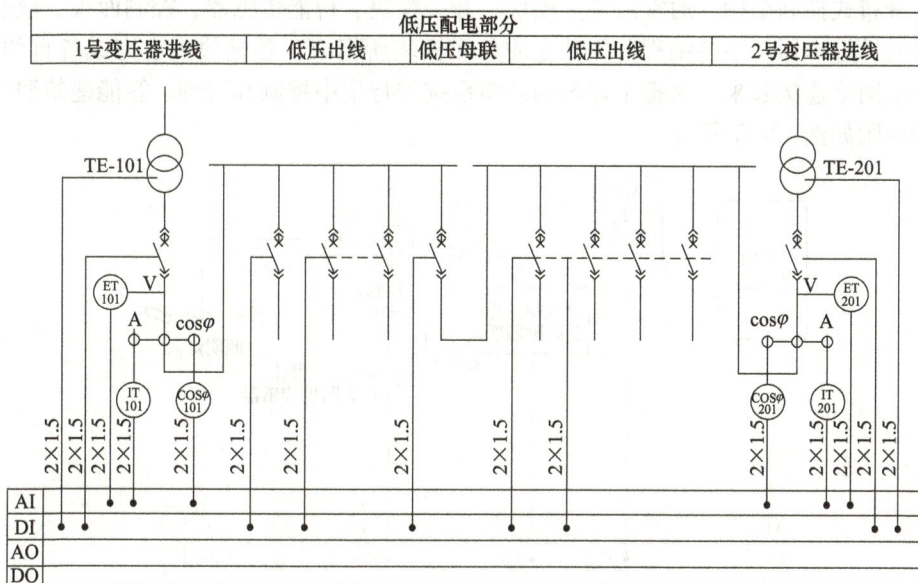

图 12-58　对供配电系统监测的原理简图

TE—温度传感器/变送器　IT—电流变送器　ET—电压变送器　COS—功率因数变送器

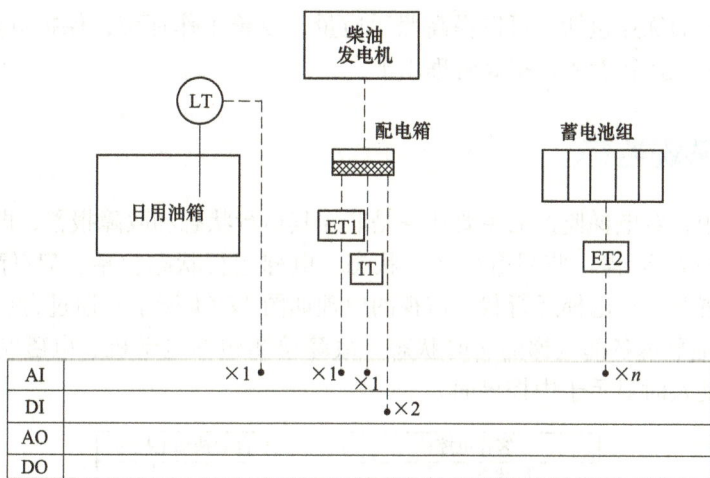

图 12-59　对柴油发电机系统监测的原理简图

IT—电流变送器　ET—电压变送器　LT—液位传感/变送器

12.3.2　照明设备的监控

在智能建筑中，照明的用电量仅次于空调的用电量。智能建筑监控照明包括三类：办公区照明、公共区域照明、泛光照明。另外，城市照明监控还包括：停车场照明控制，航空障碍等状态显示、故障报警等。

智能建筑照明监控系统的任务主要有两个方面，即保证建筑物内各区域的照度以及视觉环境对灯光进行的环境照度控制和以节能为目的的照明节能控制。智能建筑照明监控系统采用模块化分布式控制结构，通常由调光模块、开关模块、智能传感器、控制面板、液晶显示触摸屏、时钟管理器、手持编程器等独立的单元模块所组成。各模块独立完成各自的功能，并通过通信网络连接起来，对整个建筑的照明系统进行集中控制和管理。智能建筑照明监控系统原理简图如图 12-60 所示。

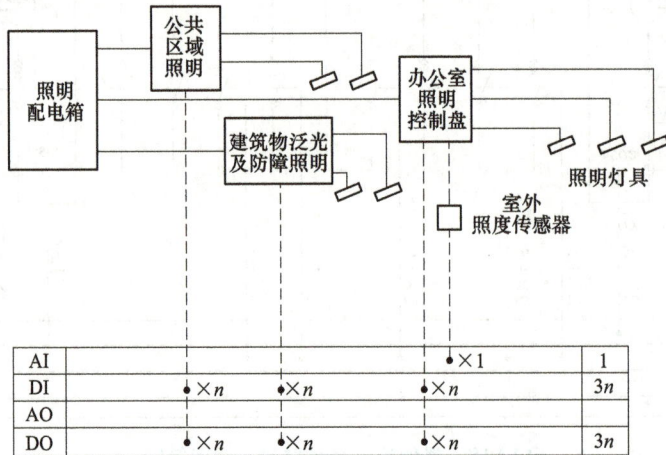

AI			•×1	1
DI	•×n	•×n	•×n	3n
AO				
DO	•×n	•×n	•×n	3n

图 12-60　智能建筑照明监控系统原理简图

照明智能监控的优点包括：可以提高照明质量，改善工作环境，保护灯具，延长寿命，节省能源，减少系统运行费用，提高管理水平。

12.4　电梯系统监控

在智能建筑中，对电梯监控的主要任务是监控其运行状态和故障报警，即控制电梯按程序设定的运行时间表启/停、监视电梯运行状态。电梯运行状态包括：启/停状态、运行方向、所处楼层位置等。对电梯运行状态监视的原理如图 12-61 所示。通过自动检测并将结果送入 DDC，动态地显示各部电梯的实时状态。故障检测包括电动机、电磁制动器等各种装置出现故障后，能及时显示于中控界面。

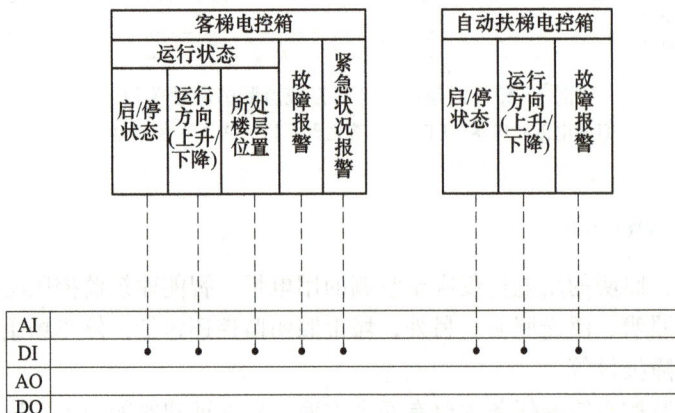

图 12-61　电梯运行状态监视原理图

思考题

1. 给水系统的监控内容有哪些？排水系统的监控内容有哪些？
2. 简述低压配电系统的监控内容。
3. 电梯系统监控功能有哪些？
4. BAS 对冷水机组的监控方式有哪些？
5. 新风量的控制方法有哪些？
6. 简述冷冻站的控制顺序。
7. 简述高位水箱给水的特点。
8. 简述冷冻水控制系统的任务。

二维码形式客观题

微信扫描二维码可在线做题，提交后可查看答案。

第12章
客观题

参 考 文 献

[1] 霍海娥. 建筑安装识图与施工工艺 [M]. 2 版. 北京：科学出版社，2022.
[2] 李通. 建筑设备 [M]. 北京：北京理工大学出版社，2018.
[3] 李炎锋. 建筑设备自动化 [M]. 北京：北京工业大学出版社，2012.
[4] 夏正兵. 建筑设备工程 [M]. 2 版. 南京：东南大学出版社，2016.
[5] 董羽蕙. 建筑设备 [M]. 4 版. 重庆：重庆大学出版社，2017.
[6] 孙玲玲. 建设工程技术与计量：安装工程 [M]. 北京：中国计划出版社，2020.
[7] 张晓云. 建筑设备 [M]. 成都：电子科技大学出版社，2015.
[8] 江亿. 建筑设备自动化 [M]. 2 版. 北京：中国建筑工业出版社，2017.
[9] 王晓梅，李清杰. 建筑设备识图 [M]. 北京：北京理工大学出版社，2019.
[10] 曾澄波，周硕珣. 建筑设备与识图 [M]. 北京：北京理工大学出版社，2017.
[11] 王凤. 建筑设备施工工艺与识图 [M]. 天津：天津科学技术出版社，2019.
[12] 董武. 建筑设备工程施工工艺与识图 [M]. 成都：西南交通大学出版社，2015.
[13] 马金忠，展妍婷. 建筑设备安装工艺与识图 [M]. 重庆：重庆大学出版社，2016.
[14] 卿晓霞. 建筑设备自动化 [M]. 重庆：重庆大学出版社，2002.
[15] 张大文，王晓梅，荣琪. 建筑工程制图与识图：含建筑设备工程识图 [M]. 成都：西南交通大学出版社，2020.
[16] 中国建设教育协会继续教育委员会. 建设工程计量与计价实务：安装工程 [M]. 北京：中国建筑工业出版社，2021.
[17] 荀志远. 建设工程技术与计量：安装工程 [M]. 北京：中国计划出版社，2019.
[18] 赵斌. 建设工程技术与计量：安装工程 [M]. 北京：中国计划出版社，2022.
[19] 吴静，王英. 建设工程造价案例分析：土木建筑工程、安装工程 [M]. 北京：中国建筑工业出版社，2020.
[20] 四川省造价工程师协会. 建设工程计量与计价实务：安装工程 [M]. 2 版. 北京：中国计划出版社，2021.
[21] 全国造价工程师职业资格考试培训教材编审委员会. 建设工程技术与计量：安装工程 [M]. 北京：中国计划出版社，2021.